Hilmar Schneider

Determinanten der Kapitalstruktur

GABLER RESEARCH

Strategic Finance

Herausgegeben von
Prof. Ulrich Hommel, Ph.D. und Prof. Dr. Gerhard Picot

SFI
STRATEGIC FINANCE INSTITUTE

Die Schriftenreihe veröffentlicht herausragende Forschungsarbeiten zu aktuellen Fragestellungen der Unternehmensfinanzierung, die eine gesamtstrategische Bedeutung für die zukünftige Unternehmensentwicklung haben. Die Bände dieser Reihe befassen sich insbesondere mit Finanzierungsthemen für Familienunternehmen, die sich aus den Veränderungen der rechtlichen Rahmenbedingungen und des Finanzmarktumfelds ergeben. Sie leisten einen Beitrag zur wissenschaftlichen Beantwortung der behandelten Fragestellungen und geben zugleich wichtige Impulse für die Unternehmenspraxis.

Hilmar Schneider

Determinanten der Kapitalstruktur

Eine meta-analytische Studie der empirischen Literatur

Mit einem Geleitwort von Prof. Ulrich Hommel, Ph.D.

GABLER

RESEARCH

Bibliografische Information der Deutschen Nationalbibliothek
Die Deutsche Nationalbibliothek verzeichnet diese Publikation in der Deutschen Nationalbibliografie; detaillierte bibliografische Daten sind im Internet über <http://dnb.d-nb.de> abrufbar.

Dissertation European Business School, Oestrich-Winkel, 2009

1. Auflage 2010

Lektorat: Ute Wrasmann | Stefanie Loyal

Gabler Verlag ist eine Marke von Springer Fachmedien.
Springer Fachmedien ist Teil der Fachverlagsgruppe Springer Science+Business Media.
www.gabler.de

Umschlaggestaltung: KünkelLopka Medienentwicklung, Heidelberg
Gedruckt auf säurefreiem und chlorfrei gebleichtem Papier
Printed in Germany

ISBN 978-3-8349-2302-8

Geleitwort

Der Einfluss der Kapitalstruktur auf den Unternehmenswert ist eine der grundlegenden Forschungsfragen der Unternehmensfinanzierung. Ausgangspunkt waren die mit einem Nobelpreis ausgezeichneten Arbeiten von Modigliani/Miller, die die Irrelevanz der unternehmerischen Kapitalstruktur unter den Bedingungen eines perfekten Kapitalmarktes nachweisen. Die Relevanz des Irrelevanztheorems entstand jedoch erst durch den Umkehrschluss, d.h. durch die Betrachtung wie bestimmte Annahmeverletzungen die wertschaffende Wirkung der unternehmerischen Kapitalstrukturpolitik erklären können.

Die Hinterfragung der Prämissen des Modigliani-Miller-Modells begründete somit die moderne Kapitalstrukturtheorie. Im Laufe der letzten Jahrzehnte wurden mehrere teils komplementäre, teils konkurrierende Erklärungsansätze für die Relevanz der Kapitalstruktur entwickelt. Verbindendes Element der bedeutendsten Theorierichtungen ist die Aufhebung einer oder mehrerer Annahmen des Modigliani-Miller-Modells und der sich daraus ergebende Werteinfluss von Finanzierungsentscheidungen. Aus den aufgestellten Kapitalstrukturtheorien folgen empirisch testbare Hypothesen über mögliche Einflussfaktoren auf die von Unternehmen gewählte Verschuldungshöhe.

Die empirische Erforschung der Kapitalstrukturdeterminanten bildet seit Ende der 60er Jahre einen prominenten Forschungsstrang innerhalb der Kapitalstrukturliteratur. Entsprechend zahlreich und vielfältig sind die inzwischen publizierten Studien zu diesem Thema. Die bisherige Forschung vollzieht sich allerdings ausschließlich primärstudien-basiert – trotz des möglichen Erkenntnisgewinns fehlt es bisher an einer gebündelten Aufarbeitung oder weiterführenden Analyse des aktuellen Stands der empirischen Literatur.

Vor diesem Hintergrund leistet die vorliegende Dissertationsschrift einen wichtigen Forschungsbeitrag, indem sie die weltweit verfügbaren Studienergebnisse über die bedeutendsten Determinanten der Kapitalstruktur erstmals zusammenfassend darstellt und mittels meta-analytischer Verfahren auswertet. Aufgrund des Neuigkeitswerts des verwendeten Forschungsansatzes besitzen die in diesem Band dargelegten Ergebnisse über die Forschungsfrage hinaus Bedeutung für die betriebswirtschaftliche Forschung.

Ich wünsche jedem an der Kapitalstrukturforschung interessierten Leser viel Freude bei der Lektüre dieses Buches.

Prof. Ulrich Hommel, Ph.D.

Vorwort

Die vorliegende Dissertation richtet sich an einen auf dem Gebiet der Kapitalstruktur wissenschaftlich arbeitenden Adressatenkreis. Sie entstand aus der Einsicht heraus, dass die primärstudien-basierte Erforschung der Determinanten der Kapitalstruktur dringend einer Ergänzung um Literaturstudien bedarf. Einerseits ist die heute vorzufindende Ergebnisfülle kaum mehr überschaubar. Andererseits eröffnen studienübergreifende Auswertungen analytische Möglichkeiten, welche der Primärforschung weitgehend oder vollständig verschlossen bleiben.

Mit der im Rahmen der Dissertation vorgenommenen Übertragung meta-analytischer Verfahren auf den Bereich der Determinantenforschung ist dieses Forschungsfeld bei weitem nicht erschöpft. Vielmehr soll die Arbeit Anstoß für weitere derartige Forschungsvorhaben sein. Bei steter Fortentwicklung der Primärliteratur wird auch in Zukunft immer Bedarf an meta-analytisch orientierten Studien bestehen.

An dem Gelingen einer Doktorarbeit hat das persönliche Umfeld einen nicht unwesentlichen Anteil, weshalb ich dieses Vorwort auch dazu nutzen möchte, mich für die Unterstützung und Begleitung während des Promotionsprozesses zu bedanken.

Mein Dank gilt zunächst Prof. Ulrich Hommel für die außerordentlich interessante und facettenreiche Lehrstuhlzeit sowie für die Betreuung der Promotion. Dank gilt ferner Prof. Dirk Schiereck für die Übernahme des Zweitgutachtens über sein Wirken an der European Business School hinaus. Ebenfalls bedanken möchte ich mich bei den Kolleginnen und Kollegen des Stiftungslehrstuhls Unternehmensfinanzierung und Kapitalmärkte für die freundschaftliche Zusammenarbeit. Ein besonderes Dankeschön gebührt in diesem Zusammenhang Gudrun Fehler für die Durchsicht des Manuskriptes.

Dank sagen möchte ich nicht zuletzt auch meinem Freundeskreis und insbesondere meiner Familie, deren Verständnis und Unterstützung ich mir jederzeit gewiss sein konnte. Besonders erwähnen möchte ich an dieser Stelle meine Eltern, ohne deren Begleitung meines Lebens- und Bildungsweges, diese Doktorarbeit vermutlich niemals hätte geschrieben werden können.

Hilmar Schneider

Inhaltsübersicht

Inhaltsverzeichnis

Abbildungsverzeichnis

Tabellenverzeichnis

Abkürzungsverzeichnis

2SLS	Two-Stage-Least-Squares
3SLS	Three-Stage-Least-Squares
abhäng.	abhängige
AROC	Area under the ROC-Curve
BB	bankbasiert
BfuP	Betriebswirtschaftliche Forschung und Praxis
BLS	Business Longitudinal Survey
BW	Buchwert
CA	Kanada
CWD	Compustat, Worldscope, Datastream
DBW	Die Betriebswirtschaft
E	Englischer Rechtsraum
Ergeb.	Ergebnisse
EPV	Events per Variable
ETW	entwickelt
EU	Europäische Union
exkl.	exklusive
f.	folgende
ff.	fortfolgende
FB	FinanzBetrieb
FE	Fixed-Effects
Fn.	Fußnote
FTG	fortgeschritten

gep.	gepoolt
GLS	Generalized Least Squares
GMM	Generalized Method of Moments
GU	Großunternehmen
GuV	Gewinn- und Verlustrechnung
Hrsg.	Herausgeber
IFC	International Finance Corporation
inkl.	inklusive
LISREL	Linear Structural Relations System
LRD	Longitudinal Research Database
LSDV	Least Squares Dummy Variable Schätzer
KfW	Kreditanstalt für Wiederaufbau
KLSE	Kuala Lumpur Stock Exchange
KMU	Kleine und mittelständische Unternehmen
Koeff.	Koeffizient
MB	marktbasiert
MRA	Meta-Regressions-Analyse
MSE	Madrid Stock Exchange
MW	Marktwert
n.	nicht
N	Anzahl
n/a	nicht anwendbar
NA	Nordamerika
NDTS	Non-Debt-Tax-Shields
neg.	negativ

n.l.	nicht-linear
NSSBF	National Survey of Small Business Finance
OLS	Ordinary Least Squares (Kleinstquadratmethode)
o.V.	ohne Verfasser
P	Determinante Profitabilität
PA	Panel
pos.	positiv
QFR	Quarterly Financial Reports Database
QS	Querschnitt
R	Determinante Risiko
R^2	Determinationskoeffizient
RE	Random-Effects
RESET	Ramsey Regression Equation Specification Error Test
ROC	Receiver Operating Characteristic
S	sonstige
SABI	Sistema de Análisis de Balances Espanoles
SABI	Sistema de Análisis de Balances Itéricos
SAV	Determinante Sachanlagevermögen
SBR	Schmalenbach Business Review
SIC	Standard Industrial Classification Code
sig(n).	signifikant
SMF	Survey of Manufacturing Firms
SOFP	Statistics Canada's Survey of Operating and Financing Practices
SP	Determinante Spezialisierung
SSRN	Social Science Research Network

ST	Determinante Steuern
UG	Determinante Unternehmensgröße
UK	United Kingdom
UN	United Nations
USA	United States of America
UTW	unterentwickelt
vgl.	vergleiche
VHB	Verband der Hochschullehrer für Betriebswirtschaft e.V.
VIF	Variance Inflation Factor
Vol.	Volume
vs.	versus
W	Determinante Wachstum
WAD	Security Data Company's Worldwide Acquisition Database
ZfB	Zeitschrift für Betriebswirtschaft
ZfbF	Zeitschrift für betriebswirtschaftliche Forschung
ZfKE	Zeitschrift für KMU und Entrepreneurship

Symbolverzeichnis

D	Marktwert des Fremdkapitals
e	Eulersche Zahl
E	Marktwert des Eigenkapitals
ΔE	Eigenkapitalbedarf
F	Buchwert des Fremdkapitals
I	Investitionssumme
IVG	Impliziter Verschuldungsgrad
L	Likelihood(-Funktion)
M	Moderatorvariable
p	Wahrscheinlichkeit
P	Kumulierte Wahrscheinlichkeit
P'	Marktkapitalisierung
q	Value-to-Debt-Ratio
r	Aktienkursrendite
r_E	Geforderte Eigenkapitalrendite
r_M	Einheitlicher Fremdkapitalzins
r_{RG}	Geforderte Eigenkapitalrendite eines rein eigenfinanzierten Unternehmens gleicher Risikogruppe
S	Freie Finanzmittel
V^{old}	Endvermögen der Altaktionäre ohne Investition
V_I^{old}	Endvermögen der Altaktionäre bei Investition
VG	Verschuldungsgrad
VG^*	Gegenwärtiger Zielverschuldungsgrad

VG^M	Marktwertbasierter Verschuldungsgrad
ΔVG	Tatsächliche periodische Veränderung des Verschuldungsgrades
W	Wiener Prozess
x	Unabhängige Modellvariable (Regressor)
y	Abhängige Modellvariable (Regressand)
z	Ergebnisrealisation der Zufallsvariable Z
Z	Zufallsvariable
α	Signifikanzniveau/Testniveau
β	(Regressions-)koeffizient
ε	Unsystematischer Einfluss/Störfaktor
λ	Anpassungsgeschwindigkeit
μ	Erwartete Rendite des intrinsischen Unternehmenswerts
π	Eintrittswahrscheinlichkeit
σ	Standardabweichung der Renditeerwartung in Bezug auf den intrinsischen Unternehmenswert
φ	Wahrscheinlichkeit nach der hypergeometrischen Verteilung
Λ	Logistische Verteilungsfunktion

1 Einleitung

1.1 Ausgangssituation und Problemstellung

„[...] the models surveyed have identified a large number of potential determinants of capital structure. The empirical work so far has not, however, sorted out which of these are important in various contexts."[1]

Zu dieser Schlussfolgerung gelangen Harris/Raviv in ihrer 1991 veröffentlichten Literaturstudie über den Stand der Kapitalstrukturforschung. Die systematische Suche nach Bestimmungsfaktoren – den sogenannten Determinanten – der Kapitalstruktur von Unternehmen hat seitdem nicht an Bedeutung verloren. Seit mehreren Jahrzehnten entwickelt die theoretische Kapitalstrukturforschung mathematische und verhaltenstheoretische Modelle, mit deren Hilfe der relative Anteil von Eigen- und Fremdkapital an der Bilanzsumme eines Unternehmens erklärt werden soll. Ergebnis dieser Forschungsbemühungen ist die Ableitung immer variantenreicherer, mitunter konkurrierender Hypothesen über mögliche Determinanten der Kapitalstruktur.

Seit Mitte der achtziger Jahre wendet sich die empirische Determinantenforschung der kontextbezogenen Überprüfung der postulierten Zusammenhänge verstärkt zu. Einerseits werden in einer ständig wachsenden Zahl von Veröffentlichungen immer fortgeschrittenere statistische Methoden auf immer größere und verschiedenartigere Stichproben angewendet. Andererseits wird die empirische Forschung in zunehmendem Maße weltweit betrieben und ist bei weitem nicht mehr nur auf (US-amerikanische) Großunternehmen als Untersuchungsobjekte beschränkt. Unterstützt wird diese Entwicklung nicht zuletzt durch die steigende Anzahl internationaler Studien in den führenden englischsprachigen Fachzeitschriften. Als Ergebnis dieser Forschungsanstrengungen liegt heute eine beachtliche Zahl anerkannter wissenschaftlicher Beiträge vor, welche die Hypothesen der Kapitalstrukturtheorien zeit-, unternehmensgrößen- und länderübergreifend untersucht.

Aufgrund der deutlich gestiegenen Quantität und Qualität der Forschungsergebnisse ist ihr gemeinsamer Erklärungsbeitrag zur Kapitalstrukturtheorie im Zeitablauf jedoch immer schwieriger zu fassen. Allein in den führenden wissenschaftlichen Zeitschriften finden sich heute Determinantenstudien über eine Vielzahl von Staaten. Für jedes dieser Länder liegt eine unterschiedliche Zahl an Einzelstudien vor, welche wiederum verschiedene Unternehmensstichproben betrachten. Gleichzeitig variieren die Studien in Umfang und Detailtiefe der getesteten Hypothesen sowie in der dazu verwendeten statistischen Methodik.

---

1 Harris/Raviv (1991), S. 299

Trotz des möglichen Erkenntnisgewinns findet eine gebündelte Aufarbeitung dieser Forschungsergebnisse nicht statt. Referenzquelle in Bezug auf den Stand der empirischen Kapitalstrukturforschung ist nach wie vor der Literaturüberblick von Harris/Raviv aus dem Jahr 1991. Diese Arbeit stützt sich auf Ergebnisse bedeutender deskriptiver Beiträge, Event-Studien und Regressionsanalysen über US-amerikanische und britische Großunternehmen, die im Laufe der achtziger Jahre veröffentlicht wurden. Die danach einsetzende Internationalisierung sowie der methodische und inhaltliche Fortschritt der Forschung wird von diesem Literaturüberblick nicht mehr erfasst. Aktuellere Literaturstudien fehlen. Die Auseinandersetzung mit dem wissenschaftlichen Forschungsstand beschränkt sich somit seit Jahren auf die einleitenden Kapitel empirischer Studien. Die Autoren konzentrieren sich dabei notwendigerweise auf die für ihre eigene Untersuchung bedeutendsten Beiträge und Ergebnisse. Eine umfassendere Diskussion über den Stand der empirischen Kapitalstrukturforschung wird in diesem Rahmen jedoch bei weitem nicht mehr geleistet.

Der jahrelange Verzicht auf die Anfertigung gesonderter Literaturstudien hat inzwischen weitreichende Implikationen für die Forschung. Unmittelbare Auswirkung ist das Fehlen gesicherten Wissens auf aggregierter Ebene. Bereits die Recherche grundlegender Informationen über Anzahl oder Analyseschwerpunkte vorhandener Kapitalstrukturstudien setzt inzwischen ein vertieftes Literaturstudium voraus. Noch unbefriedigender ist die Datenlage in Bezug auf konkrete Forschungsergebnisse. Selbst bei intensiver Beschäftigung mit dem Themengebiet ist es heute de facto unmöglich, Häufigkeit und Ausprägung der Resultate literaturübergreifend, geschweige denn in ihren Einzelheiten zu überblicken. Als mittelbare Konsequenz der mangelnden Literaturaufbereitung können vorhandene Resultate nicht in vollem Umfang in die aktuelle Forschung einfließen und auf aggregierten Daten basierende Forschungsansätze bis in die Gegenwart hinein nicht verfolgt werden. Die aus einer Verknüpfung und Gesamtwürdigung der empirischen Forschungsleistung der letzten Jahre resultierenden Möglichkeiten bleiben somit bislang ungenutzt.

Zusammenfassend führt die Problemstellung zu zwei Schlussfolgerungen:

1. Notwendigkeit einer detaillierten Aufarbeitung der empirischen Forschungsergebnisse über die Determinanten der Kapitalstruktur

2. Möglichkeit einer Untersuchung bislang unbeantworteter Forschungsfragen über die Determinanten der Kapitalstruktur mit Hilfe einer quantitativen Literaturstudie

1.2 Zielsetzung und Abgrenzung

Ziel dieser Arbeit ist die erstmalige Durchführung einer meta-analytischen Literaturstudie über die empirische Determinantenforschung. Kennzeichen aller Meta-Analysen ist die Bündelung von Studienergebnissen nach vorgegebenen Kriterien und die anschließende Auswertung der erfassten Ergebnisdaten mittels statistischer Methoden. Diese Vorgehensweise unterscheidet den meta-analytischen Ansatz grundlegend von dem klassischen Literaturüberblick, der nur eine narrative Wiedergabe ausgewählter Primärstudien anstrebt. Wesentlicher Vorteil des meta-analytischen Ansatzes ist die objektive und zahlengestützte Beurteilung der Forschungsresultate. Gleichzeitig bieten nur meta-analytische Verfahren die Möglichkeit, Forschungsfragen auf aggregierter Ebene statistisch zu untersuchen. Die vorliegende Arbeit nutzt beide methodischen Ansätze der Literaturauswertung. Als Einführung in die empirische Determinantenforschung dient ein klassischer Literaturüberblick. Alle weiteren Auswertungen und Untersuchungen basieren auf meta-analytischen Verfahren.

Die Durchführung einer Meta-Analyse macht eine grundlegende zeitliche und inhaltliche Abgrenzung der Arbeit erforderlich. Die gewählte zeitliche Abgrenzung bestimmt die Zuordnung einer Studie zum narrativen oder meta-analytischen Teil der Arbeit. Studien mit Veröffentlichungsdatum bis 1983 werden im Rahmen des klassischen Literaturüberblicks behandelt. Seit 1984 veröffentlichte Studien sind hingegen Bestandteil der meta-analytischen Auswertung. Die vorgenommene Abgrenzung berücksichtigt sowohl die Entwicklung der empirischen als auch den Stand der theoretischen Forschung. Viele theoretische Grundlagenmodelle wurden erst Ende der siebziger Jahre bzw. Anfang der achtziger Jahre publiziert. Gleichzeitig setzte Mitte der achtziger Jahre eine nachhaltige methodische und inhaltliche Weiterentwicklung der empirischen Forschung ein. Die Wahl des genauen Abgrenzungszeitpunkts orientiert sich an der theoretischen Literatur. 1984 vervollständigte die Veröffentlichung der Pecking-Order-Theorie das bis heute gültige theoretische Grundgerüst der Kapitalstrukturforschung.

Neben der zeitlichen ist auch eine inhaltliche Abgrenzung Vorbedingung der Meta-Analyse. Der Literaturüberblick konzentriert sich auf die Resultate in Bezug auf die acht in der theoretischen und empirischen Literatur bedeutendsten Determinanten der Kapitalstruktur – Unternehmensgröße, Wachstum, Profitabilität, Sachanlagevermögen, Risiko, nicht verschuldungsbedingte Steuerschilde (Non-Debt-Tax-Shields), Spezialisierung, Steuern – und orientiert sich damit an der Vorgehensweise der Studie von Harris/Raviv (1991).[2]

---

[2] Im Gegensatz zu der Studie von Harris/Raviv (1991) finden die Determinanten Free-Cash-Flow und Branchenzugehörigkeit in der vorgestellten Meta-Analyse keine Berücksichtigung. Über die Determinante Free-Cash-Flow liegen in der ausgewerteten Literatur lediglich 17 Einzelergebnisse

Auf die Analyse eines noch umfangreicheren Determinanten-Katalogs wurde im Rahmen dieser Arbeit aus mehreren Gründen verzichtet. Dem überwiegenden Teil der in der weiteren Darstellung nicht berücksichtigten Determinanten fehlt (noch) eine präzise modelltheoretische Fundierung. Zu dieser Gruppe gehören insbesondere Determinanten, die Finanzierungsentscheidungen auf strategische, kulturelle oder institutionelle Rahmenbedingungen zurückführen. Gleichzeitig sind diese Variablen mithin schwer operationalisierbar und werden daher in der Literatur auf unterschiedlichste Weise mathematisch abgebildet, wodurch eine unmittelbare Vergleichbarkeit der Ergebnisdaten häufig nicht gegeben ist. Des Weiteren liegen über die nicht berücksichtigten Determinanten vergleichsweise wenige empirische Ergebnisse vor, was eine meta-analytische Überprüfung zumindest zum gegenwärtigen Zeitpunkt faktisch unmöglich macht.[3] Hinzu kommt, dass die große Mehrheit dieser Determinanten im Gegensatz zu den acht traditionell bedeutendsten Determinanten bisher kaum in multivariaten Analysen untereinander getestet wurde, was die Aussagekraft solcher Ergebnisse zusätzlich beeinträchtigt.

Der weiteren Arbeit liegen drei übergeordnete Forschungsfragen zugrunde, aus denen sich die im Anschluss vorgestellten Untersuchungsziele unmittelbar ableiten.

1. Welche Ergebnisse liegen nach nahezu fünfzig Jahren empirischer Forschung über die acht wichtigsten Determinanten der Kapitalstruktur vor?
2. Sind die empirischen Forschungsergebnisse über die bedeutendsten Determinanten der Kapitalstruktur theoriekonform, kontextunabhängig und ökonomisch relevant?
3. Welche Einflussfaktoren bedingen gegebenenfalls eine Kontextabhängigkeit der empirischen Forschungsergebnisse über diese Determinanten und welchen Ergebniseffekt besitzen diese?

Das erste aus diesen Forschungsfragen abgeleitete Untersuchungsziel ist die Aufarbeitung der vor 1984 publizierten empirischen Forschungsergebnisse mit Hilfe eines klassischen Literaturüberblicks. Grundlage der heutigen Determinantenforschung bildet der Irrelevanzbeweis von Modigliani/Miller aus dem Jahr 1958. Die im Anschluss veröffentlichten Studien verdeutlichen die Entwicklung der empirischen Determinantenforschung im Zeitablauf und eignen sich aus diesem Grund ideal zur Einführung in die Thematik. Gleichsam legen sie eine Entstehungsgeschichte der Kapitalstruktur-Determinanten nahe, die sich nicht mit heutigen Vorstellungen deckt. Auch über die

vor, so dass statistische Analysen nicht sinnvoll durchführbar sind. Zur Überprüfung der Determinante Branchenzugehörigkeit nutzt die Literatur methodisch nicht vergleichbare Testansätze, was eine meta-analytische Untersuchung ausschließt.

3 Bereits nach erster Durchsicht der Primärstudien zeichnete sich ab, dass über keine der sonstigen Determinanten mehr als 50 miteinander vergleichbare Ergebnisse vorliegen.

konkreten Studienergebnisse dieser Zeit ist wenig bekannt. Insbesondere Studien der sechziger und siebziger Jahre waren offenbar niemals Gegenstand einer gemeinsamen Auswertung. Dementsprechend dient dieser Literaturüberblick nicht nur Einleitungszwecken. Bestreben des Literaturüberblicks ist ebenso die Untersuchung der Entstehungsgeschichte der Determinanten der Kapitalstruktur sowie die systematische Auswertung der frühen Studienergebnisse. Eingang in den Literaturüberblick findet die relevante Zeitschriftenliteratur von 1958 bis 1983.

Das zweite Untersuchungsziel der Arbeit bildet die detaillierte Darstellung und Auswertung der seit 1984 veröffentlichten empirischen Studienergebnisse im Rahmen einer deskriptiven Analyse. Erstmals in der Geschichte der Kapitalstrukturforschung erfolgt eine umfassende Zusammenstellung der Ergebnisdaten der empirischen Literatur. Neben der Gesamtschau der weltweiten Resultate über die einzelnen Determinanten ermöglicht die deskriptive Analyse erste Rückschlüsse darüber, ob und wie sich die Ergebnisse zwischen Großunternehmens- und Mittelstandsstudien unterscheiden. Darüber hinaus beschäftigt sich die deskriptive Analyse detailliert mit den zur Operationalisierung der Determinanten verwendeten Kennzahlen. Schließlich erlaubt die deskriptive Auswertung die Identifikation bestehender empirischer Forschungslücken aus der gemeinsamen Betrachtung von Ergebnisdaten, Mittelstandsbezug und Verschuldungsgradmaß der Primärstudien.

Das dritte Untersuchungsziel der Arbeit ist die statistische Überprüfung der Theoriekonformität der Forschungsergebnisse über die Determinanten der Kapitalstruktur mit Hilfe von Binomialtests. Mit Hilfe dieses Standardverfahrens der Meta-Analyse wird erstmals statistisch geprüft, ob die weltweiten Ergebnisse über die einzelnen Determinanten bei gemeinsamer Betrachtung signifikant von einem Zufallsbefund abweichen. Die Widerlegung eines Zufallsbefundes ist hierbei das erwartete Ergebnis. Die Bestätigung eines Zufallsbefundes würde hingegen die grundsätzliche Eignung einer Determinante und damit auch die Gültigkeit der darauf bezogenen Kapitalstrukturtheorien in Frage stellen.

Das vierte Untersuchungsziel der Arbeit bildet die statistische Untersuchung der Determinantenergebnisse in Abhängigkeit der gewählten Kennzahlendefinition. Diesem Zweck dienen ebenfalls Binomialtests. Auf die mögliche Bedeutung der verwendeten Operationalisierungsform weisen Autoren regelmäßig hin. Eine studienübergreifende Untersuchung der Ergebniseffekte fehlt jedoch bislang. Grundsätzlich sollte die Operationalisierung der Determinanten keinen Ergebniseffekt besitzen.

Das fünfte Untersuchungsziel der Arbeit ist die Durchführung einer univariaten Moderatoranalyse auf Grundlage des exakten Tests von Fisher. Die Frage der Kontextabhängigkeit der Determinantenergebnisse wurde bislang ausschließlich von Primärstudien aufgegriffen. So wurden etwa die Ergebnisse nach Ländern, Unternehmensgrößenklassen, Entwicklungsstand der Volkswirtschaft oder Untersuchungsmethoden untergliedert. Dabei blieben diese Versuche zwangsläufig auf die Möglichkeiten des jeweiligen Datensatzes beschränkt. Obwohl sich die Literatur über die Bedeutung solcher Moderatorvariablen bewusst ist, wird auf eine studienübergreifende Untersuchung verzichtet. Hier knüpft die vorgestellte Moderatoranalyse an, indem eine umfassende literaturübergreifende Untersuchung der bedeutendsten Moderatorvariablen erfolgt.

Das sechste Untersuchungsziel der Arbeit ist die Durchführung einer multivariaten Moderatoranalyse mit Hilfe einer Meta-Regressions-Analyse (MRA). Die zu diesem Zweck formulierten Logit-Modelle erlauben im Gegensatz zur univariaten Analyse die Beurteilung partieller Moderatoreffekte. Ergebnis dieser Untersuchung ist der Nachweis, ob die Resultate der Determinanten der Kapitalstruktur auf aggregierter Ebene durch Moderatorvariablen beeinflusst werden und welche Stärke dieser Einfluss gegebenenfalls besitzt.

Das abschließende Untersuchungsziel der Arbeit bildet die Abschätzung der ökonomischen Relevanz der untersuchten Kapitalstruktur-Determinanten durch Gegenüberstellung der Betragswerte der Testergebnisse. Seit ihrem Entstehen stellt die Determinantenforschung nahezu ausnahmslos auf statistische Signifikanz und Vorzeichenrichtung zur Beurteilung der Ergebnisse ab. Diese Größen bieten sich vordergründig als universeller und einfach verfügbarer Vergleichsmaßstab von Studienresultaten an. Im Grunde erschwert diese Praxis aber das eigentliche Forschungsziel, nämlich die Beurteilung der ökonomischen Relevanz der Kapitalstruktur-Determinanten. Unverständlicherweise blendet die empirische Literatur die ökonomische Relevanz bei der Interpretation der Ergebnisse bislang aus. Der Vergleich der Studienergebnisse basiert nicht – wie methodisch angezeigt – auf Signifikanz und Effektstärke, sondern lediglich auf Signifikanz und Vorzeichenrichtung der Koeffizienten. Diese Vorgehensweise erlaubt zwar eine Hypothesenüberprüfung, nicht aber die Gewichtung der Determinanten nach ihrem Erklärungsbeitrag für Kapitalstrukturentscheidungen.

Die Realisierung der vorgestellten Zielsetzung war mit zwei grundlegenden Herausforderungen verbunden. Die erste Herausforderung bestand in der Schaffung einer zur Bearbeitung der Untersuchungsziele geeigneten Literaturdatenbank. Die durchgeführten Analysen setzen eine Literaturumfang und eine Detailtiefe voraus, die weit über bisherige Darstellungen und auch über die entsprechenden Auswertungen von Harris/Raviv (1991) hinausgehen. Harris/Raviv werten insgesamt zehn determinantenbezogene Kapitalstrukturstudien aus, indem sie die getesteten Determinanten, die Vorzeichen der Regressionskoeffizienten sowie deren statistische Signifikanz vergleichen. Die vorliegende Meta-Analyse basiert auf der Auswertung von 90 empirischen Studien. Auch der Detailgrad der Analyse ist im Vergleich zu Harris/Raviv erheblich ausgeweitet. Insgesamt werden 266 empirische Modelle der 90 Primärstudien in größtmöglicher Detailtiefe ausgewertet und einander gegenübergestellt. Zusätzlich zu den Angaben der Studie von Harris/Raviv liegen unter anderem die Koeffizientenhöhe, die präzise mathematische Definition abhängiger und unabhängiger Modellvariablen, Informationen über die statistische Methodik und Angaben zu zahlreichen Moderatorvariablen vor. Insgesamt umfasst die erstellte Literaturdatenbank mehrere zehntausend Zelleinträge, welche in vollem Umfang in die spätere Auswertung einfließen.

Die zweite Herausforderung der Arbeit bestand in der erstmaligen Übertragung metaanalytischer Methoden auf den Bereich der empirischen Determinantenforschung. In Ermangelung jeglicher Vergleichsstudie mussten alle hierzu erforderlichen Grundlagen zunächst erarbeitet werden. Dies betrifft insbesondere die Ableitung der Forschungsfragen und Untersuchungsziele sowie die Auswahl geeigneter Untersuchungsmethoden. Infolgedessen findet auch keine der im Rahmen der Arbeit durchgeführten statistischen Untersuchungen eine Entsprechung in der bisherigen Kapitalstrukturliteratur.

1.3 Gang der Untersuchung

Die weitere Arbeit ist wie folgt gegliedert. Das zweite Kapitel behandelt die Grundlagen der theoretischen Kapitalstrukturforschung. Ausgehend von dem Modell der Kapitalstruktur-Irrelevanz von Modigliani/Miller (1958) werden die Grundzüge der gängigen Kapitalstrukturtheorien vorgestellt. Dieses Kapitel verfolgt nicht den Anspruch einer vollständigen Aufarbeitung der Kapitalstrukturtheorie. Vielmehr soll es die grundsätzliche Einordnung der untersuchten Determinanten in die theoretische Forschung ermöglichen. Dementsprechend konzentriert sich die Darstellung auf die jeweils wichtigsten Beiträge der einzelnen Theorierichtungen.

Das dritte Kapitel erläutert die Grundzüge der empirischen Determinantenforschung. Zu diesem Zweck dient einerseits die Beschreibung des allgemeinen methodischen Aufbaus der ausgewerteten Primärstudien. Andererseits vollzieht das Kapitel die Entwicklung der Determinantenforschung im Zeitablauf nach. Beiträge aus den Jahren 1958 bis einschließlich 1983 werden dabei unter Bezugnahme auf die konkreten Ergebnisse einzeln und in chronologischer Reihenfolge vorgestellt. Die seit 1984 erschienenen Studien sind aufgrund ihrer deutlich größeren Anzahl und ihres zumeist gestiegenen inhaltlichen Umfangs einer individuellen Betrachtungsweise hingegen nicht mehr sinnvoll zugänglich. Aus diesem Grund konzentriert sich die Besprechung der jüngeren Determinantenstudien auf die Darstellung grundlegender Entwicklungstendenzen, während Aufarbeitung und Auswertung der seit 1984 veröffentlichten Ergebnisse Bestandteil des späteren Analysekapitels sind.

Das vierte Kapitel beschreibt die methodische Vorgehensweise sowie die Zusammenstellung des Literaturdatensatzes. In diesem Zusammenhang erfolgt zunächst eine allgemeine Einführung in die Methodenklasse der Meta-Analysen. Darauf aufbauend werden jene meta-analytischen Verfahren identifiziert, die sich zur Untersuchung der Determinanten der Kapitalstruktur eignen. Im Anschluss wird die Vorgehensweise im Rahmen der Literaturrecherche, der Aufbau der Literaturdatenbank sowie die Systematik der Literaturauswertung erläutert. Des Weiteren erfolgt in diesem Kapitel die detaillierte Besprechung der in der späteren Auswertung eingesetzten deskriptiven und statistischen Methoden.

Das fünfte Kapitel beinhaltet den analytischen Teil der Arbeit. Der Vorbereitung der Meta-Analyse dient zunächst die Erläuterung der untersuchten Moderatorvariablen und damit verbundener Hypothesen. Im Anschluss erfolgt die Besprechung der Datengrundlage sowie die Beschreibung bedeutender methodischer Merkmale der Determinantenforschung. Die Meta-Analyse selbst gliedert sich in fünf Untersuchungsschritte, die getrennt für jede der acht ausgewählten Determinanten zur Anwendung kommen. Den ersten Untersuchungsschritt bildet die deskriptive Auswertung, welche insbesondere die zusammenfassende Darstellung der weltweiten Ergebnisdaten zum Gegenstand hat. Der zweite Untersuchungsschritt prüft mit Hilfe von Binomialtests, ob sich die Ergebnisdaten signifikant von einem Zufallsbefund unterscheiden und ob Anzeichen für eine Ergebnisbeeinflussung in Abhängigkeit der Kennzahlendefinition bestehen. Den dritten Untersuchungsschritt bildet die univariate Moderatoranalyse. Gestützt auf den exakten Test von Fisher wird der Ergebniseffekt bedeutender Moderatorvariablen untersucht. Moderatorvariablen mit nachgewiesenem Ergebniseffekt werden in einem vierten Untersuchungsschritt im Rahmen einer multivariaten Moderatoranalyse gegenübergestellt. Dabei werden mit Hilfe von Logit-Modellen die partiellen Moderatoreffekte bestimmt. Der abschließende Untersuchungsschritt dient der Abschätzung der ökonomischen Relevanz der Testergebnisse. Die Kenntnis der Koeffizientenwerte und verwendeten Operationalisierungsformen erlaubt die näherungsweise Beurteilung der ökonomischen Bedeutung der einzelnen Determinanten der Kapitalstruktur. Nach Abschluss der Meta-Analyse erfolgt eine gemeinsame Auswertung der gewonnenen Ergebnisse im Hinblick auf die drei grundlegenden Forschungsfragen dieser Arbeit sowie die Besprechung daraus resultierender Schlussfolgerungen.

Die Arbeit schließt mit einer zusammenfassenden Darstellung der Forschungsergebnisse sowie einem Ausblick auf die damit verbundenen Implikationen für die empirische Determinantenforschung.

2 Grundzüge der Kapitalstrukturtheorie

2.1 Statische Kapitalstrukturtheorie

2.1.1 Irrelevanz der Kapitalstruktur

Die moderne Kapitalstrukturtheorie findet ihren Ursprung in dem 1958 veröffentlichten Beitrag von Modigliani/Miller. Motivation dieser Forschungsarbeit war das Fehlen einer adäquaten Theorie über die Wirkung der Kapitalstruktur auf die Marktbewertung eines Unternehmens.[4] Ergebnis der Forschungsbemühungen war ein wegleitendes Modell der Kapitalstruktur-Irrelevanz. Die aus dem Modigliani-Miller-Modell ableitbaren Schlussfolgerungen bilden seither die Grundlage der Kapitalstrukturforschung.

Ausgangspunkt des Modells ist eine Welt ohne Steuern mit vollständiger Konkurrenz auf einem friktionsfreien Kapitalmarkt. Akteure dieses vollkommenen Kapitalmarktes sind Unternehmen und Privatpersonen. Für beide Gruppen gelten zusätzliche Annahmen. Unternehmen erzielen unsichere operative Gewinne vor Zinsen ad infinitum, deren Höhe unbeeinflusst von Finanzierungsentscheidungen bleibt. Über die durchschnittliche Gewinnerwartung herrscht bei gegenwärtigen und potenziellen Investoren Konsens. Darüber hinaus sind Investoren in der Lage, Unternehmen in Abhängigkeit ihres operativen Risikos in homogene Gruppen einzuordnen. Das Modell beschränkt das Anlageuniversum ferner auf Aktien und Anleihen. Angenommen wird ein einheitlicher und konstanter Anleihezins, zu dem sich Unternehmen und Privatpersonen verschulden können.

Unter diesen Modellannahmen ist die Herleitung der Kapitalstruktur-Irrelevanz über ein Gedankenexperiment unmittelbar möglich. Da die operative Ertragskraft eines Unternehmens annahmegemäß von der gewählten Kapitalstruktur unbeeinflusst bleibt, sind rationale Investoren indifferent, ob die erzielten Überschüsse in Form von Dividenden oder Zinsen anfallen. Demzufolge dürfen sich auch die Marktwerte eines eigenfinanzierten und eines mischfinanzierten Unternehmens gleicher Risikoklasse und gleicher Ertragskraft nicht unterscheiden. Sollten dennoch Bewertungsunterschiede auftreten, würde ein Arbitragemechanismus für eine unmittelbare Preiskorrektur sorgen. Investoren verkaufen dabei solange die Wertpapiere des höher bewerteten Unternehmens und kaufen die Wertpapiere der niedriger bewerteten Gesellschaft bis die Marktwerte einander wieder entsprechen.[5]

Aus der Unabhängigkeit der operativen Ertragskraft und des Unternehmenswertes von der Kapitalstruktur leiten Modigliani/Miller auch eine Gesetzmäßigkeit über die

---

[4] Vgl. Modigliani/Miller (1958), S. 264

[5] Vgl. Modigliani/Miller (1958), S. 268-270

durchschnittlichen Kapitalkosten eines Unternehmens her. Im Rahmen des Modells resultiert der Unternehmenswert aus der Abzinsung der erwarteten operativen Gewinne vor Zinsen mit den durchschnittlichen Kapitalkosten. Damit der so berechnete Unternehmenswert bei Variation des Verschuldungsgrades unverändert bleibt, müssen die Kapitalkosten als einzige noch unbestimmte Größe der Gleichung folglich konstant und somit ebenfalls unabhängig von der Kapitalstruktur sein.

Konstanz der durchschnittlichen Kapitalkosten ist dabei nur gewährleistet, wenn die Substitution von Eigenkapital durch günstigeres Fremdkapital mit einer entsprechenden Erhöhung der geforderten Eigenkapitalrendite einhergeht. Mathematisch resultiert aus dem Modigliani-Miller-Modell die in Formel 2.1 dargestellte Beziehung zwischen Verschuldungsgrad und Eigenkapitalrendite, wobei r_E für die geforderte Eigenkapitalrendite, r_{RG} für die Eigenkapitalrendite eines rein eigenfinanzierten Unternehmens der gleichen Risikogruppe, r_M für den einheitlichen Fremdkapitalzins, D für den Marktwert des Fremdkapitals und E für den Marktwert des Eigenkapitals stehen.[6]

$$r_E = r_{RG} + (r_{RG} - r_M)\frac{D}{E} \qquad [2.1]$$

Zusammenfassend ergeben sich aus dem Modigliani-Miller-Modell folgende kapitalstruktur-bezogene Theoreme:

1. Der Marktwert eines Unternehmens ist unabhängig von der gewählten Kapitalstruktur.
2. Die durchschnittlichen Kapitalkosten sind konstant und dementsprechend ebenfalls unabhängig von der Kapitalstruktur.
3. Die geforderte Eigenkapitalrendite ist eine Funktion der geforderten Eigenkapitalrendite eines rein eigenfinanzierten Unternehmens der gleichen Risikoklasse zuzüglich der verschuldungsgrad-adjustierten Differenz aus Renditeforderung bei Eigenfinanzierung und Fremdkapitalzins.

Die Konsequenzen des Modells sind weitreichend. Durch Entkopplung von Kapitalstruktur und Unternehmenswert wird das Konstrukt einer wertmaximierenden, optimalen Kapitalstruktur hinfällig. In der Modellwelt wäre zudem die Frage nach Determinanten der Kapitalstruktur müßig, da die Kapitalstruktur ohne Einfluss auf reale Größen bliebe[7]. Die Übertragung dieser Schlussfolgerungen auf die Realität ist aufgrund der restriktiven Modellannahmen allerdings ausgeschlossen. Die praktische Relevanz

6 Vgl. Modigliani/Miller (1958), S. 271

7 Vgl. Hubbard (1998), S. 199

des Modells liegt dementsprechend nicht in dem Beweis der Kapitalstruktur-Irrelevanz, sondern in der Beschreibung der Bedingungen, die eine Irrelevanz tatsächlich begründen würden.[8] Die beiden Schlusssätze des Beitrages von 1958 belegen, dass Modigliani/Miller ihre Arbeit von Beginn an in dieser Weise verstanden wissen wollten.

> *„These and other drastic simplifications have been necessary in order to come to grips with the problem at all. Having served their purpose they can now be relaxed in the direction of greater realism and relevance, a task in which we hope others interested in this area will wish to share."*[9]

2.1.2 Klassische Trade-Off-Theorie

Nach Veröffentlichung der Modigliani-Miller-Theoreme beschäftigte sich die theoretische Kapitalstrukturforschung intensiv mit den Modellannahmen. Diese Forschungsanstrengungen zielten einerseits auf die Identifikation derjenigen Annahmen des Modigliani-Miller-Modells, die zur Ableitung einer Kapitalstruktur-Irrelevanz überflüssig sind. Andererseits begannen erste Versuche, die Auswirkungen realitätsnäherer Grundannahmen zu erforschen. Beide Forschungsstränge waren dabei zumeist nicht klar voneinander abgrenzt. Vielmehr hatten nachfolgende Studien häufig beide Forschungsfragen zum Gegenstand.

Der erste bedeutende Beitrag dieser Zeit stammt von Modigliani/Miller selbst. Modigliani/Miller erkannten bereits in ihrer Veröffentlichung von 1958, dass bei Berücksichtigung der steuerlichen Abzugsfähigkeit von Fremdkapitalzinsen ihr Modell adaptiert werden muss. Die zunächst vorgenommenen Korrekturen waren allerdings fehlerhaft, so dass 1963 eine Richtigstellung des Steuervorteils der Fremdfinanzierung erforderlich wurde.[10] Der Steuervorteil der Fremdfinanzierung erwächst aus dem Umstand, dass Fremdkapitalzinsen die steuerliche Bemessungsgrundlage einer Körperschaft mindern, während Ausschüttungen an die Eigenkapitalgeber der Steuerbelastung auf Unternehmensebene voll unterliegen. Unter einem solchen Steuerregime sind ein eigen- und ein mischfinanziertes Unternehmen gleicher operativer Ertragskraft nicht mehr in der Lage, die gleiche Summe an private Investoren auszuschütten. Das ausschließlich eigenfinanzierte Unternehmen muss seinen gesamten Gewinn der Steuer unterwerfen, während das mischfinanzierte Unternehmen nur den um Zinsen bereinigten Gewinn versteuern muss. Da das mischfinanzierte Unternehmen folglich zu höheren Ausschüttungen an private Investoren imstande ist, muss es auch eine höhere

---

8 Vgl. Balakrishnan/Fox (1993), S. 4; Miller (1988), S. 100

9 Modigliani/Miller (1958), S. 296

10 Vgl. Modigliani/Miller (1963), S. 433f.

Marktbewertung aufweisen. Damit war die erste Determinante der Kapitalstruktur gefunden. Es sind die Steuervorteile der Eigen- oder Fremdfinanzierung.

Wären steuerliche Überlegungen die einzige Determinante, müsste in der Realität entweder eine vollständige Eigen- oder Fremdfinanzierung beobachtet werden. Das amerikanische Steuersystem begünstigte damals die Fremdfinanzierung, so dass sehr geringe Eigenkapitalquoten zu erwarten gewesen wären. Diese ließen sich empirisch jedoch nicht ansatzweise nachweisen. Diesem offensichtlichen Widerspruch waren sich Modigliani/Miller bewusst. Sie folgerten, dass es neben dem Steuereinfluss andere Faktoren geben muss, die auf die Kapitalstruktur wirken.[11]

Das Fehlen einer vollständigen Fremdfinanzierung erklärte die theoretische Forschung in den Folgejahren mit steigenden Insolvenzrisiken der Verschuldung. Bereits Durand wies 1959 in seiner unmittelbaren Kritik an dem Modigliani-Miller-Modell auf die Ausblendung jeglicher Form des Insolvenzrisikos hin.[12] Robichek/Myers entwickelten 1966 ein Modell der Kapitalstruktur-Irrelevanz, das die Bedeutung des Insolvenzrisikos in den Mittelpunkt der Betrachtung stellt. Die Autoren zeigen, dass die Annahme homogener Investoren-Erwartungen zur Ableitung der Kapitalstruktur-Irrelevanz nicht erforderlich ist, aber zusätzlich zu den Annahmen von Modigliani/Miller explizit von der Abwesenheit direkter und indirekter Insolvenzkosten ausgegangen werden muss.[13] Robichek/Myers führen aus, dass bei Nichteinhaltung dieser Bedingung eine steigende Verschuldung mit Nachteilen verbunden ist.[14]

Baumol/Malkiel untersuchen 1967 die Auswirkungen von Steuern, Insolvenzrisiken und Transaktionskosten auf die Irrelevanzhypothese. Sie wollen zeigen, dass die Irrelevanz unter Berücksichtigung dieser Faktoren aufgehoben wird und es folglich eine optimale Kapitalstruktur gibt. Die Autoren greifen den Gedanken von Robichek/Myers auf, dass steigende Insolvenzrisiken das Überschreiten eines gewissen Verschuldungsgrades nicht sinnvoll erscheinen lassen. Zusätzlich behindern Transaktionskosten nach Baumol/Malkiel den Arbitragemechanismus des Modigliani-Miller-Modells. Da in der Realität Vermögensumschichtungen mit Kosten verbunden seien, könne auch eine Arbitrage niemals kostenfrei erfolgen.[15]

---

[11] Vgl. Modigliani/Miller (1963), S. 442; Kim (1978), S. 45

[12] Vgl. Durand (1959), S. 640, 646

[13] Direkte Insolvenzkosten sind für ein Unternehmen zahlungs- und aufwandswirksam, wie z.B. Anwaltsgebühren und Restrukturierungskosten. Als indirekte Insolvenzkosten werden alle weiteren Beeinträchtigungen des Geschäftsbetriebs durch eine (drohende) Insolvenz bezeichnet, die sich nicht unmittelbar quantifizieren lassen. Hierzu gehören z.B. Umsatzeinbußen oder die Abwanderung von Mitarbeitern.

[14] Vgl. Robichek/Myers (1966), S. 12f.

[15] Vgl. Baumol/Malkiel (1967), S. 547-578

Ebenfalls 1967 hebt Baxter die Bedeutung von Insolvenzkosten im Rahmen eines qualitativen Beitrags hervor. Nach seiner Auffassung sind Insolvenzkosten der wesentliche Gegenspieler der Steuervorteile. Aufgrund des ansteigenden Insolvenzrisikos sieht Baxter den Arbitragemechanismus von Modigliani/Miller in Situationen extremer Verschuldung außer Kraft gesetzt, weil Investoren dann nicht mehr bereit seien, dass exzessive Risiko zu tragen. Das Insolvenzrisiko entwickle sich außerdem nicht linear. Eine geringfügige Verschuldung erhöhe die Insolvenzwahrscheinlichkeit noch kaum, während bei beträchtlichem Fremdkapitaleinsatz eine weitere Senkung der Eigenkapitalquote erhebliche Auswirkungen auf die Insolvenzwahrscheinlichkeit habe.[16]

Die Studie von Stiglitz (1969) unterstreicht die Bedeutung des Insolvenzrisikos weiter. Wie Robichek/Myers kann auch Stiglitz eine Kapitalstruktur-Irrelevanz ohne die Annahme homogener Renditeerwartungen der Investoren ableiten. Ihm gelingen weitere grundlegende Verallgemeinerungen des Modigliani-Miller-Modells. So kann er auf das Konstrukt der Risikoklassen verzichten. Auch die Annahme von Kapitalmärkten mit vollständiger Konkurrenz kann ersatzlos entfallen. Essentiell zur Herleitung der Irrelevanz sind jedoch weiterhin die Ausblendung des Insolvenzrisikos und die Möglichkeit privater Investoren sich zu dem gleichen Zins wie Firmen zu verschulden.[17]

In einer Folgestudie gelangt Stiglitz (1972) zu dem Ergebnis, dass bei Verletzung der Modigliani-Miller-Annahmen ein optimaler Verschuldungsgrad existieren könne. Schwerpunkt der Betrachtung bildet abermals das Insolvenzrisiko. Solange keine Insolvenzmöglichkeit besteht, führt sein Modell zur Kapitalstruktur-Irrelevanz. Erweitert man es jedoch um diese, wird die Kapitalstruktur plötzlich relevant und ein optimaler Verschuldungsgrad möglich.[18]

Eine formale Zusammenführung von Steuervorteil und Insolvenzrisiko zu einem geschlossenen Modellansatz gelingt Kraus/Litzenberger (1973). Wie schon Stiglitz (1969) kommen Kraus/Litzenberger ohne die Annahme homogener Renditeerwartungen der Investoren und ohne die Einteilung der Unternehmen in Risikoklassen aus. In ihrem Modell folgt eine optimale Kapitalstruktur aus dem Abwägen von Steuervorteil und Insolvenzkosten. Der resultierende Zusammenhang zwischen Firmenwert und Verschuldungsgrad ist allerdings nicht streng konkav. Selbst nachdem ein ansteigender Verschuldungsgrad erstmalig zu einer Verringerung des Unternehmenswertes geführt hat, kann in dem Modell von Kraus/Litzenberger eine zusätzliche Neuverschuldung den Unternehmenswert wieder steigern.[19]

---

[16] Vgl. Baxter (1967), S. 395-403
[17] Vgl. Stiglitz (1969), S. 784-793
[18] Vgl. Stiglitz (1972), S. 458-482
[19] Vgl. Kraus/Litzenberger (1973), S. 911-922

Als schließlich die Modelle von Scott (1976) und Kim (1978) ebenfalls eine optimale Kapitalstruktur unter Berücksichtigung von Unternehmenssteuern und Insolvenzrisiken ableiteten[20], schien gegen Ende der siebziger Jahre ein gangbares Erklärungsmodell für die Wahl der Kapitalstruktur gefunden. Nach diesem später als (klassische) statische Trade-Off-Theorie bezeichneten Erklärungsansatz bestimmen der Steuervorteil der Fremdfinanzierung und die Insolvenzkosten die Wahl der Kapitalstruktur.[21] Die klassische Trade-Off-Theorie bejaht einen optimalen, wertmaximierenden Verschuldungsgrad. Der maximale Unternehmenswert in Abhängigkeit der Verschuldung wird annahmegemäß erreicht, wenn die marginalen Steuervorteile der Fremdfinanzierung den marginalen erwarteten Insolvenzkosten gerade noch entsprechen. Aufgrund der in der Realität vorhandenen Transaktionskosten ist es für ein Unternehmen nach dieser Theorie allerdings nicht notwendigerweise sinnvoll, den optimalen Verschuldungsgrad durchgängig aufrechtzuerhalten. Vielmehr wird ein rational handelndes Unternehmen nur solche Abweichungen von der optimalen Kapitalstruktur korrigieren, bei denen der Unternehmenswertzuwachs aus der Rekalibrierung der Kapitalstruktur die damit einhergehenden Transaktionskosten übersteigt.[22]

Neben dem Steuervorteil der Fremdfinanzierung und den Insolvenzkosten wurden in den Folgejahren weitere Determinanten der Kapitalstruktur mit der klassischen Trade-Off-Theorie verknüpft. Grundsätzlich kommen hierzu Faktoren infrage, die auf den Steuervorteil bzw. die Insolvenzkosten wirken. Eine trade-off-theoretische Deutung erfuhren insbesondere die Kapitalstruktur-Determinanten Profitabilität, Sachanlagevermögen und unternehmerisches Risiko. Die Nutzung des Steuervorteils der Fremdfinanzierung wird mit zunehmender Profitabilität lohnender. Gleichzeitig mindert eine hohe Ertragsstärke das Insolvenzrisiko. Aus diesem Grund erwartet die klassische Trade-Off-Theorie einen positiven Zusammenhang zwischen Profitabilität und Verschuldungsgrad. Die Insolvenzgefahr bzw. die damit einhergehenden Kosten werden zusätzlich durch vorhandenes Sachanlagevermögen und ein geringes unternehmeri-

[20] Vgl. Scott (1976), S. 33-54; Kim (1978), S. 45-63

[21] Chen/Kim (1979) verwenden den Begriff „Tax-Advantage-Bankruptcy-Cost Tradeoff" (S. 374); Myers (1984) verwendet schließlich den Begriff „Static-Tradeoff Theory" (S. 577).

[22] Vgl. Lev/Pekelman (1975), S. 78f.; Myers (1984), S. 577f. Das Transaktionskosten-Argument wird heute üblicherweise exklusiv der später entstandenen dynamischen Trade-Off-Theorie (vgl. Kapitel 2.2.1, S. 39ff.) zugeschrieben. Die klassische Trade-Off-Theorie wird heute meist so interpretiert, dass Abweichungen von der optimalen Kapitalstruktur unmittelbar ausgeglichen werden. Wie die chronologische Schilderung belegt, entstand das Transaktionskosten-Argument jedoch bereits deutlich früher. Die formale modelltheoretische Einarbeitung der Transaktionskosten bzw. bewusster Abweichungen von der optimalen Kapitalstruktur gelang aber tatsächlich erst den späteren dynamischen Trade-Off-Modellen.

sches Risiko abgemildert. Der Verschuldungsgrad sollte demzufolge positiv mit dem Sachanlagevermögen und negativ mit dem unternehmerischen Risiko korrelieren.[23]

2.1.3 Integrierte Trade-Off-Theorie

2.1.3.1 Begründung der integrierten Trade-Off-Theorie

Die klassische Trade-Off-Theorie sah sich schnell massiver Kritik ausgesetzt. Wichtigstes Gegenargument war die empirische Beobachtung, dass ähnliche Firmen völlig unterschiedliche Verschuldungsgrade aufwiesen. Um diese Beobachtung mit der Theorie in Einklang zu bringen, müssten die Transaktionskosten im Zusammenhang mit Refinanzierungen extreme Ausmaße erreichen, was ebenfalls unplausibel war.[24] Des Weiteren ergaben sich Zweifel an der ökonomischen Bedeutung von Steuervorteil und Insolvenzkosten.[25] Die klassische Trade-Off-Theorie konnte dabei insbesondere nicht erklären, weshalb Unternehmen vergleichbare Fremdkapitalquoten bereits zu Zeiten aufwiesen, als das amerikanische Steuersystem die Fremdfinanzierung noch gar nicht in der damaligen Form begünstigte.[26] Umgekehrt verwunderte es, dass Firmen auf zusätzliches Fremdkapital zu jenen Zeiten verzichteten, als der Steuervorteil in den USA sogar noch deutlich größer war.[27] Der Einfluss beider Determinanten wurde in der Folge geringer eingeschätzt als zuvor. Schließlich setzte sich die Einsicht durch, dass neben diesen Determinanten auch agency-theoretischen Überlegungen eine wichtige Rolle für Finanzierungsentscheidungen zukommt.

2.1.3.2 Erweiterte Trade-Off-Theorie

Ein entscheidender Vorstoß ging von Miller aus. Miller stellt sich bereits 1977 explizit gegen die klassische Trade-Off-Theorie und versucht diese zu widerlegen. Miller will zeigen, dass auch in einer Welt mit voll abzugsfähigen Fremdkapitalzinsen der Unternehmenswert immer noch völlig unabhängig von der Kapitalstruktur ist und damit erneut eine Irrelevanz beweisen. Nach Miller legen die wenigen Studien über direkte Insolvenzkosten, dabei insbesondere die Studie von Warner (1977), eine deutlich geringere Größenordnung dieser Kosten nahe, als allgemein angenommen werde. Somit entfielen Insolvenzkosten als ernstzunehmender Gegenspieler der Steuervorteile. Miller ist sich dabei im Klaren, dass die zitierten Studien indirekte Insolvenzkosten nicht messen konnten. Nach Millers Auffassung können aber auch die indirekten Kosten

---

[23] Vgl. Myers (1989), S. 82

[24] Vgl. Myers (1984), S. 578, 589

[25] Vgl. Brennan/Schwartz (1978), S. 104; Haugen/Senbet (1978), S. 384; Warner (1977), S. 337f.; Miller (1977), S. 262

[26] Vgl. Jensen/Meckling (1976), S. 333

[27] Vgl. Haugen/Senbet (1986), S. 12

nicht sonderlich signifikant sein, da Firmen jene Fremdkapitalinstrumente eher mieden, die diese Kosten offensichtlich minimieren. Derartige Fremdkapitalinstrumente seien beispielsweise Anleihen, deren Zinszahlung in schlechten Geschäftsjahren ausgesetzt werden könne. Auch die Bedeutung des Steuervorteils der Fremdfinanzierung stellt Miller in Frage. Für Miller ist es unverständlich, warum die in der Realität beobachteten Kapitalstrukturen trotz signifikanter Veränderungen des Steuerrechts im Laufe der Jahrzehnte weitgehend stabil geblieben sind. Wenn die klassische Trade-Off-Theorie stimmte, müssten sich die Kapitalstrukturen entsprechend verändert haben. Diese Beobachtung lässt für Miller nur einen Schluss zu: Auch die Steuervorteile der Fremdfinanzierung müssen deutlich geringer sein, als gemeinhin angenommen werde.[28]

Um dies zu belegen, berücksichtigt Miller in seinem Modell neben der Körperschaftsteuer auch erstmals die privaten Ertragsteuern auf Zinsen, Dividenden und Wertpapierverkäufe. Miller weist darauf hin, dass rationale Privatinvestoren ihre Anlageentscheidungen nach der erwarteten Nettorendite treffen. Werden beispielsweise Zinsen einer höheren privaten Steuer unterworfen als Dividendenerträge, reduziert sich der auf Firmenebene generierte Steuervorteil der Fremdfinanzierung entsprechend. Je nach Ausprägung der Steuersätze wird der auf Firmenebene erzielte Steuervorteil sogar vollständig kompensiert. Miller gelingt mit diesem Modell der Nachweis, dass der Steuervorteil der Fremdfinanzierung nur unter Einbeziehung der Steuern auf privater Ebene beurteilt werden kann. Da die Ausgestaltung des amerikanischen Steuersystems den Steuervorteil der Fremdfinanzierung damals tatsächlich minderte, war folglich auch der Steuervorteil geringer als angenommen. Damit war für Miller die klassische Trade-Off-Theorie als Erklärungsmodell gescheitert. Stattdessen entwickelt Miller die konkurrierende Idee der „Neutral Mutations". In der Realität würden Finanzierungsentscheidungen unter Rückgriff auf Heuristiken getroffen. Jene Heuristiken, die sich als gangbar erweisen, würden auf unbestimmte Zeit beibehalten, wohingegen sich die anderen überlebten. Die Erforschung dieser Heuristiken mache unterdessen wenig Sinn, weil von ihnen annahmegemäß kein materieller Einfluss auf den Unternehmenswert ausgeht. Dieser Denkansatz erfuhr in der Folge keinen nennenswerten Zuspruch.[29]

Die von Miller angestoßene Debatte über die grundsätzliche Eignung des Steuervorteils der Fremdfinanzierung als Kapitalstruktur-Determinante nahm 1980 durch den Beitrag von DeAngelo/Masulis eine entscheidende Wendung. DeAngelo/Masulis knüpfen unmittelbar an der von Miller erneut postulierten Irrelevanzhypothese an und weisen nach, dass Millers Schlussfolgerung nur unter einschränkenden Annahmen gilt.

---

28 Vgl. Miller (1977), S. 266
29 Vgl. Miller (1977), S. 261-275; Warner (1977), S. 337-347; Myers (1984), S. 576

DeAngelo/Masulis arbeiten in ihrem Modell den Gedanken aus, dass der Steuervorteil der Fremdfinanzierung auf Unternehmensebene keineswegs als sicher gelten kann.[30] Der Steuervorteil entfällt ganz oder teilweise, sobald ein Unternehmen Verluste macht bzw. über sogenannte Non-Debt-Tax-Shields verfügt. DeAngelo/Masulis zählen zu den Non-Debt-Tax-Shields (NDTS) Steuergutschriften und steuerlich abzugsfähige, nicht zahlungswirksame Aufwendungen. Wichtigstes NDTS in der Praxis sind Abschreibungen. Reichen beispielsweise die Erträge eines Unternehmens nicht aus, um die Abschreibungen des Geschäftsjahres auszugleichen, sinkt die Steuerlast des Unternehmens bereits vor Abzug der Fremdkapitalzinsen auf Null. In diesem Fall entfällt auch der Steuervorteil des Fremdkapitals vollständig. Zentral für das Verständnis des Modells von DeAngelo/Masulis ist nun die Einsicht, dass ein steigender Verschuldungsgrad bei gegebenen NDTS die Wahrscheinlichkeit einer vollständigen Realisierung des Steuervorteils der Fremdfinanzierung schmälert. Aus dem abnehmenden Grenzsteuervorteil der Fremdfinanzierung auf Unternehmensebene und dem angenommenen konstanten Grenzsteuernachteil von Fremdkapital auf privater Ebene folgt ein firmenspezifischer, optimaler Verschuldungsgrad im Ausgleich beider Größen. Ceteris paribus postuliert das Modell von DeAngelo/Masulis folglich einen negativen Zusammenhang zwischen der Höhe der Verschuldung und der Höhe der NDTS. Damit war eine dritte Determinante der Kapitalstruktur theoretisch hergeleitet.[31]

2.1.3.3 Agency-Theorie

Neben den neuen Erkenntnissen über Steuervorteil und Insolvenzkosten führten vor allem die Implikationen der Agency-Theorie zu einer Abkehr von dem klassischen Trade-Off-Modell.[32] Die Verknüpfung dieses Forschungsstranges mit der Kapitalstrukturtheorie gelingt Jensen/Meckling 1976. Jensen/Meckling definieren eine Agency-Beziehung als Vertrag, auf dessen Grundlage eine oder mehrere Personen (die sogenannten Prinzipale) eine andere Person (den sogenannten Agenten) mit der Durchführung von Aufgaben betrauen, wobei der oder die Prinzipal(e) Entscheidungskompetenz an den Agenten übertragen. Kern der Agency-Theorie ist nun die Annahme opportunistischen Verhaltens beider Vertragsparteien. Der Agent handelt demzufolge nicht notwendigerweise im Interesse des Prinzipals, sondern versucht den eigenen Vorteil auch zu Lasten des Prinzipals zu maximieren.[33]

---

30 Auf den Verlust der Steuervorteile im Falle unzureichender Gewinne wiesen zuvor beispielsweise schon Modigliani/Miller (1963) und Brennan/Schwartz (1978) hin. Vgl. Modigliani/Miller (1963), S. 435; Brennan/Schwartz (1978), S. 104

31 Vgl. DeAngelo/Masulis (1980), S. 3-29

32 Vgl. Brennan (1995), S. 11f.

33 Vgl. Jensen/Meckling (1976), S. 308f.

Zur Milderung der Interessenkonflikte zwischen Prinzipal und Agent stehen zwei grundsätzliche Lösungsansätze zur Verfügung. Der Prinzipal kann einerseits durch Anreiz- und Kontrollmechanismen auf den Agenten Einfluss nehmen (Monitoring). Andererseits kann der Agent in unterschiedlichen Formen freiwilliger Selbstverpflichtung seine Bereitschaft zum interessenkonformen Verhalten unterstreichen (Bonding). Da trotz Monitoring- und Bonding-Mechanismen ein optimales Verhalten des Agenten annahmegemäß nicht zu erreichen ist, verbleibt ein Wohlfahrtsverlust auf Seiten des Prinzipals, den die Agency-Theorie als Residual Loss bezeichnet. Die Summe aus Monitoring-Kosten, Bonding-Kosten und Residual Loss ergibt die gesamten Agency-Kosten einer Prinzipal-Agenten-Beziehung.[34]

Wegweisend war nun die Einsicht von Jensen/Meckling, dass Finanzierungsentscheidungen Prinzipal-Agenten-Beziehungen begründen und beeinflussen können. Solche Beziehungen treten nach Jensen/Meckling insbesondere zwischen (Gesellschafter-) Geschäftsführern (Agenten) und unternehmensexternen Eigenkapitalgebern (Prinzipale) sowie zwischen Eigenkapitalgebern (Agenten) und unternehmensexternen Fremdkapitalgebern (Prinzipale) auf. Relevant für die Kapitalstrukturtheorie werden diese Prinzipal-Agenten-Beziehungen aufgrund der damit definitionsgemäß verbundenen Agency-Kosten. Rationale Prinzipale antizipieren mögliches Fehlverhalten der Agenten und berücksichtigen die erwarteten Monitoring-Kosten und den erwarteten Residual Loss in der Unternehmensbewertung. Finanzierungsbedingte Agency-Konflikte führen folglich zu einem sinkenden Unternehmenswert. Mit dieser grundlegenden Erkenntnis eröffneten Jensen/Meckling eine damals völlig neuartige Sichtweise auf den Zusammenhang zwischen Kapitalstruktur und Unternehmenswert.

Jensen/Meckling unterscheiden Agency-Kosten externer Eigen- und Fremdfinanzierung. Für die Höhe dieser Agency-Kosten gelten folgende grundlegende Gesetzmäßigkeiten. Die Agency-Kosten der Eigenfinanzierung bzw. Fremdfinanzierung steigen und fallen mit der Höhe des externen Eigenkapitals bzw. externen Fremdkapitals. Die Agency-Kosten der externen Eigenfinanzierung können durch höhere Verschuldung gesenkt werden. Umgekehrt sinken die Agency-Kosten der externen Fremdfinanzierung durch Reduktion der Verschuldung. Das agency-theoretische Kapitalstrukturoptimum ist somit derjenige Verschuldungsgrad, bei dem die Summe aus den Agency-Kosten der externen Eigenfinanzierung und der externen Fremdfinanzierung ihr Minimum erreicht. Sind diese Agency-Kosten ökonomisch bedeutsam, muss die klassische Trade-Off-Theorie nach Meinung der Autoren entsprechend erweitert werden.[35]

---

[34] Vgl. Jensen/Meckling (1976), S. 308
[35] Vgl. Jensen/Meckling (1976), S. 333

Eine quantitative Bestimmung der ökonomischen Relevanz der Agency-Kosten gestaltet sich jedoch bis in die Gegenwart schwierig.[36] Während sich die zuvor hergeleiteten Kapitalstruktur-Determinanten über Jahresabschlussgrößen und Risikomaße zumindest approximieren lassen, ist eine unmittelbare Operationalisierung der Agency-Kosten unmöglich. Zu vielschichtig sind die Beziehungsgeflechte zwischen Prinzipal und Agent, als dass sich hierfür einheitliche, allgemeingültige Kennzahlen definieren ließen. Aus diesem Grund folgt aus der Agency-Theorie auch keine unmittelbar empirisch testbare Determinante der Kapitalstruktur. Die agency-theoretische Kapitalstrukturliteratur konzentriert sich stattdessen auf die Identifikation charakteristischer Einzelprobleme, die regelmäßig zu Agency-Kosten führen und/oder mit besonders hohen Agency-Kosten verbunden sind. Erst aus der modelltheoretischen Beschreibung dieser Einzelprobleme und der Diskussion kapitalstrukturpolitischer Lösungsansätze lassen sich empirisch testbare Hypothesen und damit Kapitalstruktur-Determinanten ableiten.

Die agency-theoretische Literatur hat bis heute sechs wesentliche finanzierungsbezogene Einzelprobleme beschrieben, auf deren Grundlage Hypothesen über empirisch testbare Kapitalstruktur-Determinanten formuliert werden. Im Folgenden werden diese sechs Einzelprobleme dargestellt. Die ersten vier Einzelprobleme führen zu Agency-Kosten der externen Eigenfinanzierung, die beiden übrigen zu Agency-Kosten externer Fremdfinanzierung.

1. Übermäßiger Konsum am Arbeitsplatz (Jensen/Meckling, 1976). Die Neigung eines (Gesellschafter-)Geschäftsführers zur übermäßigen Inanspruchnahme nicht-monetärer Vorteile am Arbeitsplatz (sog. „Non-Pecuniary Benefits"). Eine solche Verhaltensweise ist wahrscheinlich, da der (Gesellschafter-)Geschäftsführer den alleinigen Nutzen aus diesen nicht-monetären Vorteilen zieht, die damit verbundenen Kosten aber nur in Höhe seines prozentualen Anteils am Grundkapital tragen muss.

2. Überinvestitionsproblem (Jensen, 1986). Der Anreiz der Geschäftsführung trotz unzureichender Investitionsmöglichkeiten freie Finanzmittel (Free-Cash-Flow) im Unternehmen zu belassen und somit nicht in Form von Dividenden oder Aktienrückkäufen an externe Eigentümer auszuschütten. Die Geschäftsführung sichert sich durch dieses Verhalten maximale Handlungsflexibilität und vermeidet insbesondere die verstärkte Kontrolle durch externe Kapitalgeber bei anderenfalls höherer Außenfinanzierung.

---

[36] Vgl. Mello/Parsons (1992) für einen modelltheoretischen Versuch zur präzisen Quantifizierung von Agency-Kosten

3. Kombiniertes Unter- und Überinvestitionsproblem (Stulz, 1990). Die Behauptung der Unternehmensleitung über unzureichende Innenfinanzierungsmöglichkeiten zu verfügen, um durch die zusätzliche Bereitstellung von Kapital größtmögliche Handlungsfreiheit zu erreichen (Überinvestitionsproblem). Externe Kapitalgeber werden diese Verhaltensweise antizipieren, so dass bei tatsächlicher Knappheit interner Mittel wertschaffende Investitionen unterbleiben können (Unterinvestitionsproblem).

4. Wertvernichtende Unternehmensfortführung (Harris/Raviv, 1990). Die Präferenz der Geschäftsführung ein Unternehmen auch dann fortzuführen, wenn eine Liquidation die vorteilhaftere Alternative aus Sicht externer Eigentümer wäre.

5. Vermögenssubstitution (Jensen/Meckling, 1976). Der Anreiz der Eigenkapitalgeber unangekündigt zu einer risikoreicheren Geschäftspolitik überzugehen. Da Eigenkapitalgeber nur begrenzt haften, ihr Gewinnpotenzial aber gleichzeitig unbegrenzt ist, profitieren sie von einer Zunahme des Unternehmensrisikos zu Lasten der externen Fremdkapitalgeber.

6. Unterinvestitionsproblem (Myers, 1977). Die Weigerung der Eigenkapitalgeber (oder Gläubiger) zur Durchführung von Investitionsprojekten mit positivem Kapitalwert. Solche Situationen können entstehen, wenn der projektbedingte Unternehmenswertzuwachs überwiegend oder ausschließlich den (Alt-)Gläubigern zugute käme.

Von den acht im Rahmen dieser Arbeit untersuchten Determinanten der Kapitalstruktur lassen sich insbesondere die Determinanten Profitabilität, Sachanlagevermögen und Wachstum unmittelbar agency-theoretisch begründen. So folgern beispielsweise Harris/Raviv (1990), dass Firmen mit höherem Liquidationswert (gemessen am Sachanlagevermögen) eine höhere Verschuldung besitzen, höhere Fremdkapitalzinsen zahlen und ein höheres Ausfallrisiko haben als Firmen mit geringerem Liquidationswert.[37] Myers (1977) gelangt zu dem Ergebnis, dass Unternehmen mit hohem Sachanlagevermögen und hoher Profitabilität mehr Fremdkapital aufweisen sollten, während Firmen mit hohen Wachstumsaussichten eine höhere Eigenfinanzierung besitzen sollten.

Im Vergleich zu dem in sich geschlossenen klassischen Trade-Off-Modell mit wenigen ableitbaren Kapitalstruktur-Determinanten ist der agency-theoretische Ansatz ein deutlich offeneres Theoriegebäude. Unter Rückgriff auf die geschilderten Agency-Probleme lassen sich zahlreiche weitere Determinanten unmittelbar oder mittelbar begründen. Aus dem Unterinvestitionsproblem folgt beispielsweise unmittelbar die Determinante Free-Cash-Flow, aus dem Konsum am Arbeitsplatz die mögliche Determi-

[37] Vgl. Harris/Raviv (1990), S. 323

nante Eigentümerstruktur. Die Möglichkeiten der mittelbaren Ableitung von Kapitalstruktur-Determinanten aus der Agency-Theorie sind sogar ungleich vielfältiger. So lassen sich beispielsweise selbst kulturelle Einflussfaktoren auf die Kapitalstruktur mit der Agency-Theorie verknüpfen. Ein derartiges Argument wäre etwa, dass der Kulturkreis eines Managers seinen Anreiz zum Konsum am Arbeitsplatz oder zur Vermögenssubstitution mindern oder verstärken kann.[38]

2.1.3.4 Würdigung der integrierten Trade-Off-Theorie

Aus der Zusammenführung der neuen Erkenntnisse über den Steuervorteil der Fremdfinanzierung mit den Ergebnissen der Agency-Theorie entwickelte sich bis Mitte der achtziger Jahre die integrierte Trade-Off-Theorie. Aus dieser Theorie leitet sich nach wie vor ein optimaler Verschuldungsgrad ab, der sich nun allerdings aus der Abwägung des korrigierten Steuervorteils der Fremdfinanzierung unter Berücksichtigung privater Steuern und NDTS, den Insolvenzkosten und Agency-Kosten bestimmt. Durch Präzisierung des Steuervorteils und Berücksichtigung der Agency-Kosten war mit der integrierten Trade-Off-Theorie erstmals die empirisch beobachtete Schwankungsbreite des Verschuldungsgrades plausibel erklärbar.[39]

Nachteilig wirkt sich die Komplexität des Ansatzes aus. Im Gegensatz zu dem Modell von Modigliani/Miller (1958) oder der klassischen Trade-Off-Theorie ist die integrierte Trade-Off-Theorie nur noch ein übergeordnetes Denkmodell, das aufgrund der Unbestimmtheit der Agency-Theorie nicht mehr in einem geschlossenen modelltheoretischen Rahmen beschrieben werden kann. Modelltheoretische Untersuchungen sind daher notwendigerweise auf Teilaspekte dieses Denkansatzes beschränkt. Aufgrund der immanenten Unvollendetheit ist die integrierte Trade-Off-Theorie aber auch als Ganzes modelltheoretisch nicht mehr überprüfbar, sondern sie kann höchstens durch einen überlegenen Denkansatz abgelöst oder empirisch widerlegt werden.

Trotz dieser inhaltlichen Herausforderungen ist die Trade-Off-Theorie der bis heute führende kapitalstrukturpolitische Erklärungsansatz. Die Überprüfung der aus der Trade-Off-Theorie abgeleiteten Hypothesen ist Gegenstand nahezu jeder empirischen Studie im Bereich der Determinantenforschung. Auch die modelltheoretische Arbeit an der Trade-Off-Theorie unterliegt einer kontinuierlichen Weiterentwicklung. Ergebnis dieser Bemühungen ist die formale Beschreibung und Untersuchung der Trade-Off-Theorie im dynamischen Kontext.[40]

---

[38] Vgl. Chui et al. (2002), S. 103

[39] Vgl. Berens/Cuny (1995), S. 1187

[40] Vgl. Kapitel 2.2.1, S. 39ff., für eine detaillierte Darstellung der dynamischen Trade-Off-Theorie

2.1.4 Signalling-Theorie

2.1.4.1 Begründung der Signalling-Theorie

Aus unmittelbarer Kritik an der klassischen Trade-Off-Theorie entwickelten Ross (1977) und Leland/Pyle (1977) unabhängig voneinander die eigenständige Modellklasse der Signalisierungsansätze. Die Entwicklung dieser Modellkategorie verlief parallel und weitgehend losgelöst von trade-off-theoretischen Überlegungen. Ebenso wie die Trade-Off-Theorie bejahen Signalisierungsansätze die Relevanz der Kapitalstruktur. Allerdings stützt sich dieser Nachweis weder auf den Steuervorteil der Fremdfinanzierung, die Höhe der Insolvenzkosten noch auf agency-theoretische Argumente.[41] Signalisierungsmodelle offerierten somit erstmals einen alternativen Erklärungsansatz für die Wahl der Kapitalstruktur und traten in unmittelbare Konkurrenz zu der Trade-Off-Theorie.

Als Ausgangspunkt zur Widerlegung der Kapitalstruktur-Irrelevanz dient Signalisierungsmodellen die Annahme vollkommener Information in der Modigliani-Miller-Welt. Kennzeichnend für die Realität sind jedoch asymmetrische Informationsverteilungen. So ist die Geschäftsführung über die gegenwärtige und zukünftige Unternehmenslage im Regelfall besser informiert als externe Eigentümer, Gläubiger oder gänzlich Außenstehende. Der Informationsvorsprung der Unternehmensinsider impliziert einen Informationsnachteil aller übrigen Akteure. Letztere stehen bei ihrer Investitionsentscheidung vor dem Dilemma, gute von schlechten, überbewertete von unterbewerteten Unternehmen unterscheiden zu müssen, ohne über Insiderwissen zu verfügen. Grundlage aller Signalisierungsansätze ist vor diesem Hintergrund die Überzeugung, dass sich bestehende Informationsvorteile von Unternehmensinsidern durch Finanzierungsentscheidungen abbauen lassen. Gelingt es, durch finanzielle Entscheidungen die Unterbewertung eines Unternehmens glaubhaft dem Kapitalmarkt gegenüber zu signalisieren, resultiert – so die Schlussfolgerung – eine höhere Marktbewertung. Damit war neben dem klassischen Trade-Off von Steuervorteil und Insolvenzkosten und dem Konzept der Agency-Kosten ein dritter Weg gefunden, wie die Kapitalstruktur den Unternehmenswert beeinflussen kann.

2.1.4.2 Herleitung der Signalling-Theorie

Das Modell von Ross (1977) unterstellt einen vollkommenen Kapitalmarkt, auf dem Unternehmen zweier „Qualitätsstufen" vertreten sind. Die Akteure des Kapitalmarktes sind risikoneutral. Die Ausprägung des Firmentyps ist nur dem jeweiligen Manage-

---

[41] Von der Agency-Theorie grenzt sich Ross (1977) sogar explizit mit dem Hinweis ab, dass sein Erklärungsansatz ohne die kurz zuvor veröffentlichte agency-theoretische Kapitalstrukturtheorie von Jensen/Meckling (1976) auskomme. Vgl. Ross (1977), S. 24

ment bekannt. Das Management selbst kann nur Finanzentscheidungen treffen und darf keine Wertpapiere der eigenen Firma handeln. Das Modell betrachtet zwei Perioden t_0 und t_1, wobei Finanzierungsentscheidungen in t_0 erfolgen.

In dieser Modellwelt können die qualitativ besseren Firmen zum Zeitpunkt t_0 zwar versuchen, den (höheren) Wert des Unternehmens zu signalisieren. Dies scheitert aber, da die schlechteren Firmen derartige Versuche einfach imitieren können, so dass der Kapitalmarkt kein verlässliches Signal erhält und weiterhin nicht zwischen den beiden Firmentypen unterscheiden kann. Ein glaubhaftes Signal wird nach Ross dadurch möglich, dass die Vergütung des Managements an den Firmenwert geknüpft und das Management für eine Insolvenz in Form einer vorher festgelegten Strafzahlung haftbar gemacht wird. Das Vergütungssystem ist so ausgelegt, dass sowohl der aktuelle als auch der zukünftige Unternehmenswert darin Eingang finden. Durch diese erfolgsabhängige Entlohnung hat das Management eines Unternehmens besserer Qualität nun den Anreiz und die Möglichkeit, dem Kapitalmarkt den wahren Firmenwert über die Wahl des Verschuldungsgrads zu signalisieren. Denn je höher der Verschuldungsgrad gewählt wird, desto eher gehört ein Unternehmen der besseren Qualitätsstufe an, da die schlechteren Firmen die steigende Verschuldung mangels Profitabilität und unzureichendem Cash-Flow immer schwerer tragen können. Unternehmen besserer Qualität werden folglich einen Verschuldungsgrad zum Zeitpunkt t_0 wählen, der eine Imitationsstrategie durch Firmen schlechter Qualität irrational macht.

Nach Ross besteht für das Management von Firmen schlechter Qualität der Anreiz zur Imitation des Verschuldungsgrades zum Zeitpunkt t_0 genau dann nicht mehr, wenn der Erwartungswert der Strafzahlung in t_1 höher ist als der geldwerte Vorteil in Periode t_0 als Unternehmen besserer Qualität zu gelten. Auf dem Kapitalmarkt entsteht ein separierendes Gleichgewicht. Anhand des gewählten Verschuldungsgrads lassen sich Unternehmen guter und schlechter Qualität eindeutig unterscheiden. Ross verallgemeinert dieses Modell in der Folge. Bereits in seinem Beitrag von 1977 beschränkt Ross das Insiderwissen des Managements auf den Erwartungswert der zukünftigen Ertragsaussichten. 1978 veröffentlicht Ross ein Signalisierungsmodell, in dem das Management auch operative Entscheidungen treffen kann.[42]

Im Unterschied zu Ross (1977) stellt das Modell von Leland/Pyle (1977) auf die Signalwirkung der gewählten Eigenkapitalbeteiligung ab. Ausgangspunkt des Modells ist ein Investitionsprojekt, das ausschließlich über Eigenkapital des geschäftsführenden Unternehmers und externer Investoren finanziert werden soll. Der Unternehmer verfügt annahmegemäß über superiores Wissen. Während externe Investoren dem erwarteten Projekterfolg nur eine Wahrscheinlichkeitsverteilung zuordnen können, kennt der

---

42 Vgl. Ross (1977), S. 23-40; Ross (1978), S. 777-792

Unternehmer die erwartete Projektrendite genau. Als alternative Anlageformen stehen dem Unternehmer das Marktportfolio und eine risikolose Anlage zur Verfügung. Unterstellt wird ferner rationales Handeln. Der Unternehmer wird sich bei der Vermögensaufteilung dementsprechend an der erwarteten Rendite orientieren.

Unter diesen Annahmen ist die Signalwirkung der gewählten Eigenkapitalhöhe unmittelbar ableitbar. Der Unternehmer geht eine höhere Eigenkapitalbeteiligung bei dem Projekt nur dann ein, wenn die erwartete Projektrendite die Opportunitätskosten übersteigt und zusätzlich für die geringere Risikodiversifikation seines Privatvermögens entschädigt. Leland/Pyle zeigen formal, dass die Höhe der Eigenkapitalbeteiligung des Unternehmers unter den getroffenen Annahmen positiv mit der Renditeerwartung des Projekts korreliert. Somit können auch externe Investoren aus der Beteiligungshöhe des Unternehmers verlässliche Schlussfolgerungen über den Projekterfolg ziehen.[43]

Kapitalstrukturpolitische Konsequenz der Signalisierungsmodelle ist die zu erwartende höhere Bereitschaft von Insidern, Eigenkapital an gesunden, zukunftsfähigen Unternehmen zu halten. Zur Vermeidung einer Verwässerung des Eigenkapitalanteils haben Insider solcher Firmen zudem das Bestreben, die externe Eigenfinanzierung soweit wie möglich zu begrenzen und stattdessen Fremdkapital einzusetzen. Die höchsten Fremdkapitalquoten werden bei Unternehmen vermutet, die gegenwärtig hoch profitabel sind und über beste Entwicklungsmöglichkeiten in der Zukunft verfügen. Über die Signalisierungsmodelle lassen sich somit empirisch testbare Hypothesen über die Determinanten Profitabilität und Wachstum begründen.[44] Signalisierungsmodelle eröffnen darüber hinaus eine neuartige Sichtweise auf das Insolvenzrisiko. Durch Verknüpfung des Unternehmens- bzw. Projekterfolges mit dem Privatvermögen des Managements (Ross, 1977) oder des geschäftsführenden Unternehmers (Leland/Pyle, 1977) haben Unternehmensinsider unabhängig von den durch das Unternehmen zu tragenden direkten oder indirekten Insolvenzkosten einen starken intrinsischen Anreiz zur Vermeidung einer Insolvenz. So folgern etwa Leland/Pyle, dass auch ohne Berücksichtigung von Insolvenzkosten der Verschuldungsgrad mit steigender Varianz der Unternehmensrendite abnehmen sollte.[45]

2.1.4.3 Würdigung der Signalling-Theorie

Eine Prominenz wie die Trade-Off-Theorie haben die Signalisierungsansätze bis in die Gegenwart nicht erreicht. Ross selbst wies Ende der siebziger Jahre auf den noch „primitiven Stand", die zahlreichen offenen Fragen und die schwierige empirische

---

[43] Vgl. Leland/Pyle (1977), S. 371-387
[44] Vgl. Chen (2004), S. 7
[45] Vgl. Leland/Pyle (1977), S. 382

Testbarkeit der Signalisierungsmodelle hin.[46] Diese Schwierigkeiten bestehen bis heute fort. Obwohl der Grundgedanke einer möglichen Signalwirkung von Finanzierungsentscheidungen allgemeine Anerkennung genießt, ist es diesem Forschungsstrang nicht gelungen, einen aus sich heraus gangbaren modelltheoretischen Rahmen für die Kapitalstrukturwahl zu entwickeln.

Zwar wurden aufbauend auf Ross (1977, 1978) und Leland/Pyle (1977) noch weitere Signalisierungsmodelle formuliert.[47] Eine maßgebliche Bedeutung für die Kapitalstrukturtheorie kommt jedoch keinem der Modelle zu. Überdies beziehen sich diese Modelle nicht notwendigerweise auf die Kapitalstruktur, sondern untersuchen (auch) die Signalwirkung von Dividenden- und/oder Investitionsentscheidungen. Neuere Signalisierungsmodelle widersprechen den Ergebnissen der klassischen kapitalstrukturbezogenen Ansätze sogar in Teilen. So folgt aus dem Modell von Luo et al. (2002), dass Firmen höherer Qualität weniger Fremdkapital verwenden, wenn die Informationsasymmetrie hinsichtlich der Cash-Flow-Varianz besteht.[48] Auch Wanzenried (2002) kann die Ergebnisse der klassischen Modelle nicht vorbehaltlos bestätigen. In ihrem Modell ist eine Signalwirkung der Kapitalstruktur nicht grundsätzlich ableitbar.[49]

Die grundsätzliche Eignung der Signalisierungsmodelle zur Erklärung der Kapitalstruktur ist überdies fraglich. In der Realität treffen auf dem Kapitalmarkt nicht nur zwei, sondern eine Vielzahl von Unternehmen aufeinander. Ein präzises Signalisierungsmodell in Reinform müsste also erklären, wie sich ein kapitalmarktweites separierendes Gleichgewicht nur auf Grundlage der Signalwirkung des Verschuldungsgrades ergibt. Auf einem realen Kapitalmarkt wäre eine immense Zahl separierender Gleichgewichte simultan und kongruent durch das Management jedes Unternehmens zu bestimmen, damit die Qualität des eigenen Unternehmens eindeutig und relativ zu allen Übrigen eingeordnet werden kann. Um dies leisten zu können, müsste das Management jedes einzelnen Unternehmens die Position des eigenen Unternehmens gegenüber allen Anderen genau einschätzen können. Dazu müsste es aber auch über Insiderwissen bezogen auf alle anderen Unternehmen verfügen. Ein Signalisierungsmodell in Reinform wäre folglich in sich widersprüchlich und kann kaum die Grundlage realer Finanzierungsentscheidungen sein.

---

46 „Considerable work remains, though, before the incentive-signalling model is in a form suitable for empirical testing", Ross (1977), S. 38. „The ISF [incentive-signalling-financial] models are in a primitive stage, but they hold the promise of improving our understanding of the financial structure. [...] The questions that remain, however, are enormous.", Ross (1978), S. 791

47 Vgl. z.B. Miller/Rock (1985), S. 1031-1051; John/Williams (1985), S. 1053-1070; Ambarish et al. (1987), S. 321-343; Ravid/Sarig (1991), S. 165-180

48 Vgl. Luo et al. (2002), S. 216

49 Vgl. Wanzenried (2002), S. 1, 15

Wenn sich die Fremdkapitalquote primär nach der Signalwirkung bestimmte, müsste es außerdem zu einer deutlichen Spreizung der in der Realität beobachteten Kapitalstrukturen kommen, weil zumindest die besten Firmen durch Positionierung in extremen Eigen- oder Verschuldungsgradbereichen notgedrungen versuchen würden, das richtige Signal bei enormer Signalkonkurrenz durch andere Unternehmen zu übermitteln.

Die Nutzbarkeit signalisierungstheoretischer Modelle für die Kapitalstrukturforschung wird ungeachtet vorstehender Argumentation in der Literatur bezweifelt. Übliche Vorbehalte gegen die Signalisierungsmodelle sind insbesondere die unterschiedlichen und nicht messbaren Präferenzstrukturen von Managern bzw. Unternehmern, das fragwürdige Konstrukt der Kopplung des Privatvermögens (bis hin zu Strafzahlungen) mit dem Unternehmenswert, die sehr eingeschränkte empirische Überprüfbarkeit der Modelle sowie die Modellierung der Informationsasymmetrien zwischen lediglich zwei Gruppen.[50]

In der empirischen Forschung wird das Signalisierungsargument bei der Interpretation der Determinanten Profitabilität und Wachstum gewürdigt. Empirisch sinnvoll testbar ist der Signalisierungsansatz in Form von Regressionsanalysen als Ganzes hingegen nicht. Am ehesten sind hierzu Event-Studien geeignet. Nach Wanzenried (2002) führten aber auch intensive Bemühungen in diesem Bereich zu keinem eindeutigen Resultat über die Geltung der kapitalstruktur-bezogenen Signalisierungsmodelle.[51] Im Ergebnis herrscht somit sowohl in der theoretischen als auch empirischen Forschung weitgehende Unklarheit über Aussagekraft und Relevanz dieser Modellklasse für reale Kapitalstrukturentscheidungen.

2.1.5 Pecking-Order-Theorie

2.1.5.1 Begründung der Pecking-Order-Theorie

Die zahlreichen grundlegenden theoretischen Erkenntnisse der siebziger Jahre mündeten bis Mitte der achtziger Jahre nicht in eine belastbare, allgemeingültige Kapitalstrukturtheorie. Die unbestreitbaren Fortschritte in der Kapitalstrukturtheorie konnten reale Finanzierungsentscheidungen nicht hinreichend erklären. Eine normative Kapitalstrukturtheorie erschien unerreichbar. Myers fasste den damaligen Stand der Kapitalstrukturforschung in seinem berühmten 1984 im Journal of Finance veröffentlichten Aufsatz zusammen.

---

50 Vgl. Zingales (2000), S. 1640; Brennan (1995), S. 13; Wenzel (2006), S. 93f.; Haugen/Senbet (1979), S. 672f.; Chen/Kim (1979), S. 382

51 Vgl. Wanzenried (2002), S. 1

„How do firms choose their capital structures? [...] the answer is, "We don't know". [...] We do not know how firms choose the debt, equity or hybrid securities they issue. We have only recently discovered that capital structure changes convey information to investors. [...] We have accumulated any helpful insights into capital structure choice [...]. Many of us have translated these theories, or stories, of optimal capital structure into more or less definite advice to managers. But our theories don't seem to explain actual financing behavior, and it seems presumptuous to advise firms on optimal capital structure when we are so far from explaining actual decisions."[52]

Dieses ernüchternde Ergebnis nach 25jähriger Forschungsarbeit gründete sich auf mehrere Argumente. Myers empfand es als unbefriedigend, dass die Trade-Off-Theorie die beobachtete Variation der Verschuldungsgrade nur unter Einbeziehung unspezifischer signalisierungs- und agency-theoretischer Argumente erklären kann. Einige der wenigen empirischen Ergebnisse der damaligen Zeit standen zudem im Widerspruch zur Trade-Off-Theorie oder ließen zumindest an ihrer Gültigkeit zweifeln. So zeigten Event-Studien, dass Transaktionen, die den Verschuldungsgrad erhöhen, beinahe ausnahmslos mit Unternehmenswertsteigerungen einhergingen und umgekehrt. Nach der Trade-Off-Theorie dürfte dieses eindeutige Muster nicht existieren, da es nur erklärbar wäre, wenn alle Unternehmen einen Verschuldungsgrad unterhalb des trade-off-theoretischen Optimums wählten.[53] Insbesondere wunderte sich Myers über die geringen Determinationskoeffizienten (R^2) der direkten Trade-Off-Tests. Zudem waren die tatsächlichen Verschuldungsgrade amerikanischer Unternehmen damals deutlich geringer, als es die Trade-Off-Theorie vermuten ließ.[54]

Auch über die Bedeutung und Implikationen der neuen theoretischen Arbeiten wurde in den achtziger Jahren zum Teil kontrovers diskutiert. So kritisierte etwa Modigliani (1982) in ungewöhnlicher Schärfe das von Miller 1977 publizierte Modell.[55] Haugen/Senbet (1986) warnten infolge uneinheitlicher empirischer Resultate beispielsweise vor einer allzu leichtfertigen Akzeptanz der NDTS-Hypothese von DeAngelo/Masulis (1980).[56] Kane et al. (1984) hielten es für unwahrscheinlich, dass dem Trade-Off aus korrigiertem Steuervorteil und Insolvenzkosten eine bedeutende Rolle für die Erklärung der in der Realität beobachteten Verschuldungsmuster zukommt.[57]

Unter dem Eindruck einer anhaltenden Debatte über Möglichkeiten und Grenzen der Trade-Off-Theorie veröffentlichte Myers 1984 einen fundamentalen Gegenentwurf zu allen bisherigen kapitalstrukturtheoretischen Überlegungen. Myers bezeichnete diesen

[52] Myers (1984), S. 575
[53] Vgl. Myers (1984), S. 587; Myers (1989), S. 83, 93
[54] Vgl. Berens/Cuny (1995), S. 1187
[55] Vgl. Modigliani (1982), S. 256
[56] Vgl. Haugen/Senbet (1986), S. 13
[57] Vgl. Kane et al. (1984), S. 853

Ansatz als Pecking-Order-Theorie. Nach der Pecking-Order-Theorie sind Unternehmen nicht bestrebt, eine optimale, wertmaximierende Kapitalstruktur zu erreichen. Vielmehr folge das Finanzierungsverhalten einfachen Regeln. Unternehmen bevorzugen Myers zufolge grundsätzlich die Innenfinanzierung gegenüber der Außenfinanzierung. Sollten externe Finanzmittel benötigt werden, bestehe die klare Präferenz, zuerst die mit der geringsten Unsicherheit behafteten Finanzierungsformen auszuschöpfen. Die Eigenkapitalaufnahme bilde das Mittel der letzten Wahl. Kern der Pecking-Order-Theorie ist folglich eine Präferenzordnung der Finanzierungsformen, der die Theorie auch ihren Namen verdankt.[58]

Myers schreibt die zugrundeliegende Idee Donaldson (1961) zu und räumt ein, dessen Argumentation zunächst nicht weiter beachtet zu haben, weil er sich nicht habe vorstellen können, wie dieser Ansatz modelltheoretisch in der Finanzierungsliteratur zu verankern sei. Diese modelltheoretische Verankerung veröffentlicht Myers kurze Zeit später gemeinsam mit Majluf.[59]

2.1.5.2 Herleitung der Pecking-Order-Theorie

Das Modell von Myers/Majluf (1984) beruht wie die Signalisierungsansätze auf der Grundannahme asymmetrisch verteilter Informationen. Annahmegemäß besitzt das Management einen exklusiven Informationsvorteil. Ebenso wie die Modelle von Ross (1977, 1978) und Leland/Pyle (1977) erfordert die Ableitung der Pecking Order keine Bezugnahme auf trade-off-theoretische Argumente. Der Aufbau des Modells und der hergeleitete Zusammenhang zwischen Kapitalstruktur und Unternehmenswert unterscheiden sich aber dennoch grundlegend von den Signalisierungsansätzen.

Rahmenbedingung des Modells von Myers/Majluf (1984) ist ein vollkommener Kapitalmarkt mit effizienter Informationsverarbeitung durch unternehmensexterne Marktakteure. Betrachtet wird ein rein eigenfinanziertes Unternehmen, das über ein bestehendes Anlagevermögen, ein Investitionsprojekt und über freie Finanzmittel („Financial Slack") verfügt. Untersucht wird die Signalwirkung einer Kapitalerhöhung im Zusammenhang mit der Durchführung eines Investitionsprojekts. Hierzu verwenden Myers/Majluf ein 3-Phasen-Modell. Zum Zeitpunkt t_{-1} verfügen Management und Kapitalmarkt über die gleichen Informationen über das Unternehmen und das Investitionsprojekt. Informationsasymmetrien bestehen nicht. Zum Zeitpunkt t_0 kennt das Management den in t_{+1} eintretenden Umweltzustand mit Sicherheit. Der Kapitalmarkt erhält diese Information erst in t_{+1}, so dass ein temporärer Informationsvorsprung des Managements entsteht.

---

[58] Vgl. Myers (1984), S. 581

[59] Vgl. Myers (1984), S. 581f.

Die Entscheidung zur Durchführung des Investitionsprojekts muss die Unternehmensleitung zum Zeitpunkt t_0 treffen. Die hierzu benötigte Investitionssumme übersteigt annahmegemäß die verfügbaren freien Finanzmittel, so dass eine Eigenkapitalaufnahme im Investitionsfall erforderlich wird. Myers/Majluf treffen darüber hinaus zwei zentrale Verhaltensannahmen, ohne die eine Pecking Order nicht ableitbar wäre. Zum einen handelt das Management im Interesse der zum Zeitpunkt t_0 bestehenden Aktionäre, d.h. es versucht unter Kenntnis des Umweltzustandes in t_{+1} den Unternehmenswert aus Sicht der Altaktionäre zu maximieren. Zum andern gehen Myers/Majluf von passiv handelnden Altaktionären aus, d.h. letztere passen ihre Privatportfolios nicht an Finanzierungsentscheidungen des Unternehmens an. Somit gehen auch Eigen- oder Fremdkapitalemissionen ausschließlich an neue Investoren.

Unter diesen Annahmen kann gezeigt werden, dass es im Interesse der Altaktionäre und somit im Interesse des Managements sein kann, ein Investitionsprojekt mit positivem Kapitalwert nicht zu realisieren, sofern das dazu benötigte Kapital über eine Eigenkapitalausgabe finanziert werden müsste. Formal leitet sich dieser Zusammenhang wie folgt her.

Zum Zeitpunkt t_{-1} sei der Eintritt zweier Umweltzustände gleich wahrscheinlich. Das bestehende Anlagevermögen habe zum Zeitpunkt t_{+1} den zukünftigen Wert a_1 oder a_2; der Kapitalwert des Investitionsprojektes betrage b_1 oder b_2. Führt das Management zum Zeitpunkt t_0 die Investition in Höhe von I durch, wird der nicht durch freie Finanzmittel S gedeckte Differenzbetrag ΔE über eine Eigenkapitalaufnahme finanziert. In t_0 kennt das Management den eintretenden Umweltzustand mit Sicherheit. Entweder tritt das Wertepaar a_1/b_1 oder a_2/b_2 auf. Wird der bessere Umweltzustand 1 realisiert, berechnet sich das Endvermögen der Altaktionäre bei Investition mit $V_I^{\,old}$ nach Gleichung 2.2, wobei P' für den Marktwert der Aktien zum Zeitpunkt t_0 steht.

$$V_I^{old} = \frac{P'}{P'+\Delta E}\left(\Delta E + S + a_1 + b_1\right) \qquad [2.2]$$

Der Quotient $P'/(P'+\Delta E)$ entspricht dem Verwässerungseffekt des Aktienanteils der Altaktionäre. Der Ausdruck in der Klammer entspricht dem Gesamtunternehmenswert zum Zeitpunkt t_{+1}. Dieser setzt sich zusammen aus dem Wert des Anlagevermögens a_1, dem Kapitalwert der Investition b_1 und der geleisteten Investition I, wobei $I = \Delta E + S$ gilt.

Sieht das Management zum Zeitpunkt t_0 hingegen von einer Investition ab, so ergibt sich der Firmenwert der Altaktionäre V^{old} unmittelbar aus Addition des Anlagevermögens in Umweltzustand 1 zuzüglich der freien Finanzmittel S, also $V^{old} = a_1 + S$. Altaktionäre profitieren nur dann von der Durchführung des Investitionsprojektes, wenn ihr anteiliger Unternehmenswert nach Investition V_I^{old} den Unternehmenswert ohne Investition V^{old} erreicht oder übersteigt. Nach Gleichsetzung von V^{old} mit V_I^{old} und Umformung resultiert folgende Beziehung, bei deren Nichterfüllung das Investitionsvorhaben durch das Management unterbleibt:

$$\frac{P'}{P'+\Delta E}\left(\Delta E + b_1\right) \geq \frac{\Delta E}{P'+\Delta E}\left(S + a_1\right) \qquad [2.3]$$

Die Durchführung des Investitionsprojektes ist ceteris paribus umso wahrscheinlicher, je höher der Kapitalwert b_1 des Projektes und je geringer der Wert des Anlagevermögens a_1 ist. Myers/Majluf zeigen, dass diese Ungleichung auch bei Eintritt des besseren Umweltzustandes nicht erfüllt sein muss. In einem solchen Falle wäre der positive Wertbeitrag des Investitionsprojektes nicht ausreichend, um die Anteilsverwässerung der Altaktionäre auszugleichen. Folglich wird ein im Interesse der bestehenden Eigentümer handelndes Management in solchen Situationen niemals Eigenkapital begeben, selbst wenn sich der Gesamtunternehmenswert dadurch steigern ließe. Dieses Unterinvestitionsproblem wird vermieden, wenn ein Unternehmen über ausreichende interne Finanzmittel verfügt und somit nicht auf eine Eigenkapitalausgabe zurückgreifen muss. Denn dann können und werden Projekte mit positivem Kapitalwert grundsätzlich durchgeführt, da sich hierdurch die Vermögensposition der Aktionäre immer verbessert und niemals verschlechtert.

Myers/Majluf erweitern das vorgestellte Modell in einem nächsten Schritt um die Möglichkeit einer externen Fremdfinanzierung. Könnte ein Unternehmen risikoloses Fremdkapital begeben, tritt nach Myers/Majluf das Unterinvestitionsproblem grundsätzlich nicht auf, weil der Marktwert dieser Verbindlichkeiten unabhängig vom Unternehmenserfolg bliebe. Steht risikobehaftetes Fremdkapital zur Verfügung, mildert dies das Unterinvestitionsproblem. Myers/Majluf beweisen unter Einbeziehung der Optionspreistheorie formal, dass die Vermögensposition der Altaktionäre durch eine Eigenkapitalemission immer stärker beeinträchtigt wird als durch eine Fremdkapitalaufnahme. Damit ist die Pecking Order hergeleitet. Sind interne Finanzmittel erschöpft, hat die Unternehmensleitung das Bestreben, zunächst risikoarmes gefolgt von risikoreichem Fremdkapital zu begeben. Erst wenn alle Möglichkeiten der Fremdfinanzierung ausgenutzt sind, erfolgt gegebenenfalls die Eigenkapitalaufnahme.

Myers/Majluf zeigen mit der Pecking Order einen vierten Weg der Beeinflussung des Unternehmenswertes durch die Kapitalstruktur auf. Ein Unternehmen mit ausreichenden freien Finanzmitteln bzw. bestehendem Fremdkapitalzugang kann mehr Projekte mit positivem Kapitalwert realisieren als das gleiche Unternehmen ohne diese Finanzierungsmöglichkeiten. Folglich kann das erste Unternehmen die sich bietenden Zukunftschancen besser nutzen, wodurch ein höherer Marktwert gerechtfertigt wäre. Allerdings gilt dieser Zusammenhang nur bei strenger Ceteris-paribus-Bedingung und mündet nicht in eine Optimalitätsaussage. Die Pecking Order erlaubt kein Urteil dahingehend, ob eine beobachtete Kapitalstruktur „optimal" ist. Vielmehr ist die Pecking-Order-Theorie ein Regelwerk inkrementeller Finanzierungsentscheidungen.

Aus diesem Grund folgen unmittelbar aus der Pecking-Order-Theorie lediglich zwei Kapitalstruktur-Determinanten. Zentrale Bedeutung kommt dem periodischen Finanzbedarf zu. Reichen die internen Finanzmittel nicht zur Finanzierung der Auszahlungen aus, erwartet die Pecking-Order-Theorie eine Fremdkapitalerhöhung.[60] Statt den periodischen Finanzbedarf direkt zu schätzen, weichen empirische Studien regelmäßig auf die Variable Profitabilität aus. Je höher die Gewinne eines Unternehmens größenbereinigt sind, desto größer das Innenfinanzierungspotenzial und desto geringer wird der Fremdkapitalbedarf eingestuft.[61] Nach der Pecking-Order-Theorie sollten Profitabilität und Verschuldung demnach in negativer Beziehung zueinander stehen.

2.1.5.3 Würdigung der Pecking-Order-Theorie

In der Kapitalstrukturliteratur genießt die Pecking-Order-Theorie heute allgemeine Anerkennung. Eine Minderheiten-Meinung, wie noch Ende der achtziger Jahre von Myers vermutet, ist die Theorie nicht mehr.[62] Gemeinsam mit der Trade-Off-Theorie bildet die Pecking-Order-Theorie bis in die Gegenwart hinein das Grundgerüst der theoretischen wie empirischen Kapitalstrukturforschung. Trotz intensiver Bemühungen ist es der theoretischen Forschung in der Folge nicht mehr gelungen, einen der Pecking-Order-Theorie überlegenen Erklärungsansatz für die Wahl der Kapitalstruktur zu entwickeln.

Hohe Erklärungskraft besitzt die Pecking-Order-Theorie für die in der Realität auftretenden Kapitalstrukturunterschiede zwischen vergleichbaren Unternehmen. Daneben liefert die Pecking-Order-Theorie eine nachvollziehbare Begründung für das in der Praxis beobachtete Außenfinanzierungsverhalten und die damit einhergehenden Kursreaktionen. Insbesondere die Vermeidung von Kapitalerhöhungen und die grundsätzlich negativen Kursreaktionen auf derartige Ankündigungen erscheinen unter der Annahme einer Pecking Order plausibel. Ebenso folgt aus der Pecking-Order-Theorie die empirisch häufig nachgewiesene negative Beziehung zwischen Profitabilität und Verschuldung. Dieser Zusammenhang ließ sich zuvor weder mit der Trade-Off-Theorie noch mit den Signalisierungsmodellen vereinbaren.[63]

---

[60] Vgl. Shyam-Sunder/Myers (1999), S. 224
[61] Vgl. Fama/French (2002), S. 4
[62] Vgl. Myers (1989), S. 93
[63] Vgl. Myers (1989), S. 83

Letztlich vermag aber auch die Pecking-Order-Theorie reale Finanzierungsentscheidungen nicht zufriedenstellend zu erklären. Das eindrucksvollste Argument gegen die Allgemeingültigkeit der Pecking-Order-Theorie sind nach Myers jene Situationen, in denen Unternehmen Eigenkapital emittieren, obwohl andere Finanzierungsformen noch zur Verfügung gestanden hätten.[64] Auch die Erhöhung der Verschuldung zum Zwecke des Aktienrückkaufs steht in diametralem Verhältnis zur Pecking Order.[65] Ein weiterer schwerwiegender Widerspruch ergibt sich aus empirischen Befunden, wonach ein Pecking-Order-Verhalten am ehesten für solche Unternehmen nachweisbar ist, bei denen die Theorie eigentlich die geringste Aussagekraft besitzen müsste und vice versa. Große etablierte Unternehmen verhalten sich danach weitgehend konform zur Pecking-Order-Theorie, während sich verhältnismäßig kleine, wachstumsstarke und gering verschuldete Unternehmen häufig über Eigenkapital refinanzieren, obwohl gerade hier die Informations-Asymmetrien und damit auch das Pecking-Order-Verhalten besonders ausgeprägt sein sollten.[66]

Die direkte Gegenüberstellung von Pecking-Order- und Trade-Off-Theorie im Rahmen empirischer Studien führt meist zu uneinheitlichen Ergebnissen. Derartige Studien finden in der Regel Anhaltspunkte für beide Theorien.[67] Entsprechend selten sind daher Beiträge, die deutlich Stellung für oder gegen die Pecking-Order-Theorie beziehen.[68]

2.1.6 Marktstrategische Theorien

2.1.6.1 Begründung der marktstrategischen Theorien

Nahezu zeitgleich mit der Entwicklung der Pecking-Order-Theorie begründeten Titman (1984) und Brander/Lewis (1986) den marktstrategischen Erklärungsansatz für die Wahl der Kapitalstruktur. Im Gegensatz zu den Signalisierungsmodellen und der Pecking Order entstand der marktstrategische Ansatz nicht aus grundlegender Kritik an der Trade-Off-Theorie. Vielmehr sahen sowohl Titman als auch Brander/Lewis ihre Forschungsarbeiten als Ergänzung zu den bekannten trade-off-theoretischen Überlegungen. So weisen Titman und Brander/Lewis jeweils auf die unbedingte Notwendigkeit hin, ihre Schlussfolgerungen im Kontext der erweiterten Trade-Off-Theorie empi-

---

64 Vgl. Myers (1989), S. 87

65 Vgl. Lemmon/Zender (2002), S. 2f.

66 Vgl. Halov/Heider (2004), S. 1f.; Fama/French (2002), S. 30; Frank/Goyal (2003a), S. 219. Eine Pecking-Order konforme Deutung dieser Beobachtung vertreten Lemmon/Zender (2002), S. 2

67 Vgl. z.B. Frank/Goyal (2003a), S. 217-248; Fama/French (2002), S. 1-33; Hovakimian et al. (2001), S. 1-24; Ghosh/Cai (1999), S. 32-38; Claggett (1991), S. 35-48

68 Studien, die eher ein Pecking-Order-Verhalten bestätigt sehen, sind z.B. Baskin (1989), S. 26-35; Allen (1993), S. 101-112; Shyam-Sunder/Myers (1999), S. 219-244; Lemmon/Zender (2002), S. 1-42. Zu einem die Pecking-Order ablehnenden Ergebnis gelangen z.B. Helwege/Liang (1996), S. 429-458

risch zu testen.[69] Die üblicherweise vorgenommene Abgrenzung dieser Forschungsrichtung von der Trade-Off-Theorie erfolgt somit nicht aus inhaltlichem Widerspruch, sondern ist Ausdruck des völlig neuen modelltheoretischen Ansatzes zum Nachweis der Kapitalstruktur-Relevanz.

2.1.6.2 Herleitung der marktstrategischen Theorien

Motivation des Modells von Titman (1984) war die unzureichende Beschreibung von Agency-Beziehungen in der bisherigen Kapitalstrukturliteratur. Nach Titman (1984) bestehen solche Beziehungen nicht nur – wie insbesondere von Jensen/Meckling (1976) und Myers (1977) gefolgert – zwischen Unternehmensleitung und externen Eigentümern bzw. Eigenkapital- und Fremdkapitalgebern. Kapitalstrukturbezogene Agency-Konflikte hätten vielmehr auch bedeutende Auswirkungen auf den Absatz- und Beschaffungsmärkten. Titman begründet die Prinzipal-Agenten-Beziehung mit der Unsicherheit von Kunden und Lieferanten (als Prinzipale) über die Liquidationsentscheidung der Unternehmenseigentümer (als Agenten).[70] Kunden und Lieferanten sind regelmäßig durch spezifische Investitionen, Ersatzteilbedarf, Abnahme-, Liefer- und Wartungsverträge eng mit anderen Unternehmen verbunden. Entscheiden sich die Eigentümer eines Unternehmens zur freiwilligen Liquidation, entstehen durch diese Abhängigkeitsbeziehungen Kosten auf Kunden- und Lieferantenseite. Gemäß der Agency-Theorie antizipieren Prinzipale diese Möglichkeit und werden aus diesem Grund auf vertraglicher Absicherung bestehen und üblicherweise geringere Abnahme- bzw. höhere Lieferpreise verlangen, wodurch der Unternehmenswert sinkt.

Titman zeigt vor diesem Hintergrund, dass Unternehmenseigentümer als Agenten durch die Wahl der Kapitalstruktur einen wirksamen Bonding-Mechanismus gegenüber Kunden als Prinzipalen etablieren können. Die Kapitalstruktur ist dann optimal gewählt, wenn für Eigenkapitalgeber kein Anreiz zur Liquidation besteht, solange sie die Verfügungsgewalt über das Unternehmen besitzen. Kunden können sich bei dieser optimalen Verschuldung darauf verlassen, dass lediglich eine tatsächliche Insolvenz zur Einstellung des Geschäftsbetriebs führt. Die Insolvenz tritt bei optimaler Kapitalstruktur wiederum nur dann ein, wenn der Liquidationswert die Summe aus dem Fortführungswert und den Liquidationskosten auf Kundenseite übersteigt. Eine zusätzliche vertragliche Absicherung der Kunden gegenüber dem Unternehmen würde bei einer derartigen Ausgestaltung der Kapitalstruktur obsolet. Eine freiwillige Liquidation

---

69 Vgl. Titman (1984), S. 149f.; Brander/Lewis (1986), S. 969

70 Diese Argumentation lässt sich durchaus auf weitere Stakeholder-Gruppen (z.B. Arbeitnehmer) übertragen. Istaitieh/Rodríguez-Fernández (2006) klassifizieren das Modell von Titman (1984) und ähnliche Ansätze beispielsweise unter dem Oberbegriff „Stakeholder Theory of Capital Structure". Vgl. Istaitieh/Rodríguez-Fernández (2006), S. 50

durch die Eigentümer fände nicht mehr statt. Der entsprechende Agency-Konflikt wäre allein durch die Wahl der Kapitalstruktur behoben.[71]

Titman formuliert die empirische Implikation des Modells wie folgt. Unternehmen, die Kunden oder Lieferanten im Liquidationsfall hohe Kosten aufbürden können, sollten einen niedrigen Verschuldungsgrad aufweisen und umgekehrt.[72] Hohe Kosten werden dabei insbesondere bei Unternehmen mit Alleinstellungsmerkmalen bzw. einem hohen Spezialisierungsgrad erwartet. Damit ist eine weitere im Rahmen dieser Arbeit untersuchte Kapitalstruktur-Determinante theoretisch eingeordnet. Die Determinante Spezialisierung sollte in negativer Beziehung zur Höhe der Verschuldung stehen.

Gegenstand des Modells von Brander/Lewis (1986) ist die Untersuchung der strategischen Beziehung zwischen Finanz- und Produktionsentscheidungen. Brander/Lewis zeigen, dass in oligopolistischen Märkten die Wahl der Kapitalstruktur ein Signal über das zu erwartende Wettbewerbsverhalten zulässt. Gegenstand der Analyse ist ein Duopol mit Mengenwettbewerb. Zuerst treffen die beiden Wettbewerber ihre Kapitalstrukturentscheidung, anschließend legen sie ihre Produktionsziele fest. Zentrales Resultat des Modells ist der Nachweis des sogenannten „Limited-Liability-Effekts". Danach führen steigende Verschuldungsgrade zu einer Erhöhung der Ausbringungsmenge. Mit steigendem Verschuldungsgrad nimmt die Anzahl der Umweltzustände mit drohender Insolvenz zu. Da die Eigenkapitalgeber eines hoch verschuldeten Unternehmens bei schlechter oder mittlerer Marktentwicklung ohnehin ihr Kapital verlieren würden, werden sie eine riskantere Ausbringungsmenge wählen, um im Falle des Eintritts eines guten Umweltzustandes überproportional zu profitieren.[73] Aufgrund des Limited-Liability-Effekts kann ein Unternehmen im betrachteten Duopolfall eine aggressive Ausbringungsmenge über die Wahl eines hohen Verschuldungsgrades glaubhaft gegenüber dem Wettbewerber signalisieren. Brander/Lewis weisen nach, dass das Konkurrenzunternehmen daraufhin die eigene Produktionsmenge zurückfährt. Unternehmen können somit die Kapitalstruktur strategisch nutzen, um die Handlungsweise ihres Wettbewerbers zu ihrem Vorteil zu beeinflussen.

Brander/Lewis schlussfolgern, dass Unternehmen, die diesen strategischen Signalcharakter der Kapitalstruktur verstehen und einsetzen, eine höhere Unternehmensbewertung aufweisen als untätige Wettbewerber. Der marktstrategische Ansatz von Brander/Lewis eröffnet somit eine neue Sichtweise auf den Zusammenhang von Unternehmenswert und Kapitalstruktur. Nach Harris/Raviv (1991) folgt die schwer bestimmba-

---

71 Vgl. Titman (1984), S. 137-151

72 Vgl. Titman (1984), S. 150

73 Insofern weist der „Limited-Liability-Effekt" gewisse Ähnlichkeiten mit dem Vermögenssubstitutionsproblem von Jensen/Meckling (1976) auf, worauf Brander/Lewis auch hinweisen. Vgl. Brander/Lewis (1986), S. 963

re Determinante „Ausmaß der strategischen Interaktion auf dem Absatzmarkt“ unmittelbar aus diesem Modell.[74] Für die in der späteren Analyse berücksichtigten Kapitalstruktur-Determinanten hat die Arbeit von Brander/Lewis somit keine Relevanz.

2.1.6.3 Würdigung der marktstrategischen Theorien

Nach Titman (1984) und Brander/Lewis (1986) setzte eine rege Forschungstätigkeit über den Zusammenhang von Kapitalstruktur und Markt- bzw. Wettbewerbsbedingungen ein.[75] Derartige Modelle präsentieren inzwischen eine beachtliche inhaltliche Vielfalt. Gegenstand der Untersuchungen ist unter anderem die Verhandlungsmacht der Belegschaft (z.B. Sarig, 1998), der Markteintritt eines Wettbewerbers (z.B. Poitevin, 1989), die Produktqualität (z.B. Maksimovic/Titman, 1991), der Preiswettbewerb (z.B. Showalter, 1995) oder die Bereitschaft zum Informationsaustausch mit Wettbewerbern (z.B. Dasgupta/Shin, 1999).

Obwohl diese Beiträge den Einsatz der Kapitalstruktur als Gestaltungsinstrument in verschiedenen Szenarien nachweisen können, ist aus den marktstrategischen Ansätzen keine ganzheitliche Kapitalstrukturtheorie hervorgegangen. Zum einen sind die untersuchten Fragestellungen äußerst spezifisch, was einer Verallgemeinerung der Resultate entgegen steht. Zum anderen gelangen die Autoren – teilweise im Hinblick auf die gleiche Fragestellung oder sogar innerhalb der gleichen Veröffentlichung – zu gegensätzlichen Schlussfolgerungen.[76] So führt eine Erhöhung des Verschuldungsgrades in einigen Modellen beispielsweise zu einer Verschärfung des Wettbewerbs (z.B. Brander/Lewis, 1986; Maksimovic, 1988), andere Untersuchungen schließen auf eine nachlassende Wettbewerbsintensität (z.B. Phillips, 1992; Glazer, 1994). Ein Beispiel für widersprüchliche Resultate innerhalb einer Veröffentlichung ist das Modell von Maksimovic/Titman (1991). Hier kann in Abhängigkeit der Rahmenbedingungen eine hohe oder zusätzliche Verschuldung den Absatz qualitativ hochwertiger Produkte unterstützen oder behindern.

2.1.7 Strategische Management-Theorie

2.1.7.1 Begründung der strategischen Management-Theorie

Die wohl deutlichste und umfassendste Kritik an der bestehenden theoretischen Kapitalstrukturforschung übten Barton/Gordon 1987. Barton/Gordon beginnen ihren Aufsatz mit einer kurzen Zusammenfassung des theoretischen Forschungsstandes aus ihrer Sicht. Einleitend stellen die Autoren fest, dass weder über die Determinanten der Kapi-

---

[74] Vgl. Harris/Raviv (1991), S. 327

[75] Vgl. Istaitieh/Rodríguez-Fernández (2006), S. 49-75

[76] Vgl. Istaitieh/Rodríguez-Fernández (2006), S. 72; Miao (2005), S. 2624

talstruktur, noch über die Höhe des optimalen Verschuldungsgrad, noch über die Frage, ob die Kapitalstruktur überhaupt relevant ist, Einverständnis herrsche.[77]

> „*As a result, both scholars and practitioners are left with little more than checklists of possible things to consider when trying to understand the basic capital structure decision, along with some speculation about how important the factors may be.*“[78]

Barton/Gordon machen die Über-Simplifizierung der theoretischen Forschung für die unbefriedigenden Ergebnisse verantwortlich. Insbesondere die verbreiteten Annahmen vollkommener Kapitalmärkte und nutzen-maximierender Akteure dienten lediglich dem Zweck, die theoretischen Modelle in einer mathematisch zugänglichen Form zu halten.[79] Die mathematische Sichtweise verhindere jedoch die Berücksichtigung strategischer und verhaltenstheoretischer Aspekte, weshalb die bisherigen Forschungsergebnisse kaum nutzbringend seien.[80]

2.1.7.2 Herleitung der strategischen Management-Theorie

Barton/Gordon argumentieren, dass die Wahl der Kapitalstruktur eine fundamentale Entscheidung des Unternehmens sei, die demzufolge im Einklang mit der langfristigen Unternehmensstrategie stehen müsse. Unter Einbeziehung strategischer, finanzwissenschaftlicher und verhaltenstheoretischer Arbeiten leiten Barton/Gordon auf ausschließlich qualitativem Weg fünf Thesen her, welche den Ausgangspunkt einer „Strategic Managerial Theory of Capital Structure“ bilden sollen.

1. Die Risikobereitschaft des Top-Managements beeinflusst die Kapitalstruktur
2. Die unternehmerischen Ziele des Top-Managements beeinflussen die Kapitalstrukturwahl
3. Das Top-Management präferiert die Innenfinanzierung vor externer Fremdfinanzierung und insbesondere vor externer Eigenfinanzierung
4. Die Risikobereitschaft des Top-Managements sowie der spezifische finanzielle Kontext des Unternehmens beeinflussen die Entscheidung der Gläubiger hinsichtlich der Höhe sowie der Konditionen des externen Fremdkapitals
5. Finanziell relevante Moderatorvariablen beeinflussen den Handlungsspielraum des Top-Managements bei der Wahl der Kapitalstruktur

---

77 Vgl. Barton/Gordon (1987), S. 68
78 Barton/Gordon (1987), S. 68
79 Vgl. Barton/Gordon (1987), S. 69
80 Vgl. Barton/Gordon (1987), S. 69

Die dritte These stimmt de facto mit der Pecking-Order-Theorie überein. Interessanterweise beziehen sich Barton/Gordon dabei unter anderem auf Donaldson (1961), lassen in diesem Zusammenhang aber die ihnen laut Quellenangabe zu diesem Zeitpunkt bereits bekannten Arbeiten von Myers (1984) und Myers/Majluf (1984) unerwähnt.[81] Aufbauend auf diesen Thesen leiten Barton/Gordon empirisch testbare Hypothesen über Kapitalstruktur-Determinanten her. Ausführlich geschieht dies in einer 1988 veröffentlichten Folgestudie.

Die in dieser Studie aufgestellten Hypothesen stehen, ob bewusst oder unbewusst, in nahezu diametralem Verhältnis zu der Trade-Off-Theorie. Die Steuervorteile der Fremdfinanzierung werden als Determinante nicht berücksichtigt. Profitabilität und Sachanlagevermögen seien jeweils negativ mit der Verschuldung korreliert. Die Hypothese über die Profitabilität folgt aus der angenommenen Pecking Order; die Hypothese über das Sachanlagevermögen basiert auf dem angeblich höheren Risiko anlageintensiver Unternehmen. Barton/Gordon vermuten des Weiteren eine positive Beziehung zwischen Verschuldungsgrad und Unternehmenswachstum. Für wachsende Firmen sei es leichter, Kredite zu erhalten und zu tilgen. Gleichzeitig verwässere die Verschuldung nicht die Eigenkapitalrendite. Einzig die Gewinnschwankung als direktes Risikomaß wird analog zu der Trade-Off-Theorie mit negativem Vorzeichen erwartet. Schließlich gehen Barton/Gordon von einem negativen Zusammenhang zwischen Unternehmensgröße und Verschuldung aus. Als Argument dient hier, dass große Firmen eher Eigenkapital emittieren, weil der damit einhergehende Kontrollverlust mit zunehmender Unternehmensgröße abnehme. Diese unterstellte Eigenkapitalpräferenz widerspricht überraschenderweise zumindest in Teilen dem zuvor postulierten Pecking-Order-Verhalten. Die einzige Variable mit unmittelbarem Strategiebezug der Studie ist die gewählte Diversifikationsform. Die Diversifikationsstrategie soll gleichzeitig die nicht beobachtbaren Wertvorstellungen und Persönlichkeitsmerkmale des Top-Managements approximieren. Barton/Gordon unterscheiden vier solche Strategien, wobei jede positiv, aber in unterschiedlicher Stärke mit dem Verschuldungsgrad korrelieren soll.[82]

2.1.7.3 Würdigung der strategischen Management-Theorie

Die Arbeiten von Barton/Gordon (1987, 1988) nahmen und nehmen in mehrerer Hinsicht eine Sonderstellung ein. Barton/Gordon postulieren 1987 die erste Kapitalstrukturtheorie ohne modelltheoretische Fundierung. Ein Zusammenhang zwischen Unter-

---

81 In den Quellenangaben findet sich lediglich der Aufsatz von Myers (1984). Ein wesentlicher Teil dieses Aufsatzes widmet sich jedoch unter expliziter Bezugnahme auf Myers/Majluf (1984) der Pecking-Order-Theorie, so dass auch dieser Beitrag bekannt gewesen sein muss.

82 Vgl. Barton/Gordon (1988), S. 625f.

nehmenswert und Kapitalstruktur wird dabei höchstens indirekt abgeleitet. Die vorgetragenen Argumente stellen außerdem reine Arbeitshypothesen dar, die ausdrücklich auf explorativem Weg empirisch untersucht und verfeinert werden sollen. Der Wunsch nach einer planmäßigen Einbeziehung empirischer Ergebnisse in die Theorieentwicklung wurde von der theoretischen Forschung zumindest in dieser Deutlichkeit zuvor niemals artikuliert. Darüber hinaus stellen Barton/Gordon erstmals abstrakte strategische und verhaltenstheoretische Aspekte in den Mittelpunkt der Betrachtung. Derartige Einflussfaktoren entziehen sich – wie die Autoren selbst einräumen – weitgehend einer Operationalisierung.[83] Während beispielsweise die Agency-Theorie eine ähnliche Problematik durch detaillierte Untersuchung ausgewählter Einzelfragen abzumildern versucht, bleibt die Argumentation von Barton/Gordon durchgängig auf hohem Abstraktionsniveau. Unverständlich bleibt zudem der Umstand, dass die zentrale kapitalstrukturpolitische These der Autoren der drei Jahre zuvor veröffentlichten Pecking-Order-Theorie entspricht.

Vor diesem Hintergrund verwundert es nicht, dass die Arbeiten von Barton/Gordon bis heute keine geschlossene Kapitalstrukturtheorie begründen konnten. Unmittelbar an Barton/Gordon knüpften Lowe et al. (1994) und Taylor/Lowe (1995) an. Die Autoren konnten einige Hypothesen von Barton/Gordon empirisch bestätigen; gleichzeitig ergaben sich aber auch uneinheitliche und widersprüchliche Resultate.[84] Spätere Studien von Jordan et al. (1998) und Menéndez-Alonso (2003) fanden hingegen überhaupt keinen Effekt der Unternehmens- bzw. Diversifikationsstrategie auf die Kapitalstruktur.[85] Mittels einer Fragebogenstudie fanden Chaganti et al. (1995) allerdings deutliche Hinweise für einen Einfluss der Wertvorstellungen von Unternehmern auf Kapitalstruktur-Entscheidungen.[86]

Obwohl der kapitalstrukturtheoretische Ansatz von Barton/Gordon im eigentlichen Sinne nicht weitergeführt wird, werden die Autoren bis in die Gegenwart von zahlreichen Studien zitiert, die den Einfluss „weicher Faktoren“, wie Management-Präferenzen, Eigentümerstruktur oder kulturelles Umfeld, auf die Kapitalstruktur zum Gegenstand haben.[87] Die Arbeiten von Barton/Gordon gelten in diesem Zusammenhang als eine maßgebliche Belegstelle für die Notwendigkeit einer empirischen Erforschung dieser modelltheoretisch nicht sinnvoll oder nur eingeschränkt beschreibbaren Einflussfaktoren. Der bis heute nachwirkende Beitrag von Barton/Gordon ist dementsprechend weniger die angestrebte „Strategic Managerial Theory of Capital Structure“,

83 Vgl. Barton/Gordon (1988), S. 624
84 Vgl. Lowe et al. (1994), S. 255; Taylor/Lowe (1995), S. 411f.
85 Vgl. Jordan et al. (1998), S. 13; Menéndez-Alonso (2003), S. 427
86 Vgl. Chaganti et al. (1995), S. 7
87 Vgl. z.B. Brailsford et al. (2002), S. 1-26; Pindado/de la Torre (2005), S. 2; Kochhar (1996), S. 714; Gleason et al. (2000), S. 186

als die deutliche Betonung bisher kaum beachteter Kapitalstruktur-Determinanten sowie die begleitende Aufwertung der empirischen Forschung zu einem Instrument der Theorieentwicklung in modelltheoretisch schwer erschließbaren Bereichen.

2.2 Dynamische Kapitalstrukturtheorie

2.2.1 Dynamische Trade-Off-Theorie

2.2.1.1 Begründung der dynamischen Trade-Off-Theorie

Die dynamischen Kapitalstrukturtheorien gelten im Allgemeinen als Errungenschaften der beiden zurückliegenden Jahrzehnte. Im Hinblick auf die dynamische Trade-Off-Theorie trifft diese Annahme nur eingeschränkt zu. Bereits zu einem Zeitpunkt, als die klassische Trade-Off-Theorie noch in ihrer Entwicklung begriffen war, untersuchte Lev (1969) die dynamische Anpassung von Finanzkennzahlen, darunter auch ein Verschuldungsgradmaß, an Branchendurchschnitte. Unter Verweis auf nicht näher spezifizierte Quellen formulierte Lev dabei den Grundgedanken der späteren dynamischen Trade-Off-Modelle: Bei der Entscheidung zur Angleichung an einen optimalen Zielwert sind die Kosten der Anpassung gegen die Kosten der Nicht-Anpassung abzuwägen.[88] Diesen Gedanken entwickelt Lev gemeinsam mit Pekelman einige Jahre später weiter. Lev/Pekelman beschreiben 1975 vermutlich erstmals ein dynamisches Modell über die Anpassung an die von der Trade-Off-Theorie postulierte optimale Kapitalstruktur. Die Begründung ihres Forschungsvorhabens liefert gleichzeitig die Begründung der dynamischen Trade-Off-Theorie.

> *„The existence of [...] a target equity-debt (ED) ratio naturally raises the problem of an optimal adjustment policy. [...] In the absence of any constraints or adjustment costs [...] the firm will perfectly and instantaneously adjust its ED ratio to the target whenever a deviation occurs. However, given the costs involved in adjusting the ED ratio, a compromise between the adjustment costs and the loss from persistence of target deviation will usually be dictated."*[89]

Ausgangspunkt für die mathematische Beschreibung des optimalen Anpassungsprozesses an die Zielkapitalstruktur bildet in dem Modell von Lev/Pekelman die Definition der Kostenfunktionen. Die Kosten der Nicht-Anpassung modellieren Lev/Pekelman über das Produkt eines konstanten Kostenbetrages mit der quadrierten Differenz von tatsächlicher und optimaler Verschuldung. Eine quadratische Funktion wurde gewählt, da Lev/Pekelman mit zunehmender Abweichung von der optimalen Kapitalstruktur überproportional ansteigende Kosten vermuteten.[90] Für die Kosten der Anpassung

---

[88] Vgl. Lev (1969), S. 296

[89] Lev/Pekelman (1975), S. 75

[90] Vgl. Lev/Pekelman (1975), S. 76

kommen ebenfalls quadratische Funktionen mit konstanten Kostenbeträgen zur Anwendung. Neben den Transaktionskosten einer Kapitalstrukturveränderung berücksichtigen Lev/Pekelman auch die Kosten suboptimaler Dividendenzahlungen und suboptimaler Innenfinanzierungskapazitäten.

Lev/Pekelman unterstellen, dass bei jeglicher Abweichung von der optimalen Kapitalstruktur zu wenig oder zu viel Dividende gezahlt bzw. übermäßige oder unzureichende Innenfinanzierungskapazitäten vorgehalten würden, woraus negative Effekte entstünden. Den dynamischen Charakter des Modells bestimmen exogene Schwankungen der Gewinnerwartung und des Finanzmittelbedarfs. Die in jeder Periode anzupassenden Steuerungsvariablen des Modells sind die Höhe des Eigenkapitals, des Fremdkapitals und der Dividendenzahlungen. Die Höhe des optimalen Verschuldungsgrades und die konstanten Kostenparameter gelten hingegen als gegeben. Unter diesen Voraussetzungen folgt der optimale Anpassungsprozess aus der Minimierung des Erwartungswerts der Summe aller Kostenarten über einen finiten Zeitraum.[91]

2.2.1.2 Partial-Adjustment-Modelle

Der nächste Entwicklungsschritt der dynamischen Trade-Off-Theorie ging von der empirischen Forschung aus. Zwischen Mitte der siebziger und Mitte der achtziger Jahre übertrugen insbesondere Ang (1976), Taggart (1977) und Jalilvand/Harris (1984) den sogenannten „Partial-Adjustment-Ansatz" auf den Bereich der Kapitalstrukturforschung.[92] Die Forschungsidee der Autoren war ausgesprochen innovativ. Wenn es die von der Trade-Off-Theorie postulierte optimale Kapitalstruktur tatsächlich geben sollte, aber Unternehmen infolge exogener Schocks und Transaktionskosten diese nicht einhalten können, müssten zumindest partielle, dynamische Anpassungsprozesse an diesen Zielwert empirisch nachweisbar sein.[93]

Zur Untersuchung von Existenz und Ausmaß der periodischen Anpassung an die unterstellte Zielkapitalstruktur bedienen sich Partial-Adjustment-Ansätze einer einfachen ökonometrischen Grundstruktur. Die tatsächliche periodische Veränderung des Verschuldungsgrades bildet die abhängige Variable (ΔVG_{it}), die erwartete Veränderung die unabhängige Variable des Modells. Die erwartete Veränderung entspricht dabei der Differenz aus dem gegenwärtigen Zielverschuldungsgrad (VG^*_{it}) und dem realisierten Verschuldungsgrad der Vorperiode (VG_{it-1}). Der zu schätzende Parameter des Modells ist die Anpassungsgeschwindigkeit (λ).

91 Vgl. Lev/Pekelman (1975), S. 79

92 Bereits die Studie von Lev (1969) basiert auf einem Partial-Adjustment-Modell. Allerdings untersucht Lev das Anpassungsverhalten verschiedenster Kennzahlen und zielt nicht auf die Bestätigung oder Widerlegung der Trade-Off-Theorie ab.

93 Vgl. Ang (1976), S. 555; Taggart (1977), S. 1468f.; Jalilvand/Harris (1984), S. 128

$$\Delta VG_{it} = \lambda(VG^*_{it} - VG_{it-1}) + \varepsilon_{it} \quad [2.4]$$

Die Existenz solcher Anpassungsprozesse stellen alle drei vorgenannten Studien übereinstimmend fest. Die Anpassungsgeschwindigkeiten – definiert als prozentuale, periodische Anpassung der tatsächlichen Verschuldung an die Zielkapitalstruktur – unterscheiden sich jedoch mitunter stark. Taggart (1977) findet sehr niedrige Werte im Bereich von wenigen Prozentpunkten, während Ang (1976) und Jalilvand/Harris (1984) sehr hohe durchschnittliche Anpassungsgeschwindigkeiten von 67% bzw. 56% erhalten.[94] Die Autoren werten diese Ergebnisse jeweils als Bestätigung der Existenz einer Zielkapitalstruktur.[95] Aktuelle Partial-Adjustment-Untersuchungen bestätigen dieses grundlegende Ergebnis weiterhin, wenn auch die Anpassungsgeschwindigkeiten mitunter deutlich variieren.[96]

Trotz des überzeugenden Grundgedankens weisen Partial-Adjustment-Ansätze einen wesentlichen Nachteil auf. Grundsätzlich benötigen solche Modelle die unbeobachtbare (und möglicherweise gar nicht vorhandene) Zielkapitalstruktur als Eingabe-Parameter. An dieser Stelle kommen zwangsläufig Nährungsverfahren zum Einsatz, welche die Ergebnisse maßgeblich bedingen. Während ältere Studien zur Approximationen der Zielkapitalstruktur auf unmittelbar vorhandenes Datenmaterial, wie historische Durchschnittswerte des Verschuldungsgrades oder Branchendurchschnitte, zurückgriffen[97], besteht das heute gebräuchliche Verfahren in der empirischen Schätzung der firmenindividuellen optimalen Verschuldungsgrade über Kapitalstruktur-Determinanten. Letztere ersetzen dabei den Zielverschuldungsgrad (VG^*_{it}) in Formel 2.4, so dass lediglich ein Regressionsmodell zu schätzen ist.[98]

2.2.1.3 Dynamische Modelle optimaler Kapitalstruktur

Parallel zu den Partial-Adjustment-Ansätzen entwickelte die theoretische Forschung eine wegweisende Modellspezifikation, die bis heute die Grundlage der dynamischen Trade-Off-Theorie bildet. Wegbereiter dieses neuen Forschungsstranges waren Brennan/Schwartz (1978), Turnbull (1979) und Kane et al. (1984). Diese Forschungsrichtung wollte insbesondere erklären, weshalb die in der Realität beobachteten Verschuldungsgrade entgegen der Vorhersage der klassischen Trade-Off-Theorie erheblich

---

94 Vgl. Ang (1976), S. 561; Taggart (1977), S. 1477, 1484; Jalilvand/Harris (1984), S. 139

95 Vgl. Ang (1976), S. 563; Taggart (1977), S. 1484; Jalilvand/Harris (1984), S. 142

96 Vgl. z.B. Drobetz et al. (2006), S. 24f.; Leary/Roberts (2005), S. 2592, 2611; Flannery/Rangan (2004), S. 14, 29; Kayhan/Titman (2004), S. 31f.; de Miguel/Pindado (2001), S. 91, 94

97 Vgl. Shyam-Sunder/Myers (1999), S. 226

98 Vgl. z.B. Drobetz et al. (2006), S. 6f.; de Miguel/Pindado (2001), S. 87

schwankten und warum die Steuervorteile der Fremdfinanzierung nicht stärker von den Unternehmen ausgenutzt wurden.[99] Den Autoren ging es dabei nicht um die Entwicklung eines konkurrierenden Erklärungsansatzes, sondern vielmehr um ein besseres Verständnis des klassischen Trade-Offs von Steuervorteil und Insolvenzkosten.

Die innovative Modellspezifikation der Autoren bestand in der stochastischen Modellierung des intrinsischen Unternehmenswertes eines rein eigenfinanzierten Unternehmens mittels eines Wiener Prozesses. Basierend auf dieser mathematischen Grundlage war es möglich, die Veränderungen des optimalen Verschuldungsgrades sowie der Marktwerte von Eigen- und Fremdkapital unter Berücksichtigung von Steuervorteil und Insolvenzkosten im Detail zu studieren. Zu diesem Zweck bedienten sich die Autoren numerischer Beispiele. Ausgehend von Fallbeispielen wurden die Modellparameter systematisch variiert[100], um die Auswirkungen der einzelnen Effekte auf die Kapitalstruktur zu veranschaulichen. Brennan/Schwartz (1978) und Turnbull (1979) leiteten auf diesem Weg die Existenz einer optimalen Kapitalstruktur her, wobei der Verschuldungsgrad in Abhängigkeit der gewählten Modellparameter schwankte.[101] Kane et al. (1984) konnten dieses grundlegende Ergebnis auf Grundlage eines abgewandelten Modells bestätigen.[102] Im Gegensatz zu Brennan/Schwartz (1978) und Turnbull (1979) schlussfolgerten Kane et al. (1984) allerdings, dass dem klassischen Trade-Off von Steuervorteil und Insolvenzkosten keine maßgebliche Bedeutung für die Erklärung realer Kapitalstrukturentscheidungen zukomme.[103]

Die Arbeiten von Brennan/Schwartz (1978), Turnbull (1979) und Kane et al. (1984) mündeten in den bis heute sehr prominenten und häufig zitierten modelltheoretischen Beitrag von Fischer et al. (1989). Dieser gilt als eigentliche modelltheoretische Fundierung der dynamischen Trade-Off-Theorie.[104] Obwohl sich die grundlegende Vorgehensweise des Modells nicht von den vorgenannten Ansätzen unterscheidet, waren es nach eigenem Bekunden Fischer et al. die den Zusammenhang von Transaktionskosten und Kapitalstrukturentscheidungen in den Mittelpunkt der Betrachtung stellten.[105] Ausgangspunkt der Überlegungen von Fischer et al. war die Feststellung, dass die be-

---

[99] Vgl. Brennan/Schwartz (1978), S. 103; Turnbull (1979), S. 931f.; Kane et al. (1984), S. 841f.

[100] In dem Modell von Brennan/Schwartz (1978) sind dies beispielsweise folgende Modellparameter: risikoloser Zins, Anleihezins, Insolvenzkosten, Unternehmenssteuern, Varianz des intrinsischen Unternehmenswertes, Dividendenzahlung und Fristigkeit des Fremdkapitals. Vgl. Brennan/ Schwartz (1978), S. 109

[101] Vgl. Brennan/Schwartz (1978), S. 109-111; Turnbull (1979), S. 936f., 939

[102] Insbesondere berücksichtigen Kane et al. (1984) private Ertragsteuern und ergänzen den stochastischen Wiener Prozess um einen Poisson Prozess, so dass Sprünge des intrinsischen Unternehmenswertes auftreten können. Vgl. Kane et al. (1984), S. 842f.

[103] Vgl. Kane et al. (1984), S. 832f.

[104] Vgl. z.B. Strebulaev (2004), S. 4; Chen/Zhao (2005a), S. 6

[105] Vgl. Fischer et al. (1989), S. 20

stehenden einperiodischen Kapitalstrukturmodelle zeitliche Schwankungen des intrinsischen Unternehmenswertes vernachlässigen.

Den Kern des Modells bildet das „Value-to-Debt-Ratio" q, welches als Quotient des intrinsischen Unternehmenswerts und des Buchwerts des Fremdkapitals definiert ist. Die dynamische Komponente des Ansatzes besteht, wie in den Vorgängerstudien, in der stochastischen Modellierung des intrinsischen Unternehmenswerts. Dieser folgt annahmegemäß einem geometrischen Wiener Prozess W, so dass folglich auch das Value-to-Debt-Ratio zwingend eine stochastische Variable gemäß Formel 2.5 sein muss, wobei μ für die erwartete Rendite des intrinsischen Unternehmenswertes und σ für die Standardabweichung dieser Renditeerwartung stehen.

$$\frac{dq}{q} = \mu dt + \sigma dW \qquad [2.5]$$

Zwischen der stochastischen Veränderung des intrinsischen Unternehmenswertes und der Veränderung des Value-to-Debt-Ratios bzw. des Verschuldungsgrades besteht folgender Zusammenhang. Unter der Voraussetzung eines konstanten Fremdkapitalvolumens steigt bzw. sinkt das Value-to-Debt-Ratio mit zunehmendem bzw. abnehmendem intrinsischen Unternehmenswert. Damit steigt bzw. fällt aber auch gleichzeitig der Verschuldungsgrad. Stiege das Value-to-Debt-Ratio kontinuierlich an, verzichtete ein Unternehmen in zunehmendem Maße auf die zusätzlich generierbaren Steuervorteile einer höheren nominalen Verschuldung. Umgekehrt würde ein fallendes Value-to-Debt-Ratio zunächst zu steigenden Insolvenzkosten und ultimativ zur Insolvenz führen. Wäre ein sofortiger und kostenfreier Ausgleich der Schwankungen des intrinsischen Unternehmenswerts durch entsprechende Anpassungen der Kapitalstruktur möglich, könnte ein Unternehmen jederzeit seine optimale Kapitalstruktur beibehalten. Diese Möglichkeit schließt das Modell jedoch explizit aus.

Für den Fall einer Anpassung der Kapitalstruktur gelten die folgenden Prämissen. Vorbedingung jeder Veränderung des nominalen Fremdkapitalvolumens ist die kostenfreie Ablösung der gesamten bestehenden Verbindlichkeiten. Anschließend erfolgt die Ausgabe neuen Fremdkapitals in gewünschter Höhe. Bei der Emission entstehen annahmegemäß Transaktionskosten, welche sich proportional zur Höhe des begebenen Fremdkapitals verhalten. Diese Annahme führt dazu, dass Rekalibrierungen der Kapitalstruktur nur unregelmäßig und wenn nur in größerem Umfang getätigt werden.[106]

[106] Vgl. Fischer et al. (1989), S. 24

Des Weiteren unterstellen Fischer et al. eine Rekapitalisierungs-Regel auf Grundlage des Value-to-Debt-Ratio. Demnach ist das Value-to-Debt-Ratio nach oben und unten beschränkt. Erst wenn die Intervallgrenzen erreicht werden, erfolgt eine nominale Fremdkapitalerhöhung oder -herabsetzung dergestalt, dass der ursprünglich optimale Verschuldungsgrad wieder hergestellt wird. Es existiert folglich ein „Nicht-Anpassungs-Intervall", innerhalb dessen Rekapitalisierungen unterbleiben.[107]

Unter Einbeziehung von Steuern und Insolvenzkosten testen Fischer et al. die Implikationen des Modells wie die Vorgängerstudien mit Hilfe numerischer Fallbeispiele.[108] Hinsichtlich der Größe des Nicht-Anpassungsintervalls formulieren Fischer et al. schließlich testbare Hypothesen. Unternehmen die starke Schwankungen des Verschuldungsgrades zulassen und demnach über ein ausgedehntes Nicht-Anpassungs-Intervall verfügen, sollen eine geringe effektive Steuerbelastung, eine hohe Varianz des intrinsischen Unternehmenswertes, einen betragsmäßig geringen intrinsischen Unternehmenswert und niedrige Insolvenzkosten besitzen.[109]

Wesentliche Erkenntnis des Modells von Fischer et al. ist die Feststellung, dass es in der Realität aufgrund von Transaktionskosten Nicht-Anpassungs-Intervalle geben kann, deren Größe in Abhängigkeit der Unternehmenscharakteristika und Rahmenbedingungen variiert. Damit kann das Modell basierend auf dem klassischen Trade-Off von Steuervorteil und Insolvenzkosten plausibel erklären, warum in der Realität erhebliche Unterschiede der Kapitalstrukturen auftreten.

Das Modell von Fischer et al. hatte Vorbildfunktion für alle späteren auf der Trade-Off-Theorie basierenden dynamischen Modelle optimaler Kapitalstruktur. Diese Modellklasse strebt bis heute ein besseres Verständnis der trade-off-theoretischen Zusammenhänge im dynamischen Kontext an.[110] Gemeinsamkeit dieser Ansätze bildet eine seit Brennan/Schwartz (1978) nahezu unveränderte Modellstruktur. Die dynami-

---

107 An dieser Stelle sei darauf hingewiesen, dass das dynamische Refinanzierungsverhalten in dem Modell von Fischer et al. (1989) vollständig exogen vorgegeben wird. Das Nicht-Anpassungs-Intervall und die Refinanzierung an den Intervallgrenzen folgen unmittelbar aus den Annahmen. Das Modell beweist somit nicht, dass es ein dynamisches Refinanzierungsverhalten oder gar einen optimalen Verschuldungsgrad gibt, sondern erlaubt nur die theoretische Untersuchung darauf basierender Zusammenhänge falls die Grundannahmen zutreffen.

108 Das angenommene Steuersystem beinhaltet eine konstante Körperschaftsteuer und eine konstante Abgeltungssteuer auf private Zinserträge, vgl. Fischer et al. (1989), S. 22. Die Insolvenzkosten werden als konstanter Bruchteil des vorhandenen Fremdkapitals modelliert, vgl. Fischer et al. (1989), S. 25

109 Vgl. Fischer et al. (1989), S. 33

110 Bedeutende dynamische trade-off-theoretische Modelle sind bspw. Titman/Tsyplakov (2007), S. 401-451; Strebulaev (2004), S. 1-46; Childs et al. (2005), S. 667-690; Ross (2005), S. 5-23; Ju et al. (2005), S. 259-281; Goldstein et al. (2001), S. 483-512; Leland (1998), S. 1213-1243; Leland/Toft (1996), S. 987-1019; Mauer/Triantis (1994), S. 1253-1277; Leland (1994), S. 1213-1252; Mello/Parsons (1992), S. 1887-1904.

sche Komponente modellieren derartige Studien durchgängig über einen stochastischen (Wiener) Prozess. Darauf aufbauend leiten die Autoren Gleichungssysteme zur Berechnung der endogenen Modellparameter her. Schließlich erfolgt eine Überprüfung der Veränderungen des optimalen Verschuldungsgrades und gegebenenfalls weiterer interessierender Variablen anhand von Fallbeispielen. Am häufigsten liegt dem stochastischen Prozess der intrinsische Unternehmenswert zugrunde. Alternative Spezifikationen stellen auf den Gewinn vor Zinsen und Steuern (z.B. Strebulaev, 2004; Goldstein et al., 2001) oder den Produktpreis (z.B. Titman/Tsyplakov, 2007; Mauer/Triantis, 1994) ab. Aufgrund unterschiedlicher Annahmen und Parameter treffen die dynamischen Trade-Off-Modelle keine einheitlichen Aussagen über die genaue Höhe und Eigenschaften des optimalen Verschuldungsgrades.[111] Im Hinblick auf die Determinanten der Kapitalstruktur sind diese Modellunterschiede hingegen unerheblich, weil die grundlegenden Zusammenhänge der statischen Trade-Off-Theorie auch im dynamischen Kontext weiterhin ihre Gültigkeit behalten.[112]

2.2.1.4 Würdigung der dynamischen Trade-Off-Theorie

Die dynamische Trade-Off-Theorie begründet streng genommen keinen eigenständigen kapitalstrukturpolitischen Erklärungsansatz, sondern ist lediglich notwendige, da folgerichtige Erweiterung der statischen Trade-Off-Theorie. Der wesentliche Fortschritt der dynamischen Trade-Off-Theorie besteht in der expliziten modelltheoretischen Auseinandersetzung mit Anpassungsprozessen an eine im Zeitablauf veränderliche Zielkapitalstruktur. Damit überwindet der Ansatz die in der Realität nicht beobachtbare und in einer Welt mit Transaktionskosten wenig plausible Annahme einer beharrlichen Einhaltung der optimalen Kapitalstruktur, wie es die statische Trade-Off-Theorie bei strenger Geltung unterstellt.

Maßgebliche Konsequenz der dynamischen Trade-Off-Theorie ist die Einsicht, dass sich Unternehmen nur in den seltensten Fällen tatsächlich in ihrem kapitalstrukturpolitischen Optimum befinden. Ungleich wahrscheinlicher sind temporäre oder über längere Zeiträume andauernde Abweichungen von der Zielkapitalstruktur. Solche Abweichungen sind entweder Folge exogener Schocks bei unverändertem optimalem Verschuldungsgrad oder Ausdruck einer noch nicht vollzogenen Anpassung an eine veränderte Zielkapitalstruktur. Der Anpassungsprozess selbst erklärt sich wiederum aus der Abwägung der Kosten der Anpassung gegenüber den Kosten der Nicht-Anpassung. Je nach Ausgestaltung dieser Kosten-Parameter kann die Anpassung schnell, langsam, partiell oder vollständig erfolgen.

---

111 Eine ausführliche Gegenüberstellung der Grundannahmen bedeutender dynamischer Trade-Off-Modelle beinhaltet die Studie von Titman/Tsyplakov (2007), S. 403

112 Vgl. z.B. Drobetz et al. (2006), S. 10-13; Flannery/Rangan (2004), S. 7; Roberts (2002), S. 7

Trotz dieses intuitiv ansprechenden Grundkonzepts ist nicht zu verkennen, dass die größere Realitätsnähe infolge einer dynamischen Betrachtungsweise die bereits der statischen Trade-Off-Theorie immanente Unbestimmtheit weiter erhöht. Die Interpretationsspielräume der dynamischen Trade-Off-Theorie sind derart groß, dass letztendlich nahezu alle Fluktuationen der Kapitalstruktur als konform mit der dynamischen Trade-Off-Theorie gewertet werden können. Die dynamische Trade-Off-Theorie überwindet nämlich nicht das Grundproblem des gesamten trade-off-theoretischen Ansatzes: die Unkenntnis über Existenz und Höhe des optimalen Verschuldungsgrades.

Da die optimale Kapitalstruktur eines Unternehmens – sofern diese überhaupt existiert – grundsätzlich unbeobachtbar ist und dies im Übrigen auch immer bleiben wird, können auch Anwender der dynamischen Trade-Off-Theorie nicht erkennen, ob die in der Realität beobachteten Veränderungen der Kapitalstruktur Bewegungen in Richtung einer Zielkapitalstruktur sind oder einfach nur Zufallsschwankungen darstellen. Letztlich basiert die gesamte Trade-Off-Theorie auf einem relativen Bezugssystem, dem allerdings die optimale Kapitalstruktur als Bezugspunkt fehlt. Ohne die eindeutige Festlegung dieses Bezugspunktes entzieht sich aber auch die dynamische Trade-Off-Theorie weitgehend einer empirischen Überprüfung.

Partial-Adjustment-Studien und dynamische Modelle optimaler Kapitalstruktur suggerieren vor diesem Hintergrund eine gewisse Scheingenauigkeit. Partial-Adjustment-Studien basieren auf konstruierten Zielkapitalstrukturen, wobei grundsätzlich unklar bleibt, wie gut die Approximation überhaupt gelungen ist. Ein gutes oder schlechtes empirisches Ergebnis ist daher nur bedingt aussagekräftig zur Beurteilung der Gültigkeit der dynamischen Trade-Off-Theorie. Dynamische Modelle optimaler Kapitalstruktur wiederum können trotz anspruchsvoller mathematischer Modellierung keineswegs den Nachweis der Richtigkeit der Trade-Off-Theorie führen. Vielmehr folgen das Trade-Off-Verhalten und die Existenz einer optimalen Kapitalstruktur aus den Modellannahmen. Erst wenn diese – die Realität nur unzureichend, vielleicht sogar unzutreffend beschreibenden – Annahmenkataloge akzeptiert werden, erlauben diese Modelle präzise quantitative Vorhersagen über das dynamische Trade-Off-Verhalten.

Im Ergebnis besitzt die dynamische Trade-Off-Theorie aufgrund des hohen Maßes an Flexibilität und Interpretationsspielräumen einen vordergründig hohen Erklärungswert für reale Finanzierungsentscheidungen. Die inhaltlichen Grenzen der Theorie werden allerdings bei Verlassen der abstrakten Ebene und Hinwendung zu konkreten Einzelfällen deutlich. Eine Kapitalstrukturtheorie mit hoher Aussagekraft müsste zunächst imstande sein, real vorgefundene Kapitalstrukturen verlässlich in das eigene Theoriegebäude einzuordnen. Bereits an dieser Stelle scheitert die (dynamische) Trade-Off-Theorie. Wäre die (dynamische) Trade-Off-Theorie hierzu in der Lage, müsste die

Trade-Off-Theorie auch aus sich heraus die jeweilige Zielkapitalstruktur verlässlich quantifizieren können, was nachweislich nicht der Fall ist.

2.2.2 Dynamische Pecking-Order-Theorie

Die Verknüpfung des Attributs „dynamisch" mit der Pecking-Order-Theorie erscheint zunächst widersinnig, da die Pecking-Order-Theorie implizit bereits eine voll entwickelte dynamische Komponente beinhaltet. Periodische Änderungen der Kapitalstruktur resultieren nach der Pecking-Order-Theorie aus der Befolgung einfacher inkrementeller Finanzierungsregeln. Die Fortschreibung dieser periodischen Anpassungen erklärt nach der Pecking-Order-Theorie somit auch die dynamische Entwicklung der Kapitalstruktur.

In der jüngeren Kapitalstrukturliteratur findet dennoch der Begriff „dynamische Pecking-Order-Theorie" zunehmend Verwendung.[113] Es handelt sich dabei nicht um eine eigenständige Kapitalstrukturtheorie, sondern vielmehr um eine Erweiterung des bestehenden Pecking-Order-Ansatzes. Diese Erweiterung trägt dem Umstand Rechnung, dass bei periodenübergreifender Betrachtung möglicherweise eine zusätzliche Finanzierungsregel in die Pecking-Order-Theorie aufgenommen werden sollte. Diese Finanzierungsregel berücksichtigt die Reaktionen der Unternehmensleitung bei Antizipation Gewinn versprechender Investitionsprojekte. Erwartet ein Unternehmen aussichtsreiche Investitionsmöglichkeiten in zukünftigen Perioden, kann es nach der dynamischen Pecking-Order-Theorie für die Unternehmensleitung rational sein, vorsorglich den Verschuldungsgrad zu verringern, um damit die künftige finanzielle Handlungsfreiheit zu sichern, selbst wenn dies eine Eigenkapitalaufnahme in der Gegenwart erfordert. Dieses Argument fußt nicht auf einer modelltheoretischen Grundlage, sondern geht auf eine Überlegung von Myers (1984) zurück.[114]

Diese zusätzliche dynamische Finanzierungsregel ist von besonderer Tragweite, weil sie dem ansonsten stringenten und komplementären Regelwerk der Pecking-Order-Theorie in grundlegender Weise zuwiderläuft. Emittiert ein Unternehmen beispielsweise Eigenkapital, obwohl andere Finanzierungsformen noch nicht ausgeschöpft sind, ist unter Berücksichtigung der zusätzlichen dynamischen Finanzierungsregel keine eindeutige Aussage über Geltung oder Nicht-Geltung der Pecking-Order-Theorie mehr

---

[113] Vgl. z.B. Högfeldt/Oborenko (2005), S. 6f.; Baker/Wurgler (2002), S. 26; Strebulaev (2004), S. 24

[114] Vgl. Myers (1984), S. 590. Ein modelltheoretischer Beitrag über die Pecking-Order-Theorie, der dieses dynamische Argument faktisch formalisiert, aber in der Literatur kaum berücksichtigt wurde, stammt von Viswanath (1993). Ergebnis des Modells ist die Bereitschaft der Unternehmensleitung, risikobehaftete Wertpapiere zur Finanzierung aktueller Investitionsprojekte einzusetzen, sofern damit finanzieller Spielraum zur Durchführung zukünftiger Investitionsprojekte erhalten bleibt. Vgl. Viswanath (1993), S. 229

möglich. Eine Eigenkapitalemission kann unter diesen Voraussetzungen immer als dynamisches Pecking-Order-Verhalten gedeutet werden. Ohne die dynamische Finanzierungsregel würde eine solche Handlungsweise einen eindeutigen Verstoß gegen die Pecking-Order-Theorie darstellen.

2.2.3 Market-Timing-Theorie

2.2.3.1 Begründung der Market-Timing-Theorie

„In our opinion, a simple and realistic explanation for the results is that capital structure is a cumulative outcome of attempts to time the equity market. This is a simple theory of capital structure."[115]

Mit dieser Aussage fassen Baker/Wurgler (2002) die Market-Timing-Theorie zusammen und stellen damit beinahe ein halbes Jahrhundert Kapitalstrukturforschung in Frage. Nach der Market-Timing-Theorie besteht die maßgebliche Kapitalstruktur-Determinante in der Ausnutzung temporärer Überbewertungen am Aktienmarkt. Unternehmen sind demnach in Phasen der Überbewertung bestrebt, Aktien zu emittieren. Der Einfluss solcher Eigenkapitalmaßnahmen habe nach Baker/Wurgler einen langfristigen und signifikanten Effekt auf den Verschuldungsgrad.[116]

Die Market-Timing-Theorie bedeutete in mehrerer Hinsicht ein Novum für den Bereich der Kapitalstrukturforschung. Zum einen ist der Market-Timing-Ansatz die erste ausschließlich empirisch motivierte und begründete Kapitalstrukturtheorie. Die Market-Timing-Theorie basiert weder auf einer modelltheoretischen Grundlage noch besitzt sie normativen Charakter. Zum anderen negiert die Theorie bei strenger Auslegung einen Zusammenhang zwischen Unternehmenswert und Kapitalstruktur. Wären Finanzierungsentscheidungen tatsächlich nur durch Market-Timing-Bestrebungen beeinflusst, wäre die Höhe des Verschuldungsgrades ein Zufallsergebnis der Aktienmarktentwicklung und begleitender Kapitalmaßnahmen im Zeitablauf. Andere Beweggründe zur Wahl eines hohen oder niedrigen Verschuldungsgrades gäbe es nicht. Die Kapitalstruktur wäre irrelevant.

Dieses überraschende Ergebnis verdeutlicht die inhaltliche Brisanz des Market-Timing-Arguments. Je höher der Einfluss von Market-Timing-Bestrebungen auf reale Finanzierungsentscheidungen eingeschätzt wird, umso mehr nähert sich die Argumentation der Kapitalstruktur-Irrelevanz. Baker/Wurgler vertreten zwar eine weniger strenge Auslegung der Market-Timing-Theorie, indem sie andere Einflussfaktoren auf

---

[115] Baker/Wurgler (2002), S. 3

[116] Vgl. Baker/Wurgler (2002), S. 2f. Mit der Market-Timing-Theorie kann ebenfalls der Rückkauf von Aktien in Zeiten der Unterbewertung begründet werden. Baker/Wurgler argumentieren allerdings ausschließlich über die Emissionstätigkeit.

die Kapitalstruktur nicht grundsätzlich ausschließen.[117] Gleichwohl sind die Autoren der Ansicht, dass sich die in der Realität beobachteten Verschuldungsgrade in erster Linie durch frühere Market-Timing-Aktivitäten erklären lassen.[118]

Baker/Wurgler begründen ihr Forschungsvorhaben mit der Vernachlässigung von Market- Timing-Überlegungen in der bisherigen Kapitalstrukturforschung. Während empirische Forschungsergebnisse die Existenz des Market-Timings belegten[119], ignoriere die Kapitalstrukturforschung darauf basierende Effekte zu Unrecht. Das zentrale Argument von Baker/Wurgler stellt auf die Nachhaltigkeit von Market-Timing-Aktivitäten ab. Sollten Market-Timing-Aktivitäten einen langfristigen Einfluss auf den Verschuldungsgrad ausüben, ließe die bisherige Kapitalstrukturforschung eine bedeutende Determinante unberücksichtigt.[120]

2.2.3.2 Herleitung der Market-Timing-Theorie

Die Untersuchung der Nachhaltigkeit von Market-Timing-Aktivitäten ist notwendigerweise eine empirische Forschungsfrage. Datengrundlage der Studie von Baker/Wurgler bilden alle in der Compustat-Datenbank enthaltenen Unternehmen, deren Börsengang zwischen 1968 und 1998 stattfand. Zur Approximation des Einflusses des Market-Timing verwenden die Autoren gewichtete Durchschnitte der beobachteten Markt-Buchwert-Verhältnisse. Als Gewichtungsfaktoren dienen die jährlichen Veränderungen des Außenfinanzierungsvolumens. Das gewichtete durchschnittliche Markt-Buchwert-Verhältnis nimmt hohe Werte an, wenn ein Unternehmen externe Finanzmittel verstärkt in Zeiten hoher Börsenbewertung genutzt und damit annahmegemäß aktives Market-Timing betrieben hat.[121]

Die eigentliche empirische Untersuchung beruht auf multivariaten Regressionsmodellen, wobei als Kontrollvariablen jeweils die in der vielbeachteten Studie von Rajan/Zingales (1995) verwendeten Determinanten Unternehmensgröße, Profitabilität und Sachanlagevermögen berücksichtigt werden. Die erste Regressionsanalyse untersucht den Einfluss ungewichteter Markt-Buchwert-Verhältnisse auf die Veränderung

[117] Vgl. Baker/Wurgler (2002), S. 28

[118] Vgl. Baker/Wurgler (2002), S. 28f.

[119] Demnach zeigten empirische Studien, dass Eigenkapital eher in Phasen hoher Unternehmensbewertung und guter Unternehmensnachrichten begeben wird und Rückkäufe eher in Phasen niedriger Börsenbewertung erfolgen. Umfragestudien hätten zudem ergeben, dass Unternehmensmanager aktives Market-Timing betreiben. Vgl. Baker/Wurgler (2002), S. 1f.

[120] Vgl. Baker/Wurgler (2002), S. 2

[121] Die Eigenschaften des gewichteten durchschnittlichen Markt-Buchwert-Verhältnisses hängen entscheidend von dem Umstand ab, dass negative Gewichtungsfaktoren auf Null gesetzt werden. D.h. hat ein Unternehmen in Zeiten hoher Börsenbewertung das Außenfinanzierungsvolumen reduziert, wird dieses Jahr nicht berücksichtigt. Vgl. Baker/Wurgler (2002), S. 12

der jährlichen Fremdkapitalquote. Es kann gezeigt werden, dass ein höheres Markt-Buchwert-Verhältnis zu verstärkter Eigenkapitalausgabe und somit niedrigerem Verschuldungsgrad führt.[122]

Im Rahmen des zweiten Regressionsmodells wird zusätzlich der Einfluss des gewichteten durchschnittlichen Markt-Buchwert-Verhältnisses untersucht. Als abhängige Variable des Modells dient die Fremdkapitalquote jeweils zu Buch- und zu Marktwerten. Dabei ist das gewichtete durchschnittliche Markt-Buchwert-Verhältnis nach Koeffizientenhöhe und Signifikanzniveau durchgängig die bedeutendste Determinante. Baker/Wurgler schlussfolgern, dass den historischen Veränderungen des Markt-Buchwert-Verhältnisses – und damit den Market-Timing-Aktivitäten – ein größerer Erklärungsbeitrag für die Schwankungen des Verschuldungsgrades zukomme als allen übrigen getesteten Kapitalstruktur-Determinanten. Hohe Marktbewertungen in der Vergangenheit gingen insbesondere mit niedrigeren aktuellen Verschuldungsgraden einher, worin die Autoren abermals einen Beleg für die Durchführung von Eigenkapitalemissionen in Zeiten hoher Marktbewertung sehen.[123]

Dem direkten Nachweis der Nachhaltigkeit von Market-Timing-Aktivitäten dienen schließlich drei gemeinsam ausgewertete Regressionsmodelle, deren Variablenstruktur mit dem vorhergehenden Modell übereinstimmt. Variiert wird nun allerdings der Zeitbezug der abhängigen und unabhängigen Variablen. Baker/Wurgler folgern aus den erhaltenen Resultaten eine nachhaltige Wirkung der Variation zurückliegender Markt-Buchwert-Verhältnisse auf den Verschuldungsgrad. Selbst Schwankungen, die 1990 und teilweise davor aufgetreten seien, blieben eine aussagekräftige Determinante für die Kapitalstruktur des Jahres 2000.[124] Nach Baker/Wurgler kann weder die (dynamische) Trade-Off-Theorie noch die (dynamische) Pecking-Order-Theorie dieses Resultat zufriedenstellend erklären, weshalb die Autoren die Market-Timing-Theorie als Erklärungsansatz vorschlagen.

2.2.3.3 Würdigung der Market-Timing-Theorie

Die Market-Timing-Theorie in der bekannten Form wird den Anspruch eines eigenständigen und vor allem verallgemeinerbaren Theorieansatzes mit großer Wahrscheinlichkeit nicht aufrechterhalten können. Von theoretischer Seite wiegt sicherlich der Einwand am schwersten, dass die Market-Timing-Theorie ausschließlich auf börsennotierte Unternehmen abstellt. Baker/Wurgler machen keinerlei Angaben dahingehend, welche Zusammenhänge für die viel bedeutendere Zahl nicht börsennotierter

122 Vgl. Baker/Wurgler (2002), S. 9

123 Vgl. Baker/Wurgler (2002), S. 17, 20. Es folgen weitere Regressions-Untersuchungen und Robustheitstests, die diese Schlussfolgerungen bestätigen.

124 Vgl. Baker/Wurgler (2002), S. 22f.

Unternehmen gelten sollen, wo ein Market-Timing von Eigenkapitalemissionen per se ausscheidet. Ebenfalls unklar bleibt, wie das Market-Timing-Argument mit anderen Erklärungsansätzen verknüpft werden kann. Eine solche Notwendigkeit besteht, weil die Market-Timing-Theorie aus sich heraus nicht erklären kann, weshalb die als Kontrollvariablen verwendeten Kapitalstruktur-Determinanten ebenfalls als statistisch signifikant getestet wurden.

Von empirischer Seite ergeben sich unterdessen bereits erhebliche Zweifel an der Bedeutung des von Baker/Wurgler nachgewiesenen Effekts. Eine gewisse Unterstützung erhält die Market-Timing-Theorie noch in der Umfrageliteratur. In den Studien von Graham/Harvey (2001), Bancel/Mittoo (2003) und Marques/Santos (2004) räumen die Hälfte bis über zwei Drittel der befragten Manager Market-Timing-Bestrebungen ein.[125] Allerdings finden diese Studien ebenso Hinweise für die Gültigkeit anderer Kapitalstrukturtheorien.[126]

Die unmittelbare empirische Überprüfung der Market-Timing-Theorie führte bislang zu enttäuschenden Resultaten. Den noch vergleichsweise größten Zuspruch erhalten Baker/Wurgler durch die Studien von Hovakimian et al. (2004) und Chen/Zhao (2005b). Hovakimian et al. (2004) bestätigen eine Tendenz zum Market-Timing während Phasen hoher Aktienbewertung. Dieser Effekt würde sogar in Konkurrenz zur Einhaltung einer Zielkapitalstruktur stehen, letztlich aber eine Anpassung an die von der Trade-Off-Theorie vorausgesagte Zielkapitalstruktur nicht verhindern.[127] In der Studie von Chen/Zhao (2005b) emittieren Unternehmen mit höherem Markt-Buchwert-Verhältnis mehr Eigen- und Fremdkapital. Die Studie findet gleichzeitig jedoch auch Übereinstimmungen zu mehreren anderen Kapitalstrukturtheorien.[128]

Deutlich kritischer sind die Studien von Kayhan/Titman (2004) und Flannery/Rangan (2004). Beide Studien können zwar einen Einfluss von gewichteten durchschnittlichen Markt-Buchwert-Verhältnissen nachweisen. Dieser Einfluss sei aber für die Erklärung der Kapitalstruktur ökonomisch nicht relevant.[129] Frank/Goyal (2003b) wiederum stellen zwar übereinstimmend mit Baker/Wurgler fest, dass ein hohes Markt-Buchwert-Verhältnis mit einer Reduktion des Fremdkapitalvolumens im Folgejahr einhergehe. Ein hohes Markt-Buchwert-Verhältnis lasse aber entgegen der Studie von Baker/ Wurgler keinen Rückschluss auf die Durchführung einer Eigenkapitalerhöhung zu.

---

[125] Vgl. Graham/Harvey (2001), S. 216; Bancel/Mittoo (2003), S. 42; Marques/Santos (2004), S. 28

[126] Vgl. Graham/Harvey (2001), S. 232f.; Bancel/Mittoo (2003), S. 27f.; Marques/Santos (2004), S. 28f.

[127] Vgl. Hovakimian et al. (2004), S. 537

[128] Vgl. Chen/Zhao (2005b), S. 4

[129] Vgl. Kayhan/Titman (2004), S. 32; Flannery/Rangan (2004), S. 29

Vielmehr betrachten Frank/Goyal (2003b) ihre Studienergebnisse als Bestätigung der dynamischen Trade-Off-Theorie.[130]

Erhebliche Zweifel an der Market-Timing-Theorie lassen schließlich auch Studien von Leary/Roberts (2005) und Högfeldt/Oborenko (2005) aufkommen. Beide Studien replizieren die Studie von Baker/Wurgler weitgehend getreu. Leary/Roberts (2005) nutzen hierzu, wie Baker/Wurgler, die Compustat Datenbank; Högfeldt/Oborenko (2005) verwenden eine Stichprobe schwedischer börsennotierter Unternehmen. Für Leary/Roberts (2005) widerspricht das Ergebnis von Baker/Wurgler der dynamischen Trade-Off-Theorie nicht, sofern Anpassungskosten an die Zielkapitalstruktur berücksichtigt werden.[131] Högfeldt/Oborenko (2005) können das Ergebnis von Baker/Wurgler ebenfalls nicht vorbehaltlos bestätigen. In ihrer Untersuchung besitzen Market-Timing-Aktivitäten eine vergleichsweise geringe Bedeutung im Hinblick auf die Erklärung der Kapitalstruktur.[132]

Die bisherigen empirischen Ergebnisse legen in der Gesamtschau nahe, dass Baker/Wurgler mit dem Market-Timing einen neuen Einflussfaktor auf die Kapitalstruktur börsennotierter Unternehmen aufzeigen konnten. Die ökonomische Relevanz dieser neuen Kapitalstruktur-Determinante scheint aber bei weitem nicht auszureichen, um die Kapitalstruktur alleine oder im Wesentlichen zu erklären.

2.2.4 Inertia-Theorie

2.2.4.1 Begründung der Inertia-Theorie

Die Entwicklung empirisch begründeter Kapitalstrukturtheorien setzte sich mit der Studie von Welch (2004) fort. Wie Baker/Wurgler (2002) konzentriert sich Welch auf Kapitalstruktur-Entscheidungen börsennotierter Unternehmen und bezweifelt die Relevanz bisheriger Erklärungsansätze. Nach der Inertia-Theorie von Welch ist die Rendite des Aktienkurses die mit Abstand bedeutendste Kapitalstruktur-Determinante. Die Auswirkungen schwankender Marktkapitalisierungen auf den Verschuldungsgrad würden von Unternehmen trotz umfangreicher Außenfinanzierungs-Maßnahmen weitgehend toleriert. Dieser Untätigkeit in Bezug auf die Wiederherstellung einer Zielkapitalstruktur verdankt die Inertia-Theorie auch ihre Bezeichnung.[133]

Ebenso wie die Market-Timing-Theorie führt auch das Inertia-Argument bei strenger Geltung zu einer weitgehenden Kapitalstruktur-Irrelevanz. Eine zusätzliche Besonderheit der Inertia-Theorie besteht in der Annahme weitgehender Passivität der Unter-

---

[130] Vgl. Frank/Goyal (2003b), S. 7
[131] Vgl. Leary/Roberts (2005), S. 2592, 2613
[132] Vgl. Högfeldt/Oborenko (2005), S. 3
[133] Vgl. Welch (2004), S. 106f., 124

nehmensleitung im Hinblick auf kapitalstrukturpolitische Maßnahmen. Wenn die Theorie in vollem Umfang zuträfe, definierte maßgeblich der Aktienmarkt und nicht die Unternehmensleitung die Höhe des Verschuldungsgrades im Zeitablauf. Dieses Ergebnis erscheint paradox und basiert auf der ausschließlichen Betrachtung marktwertbasierter Verschuldungsgrade.

Bilanzieller und marktwertbasierter Verschuldungsgrad stimmen bei konstantem Fremdkapitalwert nur überein, wenn der Aktienkurs exakt dem anteiligen Eigenkapitalbuchwert entspricht. Steigt die Marktkapitalisierung bei unverändertem bilanziellen Eigenkapital, sinkt der marktwertbasierte Verschuldungsgrad, während sich die Bilanzrelationen in keiner Weise verändert haben. Deutliche Schwankungen der Marktkapitalisierung resultieren folglich in erheblichen Schwankungen des marktwertbasierten Verschuldungsgrades. Genau an dieser Stelle liegt der Ansatzpunkt von Welch.

Welch will zeigen, dass Unternehmen nicht gewillt sind, kursbedingte Schwankungen des marktwertbasierten Verschuldungsgrades zeitnah durch entsprechende Eigen- oder Fremdkapitalmaßnahmen auszugleichen. Ferner will Welch belegen, dass die Schwankungen des marktwertbasierten Verschuldungsgrades am besten durch die Kursentwicklungen am Aktienmarkt und nicht durch die üblicherweise in der empirischen Forschung genutzten Kapitalstruktur-Determinanten erklärt werden können.

2.2.4.2 Herleitung der Inertia-Theorie

Welch gelingen nach eigenem Bekunden beide Nachweise. Zunächst findet Welch unter Einsatz deskriptiver Statistiken Hinweise, dass Unternehmen kursinduzierte Veränderungen des marktwertbasierten Verschuldungsgrades nicht sofort durch Außenfinanzierungsmaßnahmen ausgleichen.[134] Im Anschluss untersucht Welch die Frage, ob der marktwertbasierte Verschuldungsgrad zu Periodenbeginn (VG^{M}_{t}) oder der implizite, d.h. um die Aktienkursentwicklung bereinigte, Verschuldungsgrad ($IVG_{t,t+k}$), den Verschuldungsgrad am Ende der Beobachtungsperiode ($VG^{M}_{t,t+k}$) besser approximiert. Hierzu verwendet Welch das nachfolgend dargestellte Regressionsmodell, wobei Gleichung 2.7 das Modell im Detail nachbildet. Dabei steht F für den Buchwert des Fremdkapitals, E für den Marktwert des Eigenkapitals und $r_{t,t+k}$ für die Aktienkursrendite während der betrachteten Periode.[135]

$$VG^{M}_{t,t+k} = \beta_0 + \beta_1 VG^{M}_{t} + \beta_2 IVG_{t,t+k} + \varepsilon_t \qquad [2.6]$$

[134] Vgl. Welch (2004), S. 111

[135] Vgl. Welch (2004), S. 107f.

$$\frac{F_{t,t+k}}{E_{t,t+k}+F_{t,t+k}}=\beta_0+\beta_1\frac{F_t}{E_t+F_t}+\beta_2\frac{F_t}{E_t(1+r_{t,t+k})+F_t}+\varepsilon_t \qquad [2.7]$$

Die Intuition des Modells ist einfach. Unterschiede zwischen dem aktuellen Verschuldungsgrad VG^M_t und dem zukünftigen Verschuldungsgrad $VG^M_{t,t+k}$ können in der Realität ausschließlich durch Außenfinanzierungsmaßnahmen und/oder Aktienkursveränderungen verursacht sein. Gleichen Unternehmen den Einfluss der Aktienkursentwicklung durch entsprechende Außenfinanzierungsmaßnahmen im Laufe der Beobachtungsperiode aus, würde $VG^M_{t,t+k}$ immer VG^M_t entsprechen. Gleichen Unternehmen diesen Einfluss hingegen nicht aus, wäre $IVG_{t,t+k}$ der bessere Prädiktor der zukünftigen Verschuldung, weil dieser die Aktienkursentwicklung bereits vorwegnimmt. Genau dieses Ergebnis erhält Welch. Selbst bei Untersuchung mehrjähriger Beobachtungsperioden ist $IVG_{t,t+k}$ der mit Abstand dominante Effekt – allerdings mit abnehmender Tendenz. Unternehmen korrigieren nach Welch dementsprechend kursinduzierte Schwankungen des marktwertbasierten Verschuldungsgrades nur langsam.[136]

Die Bedeutung der kursinduzierten Veränderungen der Verschuldungsgrade quantifiziert Welch in der Folge. Bei einjähriger Betrachtungsperiode erkläre die Kursentwicklung am Aktienmarkt rund 43%, die Außenfinanzierung ca. 57% der Schwankungen der Verschuldungsgrade. Bei fünfjähriger Beobachtungsperiode mache die Aktienkursentwicklung immer noch rund 40% der Schwankungen aus.[137] Aufgrund des hohen Anteils der Außenfinanzierung mangele es den Unternehmen nach Welch nicht an Möglichkeiten, den kursinduzierten Schwankungen des Verschuldungsgrades entgegen zu wirken. Die Unternehmen nutzten diese Möglichkeiten jedoch nicht und tolerierten vielmehr die kursinduzierte Variabilität der Fremdkapitalquoten.[138] Schließlich berechnet Welch Regressionsmodelle mit der Veränderung des Verschuldungsgrades $\Delta VG^M_{t,t+k}$ (d.h. $VG^M_{t,t+k}$ - VG^M_t) als abhängiger Variable, die neben der Veränderung des impliziten Verschuldungsgrades $\Delta IVG_{t,t+k}$ (d.h. $IVG_{t,t+k}$ - VG^M_t) gängige Kapitalstruktur-Determinanten und deren Interaktionen mit $\Delta IVG_{t,t+k}$ berücksichtigen. Auch hier bleibt $\Delta IVG_{t,t+k}$ der bedeutendste Effekt.[139]

Dabei sind die Resultate aber keineswegs so eindeutig, dass die gängigen Kapitalstruktur-Determinanten jegliche Erklärungskraft verlören. Welch selbst stuft deren Bedeutung zum Teil mit „strong negative coefficient“ und „good economic significance“

136 Vgl. Welch (2004), S. 114
137 Vgl. Welch (2004), S. 115
138 Vgl. Welch (2004), S. 115
139 Vgl. Welch (2004), S. 117-120

ein.[140] Trotzdem spricht Welch den traditionellen Kapitalstruktur-Determinanten in der Folge weitgehend pauschal ihre Aussagekraft ab.[141]

2.2.4.3 Würdigung der Inertia-Theorie

Die grundlegenden Bedenken von theoretischer Seite gegenüber der Inertia-Theorie entsprechen denen der Market-Timing-Theorie. Auch die Inertia-Theorie ist ein exklusiver Erklärungsansatz für die Entwicklung der Kapitalstruktur börsennotierter Gesellschaften. Einen Geltungsanspruch für die große Mehrheit der nicht-börsennotierten Unternehmen kann die Inertia-Theorie grundsätzlich nicht erheben. Unbeantwortet bleiben insbesondere die Fragen, welche Zusammenhänge für nicht-börsennotierte Unternehmen gelten sollen und worin letztlich die inhaltliche Begründung für die paradoxe Passivität der Unternehmensleitung im Hinblick auf marktwertbasierte Verschuldungsgrade liegt. Auf die letzte Frage gibt es – sofern das Inertia-Argument zutreffen sollte – nur zwei mögliche Antworten. Entweder orientieren sich Unternehmen nicht primär an marktwertbasierten Verschuldungsgraden. Dann würde die Inertia-Theorie zwar in Reinform gelten, hätte sich aber auch gleichzeitig selbst überlebt. Oder es muss einen anderen Effekt geben, der die Nicht-Anpassung verursacht. In diesem Falle hätte die Inertia-Theorie zwar den empirischen Nachweis geführt, aber die inhaltliche Begründung dafür nicht geliefert.

Wie die Market-Timing-Theorie ist auch die Inertia-Theorie in der Literatur weitgehend umstritten. In dem dynamischen Trade-Off-Modell von Ju et al. (2005) kann es für Unternehmen rational sein, mehr als 10 Prozentpunkte von der optimalen Kapitalstruktur abzuweichen, bevor eine Rekapitalisierung in Richtung der Zielkapitalstruktur erfolgt. In diesem Ergebnis sehen die Autoren eine mögliche Erklärung für die empirischen Resultate von Welch.[142] Kayhan/Titman (2004), Strebulaev (2004) und Leary/Roberts (2005) bestätigen zwar in unterschiedlichem Umfang den Einfluss der Aktienkursentwicklung auf die marktwertbasierte Kapitalstruktur. Alle Autoren sehen darin letztlich jedoch keine Widerlegung der dynamischen Trade-Off-Theorie. Im Gegensatz zu Welch stellen Kayhan/Titman (2004) fest, dass kursinduzierte Schwankungen zumindest teilweise ausgeglichen würden und der Erklärungsbeitrag anderer Kapitalstruktur-Determinanten bestehen bliebe.[143]

Strebulaev (2004) und Leary/Roberts (2005) zeigen, dass auch ein dynamisches Trade-Off-Modell mit Anpassungskosten das Resultat von Welch erklären kann.[144] Die bis-

---

[140] Vgl. Welch (2004), S. 120
[141] Vgl. Welch (2004), S. 122, 126
[142] Vgl. Ju et al. (2005), S. 261, 275
[143] Vgl. Kayhan/Titman (2004), S. 5
[144] Vgl. Strebulaev (2004), S. 3; Leary/Roberts (2005), S. 2592

lang wohl schwerwiegendste und möglicherweise folgenreichste Kritik an der Inertia-Theorie stammt von Flannery/Rangan (2004). Die Autoren führen das Resultat von Welch auf die ungeeignete Spezifikation des empirischen Modells zurück.[145] Ihre Kritik betrifft die Definition der Variable $IVG_{t,t+k}$, da diese implizit auch die Variable VG^M_t enthalte. Trenne man diese beiden Effekte voneinander, ergäbe sich aus den empirischen Resultaten wenig Unterstützung für die Inertia-Theorie.[146]

2.2.5 Persistenz-Theorie

2.2.5.1 Begründung der Persistenz-Theorie

Auch die jüngst von Lemmon et al. (2008) veröffentlichte Kapitalstrukturtheorie ist ausschließlich empirischen Ursprungs. Lemmon et al. (2008) betiteln ihre Studie über die Persistenz der Kapitalstruktur treffend mit den Worten „Back to the Beginning". Sollte die Persistenz-Theorie zutreffen, käme dies tatsächlich einem weitgehenden Neuanfang der Kapitalstrukturforschung gleich. Wie Baker/Wurgler (2002) und Welch (2004) wollen auch Lemmon et al. auf empirischem Weg einen richtungweisenden Effekt festgestellt haben, der alle vorausgegangenen theoretischen und empirischen Arbeiten in Frage stellt.

Kern der Persistenz-Theorie ist die weitgehende Unveränderlichkeit der Kapitalstruktur im Zeitablauf. Nach Lemmon et al. behalten Unternehmen eine einmal gewählte Kapitalstruktur nach kurzem Anpassungsprozess über viele Jahre bei. Unternehmen würden sich teilweise sogar bereits vor dem Börsengang für eine bestimmte Kapitalstruktur entscheiden und sich auch nach Jahren der Börsennotierung nur unwesentlich davon entfernen. Die Konsequenzen dieser Theorie sind beträchtlich. Zum einen wären alle bisherigen modelltheoretischen Überlegungen – wenn überhaupt – nur bei der erstmaligen Festlegung der Kapitalstruktur wirklich bedeutsam. Zum anderen besäßen bisherige Kapitalstruktur-Determinanten einen vergleichsweise geringen Erklärungsbeitrag für laufende Finanzierungsentscheidungen.[147]

2.2.5.2 Herleitung der Persistenz-Theorie

Erster wichtiger Anhaltspunkt für diese Einschätzung bildet nach Lemmon et al. eine deskriptive Auswertung der Verschuldungsgrad-Entwicklung im Zeitablauf. Datengrundlage dieser und aller weiterer Untersuchungen sind alle vollständigen Compustat-Einträge zwischen 1965 und 2003. Der deskriptiven Analyse liegt die Klassifizie-

---

145 Vgl. Flannery/Rangan (2004), S. 24

146 Vgl. Flannery/Rangan (2004), S. 3, 26

147 „[...] our findings paint a somewhat dim picture of existing empirical models of capital structure [...]", Lemmon et al. (2008), S. 1605

rung der Stichprobenunternehmen in vier gleich besetzte Kategorien in Abhängigkeit der Höhe des Verschuldungsgrades zu Grunde. Ist diese Klassifizierung beispielsweise für das Jahr 1965 abgeschlossen, wird die Gruppenzugehörigkeit nicht mehr verändert und die Entwicklung der durchschnittlichen Verschuldungsgrade für jede der vier Gruppen über die nächsten 20 Jahre festgehalten. Diese Prozedur wiederholen Lemmon et al. nun für jedes Jahr des Datensatzes. Im Ergebnis liegen somit 39 Datenreihen über jede der vier Verschuldungsgrad-Gruppen über eine maximale Zeitspanne von 20 Jahren vor. Lemmon et al. werten diese Daten im weiteren Verlauf in „Event Time" aus. Hierzu abstrahieren die Autoren von den eigentlichen Jahreszahlen und setzen alle Angaben in relativen Bezug zu dem jeweiligen Startjahr. Dem zweiten Jahr in Event Time entsprechen somit alle Beobachtungen die zwei Jahre nach dem jeweiligen Startjahr erzielt wurden. Beispielsweise zählen als Beobachtungen des zweiten Jahres sowohl die Daten aus dem Jahr 1967, sofern das Startjahr 1965 war, als auch die Daten des Jahres 2000, sofern das Startjahr 1998 war.[148]

Im Anschluss berechnen Lemmon et al. für jedes der zwanzig Event-Time-Jahre den durchschnittlichen Verschuldungsgrad für jede der vier Kategorien. In Tabellenform ergibt sich eine 4x20 Tabelle – vier durchschnittliche Verschuldungsgradmaße über zwanzig Beobachtungsjahre. Wertet man diese Tabelle grafisch aus, ergeben sich nach Lemmon et al. erstaunliche Resultate.

Das Startjahr in Event Time zeige deutliche Unterschiede zwischen den vier Verschuldungsgradkategorien. Der durchschnittliche buchwertbasierte Verschuldungsgrad betrage für die Gruppe mit dem höchsten Verschuldungsgrad 55%, für die Gruppe mit dem niedrigsten Verschuldungsgrad 3%. In besonderem Maße bemerkenswert sei aber eine in den ersten Jahren beschleunigte und sich dann verlangsamende Konvergenz der durchschnittlichen Kapitalstrukturen im Zeitablauf. Nach zwanzig Jahren betrage der Unterschied zwischen den beiden Randgruppen nur noch 16%. Trotzdem bestünden zwischen den vier Gruppen weiterhin statistisch signifikante Kapitalstruktur-Unterschiede, wenngleich die gesamte Verschuldungsgrad-Spanne jetzt nur noch von 19% bis 35% reiche. Die Autoren sehen in diesem Anpassungsmuster starke Hinweise auf die Existenz eines kurzfristigen Effekts, der zu einer gewissen Anpassung in den ersten Beobachtungsjahren führe, und eines persistenten, langfristigen Effekts, der auch die nach zwanzig Jahren noch bestehenden Unterschiede erklären soll.[149]

Die gleiche Vorgehensweise wiederholen die Autoren, indem sie als Klassifizierungsvariable nun die Residuen einer OLS-Regression mit dem Verschuldungsgrad als ab-

---

[148] Vgl. Lemmon et al. (2008), S. 1579f.

[149] Vgl. Lemmon et al. (2008), S. 1581. Für den marktwertbasierten Verschuldungsgrad ergibt sich im Übrigen das gleiche Muster.

hängiger Variable und bekannten Kapitalstruktur-Determinanten (Unternehmensgröße, Profitabilität, Sachanlagevermögen, Wachstum und Branchenzugehörigkeit) als unabhängige Variablen heranziehen. Diese Modellspezifikation soll für den Einfluss bekannter Kapitalstruktur-Determinanten kontrollieren.[150] An den grundlegenden Ergebnissen ändert die neue Spezifikation nichts. Lemmon et al. folgern, dass die traditionellen Kapitalstruktur-Determinanten die Veränderungen der Verschuldungsgrade kaum beeinflussen und bisher unbekannte Effekte für die Entwicklung der Kapitalstruktur hauptsächlich verantwortlich sein müssen.[151]

Der nächste Analyseschritt besteht in einer Panel-Regression, die den Erklärungsgehalt des initialen Verschuldungsgrades und vorstehender Kapitalstruktur-Determinanten hinsichtlich des zukünftigen Verschuldungsgrades untersuchen soll. Lemmon et al. berichten standardisierte Koeffizienten und gelangen zu dem Ergebnis, dass sich die ökonomische Bedeutung des initialen Verschuldungsgrades „dramatisch" von dem der klassischen Kapitalstrukturdeterminanten abhebe, wodurch die klassischen Determinanten erheblich in ihrer Aussagekraft geschmälert würden. Der standardisierte Koeffizient des initialen Verschuldungsgrades beträgt zwischen 0,04 und 0,09; die Betragswerte der Koeffizienten der übrigen Determinanten betragen zwischen 0,01 und 0,08.[152]

Der nachfolgende Analyseschritt besteht in einer Varianzzerlegung. Grundlage bildet das bereits bekannte Regressionsmodell. Allerdings wird der initiale Verschuldungsgrad durch eine firmenspezifische Konstante ersetzt. Ergebnis dieser Untersuchung ist, dass die firmenspezifische Konstante zwischen 85% und 95% der erklärten Varianz auf sich vereint und damit den Erklärungsbeitrag der anderen Kapitalstruktur-Determinanten deutlich dominiert. Lemmon et al. sehen darin abermals die Existenz eines persistenten Effektes bestätigt, der größtenteils die Wahl der Kapitalstruktur bestimme.[153]

Es folgen gezielte Untersuchungen über die Hintergründe des festgestellten kurzfristigen Anpassungseffekts und des langfristigen Persistenzeffekts. Zur Untersuchung des Kurzfristeffekts dient die Analyse der Außenfinanzierungsmaßnahmen auf Grundlage der einleitend durchgeführten deskriptiven Analyse sowie ein Partial-Adjustment-Modell. Die gewonnenen Resultate deuteten darauf hin, dass sich Unternehmen einer zeitstabilen firmenspezifischen Zielkapitalstruktur annähern.[154]

---

150 Vgl. Lemmon et al. (2008), S. 1582-1584
151 Vgl. Lemmon et al. (2008), S. 1584
152 Vgl. Lemmon et al. (2008), S. 1586
153 Vgl. Lemmon et al. (2008), S. 1588-1590
154 Vgl. Lemmon et al. (2008), S. 1601

Die abschließende Untersuchung des Persistenzeffekts konzentriert sich auf die Frage, wie weit dieser Effekt auf der Zeitachse zurückreicht. Hierzu dient ein Vergleich der Kapitalstrukturen vor und nach dem Börsengang. Die Ergebnisse legen nahe, dass Unternehmen teilweise bereits vor dem Börsengang grundlegende Kapitalstrukturentscheidungen treffen und nachfolgend beibehalten. Die letztlich entscheidende Frage, was den Persistenzeffekt begründet, überlassen Lemmon et al. hingegen der zukünftigen Forschung.[155]

2.2.5.3 Würdigung der Persistenz-Theorie

Aufgrund der Aktualität dieser Studie liegen in der Literatur bisher nur wenige Ergebnisse anderer Autoren über die Persistenz-Theorie vor. Ähnlich wie bei den beiden anderen empirisch motivierten Kapitalstrukturtheorien zeichnet sich aber bereits aus ersten Arbeitspapieren ab, dass auch die Persistenz-Theorie nicht unumstritten bleiben wird. Cook/Kieschnick (2008) replizieren die Studie von Lemmon et al. und weisen nach eigenen Angaben mit RESET-Tests nach, dass die Regressionsmodelle von Lemmon et al. fehlspezifiziert sind. Diese Fehlspezifizierung beruhe weniger auf fehlenden erklärenden Variablen als auf nicht-linearen Effekten zwischen den Kapitalstruktur-Determinanten und dem Verschuldungsgrad. Wenn man diese nicht-linearen Effekte berücksichtige, erkläre sich zum einen die von Lemmon et al. festgestellte Persistenz aus der Einhaltung eines nicht-linearen Wachstumspfads. Zum anderen erhöhe sich der Erklärungsgehalt der klassischen Kapitalstruktur-Determinanten wieder merklich. Das Fazit von Cook/Kieschnick (2008) ist aber auch für die empirische Kapitalstrukturforschung insgesamt wenig erbauend. Sollten signifikante nicht-lineare Zusammenhänge zwischen Kapitalstruktur-Determinanten und dem Verschuldungsgrad bestehen, worauf im Übrigen auch frühere Autoren bereits hingewiesen haben, wären nahezu alle empirischen Determinantenstudien fehlspezifiziert.[156]

Auch Baranchuk/Xu (2007) sehen die empirische Vorgehensweise von Lemmon et al. äußert kritisch. Die Autoren lehnen die Einbeziehung des initialen Verschuldungsgrades und firmenspezifischer Konstanten in den Regressionsmodellen ab, da diese ein schwerwiegendes Endogenitätsproblem verursachten. Die Einbeziehung solcher Variablen müsse deshalb zwangsläufig die Aussagekraft der anderen Kapitalstruktur-Determinanten unterminieren. Aber auch die deskriptive Analyse von Lemmon et al. sei möglicherweise wenig aussagekräftig. Baranchuk/Xu (2007) wiederholen diese Analyse von Lemmon et al. auf Grundlage simulierter Verschuldungsgrad-Daten, die absichtlich weder konvergieren noch im Zeitablauf stabil sind. Überraschenderweise

---

155 Vgl. Lemmon et al. (2008), S. 1605

156 Vgl. Cook/Kieschnick (2008), S. 8, 16-18; Existenz und Auswirkungen nicht-linearer Effekte diskutieren beispielweise Ioannidis et al. (2003), S. 699-714 und Fattouh et al. (2005), S. 1-17

erhalten die Autoren trotzdem ein vergleichbares Ergebnis. Die Autoren stimmen aber mit Lemmon et al. hinsichtlich der grundsätzlichen Existenz eines Persistenz-Effekts überein. Dieser könne, wie eigene Untersuchungen der Autoren zeigten, zum Teil sogar durch traditionelle Kapitalstruktur-Determinanten erklärt werden.[157]

2.3 Zusammenfassung

„There is no universal theory of the debt-equity choice, and no reason to expect one."[158]

Wo steht die Kapitalstrukturtheorie 50 Jahre nach Modigliani/Miller? Es wäre sicherlich falsch, diese Frage mit „weitgehend am Anfang" zu beantworten. Nichtsdestoweniger bleibt selbst nach einem halben Jahrhundert intensiver Forschungsanstrengungen die Wahl der Kapitalstruktur größtenteils ungeklärt.[159] Die Ableitung einer allgemeingültigen, normativen Kapitalstrukturtheorie erscheint heute weiter entfernt denn je. Noch in den achtziger Jahren bestand die berechtigte Hoffnung, dass eine Intensivierung der Forschung zu neuen wegleitenden Erkenntnissen und damit zu einer ganzheitlichen Kapitalstrukturtheorie führen könnte. Diese Hoffnung muss man heute bei realistischer Betrachtung aufgeben.

Auffallend ist zunächst die Stagnation der modelltheoretischen Forschung seit Beginn der neunziger Jahre. Alle modelltheoretisch begründeten Kapitalstrukturtheorien wurden bis zu diesem Zeitpunkt vollständig oder in ihren wesentlichen Zügen entwickelt. Insbesondere die Jahre zwischen 1975 und 1990 kennzeichneten außergewöhnliche und seitdem niemals wieder erreichte wissenschaftliche Leistungen. Rückblickend bezeichnete Zingales diese Jahre treffend als das „goldene Zeitalter" der Kapitalstrukturforschung.[160]

Aber selbst grundlegende Erkenntnisse dieser Zeit wie die Signalling-Theorie oder die marktstrategischen Theorien konnten letztlich nur wenig zum Verständnis realer Finanzierungsentscheidungen beitragen. Die inhaltliche Ausrichtung dieser Ansätze ist zu eng gefasst, als dass sie eine allgemeingültige, universell einsetzbare Kapitalstrukturtheorie begründen könnten. Annähernd konkurrenzlos blieben daher bis heute die Trade-Off- und Pecking-Order-Theorie. Als einzige Theorien offerieren sie eine ganzheitlichere Erklärung der Kapitalstruktur – ein Umstand, an dem sich vermutlich auch in absehbarer Zukunft nichts ändern wird.[161]

---

[157] Vgl. Baranchuk/Xu (2007), S. 14, 32
[158] Myers (2001), S. 81
[159] Vgl. ähnliche Einschätzungen von Chirinko/Singha (2000), S. 418; Elsas/Florysiak (2008), S. 2
[160] Vgl. Zingales (2000), S. 1623
[161] Sollten sich Trade-Off- und Pecking-Order-Theorie, wie von einigen Autoren vermutet, als komplementär erweisen, könnte sogar gerade auf diesem Gebiet der entscheidende zukünftige Fort-

Der Übergang zu dynamischen Kapitalstrukturtheorien schafft hier nur begrenzt Abhilfe. Die modelltheoretischen Errungenschaften auf diesem Gebiet beschränken sich bisher im Wesentlichen auf die Trade-Off-Theorie.[162] Die Entwicklung eines grundlegend neuen modelltheoretischen Ansatzes zeichnet sich auch im dynamischen Kontext nicht ab. Stattdessen übernimmt die empirische Forschung zusehends selbst die Funktion der Theorieentwicklung. Es ist bezeichnend und bemerkenswert zugleich, dass mit der Market-Timing-, Inertia- und Persistenz-Theorie die drei jüngsten Erklärungsansätze ausnahmslos empirisch motiviert und begründet sind.

Setzt sich diese faktische Aufwertung der empirischen Forschung weiter fort, kommt dies einer Zeitenwende in der Kapitalstrukturforschung gleich. Die Entwicklungen der letzten Jahre zeigen jedenfalls, dass der noch 1988 von Stiglitz vorsichtig thematisierte „Letting-the-data-speak-for-itself"-Ansatz bereits einen beachtlichen Stellenwert in der Literatur erlangt hat.[163] In einem aktuellen Beitrag fordert Welch sogar explizit eine größere Abkopplung der empirischen Forschung von modelltheoretischen Vorgaben und sieht darin einen vielversprechenden Ansatzpunkt für die zukünftige Kapitalstrukturforschung.[164]

„Much empirical capital-structure work has been conducted through the lenses of these theories. This has confirmed that both trade-off and pecking order behavior are present, at least in some firms. However, [...] the literature has not even answered such basic questions as to whether large firms or small firms tend to have higher debt ratios. Even without a good theory, it would be interesting to learn more about whether and how such basic characteristics as firm size or industry [...] are capital structure determinants – and then to build a theory why this is so."[165]

Die Hinwendung zu einem theoriefreieren Forschungsansatz erscheint unter dem Eindruck einer stagnierenden modelltheoretischen Forschung und unbefriedigender empirischer Ergebnisse konsequent. Ob sich ein solcher Forschungsansatz auf breiter Basis durchsetzen wird, bleibt indessen abzuwarten. Dass sich derartige Forschungsvorhaben lohnen können, belegen eindrucksvoll die Erkenntnisse der noch jungen empirischen Kapitalstrukturtheorien. Die auf empirischem Wege nachgewiesenen – wenn vermutlich auch in ihrer Bedeutung zunächst überschätzten – Effekte hätte eine ausschließlich modelltheoretisch geleitete empirische Forschung niemals aufdecken können.

---

schritt der Kapitalstrukturtheorie erzielt werden. Vgl. Bagley et al. (1998), S. 160; Roberts (2002), S. 31; Welch (2007), S. 17-21; Chaplinsky/Harris (1996), S. 10

162 Vgl. Strebulaev (2004), S. 2

163 „Though it may be going too far to advocate "letting the data speak for itself" without any theoretical guidance, economists should at least be attentive to those whispers which the data occasionally emit.", Stiglitz (1988), S. 122

164 Vgl. Welch (2007), S. 23

165 Welch (2007), S. 21

3 Grundzüge der Determinantenforschung

3.1 Methodische und inhaltliche Grundlagen

3.1.1 Allgemeiner Untersuchungsaufbau

Gemeinsamkeit aller empirischen Studien über die Determinanten der Kapitalstruktur ist ihr grundsätzlicher Aufbau. Die Determinanten der Kapitalstruktur bilden durchgängig die unabhängigen Variablen, ein Verschuldungsgradmaß immer die abhängige Variable der empirischen Modelle. Zur Operationalisierung dieser Größen definieren die Autoren geeignete Kennzahlen, welche aus vorhandenen Datenquellen unmittelbar entnommen oder aus diesen berechnet werden können. Ein weiteres verbindendes Element ist die multivariate Spezifikation der Modelle. Der Einfluss der Kapitalstruktur-Determinanten auf das Verschuldungsgradmaß wird demzufolge nicht isoliert, sondern immer gemeinsam mit allen anderen ausgewählten Determinanten untersucht. Diese Vorgehensweise korrigiert für mögliche wechselseitige Überlagerungen und zeigt den verbleibenden Erklärungsbeitrag jeder einzelnen Determinante. Die empirische Kapitalstrukturforschung stellt somit ausschließlich auf die partiellen Effekte der Determinanten ab.

Nahezu allen Studien gemein ist des Weiteren die Einbettung der multivariaten Spezifikation in einen linearen Prädiktor. Im einfachsten denkbaren Falle nimmt das zu schätzende Modell im Rahmen einer Querschnittsanalyse die im Folgenden dargestellte Form an, wobei y das Verschuldungsgradmaß, x die Determinanten, β die zu schätzenden Koeffizienten, ε die Residualgrößen, der Laufindex i das jeweilige Unternehmen und der Laufindex j die jeweilige Determinante kennzeichnet.

$$y_i = \sum_{j=1}^{k} \beta_j x_{ji} + \varepsilon_i \qquad [3.1]$$

Die faktische Festlegung der empirischen Kapitalstrukturforschung auf einen linearen Prädiktor birgt erhebliche Implikationen. Lineare Modelle sind nur dann sinnvoll einsetzbar, wenn zumindest annähernd lineare Beziehungen zwischen jeder unabhängigen Variable und der abhängigen Variable bestehen. Liegen zwischen Kapitalstruktur-Determinanten und dem Verschuldungsgradmaß stattdessen nicht-lineare Beziehungen vor, ist das lineare Modell fehlspezifiziert, sofern die betroffenen Kennzahlen nicht vorher durch geeignete Transformationen in eine lineare Form gebracht wurden. Die Linearitätsannahme ist im Wesentlichen ein Konsensentscheid innerhalb der empirischen Forschung, die offenbar durch entsprechende Voruntersuchungen des Datenmaterials immer wieder gestützt wird. Die theoretische Kapitalstrukturforschung gibt zu dieser Fragestellung kaum Orientierungshilfen, obwohl gerade die theoretische Forschung an dem genauen Zusammenwirken von Kapitalstruktur-Determinanten und Verschuldungsgrad interessiert sein müsste.

Gemeinsames Ziel aller empirischen Determinantenstudien ist schließlich die Bestimmung von Signifikanzniveau und Vorzeichenrichtung der (Regressions-)Koeffizienten β. Im Rahmen der Schätzung werden selbstverständlich auch die exakten Koeffizientenwerte bestimmt. Diese Werte fließen allerdings äußerst selten in die spätere Ergebnisinterpretation ein. Die Autoren beschränken sich nahezu ausschließlich auf Signifikanz und Richtung der partiellen Effekte und blenden die ökonomische Bedeutung der Determinanten – auch im Ergebnisvergleich mit anderen Studien – aus.

Die empirische Determinantenforschung kennzeichnet somit ein weitgehend einheitlicher Untersuchungsaufbau. Die Vorgehensweise bis zur Festlegung der genauen Schätzmethode sowie die Interpretation der erhaltenen Modellkoeffizienten sind studienübergreifend identisch. Die verwendeten empirischen Methoden sind zudem durchgängig multivariate Verfahren, die – von ganz wenigen Ausnahmen abgesehen – auf linearen Prädiktoren basieren. Unterschiede zwischen den Studien resultieren demzufolge ausschließlich aus der Verknüpfung des multivariaten (linearen) Prädiktors mit verschiedenen statistischen Verfahren (methodische Unterschiede) und/oder aus der verschiedenartigen Zusammensetzung des multivariaten (linearen) Prädiktors selbst (inhaltliche Unterschiede).

3.1.2 Methodische Unterschiede

Die empirische Forschung verwendet im Wesentlichen drei ökonometrische Ansätze zur Untersuchung der Determinanten der Kapitalstruktur. Das einfachste und gleichzeitig gängigste statistische Schätzverfahren im Bereich der Determinantenforschung ist die lineare Querschnitts-Regressionsanalyse basierend auf der Methode der kleinsten Quadrate (Ordinary-Least-Squares, OLS). Die vorstehende Modellspezifikation 3.1 entspricht bereits diesem Modell, wobei der lineare Prädiktor üblicherweise um eine Konstante ergänzt wird.

Untersucht eine Studie nicht das absolute Niveau des Verschuldungsgrades, sondern inkrementelle Finanzierungsentscheidungen in Form von Eigen- oder Fremdkapitalemissionen, bildet der lineare Prädiktor die Grundlage eines Logit- oder Probit-Modells. Die abhängige Variable ist dabei zwingend dichotom definiert. Beispielsweise wird eine Eigenkapitalemission mit Eins, eine Fremdkapitalemission mit Null kodiert. Hinsichtlich der grundlegenden Interpretation von Vorzeichen und Signifikanzniveau der Kapitalstruktur-Determinanten ändert die Logit- bzw. Probit-Spezifikation nichts. Statistisch nicht signifikante Determinanten gelten für Finanzierungsentscheidungen als unbedeutend. Statistisch signifikante Determinanten gehen je nach Kodierung der abhängigen Variablen und Vorzeichenrichtung mit einem höheren oder niedrigeren Verschuldungsgrad einher.

Die dritte wesentliche Methodenkategorie im Bereich der empirischen Determinantenforschung bilden Panel-Verfahren. Voraussetzung hierfür ist ein kombinierter Querschnitts- und Zeitreihendatensatz. Panel-Datensätze zeichnen sich dadurch aus, dass für jedes Stichprobenunternehmen Daten über mehrere Beobachtungsjahre zur Verfügung stehen. Übertragen auf den linearen Prädiktor in Gleichung 3.1 bedeutet dies, dass zur Formulierung eines Panel-Modells jeweils der Laufindex i zur Kennzeichnung der Stichprobenunternehmen um einen Laufindex t zur Kennzeichnung des Beobachtungszeitpunktes ergänzt werden muss. Je nach verwendeten Panel-Verfahren sind gegebenenfalls weitere Anpassungen des linearen Prädiktors erforderlich. Das einfachste Panel-Verfahren ist ein gepooltes OLS-Modell, das ohne weitere Anpassungen des linearen Prädiktors auskommt. Es unterstellt allerdings Homogenität aller Stichprobenunternehmen.

Ist die Homogenitätsannahme nicht vertretbar und die individuelle Heterogenität mit den Regressoren korreliert, erfolgt die Schätzung eines Fixed-Effects-Modells. Zur Ableitung eines Fixed-Effects-Modells kommen drei Modellierungsvarianten in Frage. Erstens können dem linearen Prädiktor unternehmensindividuelle Konstanten hinzugefügt werden (Least-Squares-Dummy-Variable-Schätzer, LSDV). Zweitens kann das Modell in Form erster Differenzen geschätzt werden (Within-Schätzer). Schließlich kann die notwendige Anpassung des linearen Prädiktors auch über Subtraktion der jeweiligen unternehmensspezifischen Zeitreihenmittelwerte von den einzelnen Datenpunkten erreicht werden (Between-Schätzer). Unabhängig davon welche dieser drei Anpassungsarten gewählt wurde, erfolgt die Schätzung eines Fixed-Effects-Modells mit einer herkömmlichen OLS-Regression.

Ist die individuelle Heterogenität nicht mit den Regressoren korreliert, ist das Random-Effects-Modell die geeignete Modellspezifikation. Die notwendige Anpassung erfolgt über die Erweiterung der Störterme um unternehmensindividuelle Zufallskomponenten. Damit ist die Grundannahme unkorrelierter Residuen des OLS-Schätzers verletzt, so dass der Generalized-Least-Squares-Schätzer (GLS) verwendet werden muss.

Am statistisch anspruchsvollsten sind dynamische Panel-Modelle. Dabei wird der lineare Prädiktor um einen zeitversetzten Beobachtungswert des Verschuldungsgradmaßes erweitert. Üblich sind dabei Zeit-Lags von einem Jahr. Das Verschuldungsgradmaß der Periode t-1 wäre in diesem Falle erklärende Variable für das Verschuldungsgradmaß der Folgeperiode t. Das damit einhergehende Endogenitätsproblem verlangt nach besonderen Schätzmethoden. In der Determinantenforschung kommen der Anderson-Hsiao-Schätzer und die Generalized Method of Moments (GMM) zum Einsatz.[166]

Mit der OLS-, Logit/Probit- und Panel-Spezifikation sind die drei grundlegenden und mit weitem Abstand meistgenutzten Modellstrukturen der empirischen Determinantenforschung beschrieben. Nahezu alle weiteren in der Literatur vorgefundenen Methoden stellen lediglich Erweiterungen dieser Grundmodelle dar. So werden gelegentlich Tobit-Modelle spezifiziert, um damit dem eingeschränkten Wertebereich des Verschuldungsgradmaßes Rechnung zu tragen. Die den Partial-Adjustment-Ansätzen zugrundeliegende Schätzgleichung ist nichts anderes als eine besondere Darstellungsform eines (dynamischen) Panel-Modells. Unmittelbar auf dem OLS-Schätzer beruht wiederum die vereinzelt zur Untersuchung von Panel-Daten genutzte Fama-MacBeth-Methode. Dabei wird für jedes Beobachtungsjahr eine getrennte OLS-Regression berechnet. Anschließend werden jeweils die Durchschnittswerte der erhaltenen Koeffizienten über alle Beobachtungsjahre gebildet. Diese Durchschnittswerte gelten dann als endgültiges Schätzergebnis. Ziel dieser Vorgehensweise ist der Erhalt robuster Standard-Fehler.[167]

Eine weitere Abwandlung des OLS-Modells und ein in der Literatur bereits ausgesprochen unübliches Verfahren ist die in der weiteren Darstellung als Faktorregression bezeichnete Methode. Dabei werden alternative Operationalisierungen der betrachteten Determinanten zunächst im Rahmen einer Faktoranalyse zusammengefasst. Die abgeleiteten Faktoren dienen dann als unabhängige Variablen der anschließenden Regressionsanalyse. Selbst die ebenfalls zur Untersuchung von Kapitalstruktur-Determinanten äußerst selten eingesetzten Strukturgleichungsmodelle basieren auf multivariaten linearen Prädiktoren und bauen auf Least-Squares-Schätzern auf. Solche Modelle formulieren ein interdependentes System von Regressionsgleichungen, dessen Schätzung im Rahmen des Two-Stage-Least-Squares-Ansatzes (2SLS) sukzessiv und bei Verwendung des Three-Stage-Least-Squares-Verfahrens (3SLS) simultan erfolgt.[168]

Der bei Auseinandersetzung mit empirischen Determinantenstudien vordergründig entstehende Eindruck einer ausgesprochenen Methodenvielfalt ist insofern zu relativie-

---

[166] Vgl. Wooldridge (2003), S. 461-471, und Wawro (2002), S. 25-38, für eine Einführung in statische bzw. dynamische Panel-Modelle

[167] Vgl. Fama/French (2002), S. 2f.; Petersen (2008), S. 11-18; Fama/MacBeth (1973), S. 607-636. Wie Petersen (2008) allerdings nachweist, korrigiert der Fama-MacBeth-Ansatz – entgegen weitläufiger Annahmen – ausschließlich Korrelationseffekte zwischen Beobachtungen über unterschiedliche Unternehmen in der gleichen Periode, aber nicht für serielle Korrelationen, also Korrelationen zwischen Beobachtungen über das gleiche Unternehmen zu unterschiedlichen Zeitpunkten.

[168] Vgl. z.B. Schlichthorst (2007), S. 224-227, für eine Einführung in Strukturgleichungsmodelle

ren.[169] Im Rahmen der Literaturauswertung konnten mit einem LISREL-Modell, einem nicht-linearen gepoolten Panel-Modell und einem nicht-linearen Fixed-Effects-Panel-Modell lediglich drei multivariate Verfahren identifiziert werden, denen ein Sonderstatus zukommt. Der pfadanalytische LISREL-Ansatz ist nicht sinnvoll auf ein OLS- oder Panel-Modell zurückführbar, basiert aber dennoch auf einer strengen Linearitätsannahme. Für die beiden nicht-linearen Panel-Modelle gilt der umgekehrte Zusammenhang.[170]

3.1.3 Inhaltliche Unterschiede

3.1.3.1 Variation der Variablenstruktur

Neben der ökonometrischen Methodik unterscheiden sich die empirischen Studien hinsichtlich Art und Anzahl der erklärenden Variablen des statistischen Modells. In der Literatur existieren keine verbindlichen Vorgaben hinsichtlich der Einbeziehung bestimmter Determinanten oder Kontrollvariablen. Infolgedessen können methodisch identische Studien inhaltlich völlig unterschiedliche Hypothesen untersuchen. Gleichzeitig kann die Zahl der berücksichtigten Determinanten und Kontrollvariablen von Studie zu Studie schwanken.

Die in der Literatur anzutreffenden Modellspezifikationen sind sich tatsächlich weitaus ähnlicher, als die prinzipiell vorhandenen Gestaltungsspielräume vermuten lassen. Wie die spätere Analyse in Kapitel 5 im Einzelnen darlegen wird, berücksichtigen jeweils mindestens 70% der ausgewerteten Studien die Determinanten Unternehmensgröße, Profitabilität, Sachanlagevermögen und Wachstum. Beinahe die Hälfte der Studien untersucht sogar alle vier Determinanten. Ein weiteres Viertel der Studien testet immerhin noch drei dieser Faktoren. Die Untersuchung dieser vier Kerndeterminanten hat sich faktisch zum Standard in der empirischen Forschung entwickelt.

Die Gründe hierfür sind einfach. Einerseits gehören zumindest Profitabilität, Sachanlagevermögen und Wachstum zu den bedeutendsten aus der Kapitalstrukturtheorie ableitbaren Einflussfaktoren, andererseits sind die zu ihrer Approximation benötigten Kennzahlen in Bilanzdatenbanken grundsätzlich verfügbar. Aus gleichen Gründen finden auch die Determinanten Risiko und NDTS überdurchschnittlich oft Verwendung. Über 50% bzw. über 40% der Studien beziehen diese Determinanten in ihre Analyse ein, wobei deren Operationalisierung bereits höhere Datenanforderungen stellt.

---

[169] Natürlich variieren die einzelnen Studien auch im Hinblick auf methodenbegleitende Maßnahmen wie etwa Outlier-Bereinigung oder Heteroskedastizitätskorrektur. Da von der ordnungsgemäßen Anwendung und Durchführung solcher Maßnahmen auszugehen ist, sind diese nicht als Modellunterschiede im eigentlichen Sinne zu klassifizieren.

[170] Für eine ausführliche Darstellung der Verwendungshäufigkeiten der empirischen Methoden im Rahmen der Literaturauswertung vgl. Kapitel 5.3.1, S. 159f.

Wie bedeutsam der Aspekt der Datenverfügbarkeit für die beobachtbaren Testhäufigkeiten ist, belegt eindrucksvoll das Beispiel der Determinante Steuern. Obwohl diese Variable von überragender Bedeutung für die Trade-Off-Theorie ist, findet sie nur in etwa jeder fünften ausgewerteten Studie Berücksichtigung. Eine korrekte Quantifizierung dieser Größe verlangt präzise Kenntnis der (periodenübergreifenden) (Grenz-) Steuerbelastung auf Unternehmens- und privater Ebene. Diese Informationen stehen aber üblicherweise nicht zu Verfügung. Etwas einfacher als die Bestimmung des Steuervorteils ist die Operationalisierung der Determinante Spezialisierung. Aber auch hier werden Detailangaben, zum Beispiel hinsichtlich der Forschungsausgaben eines Unternehmens, benötigt. Aus diesem Grund wird auch diese Determinante nur in etwa jeder vierten Studie und damit deutlich seltener getestet als die vorgenannten Kerndeterminanten.

Trotz der zum Teil bereits bestehenden Datenprobleme bilden die acht genannten Determinanten studienübergreifend die Basis sämtlicher linearer Prädiktoren und damit aller empirischen Studien. Wie bedeutsam diese Determinanten für die empirische Kapitalstrukturforschung sind, verdeutlichen folgende Relationen. Rund 30% der in die spätere Meta-Analyse einbezogenen Studien wählen die zu untersuchenden Determinanten ausschließlich aus dieser Gruppe aus. Weitere rund 45% der Studien berücksichtigen zusätzlich höchstens zwei nicht zu diesem traditionellen Determinanten-Katalog gehörende sonstige Bestimmungsfaktoren. Lediglich ca. 7% der Studien ergänzen den linearen Prädiktor um mehr als sechs sonstige Bestimmungsfaktoren. Diese sonstigen Bestimmungsfaktoren repräsentieren dabei zumeist noch nicht einmal eigenständige Determinanten. Vielmehr verwenden Autoren oftmals mehrere unterschiedliche Variablen zur Untersuchung derselben übergeordneten Kapitalstruktur-Determinanten. Insofern entsprechen die genannten Relationen sogar der konservativsten Darstellungsform. Nach Aggregation zusammengehörender Variablen würden die traditionellen Determinanten eine noch prominentere Stellung einnehmen.[171]

Die mehrfache Testung der gleiche(n) Kapitalstruktur-Determinante(n) innerhalb desselben Modells ist in der empirischen Determinantenforschung weit verbreitet. Der wesentliche Grund für diese Vorgehensweise ist die vergleichende Gegenüberstellung verschiedener Operationalisierungsformen. Ein derartiges Beispiel wäre etwa die Messung der Determinante Unternehmensgröße über den Umsatz sowie zusätzlich über die Mitarbeiterzahl. Zuweilen behalten Autoren auch die Operationalisierung bei, berück-

---

[171] Eine derartige Aggregation setzt in einigen Fällen eine subjektive Wertung hinsichtlich des eigenständigen Determinantenstatus einer Variablen voraus. Aus diesem Grund wurde die konservativste Darstellungsform gewählt, indem alle sonstigen Bestimmungsfaktoren als eigenständige Determinanten zählten. Die acht im Rahmen dieser Arbeit untersuchten Determinanten wurden im Falle mehrfacher Testung hingegen lediglich einfach gewertet.

sichtigen aber mehrere zu unterschiedlichen Zeitpunkten erhobene Messwerte der gleichen Kennzahl innerhalb eines Modells. Übertragen auf das vorstehende Beispiel könnten etwa die Umsatzkennzahl der aktuellen Periode sowie die Umsatzkennzahl der vorausgegangenen Periode als erklärende Variablen dienen.

Abgesehen von Kapitalstruktur-Determinanten beeinflussen gegebenenfalls noch Kontrollvariablen die Zusammensetzung des linearen Prädiktors. Kontrollvariablen im eigentlichen Sinne sind im Bereich der Determinantenforschung allerdings selten. Definitionsgemäß dürfen Kontrollvariablen nicht im Range einer Kapitalstruktur-Determinanten stehen, sondern lediglich Moderatoreigenschaft besitzen. Da der überwiegende Teil der Forschung auf streng länderbezogenen und in vielerlei Hinsicht homogenen Datensätzen beruht, scheiden zahlreiche denkbare Kontrollvariablen üblicherweise per se aus. Die einzige in großer Häufigkeit in der Literatur berücksichtigte Kontrollvariable ist die Branchenzugehörigkeit, die typischerweise durch Dummy-Variablen abgebildet wird.[172] Erwähnenswert sind darüber hinaus lediglich noch die ebenfalls mit Hilfe von Dummy-Variablen modellierten Zeiteffekte im Rahmen mancher Panel-Modelle.

3.1.3.2 Variation der Variablendefinition

Inhaltliche Unterschiede zwischen den Studien resultieren schließlich aus der verschiedenartigen Definition der in den empirischen Modellen verwendeten Variablen. Diese Unterschiede erschließen sich zumeist erst bei detaillierter Betrachtung der Studien und finden in der Literatur kaum Beachtung. Einerseits mag dies Ausdruck der impliziten Annahme einer studienübergreifend einheitlichen Variablendefinition sein, andererseits scheint die Literatur nur geringe Ergebniseffekte durch diese Abweichungen zu vermuten. Von besonderer Relevanz ist in diesem Zusammenhang die Operationalisierung der abhängigen und unabhängigen Modellvariablen.

Das Verschuldungsgradmaß als abhängige Variable kommt in sechs grundlegenden Ausprägungen in der Literatur vor. Empirische Studien können die kurzfristige, die langfristige oder die gesamte Verschuldung jeweils zu Buch- oder zu Marktwerten zum Gegenstand haben. Diese sechs Kategorien dienen konsequenterweise auch dem studienübergreifenden Modell- und Ergebnisvergleich. Die weitergehende Hinterfragung der Definition dieser Variablen unterbleibt hingegen üblicherweise. Wie Kapitel 5 im Detail zeigen wird, ist eine einheitliche Definition der abhängigen Variablen tat-

---

[172] Die Einordnung der Branchenzugehörigkeit als Kontrollvariable ist allerdings nicht eindeutig. In den frühen empirischen Studien galt die Branchenzugehörigkeit noch als eigenständige Kapitalstruktur-Determinante. Heute hat die Branchenzugehörigkeit üblicherweise nur noch den Status einer Kontrollvariable inne und wird von vielen Studien in den Ergebnistabellen noch nicht einmal mehr berichtet.

sächlich jedoch nicht gegeben. Am unproblematischsten ist noch die Abgrenzung von kurz- und langfristigem Fremdkapital. Als weithin anerkanntes Abgrenzungskriterium dient die Einjahresfrist. Erste Abweichungen ergeben sich bereits im Hinblick auf den Buch- oder Marktwertbezug der Verschuldungskennziffern. Die überwiegende Mehrheit der Studien berücksichtigt bei der Berechnung marktwertbasierter Verschuldungsgrade nur den Marktwert des Eigenkapitals und übernimmt den Buchwert des Fremdkapitals. Zum Teil signifikante Abweichungen resultieren jedoch aus der Kennzahlendefinition selbst. In der Literatur findet sich in jeder der sechs Verschuldungsgradkategorien eine zum Teil ganz erhebliche Zahl oftmals vergleichbarer aber keineswegs identischer Kennzahlen.

Ungleich vielfältiger sind die Möglichkeiten zur Operationalisierung der Kapitalstruktur-Determinanten. Für jede Determinante bestehen mehrere plausible Approximationen und die Literatur macht – wie die spätere Analyse zeigen wird – von den sich bietenden Gestaltungsspielräumen zum Teil regen Gebrauch. Nichtsdestoweniger argumentiert die empirische Literatur auch in Bezug auf die Kapitalstruktur-Determinanten vornehmlich über die latenten Konstrukte und nicht über die dahinter stehenden Kennzahlen. Ob beispielsweise die Determinante Risiko über die Standardabweichung des operativen Gewinns oder über eine von externer Stelle vergebene Ratingnote approximiert wurde, spielt bei der Würdigung der Ergebnisse – und insbesondere im Ergebnisvergleich mit anderen Studien – für gewöhnlich keine Rolle. Dabei existiert bislang keine einzige studienübergreifende Untersuchung, die sich mit dem Ergebniseffekt unterschiedlicher Operationalisierungsformen auseinandergesetzt hätte.

Nahezu gänzlich im studienübergreifenden Ergebnisvergleich ignoriert, werden die nach Festlegung der eigentlichen Operationalisierungsform durchgeführten Datentransformationen. Deren Ergebniseffekt ist größtenteils vermutlich tatsächlich unbedeutend, dennoch ist die vorgefundene Heterogenität erwähnenswert. Vielfältige Variationsmöglichkeiten ergeben sich aus der Berücksichtigung von Durchschnittswerten und zeitversetzter Variablen. Viele OLS-Modelle basieren ausschließlich auf Zeitreihenmittelwerten. Die in die Mittelwertberechnung einfließende Beobachtungszahl schwankt dabei von Studie zu Studie. Zum Teil werden aber auch nur einzelne Variablen als Durchschnittswerte berechnet. Teilweise stehen abhängige und unabhängige Modellvariablen in zeitlich asynchroner Beziehung. Das Verschuldungsgradmaß der Periode t wird hierbei auf zeitversetzte Determinanten regressiert. Dabei können wiederum nur einzelne Determinanten mit einem (möglicherweise im Vergleich zu anderen Studien unterschiedlich großen) Zeit-Lag versehen sein.

3.1.4 Zwischenfazit

Die empirische Untersuchung der Determinanten der Kapitalstruktur ist keine Forschungsdisziplin, die ein auf allen Abstraktionsebenen rigide eingehaltener Untersuchungsstandard kennzeichnet. Je detaillierter der Studienvergleich erfolgt, desto deutlicher treten Unterschiede hervor. Ausgesprochen einheitlich ist der allgemeine Untersuchungsaufbau. Hinsichtlich der Datengewinnung und -aufbereitung, der grundsätzlichen Modellstruktur und der Interpretation der Ergebnisse präsentieren sich die Studien uniform. Erste Unterschiede betreffen die Wahl der statistischen Methode. Auch wenn die Modellbezeichnungen mitunter stark zu variieren scheinen, beruht die gesamte Literatur faktisch auf OLS-, Panel- oder Logit/Probit-Regressionsanalysen. Signifikante Unterschiede bestehen in der Auswahl der unabhängigen Modellvariablen. Hier bildet der traditionelle Determinanten-Katalog das verbindende Element. Dennoch existieren in der Literatur nur wenige Studien, deren Determinantenauswahl vollkommen übereinstimmt. Unterschiede betreffen schließlich die konkrete Definition der ausgewählten abhängigen und unabhängigen Variablen. Obwohl die betreffenden Gestaltungsfreiräume erheblich sind und rege wahrgenommen werden, blendet die Literatur diese Betrachtungsebene interessanterweise weitgehend aus. Offenbar gelten diese Unterschiede als nicht ergebnisrelevant oder der Grad an Heterogenität in der Variablendefinition ist in seinem tatsächlichen Ausmaß schlicht unbekannt.

3.2 Entwicklung der Determinantenforschung von 1958 bis 1983

3.2.1 Allgemeine Charakteristika

Die erste charakteristische Phase der empirischen Determinantenforschung reicht von der Irrelevanztheorie von Modigliani/Miller (1958) bis Mitte der achtziger Jahre.[173] Kennzeichen dieser ersten Phase sind die geringe Zahl publizierter Studien, eine noch unterentwickelte Verknüpfung von Kapitalstrukturtheorie und empirischer Forschung, die Verwendung einer oftmals vergleichsweise einfachen empirischen Methodik sowie

---

[173] Die zwischen älteren und jüngeren empirischen Determinantenstudien bestehenden Unterschiede lassen sich selbstverständlich nicht eindeutig auf einen bestimmten Zeitpunkt beziehen. Wie bereits erläutert, verwendet diese Arbeit mit der Veröffentlichung der Pecking-Order-Theorie den Abgrenzungszeitpunkt, zu dem die grundlegende theoretische Literatur in Bezug auf die klassischen Determinanten der Kapitalstruktur nahezu vollständig publiziert war (Modigliani/Miller (1958, 1963), Jensen/Meckling (1976), Ross (1977, 1978), Leland/Pyle (1977), Miller (1977), Myers (1977), DeAngelo/Masulis (1980), Myers/Majluf (1984)). Im Übrigen bliebe die Wahl eines abweichenden Abgrenzungszeitpunkts für die im Folgenden vorgestellten Studienergebnisse qualitativ ohne Auswirkung. Bei Verwendung des Jahres 1983 als Abgrenzungszeitpunkt würde beispielsweise nur eine Studie; bei Wahl des Jahres 1988 müssten lediglich drei Studien umklassifiziert werden.

die weitgehende Konzentration auf US-amerikanische Großunternehmen als Untersuchungsobjekte.

Gemessen an heutigen Maßstäben ist die Zahl an empirischen Veröffentlichungen bis Mitte der achtziger Jahre auffallend gering und der Zeitabstand zwischen den Publikationen entsprechend groß. Insgesamt lassen sich innerhalb des betrachteten Zeitraums von 25 Jahren lediglich 16 Determinantenstudien in englischsprachigen Zeitschriften nachweisen. Die ersten empirischen Studien erscheinen erst Ende der sechziger Jahre und enthalten keine Verweise auf bedeutende frühere Beiträge. Alle späteren Arbeiten bauen – wie die jeweiligen Quellenverzeichnisse belegen – sukzessive aufeinander auf, so dass die 16 recherchierten Determinantenstudien weitgehend einer Gesamterhebung der relevanten Literatur des Untersuchungszeitraumes gleichkommen dürften. Interessanterweise konzentriert sich die empirische Kapitalstrukturforschung zu dieser Zeit auch auf wenige Zeitschriften. Die 16 Studien verteilen sich auf lediglich vier unterschiedliche Quellen. Sieben Studien entstammen dem Journal of Finance, fünf Studien erschienen in Financial Management, drei Studien im Review of Economics and Statistics und eine Studie im Journal of Financial and Quantitative Analysis. Mit Ausnahme von Financial Management sind die genannten Zeitschriftentitel in dem VHB-Zeitschriftenranking JOURQUAL1 mindestens mit „A" bewertet. Bereits die Anfänge der Determinantenforschung wurden somit in führenden wissenschaftlichen Zeitschriften publiziert. Tabelle 3.1 fasst diese Ergebnisse zusammen.

Tabelle 3.1 Übersicht Determinantenstudien (1958 bis 1983)

Jahr	*N*	*%*	*VHB-Einstufung*	*N*	*%*	*Datenquelle*	*N*	*%*
1967	1	(6,3%)	Zeitschrift "A+"	7	(43,8%)	Compustat	7	(43,8%)
1969	1	(6,3%)	Zeitschrift "A"	4	(25,0%)	Datastream	-	-
1970	1	(6,3%)	Zeitschrift "B"	-	-	Worldscope	-	-
1972	1	(6,3%)	Zeitschrift "C"	5	(31,2%)	Sonstige	9	(56,2%)
1973	1	(6,3%)						
1974	3	(18,8%)						
1975	2	(12,5%)						
1977	1	(6,3%)						
1979	1	(6,3%)						
1980	1	(6,3%)						
1982	2	(12,5%)						
1983	1	(6,3%)						
	16	(100,0%)		16	(100,0%)		16	(100,0%)

Weitaus überraschender als die geringe Zahl der Studien ist jedoch die weitgehende Trennung von empirischer und theoretischer Kapitalstrukturforschung während dieses Zeitraums. Obwohl sich bereits aufbauend auf dem Modigliani-Miller-Modell und den frühen Beiträgen zur klassischen Trade-Off-Theorie Hypothesen über das Finanzierungsverhalten von Unternehmen ableiten lassen, vollzieht sich die empirische Determinantenforschung bis 1980 weitgehend theoriefrei. Wenn überhaupt, beziehen sich die Autoren auf Modigliani/Miller (1958, 1963). Die Autoren verfolgen einen primär explorativen Forschungsansatz und stellen dabei vorwiegend eigene Arbeitshypothesen auf, die noch keiner übergeordneten Kapitalstrukturtheorie entlehnt sind.

Auch der weitere Fortschritt der theoretischen Kapitalstrukturforschung findet bis in das Jahr 1980 hinein überhaupt keine Beachtung in den empirischen Beiträgen. Die Studien berücksichtigen weder die Signalling-Theorie von Ross (1977, 1978) und Leland/Pyle (1977), die Agency-Theorie von Jensen/Meckling (1976) noch das erneute Irrelevanzmodell von Miller (1977). Den seit 1980 erschienenen Studien liegen zumindest die klassische Trade-Off-Theorie und Teile der erweiterten Trade-Off-Theorie zugrunde. Aber selbst nach 1980 fließen neuere modelltheoretische Erkenntnisse nur äußerst langsam in die empirische Forschung ein. Bis 1984 setzt sich noch immer keine Studie mit der Agency- oder Signalling-Theorie auseinander. In den Determinantenstudien finden sich lediglich erste Hinweise, dass derartige Kapitalstrukturtheorien in der Literatur existieren.

Auch die empirische Methodik der frühen Determinantenstudien wirkt im Vergleich zu den nach Mitte der achtziger Jahre publizierten Untersuchungen oftmals ungewöhnlich. Viele Studien basieren auf den denkbar einfachsten univariaten Verfahren, wie Mittelwerttests und Korrelationsanalysen. Zwei Studien verwenden Diskriminanzanalysen zur Identifikation von Kapitalstruktur-Determinanten. Diese Methodik hat in der Folge keine Nachahmer gefunden. Multivariate Spezifikationen sind immer OLS-Modelle oder Logit-/Probit-Analysen. Statische oder dynamische Panel-Verfahren kommen noch nicht zum Einsatz. Schließlich kennzeichnet diese Forschungsphase eine sehr enge Definition des Untersuchungsobjektes. Mit Ausnahme der Studie von Gupta (1969) beschäftigen sich sämtliche Studien dieser Zeit mit Großunternehmen; 13 der 16 Studien untersuchen ausschließlich US-amerikanische Unternehmen. Sieben Beiträge nutzen mit Compustat sogar die identische Datenquelle.

Die deutschsprachige Zeitschriftenliteratur ignoriert die Determinantenforschung bis Mitte der achtziger Jahre sogar gänzlich. Selbst 25 Jahre nach Modigliani/Miller findet sich in den führenden deutschsprachigen Zeitschriften keine einzige empirische Determinantenstudie. Auch außerhalb der Zeitschriftenliteratur ist die empirische Erforschung der Determinanten der Kapitalstruktur zu dieser Zeit ein in Deutschland unübliches und unbedeutendes Forschungsgebiet. Erst 1976 veröffentlicht Schmidt in einem englischsprachigen Beitrag die nach eigenen Angaben erste quantitativ orientierte Determinantenstudie über deutsche Firmen.[174]

Nachfolgend werden die frühen Determinantenstudien chronologisch dargestellt. Dabei werden jeweils studienbezogen die empirischen Methoden, die getesteten Determinanten sowie die erhaltenen Ergebnisse erläutert. Die Darstellung bezieht den Beitrag von Schmidt (1976) sowie die bis Mitte der achtziger Jahre bedeutsamen univariaten Studien über die Determinante Branchenzugehörigkeit ein. Dieser Forschungsstrang wurde danach praktisch nicht mehr weiterverfolgt.[175]

3.2.2 Individuelle Auswertung

3.2.2.1 Ergebnisse von 1958 bis 1973

Die früheste im Rahmen der Literaturrecherche identifizierte Determinantenstudie erscheint erst neun Jahre nach Veröffentlichung des Modigliani-Miller-Modells. 1967 testen Schwartz/Aronson den Einfluss der Determinante Branchenzugehörigkeit. Die Branchenzugehörigkeit dient dabei gleichsam als Approximation des nicht beobachtbaren operativen Unternehmensrisikos und der branchentypischen Struktur des Anlagevermögens. Ziel der Autoren ist der Nachweis signifikanter Kapitalstrukturunterschiede zwischen einzelnen Industrien. Sollte dies gelingen, wäre nach Schwartz/Aronson ein starkes Indiz gegen die von Modigliani/Miller (1958) vertretene Kapitalstruktur-Irrelevanz gefunden. Die vermutlich erste Determinantenstudie dient somit nicht der Überprüfung modelltheoretischer Hypothesen, sondern entspricht vielmehr einem explorativen empirischen Versuch zur Widerlegung der Kapitalstruktur-Irrelevanz. Grundlage der Studie von Schwartz/Aronson bildet der Vergleich der durchschnittlichen Eigenkapitalquoten von vier ausgewählten Branchen mit Hilfe von F-Tests.[176] Die betrachteten Branchen sind mit jeweils acht Stichprobenunternehmen allerdings äußerst gering besetzt. Die Autoren weisen signifikante Unterschiede zwischen den Industrien, aber nicht innerhalb der gleichen Branche nach und werten dieses Resultat als Hinweis auf die Relevanz der Kapitalstruktur und somit auf die Existenz einer optimalen Kapitalstruktur.[177]

---

[174] Vgl. Schmidt (1976), S. 309

[175] Im Rahmen der Literaturrecherche fanden sich mit den Studien von López-Gracia/Aybar-Arias (2000) und Clouse/Masson (1993) lediglich zwei Beiträge, die diesen Forschungsansatz später noch aufgriffen.

[176] Ein signifikanter F-Test sagt in diesem Zusammenhang jedoch lediglich aus, dass mindestens zwei der betrachteten Branchen sich in ihrer Eigenkapitalquote unterscheiden.

[177] Vgl. Schwartz/Aronson (1967), S. 10-18

Die zweite belegte Studie überhaupt und die nach Angaben des Autors erste Querschnitts(regressions-)analyse in der Geschichte der modernen Kapitalstrukturforschung ist die Arbeit von Gupta aus dem Jahr 1969. Nach Aussage des Autors existieren zu diesem Zeitpunkt keine zeitnahen Vergleichsstudien. Die jüngste ihm bekannte Arbeit ist eine Querschnittsanalyse von Chudson aus dem Jahr 1945.[178] Gupta betrachtet seine Arbeit als empirischen Beitrag zur Entwicklung einer Kapitalstrukturtheorie. Gleichzeitig grenzt sich Gupta explizit von Modigliani/Miller (1958) und ähnlichen theoretischen Arbeiten ab. Diese Modelle berücksichtigten weder alle relevanten Variablen noch überzeuge ihre analytische Tiefe.[179] Vorbedingung zur Formulierung derartiger Modelle ist nach Guptas Auffassung die explorative empirische Untersuchung der Beziehungen zwischen den relevanten Variablen.[180] Gupta testet in seiner Studie den Einfluss der Determinanten Wachstum, Unternehmensgröße und Branchenzugehörigkeit auf den Verschuldungsgrad sowie weitere Finanzkennzahlen. Die Stichprobe entstammt Statistiken der amerikanischen Finanzbehörde und umfasst die bis heute beachtliche Zahl von 173.000 Unternehmen. Bei stark wachsenden Firmen vermutet Gupta eine höhere Verschuldung, da der operative Cash-Flow zur Finanzierung des Wachstums vermutlich nicht ausreiche. Bei kleineren Firmen erwartet Gupta eine höhere Verschuldung, da nicht näher erläuterte psychologische Faktoren und hohe Kosten gegen eine stärkere Eigenfinanzierung sprächen. Ein eindeutiger Brancheneinfluss auf den Verschuldungsgrad ist nicht nachweisbar; große Firmen seiner Stichprobe weisen niedrigere, wachsende Unternehmen tendenziell höhere Verbindlichkeiten auf.[181]

1970 folgt die Studie von Baxter/Cragg. Motivation des Beitrages ist die Überzeugung, dass die von Modigliani/Miller postulierte Kapitalstruktur-Irrelevanz unter realen Bedingungen nicht zutrifft. Entgegen den Untersuchungen von Schwartz/Aronson (1967) und Gupta (1969) stellen Baxter/Cragg der empirischen Untersuchung einen eigenen theoretischen Teil voran. Die Autoren untersuchen 230 Finanzierungsentscheidungen von 129 Unternehmen innerhalb des Zeitraums 1950 bis 1965 und nutzen dazu die Compustat Datenbank. Die Ausgabe von Eigen- oder Fremdkapital modellieren die Autoren als binäres Ereignis und legen mit ihrer Probit-Analyse die methodische Grundlage für die weitere Nutzung dieser Modellkategorie in der Determinantenforschung. Baxter/Cragg weisen auf die vielfältigen denkbaren Operationalisierungsformen der untersuchten Determinanten und auf das Fehlen entsprechender Standards in der Literatur hin. Gleichzeitig könne aber nur eine begrenzte Zahl von Operationali-

[178] Vgl. Gupta (1969), S. 517f.

[179] „Such models have not been comprehensive enough in their coverage of the relevant variables nor have they been rich enough in their analytical content.", Gupta (1969), S. 528

[180] Vgl. Gupta (1969), S. 528

[181] Vgl. Gupta (1969), S. 517-529

sierungsformen in den empirischen Modellen berücksichtigt werden, da ansonsten keine aussagekräftigen Ergebnisse mehr zu erwarten seien.[182] Konfrontiert mit diesem Dilemma experimentieren die Autoren mit den unterschiedlichsten Operationalisierungsformen. Obwohl aus dem traditionellen Determinanten-Katalog letztlich nur die Determinanten Unternehmensgröße und Risiko Eingang in die Untersuchung finden, erwägen Baxter/Cragg bereits Kennzahlen, die später zur Messung der Determinanten Profitabilität, Sachanlagevermögen und Wachstum dienen.[183] Als zusätzliche Bestimmungsfaktoren der Eigen- oder Fremdkapitalemission beziehen Baxter/Cragg Kennzahlen ein, die auf Zinsniveau, Börsenbewertung, Emissionsvolumen, Dividendenzahlung, Bilanz- und Kostenstruktur abstellen. Die Determinante Unternehmensgröße wird statistisch signifikant getestet. Je größer ein Unternehmen ist, desto wahrscheinlicher wird folglich die Durchführung einer Fremdkapitalemission. Die Determinante Risiko übt hingegen keinen nachweisbaren Einfluss auf die Emissionsentscheidung aus.

Bis zur Veröffentlichung der nächsten bedeutenden empirischen Studie vergehen zwei Jahre. Der Beitrag von Scott (1972) wiederholt die Untersuchung von Schwartz/Aronson (1967) auf Grundlage einer erweiterten Datenbasis. Die Analyse wird auf zwölf Branchen mit insgesamt aber nur 77 Unternehmen und über einen Zeitraum von zehn Jahren ausgedehnt. Die Existenz von Inter-Industrieunterschieden wird als signifikant bestätigt. Scott wertet dieses Ergebnis, wie zuvor bereits Schwartz/Aronson, als Beleg für die Existenz einer optimalen Kapitalstruktur. Für Scott steht dieses Ergebnis allerdings nicht im Konflikt zu den Modigliani-Miller-Theoremen, da auch aus dem Irrelevanzmodell eine optimale Kapitalstruktur folge, sofern unrealistische Annahmen aufgehoben würden.[184]

Baker publiziert 1973 das wahrscheinlich erste Strukturgleichungsmodell der empirischen Determinantenforschung. Die Studie untersucht den Zusammenhang zwischen Profitabilität und Verschuldungsgrad mit Hilfe eines Two-Stage-Least-Squares-Modells (2SLS) auf Grundlage eines Datensatzes über 25 Branchen. Baker begreift die Erforschung des Zusammenwirkens von Profitabilität und Verschuldungsgrad als eigenständige Forschungsfrage und nimmt in seiner Veröffentlichung überhaupt keinen Bezug zu kapitalstrukturtheoretischen Arbeiten. Die First-Stage-Regression untersucht neben der Profitabilität noch den Einfluss der Determinanten Risiko, Wachstum und dreier industriespezifischer Variablen (Marktkonzentration, Skaleneffekte, Kapitalbedarf) auf den Verschuldungsgrad. Keine dieser Variablen wird signifikant getestet. In der Second-Stage-Regression bildet die Profitabilität die abhängige Variable. Hier

182 Vgl. Baxter/Cragg (1970), S. 231
183 Vgl. Baxter/Cragg (1970), Fn. 15, S. 231
184 Vgl. Scott (1972), S. 47, 49

kann eine positive Beziehung nachgewiesen werden. Eine höhere Verschuldung bedinge dementsprechend eine höhere Profitabilität. Baker verlässt mit dieser Modellstruktur allerdings die in der Determinantenforschung übliche Kausalitätsrichtung. Aus diesem Grund kann das Ergebnis nicht als Bestätigung der Determinante Profitabilität gewertet werden.

3.2.2.2 Ergebnisse von 1974 bis 1979

1974 legen Remmers et al. eine eigene Untersuchung über den Einfluss der Branchenzugehörigkeit auf den Verschuldungsgrad für US-amerikanische Unternehmen vor und stellen darin die Studienergebnisse von Schwartz/Aronson (1967) und Scott (1972) in Frage. Die Autoren bezweifeln, dass das operative Risiko tatsächlich mittels der Branchenklassifikation approximiert werden kann. Sie vermuten vielmehr die Determinanten Unternehmensgröße, Wachstum und Profitabilität als Ursache der nachgewiesenen Industrieunterschiede. Die methodische Vorgehensweise der Studien von Schwartz/Aronson (1967) und Scott (1972) wird indessen beibehalten. Testgröße für den F-Test ist nun allerdings die Fremdkapitalquote. Als Stichprobe dienen alle Fortune-500-Unternehmen aus neun Industriezweigen. Die gewonnenen Ergebnisse sind allesamt insignifikant und widersprechen damit den Resultaten der Vorgängerstudien. Der Beitrag testet darüber hinaus auch das Vorliegen von Branchenunterschieden in anderen Ländern und ist damit die wohl erste international ausgerichtete Determinantenstudie. Betrachtet werden Unternehmen aus Frankreich, Japan, den Niederlanden, Norwegen und den USA, wobei mangels Stichprobenunternehmen bzw. aus Gründen der Vergleichbarkeit nur jeweils vier Branchen ausgewählt werden. Auch hier treten mit Ausnahme von Frankreich und Japan keine signifikanten Unterschiede auf. Ebenfalls unter Verwendung von F-Tests untersuchen die Autoren schließlich den Einfluss der Determinante Unternehmensgröße für jede der fünf Länderstichproben. Ein Zusammenhang von Unternehmensgröße und Verschuldungsgrad lässt sich allerdings nicht nachweisen. Wie schon Baker (1973) verzichten auch Remmers et al. auf jegliche Einbeziehung der theoretischen Kapitalstrukturliteratur. Selbst das Modigliani-Miller-Modell bleibt unerwähnt.[185]

Im gleichen Jahr veröffentlichen Martin/Scott eine Diskriminanzanalyse auf Basis der Compustat Datenbank, die den Nachweis charakteristischer Unterschiede zwischen Emittenten von Eigen- und Fremdkapital zum Ziel hat. Zur Modellbildung stehen anfänglich 23 Kennzahlen zur Verfügung. Unter diesen befinden sich Approximationen

---

[185] Remmers et al. (1974) sind dabei vermutlich die ersten Autoren die durchgängig den Begriff „Determinante“ verwenden und ihre Untersuchung bereits in der Überschrift explizit als Determinantenstudie kennzeichnen („Industry and Size as Debt Ratio Determinants in Manufacturing Internationally“).

der Determinanten Unternehmensgröße, Profitabilität, Wachstum und Risiko. Auch Market-Timing wird interessanterweise bereits als Erklärungsfaktor erwogen. Die höchste Trennschärfe bzw. Vorhersagekraft besitzt schließlich ein Modell mit den sechs Variablen Verschuldungsgrad, Ausschüttungsquote, Investitionsquote und der jeweils mit dem Industriedurchschnitt normierten Höhe von Cash-Flow und Umlaufvermögen. Auch Martin/Scott nehmen keinen Bezug auf die modelltheoretische Kapitalstrukturliteratur. Die ausgewählten Kennzahlen erscheinen den Autoren schlicht als plausible Einflussfaktoren im Kontext von Finanzierungsentscheidungen.[186]

Die zweite nachgewiesene lineare Regressionsanalyse und gleichzeitig die erste derartige internationale Untersuchung wird von Toy et al. 1974 vorgestellt. Die Arbeit von Toy et al. ist nach Aussage der Autoren Ergebnis einer internationalen Forschungskooperation, deren Ziel die Identifikation der Kapitalstruktur-Determinanten darstellt. Die Autoren testen mittels einer multivariaten OLS-Regression länderbezogen den Einfluss der Determinanten Profitabilität, Risiko und Wachstum. Ihre Stichprobe berücksichtigt die gleichen fünf Staaten wie die Studie von Remmers et al. (1974) und umfasst insgesamt 816 Unternehmen. Gemäß ihrer Hypothesen gehen Profitabilität und Unternehmensrisiko mit einer geringeren Verschuldung einher, während stärkeres Wachstum entgegen der heutigen Auffassung eine höhere Verschuldung bedingen soll. Starkes Wachstum erschöpfe die Innenfinanzierungskapazität, weshalb eine höhere Verschuldung erforderlich sei. Hinsichtlich der Determinante Profitabilität erwarten die Autoren den umgekehrten Zusammenhang. Mit Ausnahme der französischen Stichprobe ist der F-Test aller Länderregressionen signifikant.[187] Die Koeffizienten der Determinanten Unternehmensrisiko und Wachstum sind in den signifikanten Modellen durchgängig positiv; der Koeffizient der Determinante Profitabilität durchgängig negativ. Die Signifikanz der Variablen schwankt in Abhängigkeit des untersuchten Landes. Lediglich für die Determinante Profitabilität ergibt sich ein eindeutiges Resultat. Alle Koeffizientenwerte sind negativ signifikant und bestätigen damit die Ausgangshypothese. Nach Überzeugung von Toy et al. tragen die gewonnenen Ergebnisse zu einem besseren Verständnis der Determinanten der Kapitalstruktur bei. Ein zufriedenstellendes Ergebnis sei aber bei weitem nicht erreicht worden, weshalb weitere umfangreiche Forschungsanstrengungen erforderlich seien.[188]

Scott/Martin reagieren 1975 auf die Kritik von Remmers et al. (1974) und präsentieren eine verbesserte Studie zum Nachweis von Inter-Industrieunterschieden. Die Autoren erweitern hierzu die Studie von Scott aus dem Jahr 1972. Sie betrachten weiterhin 12

---

186 Vgl. Martin/Scott (1974), S. 72

187 Dieser F-Test untersucht die globale Signifikanz eines Regressionsmodells und ist nicht mit dem F-Test zur Untersuchung von Mittelwertunterschieden zu verwechseln.

188 Vgl. Toy et al. (1974), S. 875

Branchen, erhöhen aber die Zahl der Stichprobenunternehmen auf bis zu 277 im letzten Beobachtungsjahr. Datenquelle ist nun ebenfalls Compustat. Außerdem verwenden die Autoren neben dem parametrischen F-Test auch den nicht-parametrischen Kruskal-Wallis-Test, der weder Normalverteilung noch Varianzgleichheit der Testvariable voraussetzt. Des Weiteren greifen Scott/Martin die weitergehende Hypothese von Remmers et al. (1974) auf und untersuchen, inwiefern möglicherweise die Determinante Unternehmensgröße für die signifikanten Branchenunterschiede verantwortlich sein könnte. Scott/Martin erhalten wiederum höchstsignifikante Ergebnisse in Bezug auf die untersuchten Industrieunterschiede. Sie müssen aber einräumen, dass dieses Ergebnis teilweise durch die Determinante Unternehmensgröße erklärt wird. Gleichwohl raten die Autoren dringend davon ab, die Branchenzugehörigkeit vorschnell als potenzielle Determinante zu verwerfen.[189]

Fünf Jahre nach der Studie von Baxter/Cragg (1970) präsentiert Taub (1975) ein weiteres Probit-Modell. Die Studie untersucht insgesamt 79 Kapitalerhöhungen und 93 Anleihemissionen von 89 in der Compustat Datenbank erfassten Unternehmen zwischen 1960 und 1969. Taub untersucht die Determinanten Unternehmensgröße, Profitabilität, Risiko und überprüft mehr als fünfzehn Jahre nach Modigliani/Miller vermutlich erstmals den Einfluss der Determinante Steuern auf den Verschuldungsgrad. Dabei begründet Taub lediglich die Einbeziehung der Determinante Steuern mit Verweis auf die Kapitalstrukturtheorie. Die Determinanten Risiko und Steuern haben in den acht berechneten Modellen einen durchgängig negativen, wenn auch nicht immer signifikanten Koeffizienten. Der negative Koeffizient der Steuervariable impliziert einen negativen Zusammenhang zwischen der Höhe des Steuervorteils und der Verschuldung und steht somit im Widerspruch zu den theoretischen Ergebnissen von Modigliani/Miller. Die Unternehmensgröße weist den erwarteten positiven Koeffizienten auf. Allerdings ist auch dieser nicht durchgehend statistisch signifikant von Null verschieden. Die Profitabilitäts-Kennzahlen werden grundsätzlich positiv und signifikant getestet. Die Wahrscheinlichkeit einer Anleiheemission steigt somit mit zunehmender Ertragskraft. Wie schon Toy et al. (1974) weist auch Taub auf die unbedingte Notwendigkeit zur weiteren Untersuchung der Kapitalstruktur-Determinanten hin.[190]

Die erste Determinantenstudie über deutsche Unternehmen publiziert Schmidt im Jahr 1976. Die Untersuchung basiert auf 249 Firmen einer Datenbank des Instituts für Betriebswirtschaftslehre der Universität Kiel. Unter Bezugnahme auf Schwartz/Aronson (1967), Scott (1972) und Remmers et al. (1974) überprüft Schmidt das Vorliegen von Inter-Industrieunterschieden in Deutschland. Für die acht untersuchten Branchen ergeben sich auf Grundlage eines F-Tests höchstsignifikante Ergebnisse. Ähnlich wie

---

[189] Vgl. Scott/Martin (1975), S. 71

[190] Vgl. Taub (1975), S. 415

Schwartz/Aronson (1967) und Scott (1972) wertet auch Schmidt dieses Ergebnis als Bestätigung für den vermuteten Zusammenhang zwischen operativem Risiko und Branchenzugehörigkeit. Die Determinanten Unternehmensgröße, Profitabilität und Sachanlagevermögen testet die Studie mit Hilfe einer Korrelationsanalyse. Zusätzlich zu den bisherigen Daten verwendet der Autor hierzu Verschuldungskennzahlen des Statistischen Bundesamts über 42 Branchen. Die Korrelation zwischen Profitabilität und Verschuldungsgrad ist für beide Datensätze signifikant und negativ. Die Ergebnisse in Bezug auf die Determinante Sachanlagevermögen sind weniger eindeutig, deuten aber ebenfalls auf einen negativen Zusammenhang hin. Ein Einfluss der Unternehmensgröße auf die Kapitalstruktur lässt sich dagegen nicht nachweisen.[191]

1977 publizieren Carleton/Silberman einen weiteren Determinantentest auf Grundlage eines linearen Regressionsmodells. Die Autoren kritisieren unter anderem den mangelnden Theoriebezug der Studie von Baker (1973), berücksichtigen aber außer der Arbeit von Modigliani/Miller ebenfalls keine der zu dem damaligen Zeitpunkt bereits veröffentlichten modelltheoretischen Arbeiten über die klassische Trade-Off- oder Agency-Theorie.[192] Die Untersuchung basiert auf 705 Compustat-Unternehmen und testet die Determinanten Wachstum, Unternehmensrisiko und Profitabilität. Die Studie bleibt aufgrund widersprüchlicher und beinahe ausnahmslos nicht signifikanter statistischer Resultate ergebnislos. Die Ergebnisse werden von den Autoren selbst als enttäuschend bezeichnet.[193]

1979 stellen Ferri/Jones durch die Verknüpfung eines Cluster-Verfahrens mit einer multivariaten Diskriminanzanalyse eine methodisch bis heute einzigartige Studie vor. Als Datenquelle dient abermals Compustat. Die Autoren nutzen in einem ersten Schritt einen Cluster-Algorithmus zur Einteilung der 233 Stichprobenunternehmen in charakteristische Verschuldungsgrad-Klassen. Die Nullhypothese fehlender Unterschiede zwischen den Verschuldungsgrad-Klassen und den Determinanten Unternehmensgröße bzw. Unternehmensrisiko wird in einem zweiten Schritt mittels getrennter Diskriminanzanalysen getestet. Zwischen Verschuldungsgrad und Unternehmensgröße ergibt sich ein statistisch nachweisbarer, wenn auch nicht notwendigerweise positiver Zusammenhang. Die Risikovariable Operating Leverage wird signifikant negativ getestet, während andere Risikomaße keinen nachweisbaren Einfluss auf den Verschuldungsgrad haben. Zusätzlich testen die Autoren die Determinante Branchenzugehörigkeit und finden Hinweise für einen Zusammenhang zwischen Branche und Verschuldungsgrad. Überraschenderweise berücksichtigen Ferri/Jones noch im Jahre 1979 lediglich

191 Vgl. Schmidt (1976), S. 325

192 „[...] the authors cited above do not appear to have made more than ad hoc references to finance theory as justification for their empirical formulations", Carleton/Silberman (1977), S. 812

193 Vgl. Carleton/Silberman (1977), S. 820

das ursprüngliche Modigliani-Miller-Modell aus dem Jahr 1958. Auch in dieser Studie finden sich noch immer keine Hinweise auf die in den zurückliegenden zwanzig Jahren erzielten wegweisenden Fortschritte der Kapitalstrukturtheorie.

3.2.2.3 Ergebnisse von 1980 bis 1983

Die erste im Rahmen der Literaturrecherche nachgewiesene streng theoriegeleitete empirische Studie stammt von Flath/Knoeber (1980). Die Autoren testen unter Bezugnahme auf Modigliani/Miller (1958, 1963), Kraus/Litzenberger (1973), Scott (1976), Warner (1977) und Miller (1977) die erweiterte Trade-Off-Theorie aus korrigiertem Steuervorteil der Fremdfinanzierung und Insolvenzkosten. Die Implikationen der Agency- und Signalling-Theorie sind hingegen noch nicht verarbeitet. Den Aufsatz von Jensen/Meckling (1976) erwähnen die Autoren nur in einer Fußnote; auf die Arbeiten von Ross (1977) und Leland/Pyle (1977) weisen sie überhaupt nicht hin. In Bezug auf den allgemeinen Stand der empirischen Determinantenforschung merken die Autoren an, dass bisher wenig Forschung betrieben worden sei.[194] Aufgrund der schwierigen Schätzung der Insolvenzkosten überprüfen Flath/Knoeber ihre Hypothesen nicht auf Unternehmens- sondern auf Branchenebene. Die Studie berücksichtigt 38 Industrien über den Zeitraum 1957 bis 1972. Als Untersuchungsmethode verwenden die Autoren neben linearen Querschnittsregressionen erstmals auch ein gepooltes OLS-Modell. Aufgrund von Datenproblemen ist eine aussagekräftige Schätzung der Insolvenzkosten schließlich nicht möglich, so dass die Approximation über das operative Risiko erfolgt. Der geschätzte Steuervorteil der Fremdfinanzierung ist nur im gepoolten Modell statistisch signifikant und dort positiv. Die Variable operatives Risiko ist durchgängig insignifikant. Obwohl Flath/Knoeber das Zusammenspiel von Steuervorteil und Insolvenzkosten nicht in einer multivariaten Analyse überprüfen konnten, folgern sie aus ihren Ergebnissen, dass beide Faktoren eine optimale Kapitalstruktur zumindest auf Branchenebene bedingen könnten.[195]

Marsh weist 1982 ebenfalls auf den Zusammenhang zwischen den Steuervorteilen der Fremdfinanzierung und Insolvenzkosten hin. Wie Baxter/Cragg (1970) und Taub (1975) konzentriert sich Marsh auf inkrementelle Finanzierungsentscheidungen, da diesbezüglich noch große Wissenslücken in der Literatur existierten.[196] Marsh baut als erster Autor auf einer breiten Literaturgrundlage auf. Sein Theoriegebäude umfasst die klassische, wie Teile der erweiterten Trade-Off-Theorie. Die nunmehr bereits seit über

---

194 „Little testing has been done.“, Flath/Knoeber (1980), S. 99

195 Vgl. Flath/Knoeber (1980), S. 113

196 „In spite of the continuing theoretical debate on capital structure, there is relatively little empirical evidence on how companies actually select between financing instruments at a given point in time.", Marsh (1982), S. 121

fünf Jahren veröffentlichte Agency- bzw. Signalling-Theorie erwähnt Marsh, wie zuvor Flath/Knoeber (1980), ebenfalls nur in einer Fußnote bzw. gar nicht. Von den traditionellen Determinanten berücksichtigt Marsh Risiko, Sachanlagevermögen und Unternehmensgröße. Daneben testet Marsh drei Market-Timing-Kennzahlen. Eine Modellierung des Steuervorteils hält er für undurchführbar, da alle Stichprobenunternehmen einer identischen Steuerbelastung unterliegen und es in Großbritannien während des Untersuchungszeitraums keine Steuerreform gab. Die Determinante Profitabilität wird ebenfalls erwogen, aber zur Vermeidung erhöhter Multikollinearität nicht in das Modell übernommen. Bei der Auswahl der Determinanten räumt Marsh eine in Teilen explorative Vorgehensweise ein.[197] Seine Stichprobe umfasst alle über die Börse abgewickelten Kapitalmaßnahmen von britischen Unternehmen zwischen 1959 und 1970. Insgesamt handelt es sich um 349 Kapitalerhöhungen und 399 Anleihemissionen. Marsh berechnet schließlich getrennte Logit- und Probit-Modelle für drei unterschiedliche Zeiträume. Die Determinante Unternehmensrisiko wird dabei immer negativ, aber nur für den letzten Untersuchungszeitraum signifikant getestet. Die Determinante Sachanlagevermögen wird immer signifikant positiv, die Unternehmensgröße für zwei der drei Untersuchungszeiträume signifikant positiv getestet.[198] Auch die Market-Timing-Variablen erweisen sich als aussagekräftige Determinanten, was Marsh interessanterweise bereits im Jahr 1982 und damit 20 Jahre vor der Studie von Baker/Wurgler (2002) zu der Schlussfolgerung veranlasst, dass Finanzierungsentscheidungen stark von Kapitalmarktbedingungen abhängen.

Die Reihe der Branchenstudien setzt 1982 die Untersuchung von Bowen et al. fort. Die Autoren zweifeln an der Robustheit der Resultate von Schwartz/Aronson (1967), Scott (1972), Remmers et al. (1974) und Scott/Martin (1975). Alle diese Studien kennzeichne eine unzureichende Begründung der Industrieklassifikation und die ausschließliche Verwendung der wenig aussagekräftigen F- bzw. Kruskal-Wallis-Tests. Bowen et al. nutzen aus diesem Grund vierstellige Standard-Industrial-Classification-Codes (SIC) und testen Gruppenunterschiede auch paarweise. Die Stichprobe bilden neun Branchen jeweils besetzt mit zehn Compustat Unternehmen. Die Untersuchung wird für sieben Jahre des Zeitraums 1951 bis 1969 getrennt durchgeführt. Als Testgrößen dienen sowohl die Eigen- als auch die Fremdkapitalquote. Die Wiederholung der aus den Vorgängerstudien bereits bekannten F- und Kruskal-Wallis-Tests ergibt für beide Testgrößen signifikante Ergebnisse. Von den 504 paarweisen Tests (dem Produkt aus zwei Testgrößen, sieben Beobachtungsjahren und 36 möglichen Industriekombinationen)

[197] „These variables [...] were selected either on theoretical grounds, or because previous empirical studies claim they are important determinants of debt ratios.", Marsh (1982), S. 129f.

[198] In der Darstellung wurden die Koeffizientenvorzeichen aus Vergleichsgründen jeweils vertauscht, da die abhängige Variable des Modells von Marsh auf die Durchführung einer Eigenkapitalerhöhung abstellt.

sind 245 signifikant, 259 nicht signifikant. Bowen et al. sehen durch diese Resultate die Existenz von Inter-Industrieunterschieden bestätigt. Gleichzeitig deuten im Anschluss durchgeführte Untersuchungen auf eine zeitliche Stabilität des durchschnittlichen Verschuldungsgrades der einzelnen Branchen hin, was die Autoren als weiteren Beleg ihrer Hypothese werten. Den Abschluss der Analyse bildet die Untersuchung des Zusammenhangs zwischen Branchenzugehörigkeit und der Höhe der Non-Debt-Tax-Shields der jeweiligen Industrie. Damit ist der theoretische Beitrag von DeAngelo/Masulis (1980) vermutlich erstmals Gegenstand einer empirischen Determinantenstudie. Die berechneten Rang-Korrelationskoeffizienten sind in Übereinstimmung mit der theoretischen Vorhersage negativ, aber auch insignifikant. Nach Ausschluss der als Outlier identifizierten Luftfahrtindustrie lassen sich jedoch signifikante Korrelationen nachweisen.

Castanias knüpft 1983 an die Arbeit von Flath/Knoeber (1980) an. Untersuchungsziel der Studie ist ebenfalls die Überprüfung der nun als „Tax Shelter – Bankruptcy Cost" Hypothese bezeichneten Theorie.[199] Im Gegensatz zu allen früheren Determinantenstudien berücksichtigt Castanias die klassische wie die vollständige erweiterte Trade-Off-Theorie. Erstmals enthalten die Quellenangaben auch die Signalling-Theorie von Ross (1977). Innerhalb der Studie selbst verweist Castanias allerdings nicht auf diese Quelle. Gänzlich unerwähnt bleibt die Agency-Theorie von Jensen/Meckling (1976). Wie Flath/Knoeber (1980) führt Castanias seine Untersuchung auf Branchenebene durch. Die Stichprobe berücksichtigt 36 Branchen und bezieht sich auf das Jahr 1977. Castanias verzichtet aufgrund der schwierigen Modellierung auf die Einbeziehung der Determinante Steuern. Somit testet Castanias in der Folge nur noch den Einfluss der Determinante Risiko und weicht damit von dem selbst formulierten Untersuchungsziel ab. Das Unternehmensrisiko approximiert der Autor mittels der historischen Ausfallratenschätzung von Dun & Bradstreet. Das eigentliche statistische Modell besteht schließlich in der Berechnung von Kendall-Rang- und Pearson-Korrelationen zwischen der historischen Insolvenzrate der Branchen und mehreren Verschuldungsgradmaßen. Die Koeffizienten sind alle negativ und statistisch signifikant. Castanias interpretiert seine Ergebnisse als Bestätigung für die Bedeutung von Insolvenzkosten in der Bestimmung einer optimalen Kapitalstruktur.

3.2.3 Aggregierte Auswertung

Die frühen empirischen Studien testen bereits nahezu alle bedeutenden Determinanten der Kapitalstruktur. Von den acht traditionellen Kapitalstruktur-Determinanten findet lediglich die Variable Spezialisierung noch keine Berücksichtigung in den Beiträ-

[199] Vgl. Castanias (1983), S. 1617

gen.[200] Maßgebliche Bedeutung kommt der Erforschung des Brancheneinflusses zu. Allein sechs der siebzehn vorgestellten Studien beschäftigen sich (nahezu) ausschließlich, drei weitere Beiträge teilweise mit dieser Fragestellung. Daneben sind die Determinanten Risiko (10 Studien), Unternehmensgröße (8 Studien), Profitabilität (6 Studien) und Wachstum (5 Studien) ebenfalls häufig Gegenstand der Untersuchung. Aufgrund mangelnder theoretischer Fundierung erscheint die Auswahl der untersuchten Determinanten dabei oft zufällig. Bedeutende Kapitalstrukturtheorien wie die Signalling- oder Agency-Theorie bleiben unbeachtet. Lediglich die klassische und erweiterte Trade-Off-Theorie erfahren seit den achtziger Jahren allgemeine Anerkennung in der empirischen Forschung. Die überwiegende Mehrheit der Studien erlaubt somit auch keinen Rückschluss auf die Gültigkeit einer Kapitalstrukturtheorie, sondern begreift die Überprüfung der Determinanten als eigenständige Forschungsfrage.

Die erst in den achtziger Jahren einsetzende kapitalstrukturtheoretische Begründung der untersuchten Hypothesen hat bemerkenswerte Konsequenzen für die meisten in dieser frühen Phase getesteten Determinanten der Kapitalstruktur. Letztere finden ihren Ursprung demnach nicht in der modelltheoretischen Literatur, sondern sind im Wesentlichen aus der empirischen Forschung selbst hervorgegangen. Zu diesen Determinanten zählen die bis heute bedeutsamen Faktoren Unternehmensgröße, Profitabilität, Wachstum, Sachanlagevermögen und Branchenzugehörigkeit. Die moderne Kapitalstrukturtheorie hat diese Determinanten folglich erst nachträglich bestätigt und interpretiert. Die implizit häufig anzutreffende Vorstellung, dass Kapitalstruktur-Determinanten streng deduktive Operationalisierungen modelltheoretischer Vorhersagen sind, lässt sich aus ihrer Entstehungsgeschichte somit nicht grundsätzlich ableiten.

Dieses überraschende Ergebnis führt zu einer bemerkenswerten Einsicht: Das veränderliche Element der Kapitalstrukturforschung ist mitnichten der traditionelle Determinanten-Katalog. Es ist vielmehr die viel wandlungsfähigere Kapitalstrukturtheorie, die diese Determinanten im Zeitablauf gegebenenfalls umdeutet, neu gewichtet oder um weitere Einflussfaktoren ergänzt. Die von den frühen Determinantenstudien mehrfach untersuchten Einflussfaktoren haben mit Ausnahme der Branchenzugehörigkeit bis heute nichts von ihrer Bedeutung eingebüßt, obwohl ein Großteil dieser Variablen den Autoren zunächst lediglich als plausible Einflussfaktoren erschien. Selbst das Market-Timing-Argument lässt sich bis zu den frühen Determinantenstudien zurückverfolgen.

Hinsichtlich der verwendeten empirischen Methodik ergibt sich ein uneinheitliches Bild. In den 17 vorgestellten Studien finden sich acht statistische Auswertungsverfahren. Die sechs Branchenstudien beruhen im Wesentlichen auf F-Tests bzw. Kruskal-

[200] Auf die Determinante Spezialisierung wies erstmals Titman 1984 hin (vgl. Kapitel 2.1.6, S. 32f.).

Wallis-Tests. Vier Studien verwenden als Hauptanalyseverfahren OLS-, drei Studien Logit/Probit-Modelle. Zwei Studien nutzen Diskriminanzanalysen. Jeweils einmal kommt eine Korrelationsanalyse bzw. ein 2SLS-Modell zum Einsatz. Die genannten univariaten Verfahren wie auch der diskriminanzanalytische Ansatz konnten sich in der Folge in der empirischen Determinantenforschung nicht durchsetzen.

Tabelle 3.2 stellt die Ergebnisse der einzelnen Studien im Überblick dar. Die Aufstellung berücksichtigt den traditionellen Determinanten-Katalog ergänzt um die Determinante Branchenzugehörigkeit. Die linke Spalte der Tabelle zeigt die jeweilige Hypothese; die rechte Spalte die dazugehörigen Ergebnisse. Eine Hypothese wird als bestätigt gewertet, wenn der Koeffizient das korrekte Vorzeichen besitzt und statistisch signifikant von Null verschieden ist. Eine Hypothese wird als teilweise bestätigt eingestuft, sofern die Gesamtwürdigung der Ergebnisse einer Studie dies rechtfertigt. In allen anderen Fällen gilt die Hypothese als widerlegt.[201]

---

[201] Die Studien von Martin/Scott (1975) und Carleton/Silberman (1977) blieben in der Tabelle unberücksichtigt. Die Studie von Martin/Scott (1975) übernimmt keine der traditionellen Kapitalstruktur-Determinanten in das abschließende Erklärungsmodell. Die Studie von Carleton/Silberman (1977) ergibt durchgängig nicht signifikante und überdies zum Teil widersprüchliche Koeffizientenwerte, so dass die Autoren selbst auf die schlechte Interpretierbarkeit der Ergebnisse hinweisen. Vgl. Carleton/Silberman (1977), S. 820

Tabelle 3.2 Übersicht Determinantenergebnisse (1958 bis 1983)

Hypothese	Empirische Resultate	
Verschuldungshöhe variiert zwischen Branchen	Ja:	Schwartz/Aronson (1967), Scott (1972), Scott/Martin (1975), Schmidt (1976), Bowen et al. (1982)
	Teilweise:	Gupta (1969), Ferri/Jones (1979)
	Nein:	Baker (1973), Remmers et al. (1974)
Verschuldungshöhe und Unternehmensgröße sind positiv korreliert	Ja:	Baxter/Cragg (1970)
	Teilweise:	Scott/Martin (1975), Taub (1975), Ferri/Jones (1979), Marsh (1982)
	Nein:	Gupta (1969), Remmers et al. (1974), Schmidt (1976)
Verschuldungshöhe und Unternehmensrisiko sind negativ korreliert	Ja:	Ferri/Jones (1979), Castanias (1983)
	Teilweise:	Taub (1975), Marsh (1982)
	Nein:	Baxter/Cragg (1970), Baker (1973), Toy et al. (1974), Flath/Knoeber (1980)
Verschuldungshöhe und Unternehmenswachstum sind negativ korreliert	Nein:	Gupta (1969), Baker (1973), Toy et al. (1974)
Verschuldungshöhe und Profitabilität sind positiv korreliert	Ja:	Taub (1975)
	Nein:	Toy et al. (1974), Schmidt (1976)
Verschuldungshöhe und Steuervorteil der Fremdfinanzierung sind positiv korreliert	Teilweise:	Flath/Knoeber (1980)
	Nein:	Taub (1975)
Verschuldungshöhe und Höhe des Sachanlagevermögens sind positiv korreliert	Ja:	Marsh (1982)
	Nein:	Schmidt (1976)
Verschuldungshöhe und Non-Debt-Tax-Shields sind negativ korreliert	Nein:	Bowen et al. (1982)

Die aggregierten Forschungsergebnisse über die Determinanten der Kapitalstruktur sind 25 Jahre nach Modigliani/Miller noch wenig aussagekräftig. Einerseits liegt eine größere Zahl verwertbarer Resultate lediglich für die Determinanten Branchenzugehörigkeit, Unternehmensgröße und Risiko vor. Andererseits widersprechen sich die Studienergebnisse häufig. Diese widersprüchlichen Ergebnisse wiegen umso schwerer, als allen Studien ein vergleichbares Untersuchungsobjekt zugrunde liegt und ein Großteil der Studien mit Compustat dieselbe Datenbank verwendet. Im Ergebnis lassen die aggregierten Forschungsergebnisse der frühen Determinantenstudien keine verlässlichen Aussagen über die Korrektheit einzelner Hypothesen zu. Vor diesem Hintergrund verwundert es auch aus Blickrichtung der empirischen Determinantenforschung nicht, dass Myers 1984 den Stand der Kapitalstrukturforschung als weitgehend enttäuschend beurteilte.

3.3 Entwicklung der Determinantenforschung von 1984 bis 2005

Die zweite charakteristische Phase der empirischen Determinantenforschung beginnt Mitte der achtziger Jahre und reicht bis in die Gegenwart. Diese Phase ist gekennzeichnet durch eine deutliche Ausweitung der Forschungsanstrengungen, einen beachtlichen methodischen Fortschritt, eine streng theoriegeleitete Hypothesenbildung sowie eine zunehmende Internationalisierung und Spezialisierung der Forschung.

Innerhalb des Zeitraums von 1984 bis Ende 2005 konnten im Rahmen der Literaturrecherche allein in den führenden englischsprachigen Zeitschriften 59 Determinantenstudien nachgewiesen werden. Verglichen mit den 16 empirischen Zeitschriftenbeiträgen der Jahre 1958 bis 1983 entspricht dies bereits mehr als einer Verdreifachung der Studienzahl. Hinzu kommen zehn Studien aus nicht im VHB-Ranking erfassten Zeitschriften, 18 Arbeitspapiere sowie drei deutschsprachige Zeitschriftenveröffentlichungen, so dass für die spätere Meta-Analyse insgesamt 90 empirische Determinantenstudien zur Verfügung stehen.[202]

Auch die Zeitschriftenbasis hat sich während dieses Zeitraums beträchtlich verbreitert. Die ausgewerteten Studien der Jahre 1984 bis 2005 stammen aus 33 unterschiedlichen Zeitschriftenquellen. Die meisten Studien publiziert noch immer das Journal of Finance (A^+) mit elf Veröffentlichungen nun allerdings gefolgt vom Journal of Business Finance & Accounting (A) und Applied Financial Economics (C) mit jeweils sechs Veröffentlichungen sowie dem Journal of Financial Economics mit vier Veröffentlichungen (A^+). Alle anderen Zeitschriften weisen drei oder weniger Publikationen auf.

Die Gewichtung der im VHB-Ranking aufgeführten Quellen verschiebt sich im Vergleich zu den frühen Determinantenstudien leicht. Der Anteil von A^+- und A-Publikationen sinkt von 68,8% auf 56,5%, gleichzeitig finden sich erstmals B-Publikationen in der Zeitschriftenliteratur. Selbst wenn man die zehn nicht im VHB-Ranking erfassten Quellen hinzuzählt, entfallen immer noch zwei Drittel der aus Zeitschriften entnommenen Studien auf mindestens B-Publikationen. Die Determinantenforschung ist somit weiterhin prominent in den führenden internationalen Fachzeitschriften vertreten.

Methodisch knüpfen die jüngeren Determinantenstudien weitgehend an den älteren Forschungsbeiträgen an. Die durchschnittliche methodische Qualität der veröffentlichten Studien erhöhte sich seit Mitte der achtziger Jahre jedoch beachtlich. Zwei wesentliche Entwicklungen sind in diesem Zusammenhang zu nennen. Mitte der achtziger Jahre vollzog sich ein vollständiger und abrupter Übergang zu multivariaten Modell-

---

202 Für eine ausführliche Erläuterung der Vorgehensweise im Rahmen der Literaturrecherche vgl. Kapitel 4.3.1, S. 105ff.

spezifikationen. Die Studie von Castanias (1983) war vermutlich die letzte univariate Determinantenstudie, die in einer führenden internationalen Fachzeitschrift veröffentlicht wurde. Seither bilden multivariate OLS-Modelle den methodischen Mindeststandard in der Determinantenforschung. Den zweiten maßgeblichen Entwicklungsschritt begründete das Aufkommen der Panel-Modelle seit Mitte der neunziger Jahre. Reine OLS- oder gepoolte OLS-Spezifikationen galten fortan als methodisch unterlegen. Die Umstellung auf Panel-Modelle ist inzwischen allerdings weitgehend vollzogen. Über die alleinige Wahl eines Panel-Modells ist heute keine Abgrenzung innerhalb der empirischen Literatur mehr möglich. Gleichzeitig deutet sich auch kein neuerlicher Methodenwechsel an. Die im Bereich der Regressionsanalyse zur Verfügung stehenden Verfahren sind ausgeschöpft.

Empirische Studien ohne expliziten Bezug zur Kapitalstrukturtheorie finden sich seit Mitte der achtziger Jahre nicht mehr. Bestandteil beinahe jeder Studie ist nun ein separates Kapitel, in dem die Hypothesen über die getesteten Determinanten unter Bezug auf die relevante theoretische Literatur besprochen und begründet werden. Konzentrierte sich die Forschung bis in die achtziger Jahre nahezu ausschließlich auf US-amerikanische Großunternehmen, beschäftigen sich die empirischen Beiträge in der Folgezeit mit einer Vielzahl von Unternehmenstypen und Ländern. Allein die 90 ausgewerteten Studien berichten Ergebnisse über dutzende verschiedene Staaten. Darunter befinden sich sämtliche Industrienationen sowie zahlreiche Schwellen- und Entwicklungsländer.[203] Auch die Untersuchung verschiedenartiger Unternehmenstypen wird erstmals als lohnenswerter Forschungsansatz erkannt.[204] Als Stichprobe dienen nun unter anderem ehemalige Sanierungsfälle (Alderson/Betker, 1995), multinationale Unternehmen (Burgman, 1996; Chen et al., 1997), rein eigenfinanzierte Unternehmen (Agrawal/Nagarajan, 1990; Gardner/Trzcinka, 1992), Spin-Offs (Dittmar, 2004), Start-Ups (Schäfer et al., 2004), Unternehmen, die gleichzeitig Eigenkapital und Fremdkapital begeben (Hovakimian et al., 2004) sowie Unternehmen mit besonderer Eigentümerstruktur (z.B. Chaplinsky/Niehaus, 1993; Short et al., 2002). Die stärkere Internationalisierung und allgemeine Differenzierung der Forschung spiegelt sich teilweise auch in der Datenbankwahl wider. Seit 1984 ist der Anteil der Compustat-Studien von ehemals 43,8% auf 32,2% zurückgegangen. Gleichzeitig werden erstmals Datastream

[203] Vgl. Anhangtabelle A.12, S. 320ff.

[204] Motivation zur Untersuchung spezifischer Unternehmenstypen ist die aus dem Wegfall oder der Verstärkung bestimmter Einflussfaktoren resultierende Finanzierungssituation solcher Unternehmen. Beispielsweise sind im Falle von sanierten Unternehmen aufgrund des durchlaufenen Insolvenzverfahrens geringere Informationsasymmetrien zu erwarten (vgl. Alderson/Betker (1995), S. 47). Die Untersuchung von Spin-Offs besitzt den Vorteil, dass sich die anfängliche Kapitalstrukturwahl eines reifen Unternehmens unmittelbar beobachten lässt (vgl. Dittmar (2004), S. 9). Ähnliche Argumente lassen sich für die anderen genannten Unternehmenstypen formulieren.

und Worldscope[205] von 15,5% der Studien eingesetzt. Der Anteil sonstiger Datenbanken bleibt mit 52,2% hingegen nahezu unverändert.

Seit den neunziger Jahren rücken zunehmend auch kleine und mittelständische Unternehmen (KMU) in den Mittelpunkt der Betrachtung. Die erste im Rahmen der Literaturrecherche nachgewiesene empirische Zeitschriftenstudie über die Kapitalstruktur mittelständischer Unternehmen veröffentlichen van der Wijst/Thurik (1993). Die konsequente empirische Erforschung der Finanzierungsentscheidungen von KMUs setzt aber erst fünf Jahre später ein. Der ersten A-Publikation durch Jordan et al. (1998) folgen schnell weitere mittelstandsbezogene Veröffentlichungen. Trotzdem ist die Gesamtzahl an Mittelstandsstudien auch heute noch verhältnismäßig gering. Erst zwölf Zeitschriftenaufsätze und insgesamt nur 17 Veröffentlichungen befassen sich mit dieser Thematik. Zudem findet ein beachtlicher Teil der Mittelstandsforschung außerhalb der bekannten Zeitschriften statt. Fünf der zwölf Zeitschriftenstudien stammen aus C-Publikationen oder aus nicht im VHB-Ranking erfassten Quellen. Mittelstandsstudien basieren erwartungsgemäß auch nicht auf Compustat, Datastream oder Worldscope. Vielmehr greift die Mehrheit der Studien auf Umfragedaten zurück.

In Deutschland bleibt die empirische Determinantenforschung zumindest in der Zeitschriftenliteratur auch nach 1984 ein Randthema. Mit Ausnahme der Studien von Francfort/Rudolph (ZfbF, 1992), Schwiete/Weigand (Kredit und Kapital, 1997) sowie Ramb (Kredit und Kapital, 2000) konnten in den führenden deutschsprachigen Fachzeitschriften keine Determinantenstudien nachgewiesen werden. Keine dieser Studien hat mittelständische Unternehmen zum Untersuchungsgegenstand.

Die seit Mitte der achtziger Jahre publizierten Forschungsergebnisse über die Determinanten der Kapitalstruktur sind einer zusammenfassenden Auswertung nicht mehr ohne weiteres zugänglich. Veröffentlichte die gesamte empirische Determinantenforschung bis Mitte der achtziger Jahre einige Dutzend Ergebnisse über die traditionellen Determinanten, so hat sich diese Zahl seitdem auf einige Tausend erhöht.[206] Dieser Anstieg an Ergebnissen erklärt sich nur zu einem Teil aus der erheblich gestiegenen Zahl an Veröffentlichungen. Mindestens ebenso bedeutsam ist die Zunahme der

---

205 Die Unterscheidung von Datastream und Worldscope ist nicht eindeutig möglich. Beide Datenbanken werden von Thomson Financial angeboten und überschneiden sich inhaltlich. Worldscope ist die eigentliche Bilanzdatenbank, die zumindest in Teilen auch über Datastream zur Verfügung steht (vgl. Ulbricht/Weiner (2005), S. 2). Da eine Deckungsgleichheit der Bilanzdaten von Datastream und Worldscope nicht notwendigerweise gegeben ist, werden beide Datenbanken getrennt aufgeführt.

206 Die Gesamtzahl der Ergebnisse hängt von der Zählweise ab. Wenn jeder in der Literatur veröffentlichte Koeffizientenwert als Ergebnis gewertet wird, beläuft sich die Gesamtzahl ohne Weiteres auf einige Tausend. Selbst bei strengerer Auslegung des Ergebnisbegriffs – wie in der späteren Analyse geschehen – liegt die erfasste Ergebniszahl bereits im vierstelligen Bereich.

durchschnittlichen Modell- und damit Ergebniszahl je Studie. Bemerkbar macht sich dabei einerseits die zunehmende internationale Ausrichtung der Forschung. Für jedes Untersuchungsland muss zwangsläufig mindestens ein separates Modell geschätzt werden. Andererseits ist diese Entwicklung Ausdruck eines zunehmenden Bestrebens nach Erreichung einer möglichst hohen Ergebnistransparenz innerhalb der Studien. Aus Vergleichsgründen berichten nahezu alle jüngeren Determinantenstudien mehrere alternative Modellspezifikationen. Dabei variieren entweder die Modellvariablen oder die verwendeten statistischen Methoden.

Tabelle 3.3 stellt Anzahl und relative Häufigkeit der in der späteren Meta-Analyse detailliert ausgewerteten Studien nach Veröffentlichungsjahr, Art der Publikation und Art der verwendeten Datenbank dar. Die erste Spalte zeigt die Studien über Großunternehmen (GU), die zweite Spalte die mittelstandsbezogenen Studien (KMU), die dritte Spalte die Gesamtzahl an Studien. Detaillierte Angaben zu den ausgewerteten Studien sind in Anhangtabelle A.11 zusammengestellt.

Tabelle 3.3 Übersicht Determinantenstudien (1984 bis 2005)

	GU		KMU		Gesamt	
	N	%	*N*	%	*N*	%
Übersicht A. Anzahl und relative Häufigkeit der Studien nach Jahr						
1984	1	(1,4%)	-	-	1	(1,1%)
1986	2	(2,7%)	-	-	2	(2,2%)
1988	2	(2,7%)	-	-	2	(2,2%)
1989	2	(2,7%)	-	-	2	(2,2%)
1990	1	(1,4%)	-	-	1	(1,1%)
1991	2	(2,7%)	-	-	2	(2,2%)
1992	3	(4,1%)	-	-	3	(3,3%)
1993	3	(4,1%)	1	(5,9%)	4	(4,4%)
1994	3	(4,1%)	-	-	3	(3,3%)
1995	2	(2,7%)	-	-	2	(2,2%)
1996	2	(2,7%)	1	(5,9%)	3	(3,3%)
1997	3	(4,1%)	-	-	3	(3,3%)
1998	3	(4,1%)	1	(5,9%)	4	(4,4%)
1999	3	(4,1%)	1	(5,9%)	4	(4,4%)
2000	2	(2,7%)	1	(5,9%)	3	(3,3%)
2001	5	(6,8%)	2	(11,8%)	7	(7,8%)
2002	9	(12,3%)	1	(5,9%)	10	(11,1%)
2003	13	(17,8%)	3	(17,6%)	16	(17,8%)
2004	7	(9,6%)	5	(29,4%)	12	(13,3%)
2005	5	(6,8%)	1	(5,9%)	6	(6,7%)
Übersicht B. Anzahl und relative Häufigkeit der Studien nach Publikationsart						
Zeitschrift "A+"	19	(26,0%)	-	-	19	(21,1%)
Zeitschrift "A"	12	(16,4%)	4	(23,5%)	16	(17,8%)
Zeitschrift "B"	10	(13,7%)	3	(17,6%)	13	(14,4%)
Zeitschrift "C"	13	(17,8%)	1	(5,9%)	14	(15,6%)
Zeitschrift "unbewertet"	6	(8,2%)	4	(23,5%)	10	(11,1%)
Arbeitspapier	13	(17,8%)	5	(29,4%)	18	(20,0%)
Übersicht C. Anzahl und relative Häufigkeit der Studien nach Datenherkunft						
Compustat	29	(39,7%)	-	-	29	(32,2%)
Datastream	9	(12,3%)	-	-	9	(10,0%)
Worldscope	5	(6,8%)	-	-	5	(5,5%)
Sonstige	30	(41,1%)	17	(100,0%)	47	(52,2%)
	73	(100,0%)	17	(100,0%)	90	(100,0%)

3.4 Zusammenfassung

„In many areas of research, the need today is not for additional empirical data but for some means of making sense of the vast amounts of data that have been accumulated.“[207]

Die empirische Untersuchung der traditionellen Determinanten der Kapitalstruktur weist seit geraumer Zeit einen abnehmenden Grenznutzen auf. Diese Forschungsdisziplin blickt auf eine vierzigjährige Tradition immer neuer Primärstudien zurück. Bis in die neunziger Jahre hinein war der auf Primärstudien basierende Ansatz grundsätzlich lohnenswert. Selbst über Großunternehmen in Industrienationen – mit Ausnahme der USA – existierten nur wenige empirische Auswertungen. Spätestens seit der Jahrtausendwende liegen aber auch über Großunternehmen aller führenden Industrieländer jeweils mehrere Forschungsresultate vor. Die empirische Determinantenforschung hat auf diese Entwicklung reagiert, indem die Forschung seit Ende der neunziger Jahre verstärkt in Nischen ausweicht. Auf inhaltlicher Ebene setzten sich zwei Abgrenzungsstrategien durch. Zum einen grenzen sich Autoren über die Wahl der Stichprobe ab. Diese Abgrenzung vollzieht sich vor allem über das Herkunftsland sowie über die Größe der Stichprobenunternehmen. Zum anderen dient die zusätzliche Untersuchung bislang vernachlässigter Kapitalstruktur-Determinanten zur inhaltlichen Abgrenzung. Bis Ende der neunziger Jahre war darüber hinaus noch eine Abgrenzung auf methodischer Ebene möglich. Mittlerweile sind die zuvor neuartigen panel-analytischen Verfahren weit verbreitet. Damit sind gleichzeitig alle Hauptverfahren der Regressionsanalyse in der Determinantenforschung vertreten. Grundlegend neue methodische Impulse sind daher in Zukunft kaum zu erwarten.

Die in der Literatur zu beobachtenden Abgrenzungsbestrebungen wären grundsätzlich wünschenswert, wenn die Fortführung der bisherigen Untersuchungsansätze keinen grundlegenden Erkenntnisgewinn mehr verspräche. Im Bereich der Determinantenforschung vollzieht sich jedoch eine zunehmende Spezialisierung, ohne dass die weltweiten Ergebnisse über die traditionellen Determinanten der Kapitalstruktur jemals detailliert nachgearbeitet oder zusammenfassend ausgewertet worden wären. An den prinzipiellen Gegebenheiten scheitern solche Analysen nicht. Die Studien sind hinsichtlich des allgemeinen Untersuchungsaufbaus homogen genug, um sinnvolle Auswertungen auf aggregierter Ebene durchzuführen. Studienübergreifende Ergebnisvergleiche finden in der Literatur auch rege zwischen den Primärstudien statt. Diese Bemühungen reichen allerdings bei weitem nicht aus, um einen detaillierten Überblick über die weltweiten Resultate zu erhalten.

[207] Hunter/Schmidt (2004), S. 16

Das Missverhältnis zwischen Primärforschung und Literaturaufarbeitung hat inzwischen extreme Züge erreicht. Seit dem Literaturüberblick von Harris/Raviv (1991) wurde im Bereich der empirischen Determinantenforschung kein Versuch mehr unternommen, die weltweiten Ergebnisse in einer Gesamtschau gegenüberzustellen. Dabei beschränkte sich auch dieser Versuch lediglich auf Signifikanzniveau und Vorzeichenrichtung von 35 Ergebnissen über die traditionellen Kapitalstruktur-Determinanten. Setzt man diese Zahl in Relation zu den tausenden mittlerweile existierenden Ergebnisdaten, werden Notwendigkeit und Möglichkeiten einer Literaturaufarbeitung deutlich.

Die heute in der Determinantenforschung zentralen Forschungsfragen können Primärstudien nicht oder nur sehr eingeschränkt beantworten. Von überragender Bedeutung ist eine Bestandsaufnahme der weltweiten Ergebnisse. Unterscheiden sich die weltweiten Resultate nicht oder kaum, wäre dies der entscheidende Beleg für oder gegen die Relevanz einer Kapitalstruktur-Determinante. Der bestehende oder fehlende Einfluss dieser Variable könnte dann als gesichert gelten, womit das primäre Ziel der Determinantenforschung erreicht wäre. Unterscheiden sich die weltweiten Ergebnisse hingegen, ermöglicht lediglich eine studienübergreifende Untersuchung eine umfassende Ursachenanalyse. Eine Primärstudie ist immer auf den eigenen Datensatz beschränkt und kann zur Aufklärung studienübergreifender Ergebnisunterschiede kaum etwas beitragen.

Der heute vorgefundene Umfang der Determinanten-Literatur eröffnet insofern die Gelegenheit, entscheidend zum Aufbau gesicherten Wissens auf aggregierter Ebene beizutragen. Unterbleiben derartige Bemühungen und setzt sich die Spezialisierung der Forschung weiter fort, verliert sich die Determinantenforschung in einer kaum mehr zu überblickenden Informationsfülle. Dann entstünde die bereits heute zu beobachtende paradoxe Situation, dass jahrzehntelang immer wieder die gleichen Fragestellungen getestet werden, ohne dass die Forschung jemals einem gesicherten Erkenntnisgewinn substantiell näher käme.

4 Methodische Vorgehensweise und Literaturgrundlage

4.1 Grundlagen der quantitativen Literaturanalyse

4.1.1 Begriffsabgrenzung

Die Beschäftigung mit der quantitativen Literaturanalyse erfordert zunächst eine allgemeine Begriffsabgrenzung. Der heute in der wissenschaftlichen Literatur gängige Begriff der „Meta-Analyse“ besitzt mehrere Konnotationen, deren korrekte Unterscheidung möglichen Missverständnissen vorbeugt. In der Literatur hat es sich weithin eingebürgert, jegliche Form der quantitativen Literaturauswertung als Meta-Analyse zu bezeichnen. Im engeren Sinne meint der Begriff Meta-Analyse jedoch eine klar abgrenzbare statistische Methodenklasse. Aber auch in dieser Verwendung ist der Begriff Meta-Analyse nicht eindeutig. Innerhalb der Meta-Analyse existieren wiederum verschiedene Denkschulen (Glass, 1976; Hedges/Olkin, 1985; Hunter/Schmidt, 2004; Rosenthal, 1991) und analytische Ansätze. Von der Meta-Analyse im engeren Sinne ist wiederum die Meta-Regressions-Analyse zu unterscheiden. Diese Untersuchungen werden ebenfalls als Meta-Analysen bezeichnet, obwohl die hierzu verwendete Methodik völlig überschneidungsfrei zu der Meta-Analyse im engeren Sinne ist. Letztlich bringt die Bezeichnung einer Studie als meta-analytisch lediglich zum Ausdruck, dass es sich um eine quantitative Literaturauswertung handelt. Welche Verfahren dabei im Einzelnen zum Einsatz kommen, erschließt sich aus dem Begriff nicht. Die vorliegende Arbeit verwendet den Begriff Meta-Analyse im weiteren und engeren Sinne. Auf die jeweilige Verwendungsform wird gegebenenfalls gesondert hingewiesen.[208]

4.1.2 Allgemeine Anforderungen

Die Durchführung einer quantitativen Literauswertung ist an bestimmte Anforderungen geknüpft, deren Kenntnis wesentlich für die methodische Einordnung und das allgemeine Verständnis meta-analytischer Verfahren ist. Zunächst sind meta-analytische Methoden nur auf empirische Forschungsergebnisse anwendbar. Primärstudien müssen unter Einsatz statistischer Verfahren Koeffizientenwerte und Signifikanzniveaus der interessierenden Zusammenhänge oder Variablen bestimmen. Forschungsdisziplinen, die deskriptiv, modelltheoretisch oder fallstudiengestützt arbeiten, eignen sich für eine Meta-Analyse nicht.

Vorbedingung jeder quantitativen Literaturauswertung ist des Weiteren die Sicherstellung einer hinreichenden Vergleichbarkeit der untersuchten Studien. So einsichtig diese Forderung ist, so uneindeutig ist ihre konkrete Umsetzung in der Praxis. Die Literatur gibt nämlich keine Regeln vor, unter welchen Voraussetzungen von einer hinrei-

---

[208] Zum Begriff der Meta-Analyse vgl. z.B. Kornmeier (2007), S. 137; King/He (2001), S. 667-669

chenden Vergleichbarkeit auszugehen ist. Offensichtlich sollten Forschungsfrage, Untersuchungsaufbau und Methodik möglichst übereinstimmen. Letztlich bleibt es aber immer eine Einzelfallentscheidung, ob sich Studienergebnisse für einen Vergleich eignen. Auf diesen Umstand stellt die sogenannte „Apples and Oranges"-Kritik ab, wonach im Falle einer ausgeprägten Heterogenität der Primärstudien meta-analytische Untersuchungen unterbleiben sollten.[209]

Die dritte Anforderung an quantitative Literaturstudien ist die möglichst repräsentative Abbildung der relevanten Literatur. Zwei Argumente sind dabei gegeneinander abzuwägen. Zum einen ist eine möglichst breite Literauswahl wünschenswert, um den sogenannten „Publication Bias" zu minimieren. Als Publication Bias wird die Vermutung bezeichnet, dass in den führenden Fachzeitschriften vorwiegend statistisch signifikante Resultate veröffentlicht werden, während nicht signifikante Ergebnisse erst gar nicht in der Fachliteratur erscheinen oder nur in Zeitschriften schlechterer Reputation Berücksichtigung finden. Umgekehrt kann eine selektive Literaturauswahl erstrebenswert sein, um eine Ergebnisverzerrung durch qualitativ minderwertige Studien möglichst auszuschließen. Die Frage der Repräsentativität und die Abwägung zwischen Publication Bias und möglichen Qualitätsproblemen sind wiederum Ermessensentscheidungen.[210]

Die vierte und letzte Grundanforderung bezieht sich auf die statistische Unabhängigkeitsbedingung. Nach ihrer strengsten Auslegung sollte jeweils nur genau ein Ergebnis zu der gleichen Fragestellung aus einer Primärstudie übernommen werden.[211] Von dieser Regel wird in der meta-analytischen Literatur jedoch sehr häufig abgewichen.[212] Oftmals nehmen Autoren sogar überhaupt keine Korrekturen für mögliche Verletzungen der Unabhängigkeitsbedingung vor und betrachten sämtliche Resultate der Primärstudien als statistisch unabhängig.[213] Somit ist auch die Unabhängigkeitsbedingung in ihrer praktischen Umsetzung letztlich keine streng kodifizierte Regel. Selbst über die Definition der statistischen Unabhängigkeit im Rahmen von meta-analytischen Auswertungen besteht in Teilen der Literatur Uneinigkeit.[214]

---

209 Vgl. Lipsey/Wilson (2000), S. 2, 8; Chow (1987), S. 262

210 Vgl. Stanley (2005), S. 309f.; Chow (1987), S. 261; Green/Hall (1984), S. 51

211 Vgl. Fitzgerald/Rumrill (2003), S. 101f.; Florax et al. (2002), S. 8f.; Brinberg/Jaccard (1986), S. 607

212 Vgl. Bijmolt/Pieters (2001), S. 157; Nelson/Kennedy (2009), S. 351

213 Eine Auswertung von Nelson/Kennedy (2009) über 140 Meta-Analysen ergab, dass 110 Studien statistisch abhängige Ergebnisse in die Auswertung übernahmen, wovon wiederum 47 Studien keinerlei Korrekturen für die potenziellen Abhängigkeiten vornahmen. Vgl. Nelson/Kennedy (2009), S. 351

214 Vgl. Hunter/Schmidt (2004), S. 429f.; Lipsey/Wilson (2000), S. 112; Wolf (1990), S. 147

4.1.3 Vote-Counting-Methode

Zur quantitativen Literaturanalyse stehen mit der Vote-Counting-Methode, der eigentlichen Meta-Analyse und der Meta-Regressions-Analyse prinzipiell drei komplementäre Auswertungsverfahren zur Verfügung. Die Vote-Counting-Methode ist das älteste der drei Verfahren. Der Begriff „Vote-Count" bezeichnet ein empirisches Schätzergebnis, von dem Signifikanzniveau und Vorzeichen aber nicht der genaue Koeffizientenwert bekannt sind. Dementsprechend beschränkt sich der Wertebereich von Vote-Count-Daten auf die vier Ausprägungen „signifikant positiv", „signifikant negativ", „nicht signifikant positiv" und „nicht signifikant negativ". Vorbereitende Maßnahme jeder Vote-Counting-Analyse ist die Überführung der in den ausgewählten Primärstudien veröffentlichen Ergebnisse in die Form von Vote-Count-Daten. In der praktischen Umsetzung bereitet die Datensammlung keine Schwierigkeiten. Unter Ausblendung des genauen Koeffizientenwertes können die Schätzergebnisse unmittelbar aus den Primärstudien übernommen werden. Weiter gehende Datentransformationen sind grundsätzlich nicht erforderlich.[215]

Liegen die Vote-Count-Daten in einer Literaturdatenbank vor, vollzieht sich die traditionelle Vote-Counting-Analyse in der denkbar einfachsten Form. Die Vote-Count-Daten werden schlicht ausgezählt. Aus der Verteilung der Schätzergebnisse über die vier unterschiedlichen Rubriken werden schließlich Schlussfolgerungen über der Gesamtheit der Forschungsergebnisse gezogen. Ist der in der Literatur vorgefundene Vorzeichenwert bei überwiegend signifikanten Ergebnissen einheitlich, führt das Vote-Counting-Verfahren auf einfache Weise zu einem sehr aussagekräftigen Resultat.[216] Würden beispielsweise sechzehn von zwanzig Studien ein signifikant positives Ergebnis und lediglich vier Studien ein nicht signifikantes Ergebnis nachweisen, wäre die Schlussfolgerung eines positiven Einflusses der untersuchten Variablen eindeutig. Überwiegen hingegen nicht signifikante und/oder hinsichtlich des Vorzeichens widersprüchliche Ergebnisse verleitet das Vote-Counting-Verfahren unter Umständen zu falschen Schlüssen.[217]

Die möglichen Fehler resultieren dabei praktisch immer aus einer Fehlinterpretation der nicht signifikanten Ergebnisse, da diese Rubrik in der Regel die bestbesetzte Kategorie darstellt. Ein vermeidbarer Fehler besteht darin, die zahlreichen nicht signifikanten Ergebnisse als Bestätigung für die Irrelevanz des untersuchten Zusammenhangs auszulegen. Eine solche Auslegung verkennt, dass bei dem üblichen Signifikanzniveau von 5% lediglich eine von zwanzig Studien zufällig ein signifikantes Ergebnis ergäbe.

---

[215] Vgl. z.B. Hedges/Olkin (1980), S. 359f.; Hunter/Schmidt (2004), S. 446f., für eine allgemeine Einführung in die Vote-Counting-Methode

[216] Vgl. King/He (2005), S. 668

[217] Vgl. Fitzgerald/Rumrill (2005), S. 319f.

Erhalten beispielsweise sieben von zwanzig Studien ein signifikant positives Ergebnis und dreizehn Studien ein nicht signifikantes Ergebnis, wäre dies ein starkes Indiz für und nicht gegen die Existenz des untersuchten Zusammenhangs. Da dieser Fehler in der Praxis häufig anzutreffen ist, gilt die Vote-Counting-Methode einigen Autoren als übertrieben konservativ.[218]

Der zweite im Zusammenhang mit der Bewertung nicht signifikanter Resultaten denkbare Fehler wiegt weitaus schwerer, da diese Fehlerquelle im Rahmen der Auswertung nicht erkannt werden kann und sich somit auch nicht korrigieren lässt. Die Vote-Counting-Methode führt nämlich zu grundlegend falschen Schlussfolgerungen, wenn die Nicht-Signifikanz der Ergebnisse lediglich Ausdruck eines mangelnden Stichprobenumfangs der Primärstudien ist. In einem solchen Fall würde im Rahmen der Hypothesentests der Primärstudien ein Typ-II-Fehler begangen. Die Nullhypothese würde jeweils akzeptiert, obwohl die Alternativhypothese in Wahrheit zutrifft. Dieses Übersehen eines tatsächlich vorhandenen Effekts stellt gleichsam den zentralen Kritikpunkt an der Vote-Counting-Methode dar.[219] Die Wahrscheinlichkeit einen Typ-II-Fehler zu begehen, sinkt mit zunehmendem Stichprobenumfang und zunehmender ökonomischer Relevanz des untersuchten Zusammenhangs. Daher sind insbesondere Forschungsgebiete, die auf Klein- und Kleinststichproben basieren für diese Fehlerquelle anfällig.[220] Bei dieser Argumentation sollte man sich allerdings bewusst machen, dass diese Fehlerquelle kein ursächliches Problem der Vote-Counting-Analyse darstellt, sondern unmittelbare Folge fehlerhafter Primärstudien ist. Weisen Studien nicht signifikante Resultate aufgrund von Typ-II-Fehlern auf, ist in erster Linie die Primärliteratur inkorrekt. Dass unter diesen Voraussetzungen auch eine Literaturauswertung zu falschen Ergebnissen gelangen muss, darf eigentlich nicht mehr überraschen.

Ein weiterer Einwand gegenüber der Vote-Counting-Methode ist die Gleichgewichtung aller Ergebnisse unabhängig von den Stichprobengrößen der Primärstudien. Letztlich zielt dieses Argument wieder auf die bereits genannte Anfälligkeit für Typ-II-Fehler ab. Primärstudien mit kleinen Stichproben, die am ehesten Typ-II-Fehler begehen könnten, würden weniger stark gewichtet. Die abschließende Kritik an Vote-Counting-Verfahren betrifft die Ausblendung der betragsmäßigen Höhe der Koeffizientenwerte und damit der ökonomischen Bedeutung des untersuchten Zusammenhangs. Im Gegensatz zur eigentlichen Meta-Analyse vermag die Vote-Counting-Analyse die Stärke von Effekten nicht festzustellen.[221]

---

[218] Vgl. Cooper (1998), S. 120; Cooper/Lindsay (1997), S. 324

[219] Vgl. Hedges/Olkin (1980), S. 359; Hunter/Schmidt (2004), S. 9

[220] Hunter/Schmidt (2004) stufen zum Beispiel Stichproben kleiner 300 als klein ein (S. 13)

[221] „[…] this method does not allow the meta-analyst to determine whether a treatment "wins by a nose or in a walkaway"", Bushman (1994), S. 194

Der Anwendungsbereich von Vote-Counting-Analysen ist nicht auf die einfache Auszählung von Ergebnissen beschränkt. Vielmehr kann dieser Ansatz mit einer Reihe weiterer statistischer Verfahren kombiniert werden. Statt der einfachen Auszählung kann die Verteilung der Vote-Count-Daten statistisch gesichert über Binomialtests ausgewertet werden. Die Gefahr einer vermeidbaren Fehlinterpretation besteht dann nicht mehr. Vote-Count-Daten dienen des Weiteren häufig als Grundlage einer Moderatoranalyse. Hierzu werden Teilgesamtheiten der Vote-Count-Daten studienübergreifend auf Unabhängigkeit getestet. Die Einfachheit der Datensammlung und Handhabung geht bei diesen Forschungsvorhaben allerdings verloren. Zusätzlich zu den Vote-Count-Daten sind aus jeder Studie die interessierenden Moderatorvariablen zu erfassen. Auch Regressionsanalysen sind gestützt auf Vote-Count-Daten realisierbar.

Eine zusammenfassende Bewertung des Vote-Counting-Verfahrens ist nur kontextabhängig eindeutig möglich. Vertreter der Meta-Analyse betrachten Vote-Counting-Methoden als sinnvolle Ergänzung aber keinesfalls als Alternative zur eigentlichen (univariaten) Meta-Analyse.[222] Letztere gilt diesen Autoren als überlegen, weil sie zentrale Schwächen der Vote-Counting-Methode vermeidet und weitere Analysen ermöglicht, ohne sich durch zusätzliche Kritikpunkte angreifbar zu machen. Diese grundsätzliche Überlegenheit trifft allerdings nicht notwendigerweise auf den Bereich multivariater Forschungsansätze zu. Zur Auswertung multivariater Forschungsergebnisse wurde die Meta-Analyse ursprünglich nicht entwickelt. Entsprechende Verfahren sind innerhalb der methodischen Literatur umstritten und befinden sich noch weitgehend im Erprobungsstadium. Der Vergleich zwischen Meta-Analyse und Vote-Counting erstreckt sich allerdings nahezu ausschließlich auf die Auswertung univariater Forschungsergebnisse. Während die Überlegenheit der Meta-Analyse auf diesem Gebiet eindeutig ist, bedarf die Bewertung der beiden Verfahren im multivariaten Kontext einer weitaus differenzierteren Betrachtung.

4.1.4 Meta-Analyse

4.1.4.1 Univariate Meta-Analyse

Die Wortschöpfung „Meta-Analyse“ geht auf einen Aufsatz von Glass aus dem Jahr 1976 zurück. Dieser Aufsatz gilt gleichsam als eigentlicher Beginn der Meta-Analyse, obwohl vereinzelte Vorläufer in der Literatur bereits existierten.[223] Die von Glass formulierte Definition der Meta-Analyse ist sehr weit gefasst und schließt die Vote-Counting-Methode und damit den gesamten Bereich der quantitativen Literauswertung ein. Innerhalb des Aufsatzes grenzt Glass beide Ansätze allerdings voneinander ab.

---

222 Vgl. Cooper (2004), S. 637; Bushman (1994), S. 194
223 Vgl. Eisend (2004), S. 3f.; Lipsey/Wilson (2000), S. 10

„Meta-analysis refers to the analysis of analyses. [...] [It refers] to the statistical analysis of a large collection of analysis results from individual studies for the purpose of integrating the findings.“[224]

Kern der Meta-Analyse ist die studienübergreifende Standardisierung der Ergebnisdaten, ohne dass Informationen über die ökonomische Relevanz der jeweiligen Resultate verloren gehen. Die Beibehaltung der Koeffizientenwerte ist der wesentliche Fortschritt der Meta-Analyse gegenüber der Vote-Counting-Methode. Die Kenntnis der ökonomischen Relevanz eröffnet Möglichkeiten für weitergehende statistische Untersuchungen, welche den Vote-Counting-Ansätzen verschlossen bleiben. Die einfache Übernahme der Koeffizientenwerte scheidet als Möglichkeit allerdings aus, da die Skalierung der Variablen von Studie zu Studie variiert. Stattdessen bedürfen alle Meta-Analysen standardisierter Maße, welche invariant gegenüber unterschiedlichen Operationalisierungsformen sind. Diese Eigenschaft besitzen die sogenannten Effektstärken, welche die Grundlage der Meta-Analyse bilden.[225]

Die beiden gängigsten Effektstärken sind standardisierte Mittelwertdifferenzen und Korrelationskoeffizienten. Eine standardisierte Mittelwertdifferenz quantifiziert den Unterschied zwischen einer Untersuchungs- und Kontrollgruppe; ein Korrelationskoeffizient misst die Stärke des linearen Zusammenhangs zwischen zwei Variablen. Am Beispiel des Korrelationskoeffizienten wird das Konzept der Standardisierung unmittelbar deutlich. Der Wertebereich des Korrelationskoeffizienten reicht unabhängig von der Skalierung der zugrundeliegenden Variablen immer von -1 bis 1 und ist somit per se standardisiert.[226] Wird der gleiche Zusammenhang von mehreren Studien auf Grundlage einer Korrelationsanalyse untersucht, sind die Ergebnisse unmittelbar vergleichbar.[227]

Liegen die Effektstärken in einer Datenbank vor, vollzieht sich eine idealtypische Meta-Analyse in zwei Schritten. Die vorliegenden Effektstärken werden zunächst auf Homogenität getestet. Ist die Homogenitätsbedingung erfüllt, sind die einzelnen Studienresultate vergleichbar und bedeutende Moderatorvariablen existieren nicht. In diesem Fall werden die einzelnen Effektstärken in einem zweiten Schritt zu einer durchschnittlichen Effektstärke aggregiert. Diese wird anschließend auf statistische Signifikanz getestet. Ist die durchschnittliche Effektstärke signifikant von Null verschieden,

---

224 Glass (1976), S. 3

225 Vgl. Hunter/Schmidt (2004), S. 193f.; Lipsey/Wilson (2000), S. 3-5

226 Der Korrelationskoeffizient ist letztlich nichts anderes als eine standardisierte Kovarianz.

227 In Abhängigkeit der meta-analytischen Denkschule und der gewählten Analysetechnik werden Effektstärkemaße noch transformiert oder korrigiert. Nach Hunter/Schmidt sollen Effektstärken beispielsweise noch um sogenannte „Study-Artifacts“ korrigiert werden. Hierzu zählen verschiedene Aspekte der Primärstudien, die zu einer Verzerrung der Effektstärken geführt haben könnten. Vgl. Hunter/Schmidt (2004), S. 79

belegt dies die studienübergreifende Relevanz des Zusammenhangs. Die zur Aggregation homogener Effektstärken verwendete Methodenklasse bezeichnet die meta-analytische Literatur als Fixed-Effects-Modell, wobei dieser Ansatz nicht mit der gleichnamigen statischen Panel-Methode zu verwechseln ist.

Ist die Homogenitätsbedingung hingegen nicht erfüllt, bieten sich mehrere Alternativen. In der Regel schließt sich zunächst eine Moderatoranalyse an, um die Ursachen der Ergebnisvariabilität zu ergründen. Können Moderatoren identifiziert werden, schließt sich gegebenenfalls eine Aggregation der Effektstärken jeweils homogener Studien auf Grundlage eines Fixed-Effects-Modells an. Lassen sich bedeutende Moderatorvariablen nicht identifizieren, kann alternativ ein sogenanntes Random-Effects-Modell verwendet werden. Dieses erlaubt die Aggregation der Effektstärken bis zu einem gewissen Grad studienübergreifender Heterogenität. Diese Methode basiert jedoch auf restriktiveren Annahmen und ist aus diesem Grund nicht unumstritten.[228]

Die Durchführung der klassischen Meta-Analyse ist mit zwei Einschränkungen verbunden. Während Vote-Counting-Verfahren grundsätzlich eingesetzt werden können, sind Meta-Analysen zwingend auf Effektstärken angewiesen. Lassen sich letztere nicht aus den Primärstudien ableiten, ist eine Meta-Analyse prinzipiell unmöglich. Neben diesem möglichen Datenproblem ist die klassische Meta-Analyse aber auch inhaltlich limitiert. Alle Effektstärkemaße quantifizieren lediglich Zusammenhänge zwischen zwei Variablen. Untersucht eine Forschungsdisziplin hingegen multivariate Beziehungen, zum Beispiel in Form von Regressionsanalysen, ist eine Meta-Analyse in der klassischen Form nicht sinnvoll durchführbar. In multivariaten Modellen sind die partiellen Effekte von Interesse. Die klassische Meta-Analyse kann allerdings nur bivariate Effekte verarbeiten. Da viele Forschungsgebiete auf multivariaten Modellen basieren, wurden Kompromisslösungen erdacht, die sich noch weitgehend in Erprobung befinden und nicht unumstritten sind. Diese werden im Folgenden unter dem Begriff „multivariate Meta-Analyse“ vorgestellt.

4.1.4.2 Multivariate Meta-Analyse

Die explizite multivariate Verknüpfung von Effektstärken erlaubt bislang lediglich ein meta-analytischer Ansatz. Grundlage dieses Verfahrens bildet eine Meta-Korrelationsmatrix. Hierzu werden die Korrelationsmatrizen der Primärstudien zu einer einzigen Korrelationsmatrix aggregiert. Die Meta-Korrelationsmatrix dient dann als Grundlage eines pfadanalytischen Modells, wie zum Beispiel LISREL. Unmittelbarer Nachteil dieser Methode sind die hohen Datenanforderungen. Enthalten die Pri-

---

228 Vgl. Sutton et al. (1998), S. 43-46; Rosenthal/DiMatteo (2001), S. 69, 74; Brinberg/Jaccard (1986), S. 608-611; King/He (2001), S. 675-678

märstudien keine vollständigen Korrelationsmatrizen, lässt sich dieser Ansatz per se nicht verfolgen. Aber auch die möglichen inhaltlichen Einwände gegen diese Vorgehensweise sind nicht unerheblich. Mit zunehmender Variation der Korrelationsmatrizen der Primärstudien nimmt die Aussagekraft der Meta-Matrix immer weiter ab. Des Weiteren muss ein sinnvolles pfadanalytisches Modell formuliert werden können. Fehlen eindeutige Vorgaben aus der theoretischen bzw. empirischen Forschung, existieren erhebliche Spielräume im Rahmen der Modellspezifikation. Ist der pfadanalytische Ansatz in der Primärliteratur unüblich, erschwert dies zudem die Beurteilung der Ergebnisse, da keine Vergleichsmöglichkeiten existieren.[229]

Der zweite in der Literatur diskutierte Lösungsansatz zum Umgang mit multivariaten Modellen strebt die Ableitung von Effektstärken aus multivariaten Regressionsanalysen an, sofern keine Korrelationen berichtet werden. In diesem Falle schlagen einige Autoren als Kompromisslösung vor, Korrelationskoeffizienten aus standardisierten Regressionskoeffizienten zu schätzen oder die standardisierten Regressionskoeffizienten unmittelbar als Effektstärkemaß zu verwenden. Der erste Vorschlag geht maßgeblich auf Peterson/Brown (2005) zurück. Die Autoren stellen zur Schätzung von Korrelationskoeffizienten eine Umrechnungsformel vor, die sich in ihrer empirischen Untersuchung als zweckmäßig erwiesen hat. Diese Umrechnungsformel basiert aber keineswegs auf mathematischen Gesetzmäßigkeiten[230], sondern ist ausdrücklich ein Approximationsversuch mit allen verbundenen Nachteilen. Würde diese Formel auf andere Datensätze übertragen, bliebe völlig unklar, wie gut die Approximation überhaupt gelungen wäre. Gelänge die Approximation schlecht, würden unter Umständen Ergebnisse erzielt, die aufgrund falscher Ausgangsdaten jeglicher Grundlage entbehrten. Selbst Peterson/Brown sind gegenüber der praktischen Nutzbarkeit des Ansatzes skeptisch und raten dringend dazu, originäre Korrelationen zu verwenden.[231] Der Ansatz löst des Weiteren die fehlende Einbeziehung der partiellen Effekte nicht. Die sich anschließende Meta-Analyse würde erneut nur auf einfachen Korrelationen basieren.

Der zweite Vorschlag einer direkten Übernahme der standardisierten Regressionskoeffizienten als Effektstärkemaß wird unter anderem von Blumenthal (2006) und Rosenthal/DiMatteo (2001) vertreten.[232] Eine solche Vorgehensweise ist in der Literatur allerdings höchst umstritten. In ihrem Lehrbuch der Meta-Analyse weisen Lipsey/Wilson ausdrücklich auf die Unmöglichkeit einer effektstärkenbasierten Meta-Analyse allein auf Grundlage von standardisierten Regressionskoeffizienten hin.[233]

---

229 Vgl. Eisend (2004), S. 15f.; Lipsey/Wilson (2000), S. 69; King/He (2005), S. 678

230 Die Berechnung eines Korrelationskoeffizienten auf alleiniger Grundlage eines partiellen standardisierten Regressionskoeffizienten ist mathematisch nicht möglich.

231 Vgl. Peterson/Brown (2005), S. 180

232 Vgl. Blumenthal (2006), S. 36-38; Rosenthal/DiMatteo (2001), S. 72

233 Vgl. Lipsey/Wilson (2000), S. 67

Nach Peterson/Brown (2005) lehnt sogar die überwiegende Mehrheit der methodischen Literatur diesen Vorschlag ab.[234] Aber auch außerhalb der meta-analytischen Literatur wird die Aussagekraft standardisierter Regressionskoeffizienten erheblich bezweifelt. In der statistischen Methodenliteratur setzen sich zahlreiche Autoren kritisch mit der Verwendung standardisierter Regressionskoeffizienten auseinander.[235] In ihrem Lehrbuch über Regressionsanalyse sprechen sich Urban/Mayerl beispielsweise ausführlich gegen die Verwendung standardisierter Regressionskoeffizienten zum Ergebnisvergleich aus.[236] Während die Autoren einen solchen Vergleich innerhalb einer Studie und basierend auf dem gleichen Datensatz noch akzeptieren, lehnen sie studienübergreifende Vergleiche ab.[237]

4.1.5 Meta-Regressions-Analyse

„Meta-regression analysis (MRA) is the regression analysis of regression analyses."[238]

Die Meta-Regressions-Analyse entwickelten Stanley/Jarrell (1989) zur quantitativen Literaturauswertung von Regressionsstudien, welche Determinanten ökonomischer Phänomene zum Gegenstand haben.[239] Ziel von Stanley/Jarrell war die Entwicklung eines Ansatzes, der die studienübergreifende Analyse einzelner Determinanten ermöglicht, ohne dass die partiellen Effekte der Primärstudien verloren gehen. Das vor diesem Hintergrund entwickelte Meta-Regressions-Modell besitzt selbst die Form einer multivariaten linearen Regression. Als abhängige Variable dienen die Koeffizientenwerte β^*_j der jeweils untersuchten Determinante.

$$\beta_j^* = \beta_o + \sum_{k=1}^{K} \beta_k M_{jk} + \varepsilon_j \qquad [4.1]$$

Die unabhängigen Variablen M des Modells sind ausgewählte Moderatorvariablen, welche studienübergreifende Ergebnisunterschiede erklären sollen. Die Regressionskonstante β_0 interpretieren Stanley/Jarrell als den „wahren" Koeffizientenwert der Determinante. Die Verwendung des absoluten Wertes der Regressionskoeffizienten als

---

[234] Vgl. Peterson/Brown (2005), S. 175

[235] Vgl. einführend z.B. Bring (1994), S. 209-213

[236] „Die vergleichende Interpretation von standardisierten Regressionskoeffizienten ist jedoch umstritten, und es gibt gute Gründe, dabei sehr vorsichtig vorzugehen, oder solche Vergleiche überhaupt gänzlich zu unterlassen.", Urban/Mayerl (2006), S. 104

[237] „Aufgrund der Varianzabhängigkeit der standardisierten Regressionskoeffizienten dürfen standardisierte Koeffizienten auch nicht (oder nur in sehr seltenen Ausnahmefällen) zum Vergleich von Schätzergebnissen aus unterschiedlichen Populationen, Stichproben oder Subgruppen verwendet werden.", Urban/Mayerl (2006), S. 105

[238] Stanley/Jarrell (1989), S. 161

[239] Vgl. Stanley/Jarrell (1989), S.164

abhängige Variable ist aber nur dann sinnvoll und möglich, wenn die Zahlenwerte unmittelbar vergleichbar sind. Hierzu müssen die Regressionsmodelle der Primärstudien gleiche Operationalisierungen und bei strenger Auslegung auch einen möglichst einheitlichen Aufbau aufweisen. Sind diese Bedingungen nicht erfüllt, muss eine andere geeignete Testgröße gefunden werden. Stanley/Jarrell schlagen in diesem Falle den t-Wert des Koeffizienten-Signifikanztests vor. Dieser ist unabhängig von der Skalierung der Modellvariablen und damit studienübergreifend besser zu vergleichen.[240]

Die Meta-Regressions-Analyse stößt mit zunehmender Heterogenität der Primärstudien allerdings an Grenzen. Der von der Meta-Regressions-Analyse verfolgte Anspruch, das Regressionsmodell mit den präzisen Zahlenwerten der Regressionskoeffizienten oder der t-Werte zu schätzen, wird mit steigendem Grad an Heterogenität immer fragwürdiger. Wenn die Mehrheit der Literatur schon die Eignung standardisierter Regressionskoeffizienten zum studienübergreifenden Ergebnisvergleich verneint, muss diese Kritik gleichermaßen für t-Werte und erst recht für unstandardisierte Regressionskoeffizienten gelten.

Einen gangbaren Lösungsansatz stellt in diesem Fall eine auf Vote-Count-Daten basierende Meta-Regressions-Analyse dar. Vote-Count-Daten sind deutlich robuster gegenüber unterschiedlichen Modellspezifikationen oder Untersuchungsmethoden, da lediglich Signifikanzniveau und Vorzeichen nicht aber die absolute Höhe der Koeffizientenwerte Eingang in die Analyse finden. Aufgrund der ordinalen Skalierung von Vote-Count-Daten[241] scheiden lineare Regressionsmodelle als Analyseverfahren jedoch aus. Stattdessen beruht die Schätzung von Vote-Count-Regressionen auf (ordinalen) Logit- oder Probit-Modellen.[242] Infolge des Übergangs von Absolutwerten zu Vote-Count-Daten kann die Konstante des Regressionsmodells allerdings nicht mehr sinnvoll als „wahrer" Koeffizientenwert interpretiert werden. Ferner lässt sich auch die ökonomische Bedeutung der in die Meta-Regressions-Analyse aufgenommenen Moderatorvariablen weniger präzise bestimmen. Die grundlegende Aussage, ob eine Moderatorvariable einen statistisch signifikanten Einfluss auf die jeweiligen Determinantenergebnisse ausübt und welche Effektrichtung dieser Einfluss besitzt, bleibt hingegen auch in einem Vote-Count-Modell bestehen.

---

240 Vgl. Stanley/Jarrell (1989), S.164-166; Stanley (2001), S. 135f.; Stanley et al. (2008), S. 278-281

241 Vote-Count-Daten gruppieren intervallskalierte t-Werte und sind somit ordinal skaliert.

242 Vgl. entsprechende Modellspezifikationen von Koetse et al. (2006), van der Sluis et al. (2005) und Mulatu et al. (2003).

4.2 Anwendbarkeit der quantitativen Literaturanalyse

4.2.1 Inhaltliche und datenbezogene Einschränkungen

Die Übertragung meta-analytischer Verfahren auf ein bestimmtes Forschungsgebiet verlangt neben der allgemeinen Diskussion der methodenspezifischen Vor- und Nachteile auch eine kontextbezogene Überprüfung der einzelnen Auswertungsverfahren. Meta-analytische Verfahren dürfen einerseits der Methodik der Primärstudien nicht zuwiderlaufen. Andererseits kommen nur solche Auswertungsverfahren überhaupt in Frage, deren Datenanforderungen erfüllt sind. Eine solche Prüfung ist in besonderem Maße für den Bereich der Determinantenforschung erforderlich, da die zu untersuchenden Primärstudien mehrere Merkmale aufweisen, die unmittelbare Auswirkungen auf die Methodenwahl besitzen.

Von zentraler Bedeutung für die Wahl einer meta-analytischen Untersuchungsmethode ist die multivariate Modellspezifikation der Determinantenstudien. Kann ein meta-analytisches Verfahren partielle Effekte nicht verarbeiten, ist es nicht sinnvoll zur Auswertung von Determinantenstudien einsetzbar. Auf inhaltlicher Ebene ist ferner zu berücksichtigen, dass Determinantenstudien eine gewisse Variabilität in ihrer Modellspezifikation aufweisen. Dementsprechend sind die exakten Koeffizientenwerte studienübergreifend nicht hinreichend vergleichbar. Erhebliche Einschränkungen hinsichtlich der Methodenwahl ergeben sich schließlich aus den Datenanforderungen. Als Effektstärkemaße kommen im Bereich der Determinantenforschung Korrelationskoeffizienten oder standardisierte Regressionskoeffizienten in Frage. Beide Angaben finden sich jedoch ausgesprochen selten in der Literatur. Keine der 90 ausgewerteten Studien berichtet standardisierte Regressionskoeffizienten. Einige Studien veröffentlichen immerhin die Standardabweichungen der Modellvariablen, so dass sich standardisierte Koeffizienten berechnen ließen.[243] Vollständige Korrelationsmatrizen beinhalten nur 16 der 90 (17,8%) ausgewerteten Studien. Jede Form der effektstärke-basierten Meta-Analyse scheitert somit bereits an den Datenvoraussetzungen. Aber selbst wenn diese Informationen in größerem Umfang vorhanden wären, eignet sich ein Großteil der Verfahren nicht oder nur eingeschränkt zur meta-analytischen Auswertung von Determinantenstudien.

4.2.2 Ungeeignete meta-analytische Verfahren

Grundsätzlich ungeeignet zur meta-analytischen Untersuchung der Determinanten der Kapitalstruktur sind die beiden auf standardisierten Regressionskoeffizienten basierenden Ansätze. Die methodische Kritik an beiden Verfahren ist so erheblich, dass

[243] Da standardisierte Regressionskoeffizienten als Effektstärkemaße per se ausscheiden, wurde die Möglichkeit einer indirekten Berechnung nicht im Einzelnen überprüft.

kaum belastbare Ergebnisse zu erwarten wären. Im Bereich der Determinantenforschung käme erschwerend hinzu, dass die Untersuchungsmethode und die Zusammensetzung der linearen Prädiktoren von Studie zu Studie variieren. Diese Unterschiede dürften nicht ohne Auswirkung auf die Höhe der Koeffizientenwerte bleiben, so dass die Vergleichbarkeit der standardisierten Regressionskoeffizienten zusätzlich zu bezweifeln wäre.

Denkbar erscheinen hingegen Untersuchungen auf Grundlage einer Meta-Korrelations-Matrix. Grundvoraussetzung hierfür wäre allerdings, dass ein größerer Teil der Primärstudien vollständige Korrelationsmatrizen berichtet. Aber selbst in diesem Fall bliebe die Datenlage schwierig. Würden gegenwärtig alle 90 ausgewerteten Studien Korrelationsmatrizen veröffentlichen, ergäbe sich eine sehr uneinheitliche Ergebnisverteilung. Die Korrelationen zwischen den vier Kerndeterminanten Unternehmensgröße, Profitabilität, Wachstum und Sachanlagevermögen lägen in größerer Zahl vor. Korrelationen zwischen den Kerndeterminanten und den übrigen vier traditionellen Determinanten wären bereits deutlich seltener. Korrelationen zwischen den Determinanten Risiko, Non-Debt-Tax-Shields, Spezialisierung und Steuern könnten zum Teil nur noch vereinzelt beobachtet werden. Folglich wären einzelne Felder der Meta-Matrix sehr gut, andere hingegen kaum besetzt.

Die traditionelle univariate Meta-Analyse scheidet als Analyseverfahren nicht nur aus Datengründen aus. Es sind vor allem inhaltliche Gründe, die gegen diese Art der quantitativen Literaturauswertung von Determinantenstudien sprechen. Meta-Analysen basieren auf einfachen Korrelationen. Die Determinantenforschung interessiert sich jedoch bestenfalls beiläufig für diese Statistik. Stattdessen beruht die gesamte Forschung auf multivariaten Spezifikationen. Als Forschungsergebnis gelten ausschließlich die partiellen Effekte. Die Durchführung einer traditionellen Meta-Analyse würde aus diesem Grund zu ganz erheblichen Fehleinschätzungen führen, sofern die Korrelationsergebnisse nicht mit den partiellen Effekten übereinstimmen. Eine Meta-Analyse würde in diesem Fall unbemerkt falsche Ergebnisse ausweisen, obwohl die Analyse in sich vollkommen stimmig wäre. Soll der Weg einer univariaten Meta-Analyse dennoch beschritten werden, müssten die Korrelationsdaten hinsichtlich des Signifikanzniveaus und der Vorzeichenrichtung immer mit den partiellen Effekten abgeglichen werden. Nur wenn dieser Abgleich weitgehend widerspruchsfrei ausfiele, würde eine Meta-Analyse überhaupt Sinn machen. Aber selbst in diesem Fall verfehlt die Meta-Analyse ihr eigentliches Ziel. Eine Quantifizierung und Aggregation der Effektstärken wird auch dann nur unter äußersten Vorbehalten möglich sein, da die multivariate Spezifikation immer die Koeffizientenwerte beeinflusst.

Die Meta-Regressions-Analyse ist in ihrer klassischen Form ebenfalls keine Alternative. Die benötigen Daten sind zwar in allen Determinantenstudien enthalten. Mehr als berechtigte Zweifel bestehen aber hinsichtlich der studienübergreifenden Vergleichbarkeit von unstandardisierten Regressionskoeffizienten oder t-Werten. Die Determinantenforschung ist bei weitem nicht homogen genug, um Schätzungen mit den exakten Zahlenwerten partieller Effekte durchzuführen. Der Einfluss unterschiedlicher Untersuchungsmethoden, Operationalisierungsformen und Modellspezifikationen wäre nicht bezifferbar. Entsprechend fraglich wäre auch die Aussagekraft der gewonnenen Ergebnisse.

4.2.3 Geeignete meta-analytische Verfahren

Als gangbares Analyseverfahren verbleibt somit die Vote-Counting-Methode. Verglichen mit den alternativen Verfahren besitzt die Vote-Counting-Methode im Umgang mit multivariaten Forschungsergebnissen aber auch aus sich heraus mehrere Vorteile. Ein erster Vorteil ist die Datenverfügbarkeit. Ausnahmslos alle Ergebnisse der Determinantenforschung lassen sich als Vote-Count-Daten darstellen. Viel entscheidender ist aber die Beibehaltung der partiellen Effekte. Die Vote-Count-Daten entstammen unmittelbar den multivariaten Modellen und entsprechen somit den tatsächlichen Ergebnissen der Primärstudien. Die Verwendung von Vote-Count-Daten sorgt im Bereich der Determinantenforschung somit für größtmögliche Ergebnistreue. Ist ein partieller Effekt beispielsweise nicht signifikant, ist es zwingend auch der dazugehörige Vote-Count, während es die entsprechende Effektstärke nicht sein muss. Der dritte Vorteil aus der Verwendung von Vote-Count-Daten ist die Robustheit gegenüber studienübergreifender Heterogenität. Da sich die Vote-Count-Analyse auf Signifikanzniveau und Vorzeichenrichtung beschränkt, bleibt die unterschiedliche Skalierung von Variablen methodisch ohne Einfluss. Auch unterschiedliche Modellspezifikationen sind weitaus weniger von Belang, da Vote-Count-Auswertungen auf die Einbeziehung der Koeffizientenwerte verzichten.

Die möglichen Nachteile einer Vote-Count-Auswertung sind korrigierbar oder im Bereich der Determinantenforschung weniger stark ausgeprägt. Ein Nachteil des Vote-Counting-Verfahrens ist die Möglichkeit von Fehleinschätzungen aufgrund der Überbewertung nicht signifikanter Ergebnisse. Erfolgt die Auswertung der Ergebnisdaten auf Grundlage von Binomialtests, besteht diese Möglichkeit nicht mehr. Die spätere Analyse wird Binomialtests einsetzen, so dass dieser Aspekt für die spätere Analyse ohne Bedeutung ist.

Der zentrale Kritikpunkt an der Vote-Counting-Analyse ist das Nicht-Erkennen von Typ-II-Fehlern. Der signifikante Einfluss einer Determinante könnte in Primärstudien übersehen worden sein, weil die Stichprobengröße und/oder die Effektstärke unzureichend waren. Die Gefahr einen Typ-II-Fehler zu begehen, ist in der Determinantenforschung deutlich geringer als in anderen Forschungsdisziplinen. Der überwiegende Teil der Studien basiert auf umfangreichen Unternehmensdatensätzen, die keinesfalls als Kleinst- oder Kleinstichproben zu klassifizieren sind. Alle ausgewerteten Primärstudien weisen im Übrigen signifikante Ergebnisse nach. Viele davon sind sogar in der Lage, Koeffizientenwerte im einstelligen Prozent- und Promillebereich als statistisch signifikant zu erkennen. Eine grundsätzlich mangelhafte Teststärke liegt demzufolge offensichtlich nicht vor. Gleichzeitig erwartet die theoretische Forschung einen messbaren Einfluss der traditionellen Determinanten auf den Verschuldungsgrad. Koeffizientenwerte im einstelligen Prozent- oder Promillebereich erfüllen diesen Anspruch in der Regel bereits nicht mehr. Selbst wenn Primärstudien diese Effekte fälschlicherweise als nicht signifikant erkennen würden, änderte sich an der übergeordneten Schlussfolgerung nichts. Diese Determinanten wären dann zwar signifikant, aber ökonomisch so unbedeutend, dass sie letztlich nichts zum Verständnis der Kapitalstruktur beitragen könnten. Im Falle von Typ-II-Fehlern ist zudem immer die Primärliteratur ursächlich fehlerbehaftet und nicht die Vote-Count-Analyse. Würde die Aussagekraft einer Vote-Count-Analyse unter Verweis auf Typ-II-Fehler in Frage gestellt, implizierte dies nichts anderes, als dass große Teile der weltweiten Determinantenforschung massive methodische Fehler begangen haben müssen und somit zahllose publizierte Forschungsergebnisse auf Irrtümern beruhen.

Der abschließende Einwand gegen die Vote-Counting-Methode betrifft die Vernachlässigung der Effektstärken. Die spätere Analyse wird den Einfluss der Determinanten auf den Verschuldungsgrad nicht in einem zusammenfassenden Effektstärkemaß beziffern können. Auf Grundlage partieller Effekte vermag dies jedoch auch keines der anderen meta-analytischen Verfahren. Die Frage der ökonomischen Bedeutung thematisiert die spätere Analyse stattdessen auf direktem Weg durch unmittelbare Abschätzung der Effektstärken auf Grundlage der von den Primärstudien berichteten Koeffizientenwerte.

Gestützt auf Vote-Count-Daten ist schließlich eine Meta-Regressions-Analyse durchführbar. Die mit Hilfe dieses Verfahrens gewonnenen Ergebnisse sind notwendigerweise weniger präzise als dies im Idealfall unter Einsatz von unstandardisierten Regressionskoeffizienten oder t-Werten möglich wäre. Für die Determinantenforschung stellt es allerdings bereits einen Fortschritt dar, überhaupt den Einfluss von Moderatorvariablen auf aggregierter Ebene identifizieren und deren Effektstärke näherungsweise quantifizieren zu können.

4.3 Literaturgrundlage

4.3.1 Literaturabgrenzung und -recherche

Voraussetzung jeder Meta-Analyse ist die Definition der relevanten Literatur. Die Literaturabgrenzung sollte möglichst repräsentativ für das betreffende Forschungsgebiet sein. Als Nebenbedingungen muss die Literaturauswahl die Gesichtspunkte Publication Bias und methodische Qualität beachten. Die Identifikation der relevanten Literatur stellt im Falle der Determinantenforschung keine Schwierigkeit dar. Bedeutende Beiträge über die empirische Determinantenforschung, wie im Übrigen auch über die Kapitalstrukturtheorie, erscheinen nahezu ausschließlich in englischsprachigen Fachzeitschriften. Auf eine gesonderte Buchrecherche konnte letztlich sogar ganz verzichtet werden, da sich innerhalb der Zeitschriftenliteratur keine Hinweise auf wesentliche Buchbeiträge fanden. Neben der Zeitschriftenliteratur sind zu einem gegebenen Zeitpunkt aber auch die aktuellen Arbeitspapiere von großer Relevanz. Viele dieser Arbeitspapiere erscheinen wenige Monate bis einige Jahre später in der Fachliteratur und besitzen somit den höchsten Neuigkeitswert.

Die konsequente Einbeziehung von Arbeitspapieren wirkt gleichzeitig einem möglichen Publication Bias entgegen. Dieser dürfte im Bereich der Determinantenforschung ohnehin erheblich geringer ausfallen als in anderen Forschungsdisziplinen. Aus der multivariaten Spezifikation der Determinantenstudien und der hohen durchschnittlichen Ergebniszahl resultieren nahezu immer mehrere signifikante Studienergebnisse. Die Veröffentlichung einer Studie scheitert daher im Bereich der Determinantenforschung kaum an dem grundsätzlichen Fehlen signifikanter Ergebnisse.[244]

Die unmittelbare Beurteilung der methodischen Qualität der Studien würde vornehmlich auf subjektiver Wertung beruhen. Denkbar ist die Vorgabe eines Kriterienkataloges, anhand dessen Studienmerkmale abgeglichen und gewichtet werden. Eine solche Vorgehensweise wäre im Bereich der Determinantenforschung wenig erfolgversprechend. Einerseits verwenden die Primärstudien unterschiedliche Untersuchungsmethoden. Andererseits variieren die Studien erheblich hinsichtlich ihrer Angaben zu methodenbegleitenden Maßnahmen, wie Outlier-Bereinigung, Multikollinearitätstests, Heteroskedastizitätskorrektur oder Robustheitsanalysen. In der überwiegenden Zahl der Fälle ist noch nicht einmal nachvollziehbar, welche methodenbegleitenden Tests oder Korrekturen die Autoren überhaupt vorgenommen haben. Aus diesem Grund wurde eine indirekte Form der Qualitätsbeurteilung gewählt. Als Qualitätsmaßstab diente das VHB-Zeitschriften-Ranking JOURQUAL1 aus dem Jahr 2003 oder die Downloadzahl von Arbeitspapieren.

---

[244] Ausnahmslos alle in die Auswertung einbezogenen Determinantenstudien finden beispielsweise bereits in Bezug auf die acht traditionellen Kapitalstruktur-Determinanten signifikante Ergebnisse.

Vor diesem Hintergrund konzentrierte sich die Literaturrecherche auf deutsch- und englischsprachige Determinantenstudien aus wissenschaftlichen Zeitschriften und veröffentlichten Arbeitspapieren. Recherchiert wurden Determinantenstudien seit der Veröffentlichung des Modigliani-Miller-Modells 1958 bis Ende 2005. Diese Literaturabgrenzung umfasst die gesamte, auf internationaler Ebene bis zu diesem Zeitpunkt relevante Literatur. Eingang in die Literaturdatenbank fanden seit 1984 veröffentlichte und somit für die Meta-Analyse relevante Beiträge. Aufgrund unterschiedlicher Möglichkeiten zur Datenbankrecherche und Qualitätsbeurteilung erforderte die Durchsicht der verschiedenen Publikationsarten eine jeweils spezifische Vorgehensweise.

Die internationale Zeitschriftenrecherche erfolgte in mehreren Schritten. Ausgangspunkt bildeten umfangreiche Schlagwort- und Quellenverzeichnissuchen in den führenden bibliographischen Datenbanken (insbesondere EBSCO und ScienceDirect). Berücksichtigung fanden dabei zunächst sämtliche Zeitschriften, die von den jeweiligen Datenbankbetreibern als wissenschaftlich eingestuft waren. Auf diese Weise konnte bereits der Hauptliteraturstrang der Determinantenforschung sowie zahllose weitere Veröffentlichungen aus dem übergeordneten Gebiet der Kapitalstrukturforschung identifiziert werden. In einem zweiten Schritt wurden Inhalt und Quellenverzeichnis der anfänglich ausgewählten Studien gesichtet und untereinander abgeglichen. Fanden sich Verweise auf weitere, möglicherweise relevante Determinantenstudien, wurden diese gezielt selektiert und ihr Inhalt und Literaturverzeichnis abermals ausgewertet. Umgekehrt wurden Studien ohne Bezug zur Determinantenforschung aussortiert. Dementsprechend nicht berücksichtigt wurden insbesondere solche empirischen Studien, welche die Fristigkeit des Fremdkapitals oder die Höhe bestimmter Finanzierungsformen erklären wollen. Da diese Beiträge nicht auf die Höhe des Verschuldungsgrades abstellen, sind sie trotz gleichen Untersuchungsaufbaus inhaltlich nicht mit den klassischen Determinantenstudien vergleichbar. Ebenso mussten einige wenige Determinantenstudien mangels methodischer Vergleichbarkeit oder mangels berichteter Ergebnisdaten von der Betrachtung ausgeschlossen werden.[245]

In einem dritten Schritt wurden sämtliche Studien aus Quellen mit einer VHB-Bewertung unterhalb der Qualitätsstufe „C“ aussortiert, sofern nicht besondere Gründe für deren Berücksichtigung sprachen. Notwendige Bedingung zur Berücksichtigung solcher Studien war ein mit der übrigen Literatur vergleichbarer inhaltlicher Anspruch. Als hinreichende Bedingung diente die Zitierung in anderen Studien und/oder die Un-

[245] Zu der ersten Gruppe gehören beispielsweise komplexe Strukturgleichungsmodelle mit einzigartiger Modellstruktur (z.B. Menéndez Requejo (2002); Romano et al. (2000)). Ein Beispiel für den Ausschluss mangels berichteter Ergebnisdaten ist die Studie von Halov/Heider (2004). Die Autoren berichten ihre Ergebnisse ausschließlich für die einzelnen Dezile ihrer Stichprobe und verzichten auf eine aggregierte Ergebnisdarstellung.

tersuchung eines nicht auf Compustat, Datastream oder Worldscope basierenden Datensatzes.[246] Für den Zeitraum beginnend 1984 konnten letztendlich 69 empirische Studien aus englischsprachigen Zeitschriften identifiziert werden. Zehn dieser Quellen sind nicht im VHB-Ranking erfasst.

Die Recherche deutsch(sprachig)er Zeitschriften erfolgte unmittelbar anhand der Jahresinhaltsverzeichnisse. Die Inhaltsverzeichnisse folgender im VHB-Ranking erfassten Zeitschriften wurden seit 1958 bzw. seit ihrem ersten späteren Erscheinen einzeln ausgewertet, wobei eine Bewertung von mindestens „D“ erforderlich war: Betriebswirtschaftliche Forschung und Praxis (BfuP), Die Betriebswirtschaft (DBW), FinanzBetrieb (FB), Kredit und Kapital, Schmalenbach Business Review (SBR), Zeitschrift für Betriebswirtschaft (ZfB) Zeitschrift für betriebswirtschaftliche Forschung (ZfbF), Zeitschrift für KMU und Entrepreneurship (ZfKE). Dabei konnten lediglich drei Studien – Francfort/Rudolph (1992), Schwiete/Weigand (1997) und Ramb (2000) – identifiziert werden.

Ausgangspunkt für die Suche nach Arbeitspapieren bildete das Social Science Research Network (SSRN). Alle dort in den Jahren 2004 und 2005 veröffentlichten Aufsätze mit den Begriffen „Determinant(s)“ oder „Capital“ und „Structure“ in Titel oder Kurzbeschreibung wurden gesichtet und bei Relevanz in die Literaturdatenbank aufgenommen. Als Qualitätsmaßstab diente die bisherige Downloadzahl. Berücksichtigung fanden sämtliche Studien, die mindestens fünfzigmal von anderen Nutzern heruntergeladen wurden. Ältere Arbeitspapiere wurden nicht gesondert recherchiert. Hier wurde unterstellt, dass diese bei Relevanz in anderen Arbeitspapieren zitiert werden bzw. inzwischen in einer Zeitschrift veröffentlicht sind. Die Auswertung der Quellenverzeichnisse erfolgte analog zu den Zeitschriften. Arbeitspapiere außerhalb von SSRN wurden berücksichtigt, sofern Zeitschriftenaufsätze oder andere Arbeitspapiere auf sie verwiesen. 18 empirische Studien aus veröffentlichten Arbeitspapieren sind Bestandteil dieses Literaturüberblicks.

4.3.2 Literaturauswertung

4.3.2.1 Bedeutung der Unabhängigkeitsbedingung

Nach erster detaillierter Sichtung der auszuwertenden Primärstudien erfolgte die Erarbeitung eines Auswertungsschemas. Dieses gewährleistete die einheitliche und systematische Auswertung der Studien. Das Auswertungsschema ist für die spätere Untersuchung von zentraler Bedeutung, da es festlegt, welche Ergebnisse einer Studie in die

[246] Compustat, Datastream und Worldscope sind in der internationalen Literatur überrepräsentiert (vgl. Tabelle 3.3, S. 89), so dass Ergebnisse über andere Datensätze einen höheren Neuigkeitswert besitzen.

Literaturdatenbank übernommen wurden. Kern des Auswertungsschemas ist ein Regelwerk zur Konkretisierung der statistischen Unabhängigkeitsbedingung.

Die Bedeutung der Unabhängigkeitsbedingung erwächst aus dem Umstand, dass Primärstudien typischerweise mehrere Ergebnisse in Bezug auf die gleiche Fragestellung berichten. Ergebnisse innerhalb einer Primärstudie sind sich in der Regel ähnlicher als die Ergebnisse verschiedener Studien. Folglich treten bei Übernahme mehrerer Ergebnisdaten aus derselben Primärstudie Verletzungen der statistischen Unabhängigkeit auf. Die strenge Auslegung der statistischen Unabhängigkeitsbedingung verlangt daher die Übernahme von genau einem Ergebnis jeder Studie. Übertragen auf die Determinantenforschung bedeutet dies, dass aus einer Studie jeweils nur ein Resultat über jede untersuchte Kapitalstruktur-Determinante entnommen werden könnte. Diese Vorgehensweise würde die Literatur allerdings vollkommen unzureichend abbilden und zu erheblichen Fehleinschätzungen führen.

Wie gravierend sich die strenge Einhaltung der Unabhängigkeitsbedingung auswirken kann, veranschaulicht nachfolgendes Beispiel. Ausgangspunkt der Überlegung bildet eine Determinantenstudie, welche unter anderem die Determinante Unternehmensgröße für fünf Länderstichproben untersucht. Zwei der fünf Ergebnisse seien signifikant positiv, zwei Ergebnisse nicht signifikant und ein Ergebnis signifikant negativ. Die Studie ergäbe somit widersprüchliche Resultate, welche die Autoren auch in ihrer Ergebnisinterpretation als solche herausarbeiten würden. Die strenge Auslegung der Unabhängigkeitsbedingung erzwingt nun aber die Festlegung auf ein bestimmtes Ergebnis. Da die erhaltenen Ergebnisse jedoch verschieden sind, existiert keine Möglichkeit, diese fünf Resultate in einer sinnvollen Weise als Vote-Count zu aggregieren. Als Lösungsvorschlag könnte beispielsweise das häufigste signifikante Ergebnis ausgewählt werden. In diesem Fall würden von der betreffenden Studie ausschließlich die signifikant positiven Ergebnisse gewertet. Damit würde nach Außen der Eindruck vollkommen widerspruchsfreier Resultate erweckt, der faktisch aber keineswegs zuträfe. Gäbe es in Bezug auf die Determinante Unternehmensgröße mehrere Primärstudien ähnlicher Ergebnisverteilung, würde die Meta-Analyse zu dem grundlegend falschen Schluss gelangen, dass in der Primärliteratur der Einfluss der Determinante Unternehmensgröße auf den Verschuldungsgrad durchgängig signifikant und positiv ist. In diesem Fall würde zwar der Unabhängigkeitsbedingung streng Folge geleistet. Die Konsequenz wäre jedoch ein völlig verzerrtes Gesamtergebnis.

In ähnlicher Weise würde sich die vollständige Nicht-Beachtung der Unabhängigkeitsbedingung im Bereich der Determinantenforschung auswirken. Würden alle in der ausgewählten Literatur berichteten Resultate berücksichtigt, wären jene Studien in der Auswertung deutlich überrepräsentiert, die mehrere Modelle testen. Bedenklich wäre dabei insbesondere die vollständige Ergebnisübernahme aus solchen Studien, die gestützt auf den gleichen Datensatz zahlreiche kleine Veränderungen an der Methodik und/oder den Modellvariablen vornehmen. Jede dieser Studien lieferte dann eine große Zahl weitgehend vergleichbarer Ergebnisse. Die Resultate einer solchen Meta-Analyse wären abermals nicht akzeptabel.

Überraschenderweise wird die Unabhängigkeitsbedingung in der Methodenliteratur keineswegs einheitlich definiert. Gemäß zweier führender meta-analytischer Lehrbücher –Hunter/Schmidt (2004) und Lipsey/Wilson (2000) – stellt die Übernahme von Ergebnisdaten getrennter Stichproben aus der gleichen Primärstudie explizit keine Verletzung der Unabhängigkeitsbedingung dar, da überschneidungsfreie Stichproben per se statistisch unabhängig voneinander seien.[247] Beide Lehrbücher weisen auf gegenteilige Meinungen einiger Autoren hin und lehnen eine derart übertrieben strenge Auslegung der Unabhängigkeitsbedingung ausdrücklich ab.[248] Einen völlig konträren Standpunkt vertritt die meta-analytische Schule von Glass. Meta-Analysen nach dem Ansatz von Glass übernehmen üblicherweise sämtliche Effektstärkemaße einer Studie und ignorieren somit die Unabhängigkeitsbedingung vollkommen.[249] Wie Hunter/Schmidt (2004) ausführen, stellt diese Vorgehensweise die Aussagekraft statistischer Tests in Frage, sie erfährt aber eine gewisse Berechtigung, sofern die deskriptive Darstellung der Resultate im Vordergrund steht.[250]

Neben der Definition ist auch die Kenntnis der Folgen einer Nicht-Einhaltung der Unabhängigkeitsbedingung von maßgeblichem Interesse. Trotz umfangreicher Literatursuche ließ sich keine Quelle identifizieren, die sich zu dieser Fragestellung im Zusammenhang mit Vote-Count-Analysen äußern würde. Zu der gleichen Feststellung gelangten zuvor bereits Mulatu et al. (2003).[251] Bekannt ist hingegen der Ergebniseffekt im Rahmen univariater Meta-Analysen und Meta-Regressions-Analysen. Dort führt die Einbeziehung abhängiger Effektstärkemaße jeweils zu einer ineffizienten, aber dennoch konsistenten Schätzung.[252] Die meta-analytischen Ergebnisse sind unter Einbeziehung abhängiger Studienergebnisse in der Regel sogar konservativer, da die Varianz der in die Auswertung einbezogenen Ergebnisdaten überschätzt wird.[253]

---

[247] „This is the statistical definition of independence: If statistics [...] are computed on different samples, then their sampling errors cannot be correlated.“, Hunter/Schmidt (2004), S. 429. „Effect sizes can usually be assumed to be statistically independent if, for a given distribution, no more than one effect size comes from any subject sample.“, Lipsey/Wilson (2000), S. 112.

[248] Vgl. Hunter/Schmidt (2004), S. 429f.; Lipsey/Wilson (2000), S. 112

[249] Vgl. Hedges (1990), S. 25

[250] Vgl. Hunter/Schmidt (2004), S. 456

[251] Vgl. Mulatu et al. (2003), S. 40

[252] Vgl. Hunter/Schmidt (2004), S. 432; Nelson/Kennedy (2009), S. 350

[253] „Also, in most cases, violations of independence have a conservative effect on meta-analysis outcomes; they lead to overestimates of what the observed variance of study outcomes would be if all study effects were independent.", Hunter/Schmidt (2004), S. 456

Bemerkenswert sind in diesem Zusammenhang auch die Studienresultate von Bijmolt/Pieters (2001). Die Autoren gelangen nach Durchführung einer Simulationsstudie zu dem überraschenden Fazit, dass die strenge Einhaltung der statistischen Unabhängigkeitsbedingung im Rahmen von Meta-Analysen zu grundsätzlich unbefriedigenden Ergebnissen führt.[254] Die Übernahme sämtlicher Studienergebnisse ohne Korrektur für mögliche Abhängigkeitsverhältnisse schneidet im Vergleich wesentlich besser ab und wird von den Autoren als vernünftige Vorgehensweise erachtet.[255]

Die vorstehenden Ausführungen verdeutlichen die Notwendigkeit für eine bewusste Auseinandersetzung mit der Unabhängigkeitsbedingung. Die strenge Auslegung der Unabhängigkeitsbedingung stellt im Bereich der Determinantenforschung jedenfalls keine gangbare Lösung dar. Vielmehr ist ein Auswertungsschema erforderlich, das grobe Verletzungen der statistischen Unabhängigkeit ausschließt, gleichzeitig aber die Heterogenität von weitgehend unabhängigen Ergebnissen abbildet. Das Auswertungsschema muss gleichzeitig sicherstellen, dass im Falle ausgeprägter statistischer Abhängigkeit jeweils das qualitativ beste Ergebnis einer Studie übernommen wird. Diese Qualitätsbeurteilung muss objektiv und einheitlich sein, so dass es auch zu diesem Zweck eines formalen Regelwerks bedurfte.

4.3.2.2 Konkretisierung der Unabhängigkeitsbedingung

Das entwickelte Auswertungsschema hält die strengste Form der statistischen Unabhängigkeit bis auf drei Ausnahmen ein. Die erste Ausnahme betrifft den bereits geschilderten Fall getrennter Stichproben. Testet eine Studie die gleiche Modellspezifikation für getrennte Länderstichproben oder getrennt für mittelständische und große Unternehmen, wurden die einzelnen Ergebnisse in Übereinstimmung mit Hunter/Schmidt (2004) und Lipsey/Wilson (2000) als statistisch unabhängig gewertet. Die Wertung nur eines einzigen Modells je Studie hätte aus oben genannten Gründen eine völlig unrealistische Darstellung der Determinantenforschung zur Folge.

Die zweite Ausnahme betrifft jene Primärstudien, die statt der Stichprobe die abhängige Variable eines Modells variieren. Durch Variation des Regressanden ändert sich die inhaltliche Bedeutung der jeweiligen Resultate. Auch diese Ergebnisse lassen sich nicht sinnvoll aggregieren. Die einzige mögliche Alternative wäre die vollständige Ausrichtung der Meta-Analyse auf eine bestimmte Verschuldungsgradkategorie. In die Literaturauswertung würden demzufolge nur solche Ergebnisse übernommen, die sich

---

[254] „The performance of meta-analytic procedures that reduce each study to a single value is generally unsatisfactory.", Bijmolt/Pieters (2001), S. 168

[255] „The straightforward procedure of treating all measurements as independent, […], turns out to be a sensible but sub-optimal procedure.", Bijmolt/Pieters (2001), S. 168. Die besten Ergebnisse stellen sich bei zusätzlicher Kontrolle für Abhängigkeitsverhältnisse zwischen den Effektstärkemaßen ein.

beispielsweise auf die Gesamtverschuldung zu Buchwerten beziehen. Die Konsequenz einer solchen Vorgehensweise wäre jedoch, dass zahlreiche Studien überhaupt nicht berücksichtigt und viele heterogene Ergebnisse ignoriert würden. Zudem könnte die aus theoretischer Sicht überaus bedeutsame Moderatoreigenschaft der Verschuldungsgraddefinition nicht untersucht werden. Eine solche Meta-Analyse wäre nicht ansatzweise repräsentativ für die Determinantenforschung und die gewonnenen Ergebnisse hätten ausschließlich für ein bestimmtes Verschuldungsgradmaß Geltung. Aus diesem Grund wurden die Ergebnisse in Bezug auf die sechs idealtypischen Verschuldungsgradkategorien (Gesamtverschuldung, langfristige Verschuldung und kurzfristige Verschuldung jeweils zu Buch- oder Marktwerten) als statistisch unabhängig gewertet.

Die dritte Ausnahme betrifft die Behandlung von widersprüchlichen Ergebnissen über dieselbe Kapitalstruktur-Determinante innerhalb eines Modells. Wie in Kapitel 3 erläutert, ist es in der Determinantenforschung nicht unüblich, die gleiche Determinante mehrfach in einem Modell zu berücksichtigen. Ergeben sich in diesen Fällen signifikante Resultate unterschiedlicher Vorzeichenrichtung, lässt sich die Unabhängigkeitsbedingung wiederum nicht sinnvoll aufrechterhalten. Die Festlegung auf ein Ergebnis würde die tatsächliche Heterogenität der Resultate nicht abbilden. Auf die Einbeziehung von Modellen mit widersprüchlichen Ergebnissen ganz zu verzichten, stellt ebenfalls keine Alternative dar. Existieren viele Modelle mit widersprüchlichen Koeffizientenwerten, würde deren Ausschluss die tatsächliche Ergebnislage verfälschen. Aus diesen Gründen wurden signifikante, aber widersprüchliche Ergebnisse über dieselbe Determinante innerhalb eines Modells in die Auswertung übernommen. Diese Ausnahmeregelung blieb letztlich ohne Bedeutung, da sie lediglich sieben der mehr als tausend ausgewerteten Ergebnisse betraf.

In der späteren Analyse wird für die Möglichkeit partieller Abhängigkeiten kontrolliert. So differenziert die deskriptive Analyse nach Verschuldungsgradkategorie. Im Rahmen der Moderatoranalyse wird explizit getestet, ob sich die Ergebnisse in Abhängigkeit der einzelnen Verschuldungsgradkategorien oder institutioneller Rahmenbedingungen unterscheiden. In der multivariaten Moderatoranalyse kommt schließlich ein Cluster-Schätzer zum Einsatz, der mögliche Verletzungen der Unabhängigkeitsbedingung korrigiert.

4.3.2.3 Auswertungsschema auf Studienebene

Die Auswertung der Determinantenstudien erforderte ein zweistufiges Auswertungsschema. Zunächst waren jene Modelle einer Studie zu selektieren, deren Ergebnisse Eingang in die Literaturdatenbank finden sollten. In einem zweiten Schritt erfolgte die eigentliche Auswertung der Ergebnisdaten. Im Folgenden wird zunächst das Regelwerk zur Auswahl der Modelle beschrieben. Dieses umfasst insgesamt sieben Auswertungsregeln. Die beiden ersten Regeln kamen grundsätzlich zur Anwendung, die fünf übrigen nur bei Bedarf. Die fünf fakultativen Regeln behandeln die im Bereich der Determinantenforschung denkbaren Verstöße gegen die statistische Unabhängigkeitsbedingung. Falls sich die fakultativen Regeln widersprachen, kam die in der Auflistung höherstehende Regel zum Einsatz, sofern die Autoren nicht ein anderes Modell explizit als Basisspezifikation bezeichnen.

Abgrenzungskriterium. Studien und Modelle wurden nur dann als mittelstandsbezogen eingestuft, sofern diese explizit als solche benannt sind und/oder die Autoren eine mit den EU-Vorgaben vergleichbare quantitative Mittelstandsdefinition verwenden.[256] Alle anderen Studien und Modelle gelten als Untersuchungen über Großunternehmen.

Stichprobenkriterium. Modelle einer Primärstudie wurden erst ab einer Querschnittsstichprobe von mindestens 50 Unternehmen berücksichtigt, um möglichen Ergebnisverzerrungen infolge ausreißerbedingter Schätzfehler vorzubeugen. Fehlte die Angabe zur Größe der Querschnittstichprobe im Rahmen von Panel-Untersuchungen galten 250 Beobachtungspunkte (Firm-Year-Observations) als Mindestvoraussetzung.[257]

Variation der Stichprobe. Untersuchte eine Studie eine Modellspezifikation für getrennte Länder- oder Unternehmensgrößenstichproben, wurden sämtliche Modelle übernommen. In allen anderen Fällen der Stichprobenvariation wurde jeweils nur ein Modell berücksichtigt. Testete eine Studie einen vollständigen Datensatz und Subgruppen dieses Datensatzes, wurde das Modell bezogen auf den vollständigen Datensatz übernommen. Verglichen Studien eine spezielle Gruppe von Unternehmen mit einer repräsentativen Unternehmensstichprobe, wurde das Modell bezogen auf die repräsentative Stichprobe übertragen.

Variation der abhängigen Modellvariable. Unterschieden sich die Modelle einer Studie im Hinblick auf die Definition der abhängigen Variable, wurden nur jene Modelle als eigenständig gewertet, die sich auf unterschiedliche Verschuldungsgradkategorien beziehen Als unterschiedliche Verschuldungskategorien gelten dabei die kurzfristige, langfristige und gesamte Verschuldung jeweils zu Buch- und Marktwerten.

---

256 Gemäß der EU-Mittelstandsdefinition gelten Unternehmen bis 249 Mitarbeiter und einem Jahresumsatz von 50 Mio. Euro (oder alternativ einer Bilanzsumme bis 43 Mio. Euro) als klein oder mittelständisch. Vgl. o.V. (2005), S. 14

257 Von dieser Regel wurde in zwei Fällen abgewichen. Die Panel-Studie von Brailsford et al. (2002) basiert auf 49 Unternehmen überschreitet aber 250 Beobachtungspunkte. In der Studie von Chui et al. (2002) finden sich zwei Ländermodelle mit ausreichendem Stichprobenumfang, die aber aufgrund negativer adjustierter R^2 nicht berücksichtigt wurden.

Variation der Untersuchungsmethode. Testete eine Studie ein identisches Modell unter Verwendung verschiedener statistischer Methoden mehrfach, wurden nur die Ergebnisse des statistisch anspruchsvollsten Schätzverfahrens in die Datenbank übernommen. Folgende aufsteigende Klassifikation kam dabei zur Anwendung: OLS, gepoolte OLS-Modelle, statische Panel-Modelle und dynamische Panel-Modelle. Eine Besonderheit betraf die statischen Panel-Modelle. Einige Studien berichten sowohl Fixed- als auch Random-Effects-Modelle. In diesem Fall wurde das Modell ausgewählt, welches nach dem Hausman-Test[258] vorzuziehen ist. Falls diese Angabe fehlte, wurde das aus Sicht der Autoren überlegene Modell übernommen.

Variation des Zeitbezugs. Schätzte eine Studie Regressionsmodelle für verschiedene Zeitpunkte oder Zeiträume, wurde das aktuellste Modell oder das Modell bezogen auf den längsten Untersuchungszeitraum ausgewählt.

Variation der unabhängigen Modellvariablen. Variierte die Anzahl getesteter Determinanten, wurde das umfangreichste Modell ausgewählt. Bei konstanter Zahl der unabhängigen Variablen – also bei alleiniger Variation der Operationalisierungsformen – wurde die Basisspezifikation der Autoren gewählt. Wenn dies nicht möglich war, erfolgte die Übernahme desjenigen Modells, dass gängige Operationalisierungsformen verwendet.

4.3.2.4 Auswertungsschema auf Modellebene

Zur Wahrung der Unabhängigkeit der Ergebnisse musste auch auf Modellebene eine geeignete Vorgehensweise gefunden werden. Im Gegensatz zur Auswertung auf Studienebene war zu diesem Zweck kein umfangreiches Regelwerk erforderlich, da Verstöße gegen das Unabhängigkeitsprinzip lediglich auf der mehrfachen Berücksichtigung gleicher Determinanten innerhalb des auszuwertenden Modells beruhen können. Bei mehrfacher Berücksichtigung einer Determinante können grundsätzlich vier verschiedene Ergebniskonstellationen auftreten, welche dementsprechend einer individuellen Regelung bedurften.[259]

Alle Ergebnisse über eine Determinante sind insignifikant. Erreichte kein Koeffizientenwert ein Signifikanzniveau von mindestens 5%, wurde das Resultat mit dem be-

[258] Der Hausman-Test dient der Untersuchung auf Heterogenität und zeigt an, ob ein Fixed- oder ein Random-Effects-Modell die geeignete Wahl darstellt.

[259] Eine Ausnahme von dem entwickelten Regelwerk bildete die Studie von Zoppa/McMahon (2002), da die Autoren ihre Ergebnisse nur in Form von Vote-Count-Daten ohne Angabe von t-Werten berichten. Lagen über eine Determinante ausschließlich nicht signifikante Ergebnisse vor, wurde das mehrheitlich vertretene Vorzeichen in die Datenbank übernommen. Lagen widersprüchliche Vote-Count-Ergebnisse vor, wurden hingegen jeweils ein Ergebnis mit positivem Vorzeichen und ein Ergebnis mit negativem Vorzeichen übernommen.

tragsmäßig höchsten t-Wert übernommen. Ein Widerspruch zu der Ergebnisinterpretation der Autoren besteht aufgrund dieser Vorgehensweise nicht. Das betreffende Modell ergab keine signifikanten Ergebnisse und genau diese Information findet Eingang in die Literaturauswertung.

Genau ein Ergebnis über eine Determinante ist signifikant. In diesem Fall wurde das signifikante Ergebnis übernommen. Offenbar hatte die signifikante Operationalisierungsform der Determinante die höchste Erklärungskraft innerhalb des multivariaten Modells. Eine zusätzliche Wertung der nicht signifikanten Ergebnisse würde demzufolge nicht nur der Unabhängigkeitsbedingung, sondern auch der Logik multivariater Modelle widersprechen.

Mehrere Ergebnisse über eine Determinante sind signifikant und besitzen die gleiche Vorzeichenrichtung. In diesem Fall wurde das Resultat mit dem betragsmäßig höchsten t-Wert ausgewählt. Die Wertung aller signifikanten Ergebnisse würde gegen die Unabhängigkeitsbedingung verstoßen. Die Auswahl nur eines signifikanten Resultats verzerrt das Modellergebnis unterdessen nicht. Das Modell hat die betreffende Determinante signifikant getestet, was entsprechend in der Literaturdatenbank vermerkt wird.

Mehrere Ergebnisse über eine Determinante sind bei uneinheitlicher Vorzeichenrichtung signifikant. In diesem Fall wurden das positive Ergebnis mit dem höchsten t-Betragswert und das negative Ergebnis mit dem höchsten t-Betragswert übernommen. Diese Vorgehensweise verstößt – wie zuvor erläutert – gegen die Unabhängigkeitsbedingung. Auf anderem Wege lassen sich heterogene Resultate jedoch nicht sinnvoll auswerten.

Die auf diese Weise ausgewählten Ergebnisse wurden ohne Änderungen aus den Primärstudien übernommen. Die Vorzeichenrichtung der Koeffizientenwerte wurden bei Bedarf allerdings an die Definition der abhängigen Variable bzw. die Definition der unabhängigen Variable angepasst.[260] Zusätzlich wurden die Operationalisierungsformen der nicht in die Auswertung eingehenden Ergebnisse der ausgewählten Modelle vermerkt. Der Übertrag der Modellvariablen beschränkte sich auf die Kennzahl an sich. Ob letztere anschließend durch Durchschnittsberechnung, Bildung erster Differenzen, Subtraktion des Branchendurchschnitts, unter Verwendung zeitlicher Lags etc. weiter transformiert oder normiert wurde, blieb unberücksichtigt.

[260] Untersuchte eine Primärstudie bspw. eine Eigenkapitalemission musste die Vorzeichenrichtung aller Determinanten vertauscht werden, da ansonsten die Richtung des Kausalzusammenhangs falsch in die Literaturdatenbank übernommen worden wäre. Nutzte eine Primärstudie eine Operationalisierungsform, bei der steigende Werte eine abnehmende Bedeutung der jeweiligen Determinante implizieren, war aus gleichem Grund ebenfalls eine Korrektur der Vorzeichenrichtung erforderlich. Derartige Anpassungen waren letztlich nur in seltenen Fällen notwendig.

4.3.3 Literaturdatenbank

Die Auswertung der empirischen Literatur erfolgte datenbankgestützt. Die Struktur der erstellten Access-Datenbank ermöglichte die vollständige Übertragung der einzelnen Studien unabhängig von der Zahl der getesteten Modelle und Determinanten. Die Grundstruktur des Datenbanksystems besteht aus den drei Tabellen „Studie“, „Modell“ und „Ergebnisse“. Die Tabelle „Studie“ enthält sämtliche Angaben, die für jede Studie genau einmal vorkommen können. Die Tabellen „Modell“ und „Ergebnisse“ sind entsprechend aufgebaut. Nicht alle Datenbankeinträge entstammen dabei den Primärstudien. Einige der untersuchten Moderatorvariablen sowie die VHB-Einstufung mussten aus sonstigen Quellen nachgetragen werden. Der auf diese Weise erstellte Rohdatensatz umfasst 27 Datenbankvariablen (8 studienbezogene Variablen, 15 modellbezogene Variablen und 4 ergebnisbezogene Variablen). Tabelle 4.1 zeigt diese Datenbankfelder und ihre jeweilige Feldbeschreibung.

Die vollständige Datenbank wurde nach Fertigstellung in das Statistikprogramm SPSS importiert, erneut auf Korrektheit überprüft und dort weiterbearbeitet. Innerhalb von SPSS erfolgte gegebenenfalls eine Umkodierung oder Neugruppierung der Ausgangsdaten. Für einige Auswertungen mussten zusätzliche Variablen generiert werden. Der für die vorgestellte Meta-Analyse benötigte SPSS-Datensatz umfasste schließlich 44 Variablen, die unmittelbar auf den Informationen des Rohdatensatzes basieren. Im Anschluss wurden zwei zusätzliche SPSS-Unterdatensätze erstellt. Der Unterdatensatz „Grundmodell“ enthält die überarbeiteten Informationen der ehemaligen Datenbanktabelle „Studie“, der Unterdatensatz „Modelle“ die überarbeiteten Informationen der ehemaligen Datenbanktabelle „Modell“. Je nach Fragestellung basierte die Auswertung unmittelbar auf einem oder mehreren dieser SPSS-Datensätze. Während SPSS für die deskriptive und univariate Moderatoranalyse genutzt wurde, erfolgte die multivariate Moderatoranalyse auf unveränderter Datengrundlage mit dem Statistikprogramm Stata.

Zur Erfassung der im Rahmen dieser Arbeit ausgewerteten Studien und Modelle waren insgesamt mehrere tausend Datenbankeinträge erforderlich. Die der späteren Meta-Analyse zugrunde liegende Literaturdatenbank umfasst 55.132 Datenbankzellen. Weit mehr als die Hälfte der Zelleinträge stammt aus dem Übertrag von Informationen aus den Primärstudien bzw. dem Nachtrag von Moderatorvariablen. Die übrigen Datenbankzellen resultieren aus Transformationen des Rohdatensatzes. Eine Auflistung aller im Rahmen der späteren Analysen verwendeten Datenbankvariablen mit entsprechender Beschreibung enthält Anhangtabelle A.1.[261]

[261] Vgl. Anhangtabelle A.1, S. 302

Tabelle 4.1 Übersicht Datenbankfelder

Übersicht A. Tabelle "Studie"	
Feldname	*Feldbeschreibung*
AUTOR:	Name(n) des oder der Autoren
JAHR:	Erscheinungsjahr der Studie
TITEL:	Titel der Studie
ZSCHRIFT:	Titel der Zeitschrift
RANG:	VHB-Einstufung der Zeitschrift
DQUELLE:	Datenquelle
UBEGINN:	Beginn des Untersuchungszeitraums
UENDE:	Ende des Untersuchungszeitraums

Übersicht B. Tabelle "Modell"	
Feldname	*Feldbeschreibung*
METHODE:	Bezeichnung der statistischen Methode
ABVAR:	Operationalisierungsform der abhängigen Variable
R2:	Determinationskoeffizient
ADR2:	Adjustierter Determinationskoeffizient
STPR:	Anzahl der Stichprobenunternehmen
FYOBS:	Anzahl der Beobachtungspunkte (Firm-Year-Observations)
GRÖ_BIN:	Binäre Variable mit den Ausprägungen "Großunternehmen" oder "KMU"
LAND:	Herkunftsland der untersuchten Unternehmen
REGION:	Herkunftskontinent der untersuchten Unternehmen
HDR_BIN:	Binäre Variable mit den Ausprägungen "entwickeltes Land" oder "Entwicklungsland" gemäß der Klassifikation der Vereinten Nationen 2007/2008
FDEV_BIN:	Binäre Variable mit den Ausprägungen "unterentwickeltes" oder "entwickeltes Finanzsystem" gemäß der Klassifikation von Demirgüç-Kunt/Levine (2001)
FS_BIN:	Binäre Variable mit den Ausprägungen "marktbasiertes" oder "bankbasiertes Finanzsystem" gemäß der Klassifikation von Demirgüç-Kunt/Levine (2001)
LAW:	Variable mit den Ausprägungen "deutscher", "englischer", "französischer" oder "skandinavischer Rechtsraum" gemäß der Klassifikation von La Porta et al. (1998)
ICONTBIN:	Binäre Variable mit den Ausprägungen "Modell kontrolliert für die Determinante Branchenzugehörigkeit" oder "Modell kontrolliert nicht für die Determinante Branchenzugehörigkeit"
CONTROL:	Anzahl sonstiger Determinanten

Übersicht C. Tabelle "Ergebnisse"	
Feldname	*Feldbeschreibung*
DETERMIN:	Bezeichnung der getesteten Determinante
MESSVAR:	Operationalisierungsform der Determinante
KOEFF:	Zahlenwert des Koeffizienten
SIGN:	Binäre Variable mit den Ausprägungen "signifikant" und "nicht signifikant"

4.3.4 Auswertungsbeispiele

Die Funktionsweise des Auswertungsschemas und die Systematik der Literaturdatenbank werden im Folgenden beispielhaft anhand der Studien von Hall et al. (2004) und Bevan/ Danbolt (2004) verdeutlicht. Hall et al. untersuchen die Determinanten der Kapitalstruktur mittelständischer Unternehmen für Belgien, Deutschland, Irland, Italien, den Niederlanden, Portugal, Spanien und Großbritannien. Alle Länderstichproben umfassen jeweils 500 Unternehmen. Für jedes dieser acht Länder berichten die Autoren getrennte lineare Regressionen für die beiden abhängigen Variablen Buchwert der langfristigen Verbindlichkeiten und Buchwert der kurzfristigen Verbindlichkeiten. Die Kombination aus acht Ländern und zwei in unterschiedliche Verschuldungsgradkategorien fallende abhängige Variablen ergibt insgesamt 16 überschneidungsfreie und eigenständige statistische Untersuchungen, die folglich als mittelstandsbezogene Modelle in die Auswertung übernommen wurden.

Die Auswertung dieser 16 Modelle bedurfte keiner besonderen Prüfung, da auf Modellebene keine Determinante mehrfach getestet wird. Hall et al. untersuchen in jedem ihrer 16 Modelle die Determinanten Unternehmensgröße, Wachstum, Profitabilität und Sachanlagevermögen. Für jedes Modell wurde zunächst vermerkt, welche vier Determinanten getestet werden. In einem nächsten Schritt wurde für jede Determinante die exakte Operationalisierungsform festgehalten. Beispielsweise modellieren Hall et al. die Determinante Unternehmensgröße über den Absolutwert der Bilanzsumme. Schließlich wurde der Regressionskoeffizient jeder Determinante (z.B. 0,1) übertragen und dessen statistisches Signifikanzniveau festgehalten. Zur Auswertung jedes Einzelergebnisses waren damit vier Datenbankeinträge erforderlich. Der vollständige Ergebnisübertrag benötigte demnach 256 Datenbankzellen (16 Modelle mit je 4 Determinanten und je 4 Ergebnisfeldern). Die Tabelle „Studie“ erforderte 8 Einträge, die Tabelle „Modelle“ 208 Einträge (16 Modelle mit je 13 auszufüllenden Datenbankfeldern[262]). Insgesamt erforderte die Auswertung der Studie von Hall et al. somit Einträge in 472 Datenbankzellen (8 studienbezogene, 208 modellbezogene und 256 ergebnisbezogene Einträge).

Die Studie von Bevan/Danbolt (2004) basiert auf einem Datensatz von 1.054 börsennotierten britischen Unternehmen und behandelt demzufolge Großunternehmen. Bevan/Danbolt schätzen acht verschiedene Modellspezifikationen jeweils mit einem gepoolten OLS-Modell sowie einem Fixed-Effects-Panel-Modell. Die konkurrierende Random-Effects-Spezifikation verwarf der Hausman-Test. Da das Fixed-Effects-Modell das statistisch anspruchsvollere Verfahren darstellt, wurden die gepoolten

[262] Da Hall et al. (2004) nur den adjustierten Determinationskoeffizienten berichten und auch keine Panel-Daten verwenden, waren nur 13 der 15 modellbezogenen Datenbankfelder auszufüllen.

OLS-Regressionsmodelle von der weiteren Betrachtung ausgeschlossen. Die acht verbleibenden Fixed-Effects-Modelle unterscheiden sich lediglich im Hinblick auf die abhängige Variable. Fünf der acht abhängigen Variablen beziehen sich nicht auf eine der sechs idealtypischen Verschuldungsgradkategorien und fanden aus diesem Grund ebenfalls keinen Eingang in die Literaturdatenbank. Nicht berücksichtigt wurden jene Modelle, die sich auf die Höhe der langfristigen und kurzfristigen Bankverbindlichkeiten, die Höhe der vorrangigen langfristigen und vorrangigen kurzfristigen Verschuldung sowie die Höhe der Verbindlichkeiten aus Lieferung und Leistung beziehen. Die drei übrigen Modelle konnten hingegen in die Auswertung übernommen werden. Diese untersuchen die Determinanten der gesamten, langfristigen und kurzfristigen Verschuldung jeweils zu Buchwerten.

Bevan/Danbolt testen wie Hall et al. (2004) die Determinanten Unternehmensgröße, Wachstum, Profitabilität und Sachanlagevermögen. Da keine der Determinanten mehrfach innerhalb eines Modells vorkommt, konnten sämtliche zwölf Ergebnisse unmittelbar entnommen werden (3 Modelle mit je 4 Ergebnissen). Aufgrund der geringeren Zahl an auswertbaren Modellen reichten zur Auswertung der Studie von Bevan/Danbolt (2004) deutlich weniger Datenbankeinträge aus. Die Tabelle „Studie" erforderte 8 Einträge, die Tabelle „Modelle" 42 Einträge (3 Modelle mit je 14 auszufüllenden Datenbankfeldern[263]) und die Tabelle „Ergebnisse" 48 Einträge (3 Modelle mit je 4 Determinanten und je 4 Ergebnisfeldern). Die Gesamtzahl der Datenbankeinträge belief sich somit auf 98.

4.4 Untersuchungsmethodik

4.4.1 Deskriptive Analyse

Zielsetzung der deskriptiven Analyse ist die zusammenfassende Aufarbeitung der weltweiten Ergebnisse über die traditionellen Determinanten der Kapitalstruktur und die Beantwortung damit verbundener Forschungsfragen. Die deskriptive Auswertung konzentriert sich dabei notwendigerweise auf die wesentlichen Zusammenhänge und wichtigsten Datenbankvariablen. Eine umfassende deskriptive Analyse des gesamten Datenbestandes ist nicht ansatzweise darstellbar, da die Kombination unterschiedlicher Abfragekriterien und Datenbankfelder eine außerordentliche Vielzahl an Einzelauswertungen erlaubt. Über jedes Studienergebnis fließen folgende Informationen der Literaturdatenbank in die Auswertung ein.

[263] Auch Bevan/Danbolt (2004) geben nur den adjustierten Determinationskoeffizienten an. Zusätzlich zu Hall et al. (2004) enthält die Studie aber Angaben zur Anzahl der Beobachtungspunkte.

1. Signifikanzniveau mit den Ausprägungen „signifikant" oder „nicht signifikant"
2. Vorzeichenrichtung mit den Ausprägungen „positiv" oder „negativ"
3. Operationalisierungsform
4. Größenfokus des Modells, aus welchem das Ergebnis stammt, mit den Ausprägungen „Großunternehmen" (GU) oder „kleine und mittelständische Unternehmen" (KMU)
5. Verschuldungsgradkategorie des Modells, aus welchem das Ergebnis stammt, mit den Ausprägungen „Gesamtverschuldung zu Marktwerten", „Gesamtverschuldung zu Buchwerten", „Langfristige Verschuldung zu Marktwerten", „Langfristige Verschuldung zu Buchwerten", „Kurzfristige Verschuldung zu Marktwerten" oder „Kurzfristige Verschuldung zu Buchwerten"

Die Kenntnis dieser Daten gestattet die eindeutige Beschreibung jedes Ergebnisses und dessen Klassifizierung nach Größenfokus, Operationalisierungsform und abhängiger Variable. Die Klassifizierung der Ergebnisse nach dem Größenfokus ist von hohem Interesse, da sowohl theoretische als auch empirische Forschung Ergebnisunterschiede zwischen Studien über Großunternehmen und mittelständischen Unternehmen erwarten. Die Gründe hierfür sind vielfältig und werden bei der Besprechung der Moderatorvariablen in Kapitel 5.1 ausführlich behandelt. Systematische Gegenüberstellungen der Ergebnisse von KMU-Studien mit den Resultaten der übrigen Determinantenforschung fehlen jedoch bislang.

Weitgehende Unkenntnis herrscht auf aggregierter Ebene auch bezüglich der verwendeten Operationalisierungsformen. In der Literatur wurde bislang nicht untersucht, welche Kennzahlen zur Approximation der Determinanten überhaupt verwendet werden, geschweige denn, wie häufig diese zum Einsatz kommen oder welche Ergebniseffekte von diesen ausgehen. Als Notbehelf orientieren sich Autoren bei der Kennzahlendefinition an ausgewählten Vorgängerstudien in der Hoffnung, damit der Literatur als Ganzer zu entsprechen.

Ähnlich verhält es sich im Hinblick auf die abhängigen Variablen der Regressionsmodelle. Auch hier ist nicht bekannt, welche abhängigen Variablen wie häufig getestet werden. Aus diesem Grund ist es denkbar, dass über einzelne Verschuldungsgradkategorien bisher nur wenige empirische Ergebnisse vorliegen. Forschungslücken würden in diesem Falle nicht erkannt. Beinahe gänzlich unbekannt auf aggregierter Ebene ist ferner der Einfluss der abhängigen Variable auf die Determinantenergebnisse. Theoretische wie empirische Kapitalstrukturforschung sind sich einig, dass die Verwendung von markt- oder buchwertbasierten Verschuldungskennzahlen bzw. das Abstellen auf den langfristigen oder kurzfristigen Verschuldungsgrad die Ergebnisse beeinflussen kann bzw. sogar sollte. Tatsächlich nachgeprüft wurden diese Fragestellungen im Rahmen einer Literaturstudie jedoch noch nicht.

Die deskriptive Analyse bleibt auf die Angabe der Vote-Count-Daten beschränkt. Aus diesem Grund lassen sich aus der deskriptiven Auswertung noch keine statistisch gesicherten Schlussfolgerungen über die untersuchten Fragestellungen ziehen. Die formale Überprüfung dieser Forschungsfragen ist Gegenstand der nachfolgenden Untersuchungsschritte.

4.4.2 Vorzeichentest

Im Anschluss an die deskriptive Analyse erfolgt die Überprüfung der Theoriekonformität der weltweiten Ergebnisse mittels Vorzeichentests. Diese Standardverfahren der Meta-Analyse ermöglichen formale Hypothesentests über Signifikanz und Richtung der unbeobachteten Effektstärken auf Grundlage von Vote-Count-Daten.[264] Mathematisch ist der Vorzeichentest ein Sonderfall des Binomialtests. Ziel dieser Verfahren ist die Überprüfung, ob die realisierte Ergebnisverteilung einer dichotomen Variable von der Ergebnisverteilung einer binomialverteilten Zufallsvariable abweicht.[265] Kategorisiert die dichotome Variable Positiv- und Negativwerte gleicher Eintrittswahrscheinlichkeit wird üblicherweise der Begriff Vorzeichentest verwendet. Die meta-analytische Literatur nutzt eine abgewandelte Begriffsdefinition. Als Vorzeichentest gelten dort sowie im Rahmen dieser Arbeit alle auf Vote-Count-Daten basierende Binomialtests.[266]

Der Vorzeichentest zählt zu den nicht-parametrischen Testverfahren und verlangt als solches weder ein kardinales Messniveau der Daten noch ist die verwendete Teststatistik abhängig von der tatsächlichen Verteilung der Grundgesamtheit.[267] Aufgrund dieser Eigenschaften ist eine Übertragung auf Vote-Count-Daten zulässig. Grundlage des Vorzeichentests ist die Binomialverteilung. Eine dichotome Zufallsvariable Z ist binomialverteilt mit den Parametern n und π, sofern folgende Bedingungen gelten[268]:

---

[264] Vgl. Bushman (1994), S. 195; Hedges/Olkin (1980), S. 360f.

[265] Vgl. Abdi (2007), S. 88; Rüger (2002), S. 79f.

[266] Vgl. Hedges/Olkin (1980), S. 363-366; Hunter/Schmidt (2004), S. 450-453. Diese Klassifizierung trägt dem Umstand Rechnung, dass sich Vote-Count-Daten grundsätzlich auf das Koeffizientenvorzeichen beziehen. Aus diesem Grund hat es sich als zweckmäßig erwiesen, den Begriff Vorzeichentest auch auf Vote-Count-Daten basierende Binomialtests mit ungleicher Eintrittswahrscheinlichkeit zu erweitern.

[267] Vgl. Büning/Trenkler (1994), S. 85f.

[268] Vgl. Sheskin (2004), S. 245; Büning/Trenkler (1994), S. 86

1. Die in der Stichprobe beobachteten Ergebnisrealisationen $z_1,\ldots z_n$ sind voneinander unabhängig.
2. Die Eintrittswahrscheinlichkeiten der Ergebnisrealisationen sind für alle n Beobachtungen gleich und addieren sich zu Eins. Für Ergebnisrealisation I beträgt sie π, für Ergebnisrealisation II entsprechend $1-\pi$.

Unter diesen Bedingungen berechnet sich die Wahrscheinlichkeit p(z) in einer Stichprobe vom Umfang n genau z Beobachtungen der Ergebnisrealisation mit Eintrittswahrscheinlichkeit π zu erhalten gemäß der Wahrscheinlichkeitsfunktion der Binomialverteilung [4.2]. Die Verteilungsfunktion [4.3] folgt aus der Addition der diskreten Einzelwahrscheinlichkeiten.[269]

$$p(z) = \binom{n}{z} \pi^z (1-\pi)^{n-z} \qquad [4.2]$$

$$P(Z \leq z) = \sum_{k=0}^{z} \binom{n}{k} \pi^k (1-\pi)^{n-k} \qquad [4.3]$$

Die Teststatistik des Vorzeichentests basiert unmittelbar auf der Verteilungsfunktion der Binomialverteilung. Liegt die gemäß der Binomialverteilung berechnete Wahrscheinlichkeit für das Auftreten von z Beobachtungen der Ergebnisrealisation I unterhalb des vorab spezifizierten Testniveaus α, so ist die Nullhypothese eines binomialverteilten Zufallsprozesses unter der postulierten Eintrittswahrscheinlichkeit π_0 zu verwerfen.[270]

Der Vorzeichentest kann erwartungsgemäß als ein- oder zweiseitiger Hypothesentest formuliert werden. Während einseitige Hypothesentests eine theoretische Vorhersage über die Richtung der Abweichung überprüfen, weisen zweiseitige Tests jegliche Abweichung von π_0 nach. Aufgrund der Symmetrie der Binomialverteilung bei $\pi_0 = 0{,}5$ lassen sich einseitige Tests durch Verdoppelung der Irrtumswahrscheinlichkeit auf einfache Weise in zweiseitige Tests überführen.[271] Von dieser Eigenschaft macht die spätere Analyse Gebrauch. Die gerichtete Abweichung wird mittels rechtsseitiger Vor-

---

[269] Vgl. Büning/Trenkler (1994), S. 87

[270] Beträgt beispielsweise die postulierte Eintrittswahrscheinlichkeit π_0 für Ergebnis I in einem Experiment 50% und werden zehn Versuchsdurchläufe absolviert, werden gemäß der Binomialverteilung mit einer Wahrscheinlichkeit von 97,9% zwei bis acht Ergebnisrealisationen I erwartet. Tritt Ergebnis I seltener oder häufiger auf, würde die Nullhypothese des zweiseitigen Hypothesentests mit $\pi_0 = 0{,}5$ auf dem 5% Niveau abgelehnt. Als einseitiger Hypothesentests wäre die Nullhypothese in vorstehendem Beispiel mit $\pi_0 \leq 0{,}5$ bzw. $\pi_0 \geq 0{,}5$ zu formulieren.

[271] Vgl. z.B. Hodges/Lehmann (2005), S. 168, 392

zeichentests untersucht und in Tabellenform dargestellt. Sofern $\pi_0 = 0{,}5$ beträgt, sind damit auch die zweiseitigen Testresultate eindeutig bestimmt, die aus Gründen der Übersichtlichkeit aber nicht explizit berichtet werden.

Null- (H_0) und Alternativhypothese (H_A) des rechtsseitigen Vorzeichentests lauten:

$$H_0\colon \pi \leq \pi_0$$

$$H_A\colon \pi > \pi_0$$

Die Nullhypothese ist abzulehnen, wenn die beobachtete Anzahl z der Ergebnisrealisation I die nach einer Binomialverteilung mit den Parametern n und π_0 zu erwartende Anzahl auf dem 5%-Niveau übersteigt.[272] Der rechtsseitige Testansatz wird grundsätzlich beibehalten. Ohne weitere Anpassungen wäre diese Vorgehensweise allerdings inkorrekt, weil die Kapitalstrukturtheorie in Abhängigkeit der untersuchten Determinante einen positiven oder negativen Einfluss erwartet. Diesem Umstand kann entweder durch die fallspezifische Verwendung rechts- oder linksseitiger Tests oder durch die fallspezifische Festlegung der Vorzeichenkategorie mit höherer Eintrittswahrscheinlichkeit Rechnung getragen werden. Die spätere Analyse verwendet die letztgenannte Alternative. Bei Determinanten mit vermutetem positiven Einfluss werden positive Ergebnisse häufiger erwartet und umgekehrt. Dementsprechend bezieht sich π_0 in Abhängigkeit der untersuchten Determinante auf die Vorzeichenausprägung „positiv“ oder „negativ“.

Prämisse aller Vorzeichentests ist die Gleichgewichtung der Primärstudien. Stichprobenumfänge oder sonstige Klassifizierungsmerkmale der Primärstudien finden keinen Eingang in die Teststatistik.[273] Dieser Umstand wäre problematisch, falls mit Typ-II-Fehlern zu rechnen wäre. Lägen nicht signifikante Ergebnisse aus Kleinststudien in größerer Zahl vor, würden signifikanzbasierte Vorzeichentests möglicherweise keinen Effekt nachweisen, obwohl dieser vorhanden ist. Wie bereits erläutert, kann in Bezug auf die empirische Kapitalstrukturforschung nicht von einer grundsätzlich mangelnden Teststärke ausgegangen werden. Wären Studien auf Grundlage mehrerer hundert bis mehrerer tausend Stichprobenunternehmen nicht in der Lage, die in der Kapitalstrukturtheorie vermuteten maßgeblichen Effekte der untersuchten Determinanten auf die Verschuldungshöhe nachzuweisen, wären diese faktisch ökonomisch irrelevant. Der Vorzeichentest würde dann keinen Effekt nachweisen und das dennoch korrekte Ergebnis zeigen.

---

272 Vgl. Büning/Trenkler (1994), S. 86f.; Sheskin (2004), S. 246-249

273 Vgl. Bushman (1994), S. 195; Cooper (2004), S. 637

Die meta-analytische Literatur beschreibt insgesamt drei Varianten des Vorzeichentests.[274] Mit jedem dieser Ansätze sind spezifische, im Folgenden erläuterte Vor- und Nachteile verbunden. Da in Abhängigkeit der Datenlage widersprüchliche Testresultate nicht auszuschließen sind, werden in der späteren Analyse alle drei Teststatistiken berechnet und gemeinsam gewürdigt. Sollten alle drei Testverfahren zu übereinstimmenden Ergebnissen gelangen, ist dies als starker Beleg für oder gegen die Ausgangshypothese zu werten. Sollten Ergebnisunterschiede existieren, ermöglicht diese Vorgehensweise überhaupt erst ihre Identifikation und damit ihre gesonderte Beurteilung. Die Teststatistiken selbst werden jeweils exakt nach der Binomialverteilung berechnet. Von dem in Teilen der Literatur vorgeschlagenen Vereinfachungsverfahren einer Approximation der Teststatistik durch die Normalverteilung wird kein Gebrauch gemacht.[275] Folgende Spezifikationen des Vorzeichentests werden in dem analytischen Teil der Arbeit verwendet:

Vorzeichentest I. Dieser Binomialtest entspricht dem klassischen Vorzeichentest. Vorbereitend werden alle Vote-Count-Daten in Abhängigkeit ihres Vorzeichens als positiv oder negativ klassifiziert. Liegt eine zufällige Verteilung vor, treten Ergebnisse mit positivem und negativem Vorzeichen in der Stichprobe mit gleicher Wahrscheinlichkeit auf. Der Parameter π_0 der Teststatistik beträgt folglich 0,5.

$$H_0\text{: } \pi \leq 0{,}5$$

$$H_A\text{: } \pi > 0{,}5$$

Der Vorteil des Verfahrens ist die Einbeziehung aller Ergebnisdaten. Nachteilig wirkt sich die Ausblendung des Signifikanzniveaus aus. Wären positive Ergebnisse deutlich in der Überzahl, aber nur die negativen Resultate tatsächlich statistisch signifikant, würde auf alleiniger Grundlage dieses Testansatzes die falsche Schlussfolgerung gezogen.[276]

Vorzeichentest II. Dieser Vorzeichentest überprüft die Häufigkeit theoriekonformer, statistisch signifikanter Ergebnisse. Dieser Ansatz beruht auf der bereits erwähnten Überlegung, dass bereits eine vergleichsweise geringe Zahl von statistisch signifikanten Beobachtungen ausreicht, um einen Effekt nachzuweisen.[277] Auf dem üblichen Signifikanzniveau von 5% würde etwa nur eine von 20 Primärstudien zufällig zu einem signifikanten positiven Ergebnis gelangen. Je mehr Studien signifikante theorie-

---

274 Vgl. Hunter/Schmidt (2004), S. 450-453; Hedges/Olkin (1980), S. 363-366; Cooper (1998), S. 117f.

275 Vgl. Cooper (1998), S. 118; Abdi (2007), S. 88

276 Vgl. Bushman (1994), S. 195; Cooper (1998), S. 118

277 Vgl. Cooper/Lindsay (1997), 324; Hunter/Schmidt (2004), S. 449

konforme Ergebnisse erzielen, desto unwahrscheinlicher wird folglich ein Zufallsbefund. Der binomialverteilten Teststatistik liegt demzufolge $\pi_0 = 0{,}05$ zugrunde.

$$H_0\colon\ \pi \leq 0{,}05$$

$$H_A\colon\ \pi > 0{,}05$$

Die Vorteile dieses Ansatzes bestehen in der Einbeziehung aller Ergebnisdaten und der Berücksichtigung des Signifikanzniveaus. Dem häufigen Fehler von Literaturstudien, in der Modalkategorie der Ergebnisverteilung das „richtige" Ergebnis zu vermuten, wird somit vorgebeugt.[278] Allerdings ist auch diese Testspezifikation nicht ohne Nachteil. Die Vernachlässigung der nicht theoriekonformen signifikanten Resultate birgt abermals die Gefahr einer Fehleinschätzung. Dieser Fall tritt ein, sofern die Stichprobe weniger theoriekonforme wie nicht theoriekonforme signifikante Ergebnisse beinhaltet. Bei diesem Vorzeichentest ist zusätzlich die fehlende Möglichkeit zur unmittelbaren Ableitung eines zweiseitigen Resultats zu beachten. Eine Binomialverteilung mit dem Parameter π_0 von 0,05 ist nicht symmetrisch; die Verdoppelung der Irrtumswahrscheinlichkeit somit nicht zulässig.

Vorzeichentest III. Als strengste Auslegung des Vorzeichentests berücksichtigt dieser Ansatz nur die signifikanten Resultate. Wären positive und negative signifikante Resultate zufällig verteilt, müssten sie sich in annähernd gleicher Zahl in der Literaturstichprobe wiederfinden. Für die Teststatistik ergibt sich folglich ein π_0 von 0,5.

$$H_0\colon\ \pi \leq 0{,}5$$

$$H_A\colon\ \pi > 0{,}5$$

Der wesentliche Vorteil der Gegenüberstellung signifikanter Ergebnisse ist die Vermeidung falscher Schlussfolgerungen, wie sie bei isolierter Betrachtung der beiden vorstehenden Verfahren denkbar sind. Des Weiteren ist dieser Testansatz zu empfehlen, wenn eine deutliche Ergebnisbeeinflussung durch einen Publication Bias vermutet wird. Dies gilt allerdings nur, sofern die Veröffentlichungswahrscheinlichkeit signifikanter Ergebnisse (weitgehend) unabhängig ihrer Theoriekonformität ist. Der offenkundige Nachteil des Verfahrens ist die Ausblendung sämtlicher nicht signifikanter Ergebnisse. Letztere machen regelmäßig eine große Zahl der Beobachtungen aus. Insofern vernachlässigt dieser Ansatz alle in den Primärstudien enthaltenen Informationen über die Effektrichtung oberhalb einer Irrtumswahrscheinlichkeit von 5%.[279]

[278] Vgl. Hedges/Olkin (1980), S. 359
[279] Vgl. Cooper (1998), S. 117; Hedges/Olkin (1980), S. 366

Im Rahmen dieser Arbeit kommen die drei vorgestellten Vorzeichentests auf zwei unterschiedlichen Ebenen zum Einsatz. Auf Ebene der Determinanten dienen die Vorzeichentests dem Nachweis, ob die Effektstärken der untersuchten Studien in aggregierter Betrachtung signifikant von Null verschieden und theoriekonform sind. Grundlage dieser Testverfahren bildet jeweils die Gesamtheit der über eine Determinante zusammengetragenen Vote-Count-Daten. Die nach der Kapitalstrukturtheorie erwartete Vorzeichenkategorie mit größerer Häufigkeit bildet dabei jeweils die Basis der Hypothesentests. Werden die Nullhypothesen dieser Vorzeichentests widerlegt (bestätigt), ist ein Einfluss der untersuchten Determinante auf den Verschuldungsgrad über alle untersuchten Primärstudien hinweg gegeben (nicht gegeben). Die Annahme der Alternativhypothese ist das durchgängig zu erwartende Resultat. Die Bestätigung der Nullhypothese hätte jeweils weitreichende Folgen für die theoretische und empirische Forschung. Denn in diesem Fall wären die aggregierten Ergebnisse der empirischen Literatur über die jeweilige Determinante der Kapitalstruktur nicht von einem Zufallsbefund zu unterscheiden.

Die Vorzeichentests finden daneben auf Ebene der verwendeten Operationalisierungsformen Anwendung. Dabei wird für jede Determinante untersucht, ob die Kennzahlendefinition Einfluss auf die Studienergebnisse nimmt. Die Kennzahlen werden hierzu jeweils einzeln sowie in Gruppen getestet, wobei eine Mindestanzahl von zehn Vote-Count-Resultaten über eine Kennzahl oder Kennzahlengruppe vorliegen musste.[280] Die Zusammenstellung der Kennzahlengruppen erfolgte nach inhaltlicher Vergleichbarkeit. Alle Kennzahlen, die keiner Gruppe sinnvoll zugeordnet werden konnten, bilden jeweils gemeinsam die Gruppe „Sonstige“.

Annahmegemäß dürfte die Operationalisierung einer Determinante Signifikanz und Vorzeichenrichtung des Ergebnisses nicht beeinflussen. Dementsprechend müssten die Vorzeichentests für alle Kennzahlen einer Determinante zu übereinstimmenden Ergebnissen gelangen. Sollten einzelne in der Literatur verwendete Kennzahlen systematisch zu anderen Ergebnissen führen, wäre ihre Eignung zur Approximation der jeweiligen Determinante zu hinterfragen. Sollten mehrere Kennzahlen oder sogar ganze Kennzahlengruppen auffällige Vorzeichentests aufweisen, wäre die Aussagekraft der Gesamtheit der über diese Determinante vorhandenen Resultate in Frage zu stellen, da in einem solchen Fall offenbar die Wahl der Operationalisierungsform entscheidenden Einfluss auf die Testergebnisse besäße.

[280] Die Festlegung auf eine Mindestanzahl von zehn Beobachtungen ist dabei keine methodische Notwendigkeit. Allerdings erscheint es fragwürdig, auf Grundlage von weniger als zehn Ergebnissen die Eignung einer bestimmten Kennzahl zu beurteilen.

4.4.3 Univariate Moderatoranalyse

Studienergebnisse über die Determinanten der Kapitalstruktur werden in der empirischen Literatur regelmäßig über Sekundärvariablen erklärt. Diese Moderatorvariablen entstammen zumeist nicht oder nur mittelbar der Kapitalstrukturtheorie. Gleichwohl vermutet die empirische Kapitalstrukturforschung einen zum Teil erheblichen Einfluss dieser Variablen auf die Analyseresultate. Trotz ihrer Bedeutung bei der Interpretation empirischer Forschungsergebnisse ist ihr tatsächlicher Erklärungsbeitrag weitgehend unbekannt. Auf Ebene der Primärstudien kann die Moderatoreigenschaft mangels Vergleichsdaten üblicherweise nicht oder nur unzureichend überprüft werden. Statistische Untersuchungen auf aggregierter Ebene fehlen, was vermutlich den hohen Datenanforderungen geschuldet ist.

Die im Folgenden vorgestellte univariate Moderatoranalyse strebt die Überprüfung der Moderatoreigenschaft auf aggregierter Ebene an. Studienergebnisse und Moderatoren werden zu diesem Zweck in Kontingenztabellen gegenübergestellt und mit Hilfe des exakten Tests von Fisher auf stochastische Unabhängigkeit untersucht. Die Kontingenztabellen der univariaten Moderatoranalyse sind durchgängig als Vierfeldertafeln ausgestaltet. Unter dieser Bedingung ist der exakte Test von Fisher der optimale Unabhängigkeitstest der Statistik, denn dieser Test führt unabhängig von Stichprobenumfang oder Zellhäufigkeiten immer zum korrekten Ergebnis.[281] Mit dieser Eigenschaft ist er dem weitaus bekannteren, aber nur asymptotisch korrekten Chi-Quadrat-Test deutlich überlegen.[282] Auch das Skalenniveau der Daten ist irrelevant. Einzige Testvoraussetzung überhaupt ist die Unterteilbarkeit der beiden zu testenden Variablen in jeweils genau zwei Merkmalsausprägungen. Dementsprechend eignet sich dieses Testverfahren grundsätzlich für Vote-Count-Daten.

Null- und Alternativhypothese des in der Analyse verwendeten zweiseitigen Fisher-Tests lauten auf Unabhängigkeit bzw. Abhängigkeit zweier Variablen. Der Fisher-Test überprüft die Unabhängigkeitsannahme, indem die Wahrscheinlichkeiten für das Auftreten aller Kontingenztabellen mit gleichen Randhäufigkeiten aber unterschiedlichen Zellhäufigkeiten nach der hypergeometrischen Verteilung berechnet werden. Liegt die Eintrittswahrscheinlichkeit der zu testenden Vierfeldertafel nach der hypergeometrischen Verteilung oberhalb des Testniveaus α, ist von Unabhängigkeit der Variablen

---

281 Vgl. Rüger (2002), S. 232

282 Der Chi-Quadrat-Test arbeitet nur verlässlich, sofern die erwarteten Zellhäufigkeiten der auszuwertenden Kontingenztabelle jeweils mindestens fünf betragen (vgl. Rüger (2002), S. 224). Zu Vergleichszwecken wurde neben dem exakten Test von Fisher auch die Chi-Quadrat-Statistik berechnet. Da beide Teststatistiken in den Bezug auf keinen der durchgeführten Unabhängigkeitstests zu widersprüchlichen Ergebnissen gelangten, wurde auf die gesonderte Darstellung der Chi-Quadrat-Ergebnisse verzichtet.

auszugehen. Liegt die Eintrittswahrscheinlichkeit unterhalb des Testniveaus α, sind zum Nachweis der Abhängigkeit die Eintrittswahrscheinlichkeiten aller übrigen Kontingenztabellen zu addieren, deren Eintrittswahrscheinlichkeiten das Testniveau α unterschreiten. Beläuft sich die Wahrscheinlichkeitssumme auf kleiner oder gleich α, ist die beobachtete Kontingenztabelle auf dem Testniveau α nicht mehr als Zufallsbefund zu deuten. Die Wahrscheinlichkeit der hypergeometrischen Verteilung $\varphi(.)$ für das Auftreten einer bestimmten Vierfeldertafel berechnet sich nach Formel 4.4, wobei a und b für die Zellhäufigkeiten der ersten Zeile, c und d für die Zellhäufigkeiten der zweiten Zeile und n für die Gesamtzahl der Beobachtungen der Vierfeldertafel stehen.[283]

$$\varphi(.) = \frac{\binom{a+c}{a}\binom{b+d}{b}}{\binom{n}{a+b}} \qquad [4.4]$$

Der Einsatz von Vierfeldertafeln bedarf aufgrund der Beschränkung auf dichotome Merkmalsausprägungen näherer Erläuterung. Sowohl die zu testenden Moderatorvariablen als auch die Vote-Count-Daten müssen bei Nutzung von Vierfeldertafeln als Dummy-Variablen kodiert sein. Da Vote-Count-Daten in drei inhaltlich relevanten Ausprägungen (signifikant positiv, nicht signifikant und signifikant negativ) vorliegen, erscheint jedoch die Verwendung einer 2x3 Kontingenztabelle folgerichtig. In diesem Fall würden sich die Beobachtungen anstelle von vier allerdings auf sechs Tabellenfelder verteilen mit der Folge, dass Felder oftmals kaum besetzt wären, einige möglicherweise sogar leer blieben. Mit dem Freeman-Halton-Test wäre aber auch in diesem Fall noch ein Ergebnis ableitbar.[284] Letztlich ausschlaggebend für die Verwendung von 2x2 Tabellen ist jedoch die sich mit zunehmender Spaltenzahl deutlich erschwerende Ergebnisanalyse und -interpretation. Alle auf stochastische Abhängigkeit lautenden Resultate bedürften einer genaueren Untersuchung. So wäre es insbesondere denkbar, dass die statistisch signifikanten Resultate von einer Moderatorvariable unabhängig sind, die nicht signifikanten Ergebnisse aber zu der Feststellung einer Abhängigkeit geführt haben. Ein solcher Befund wäre irreführend. Einer Variable würde im univariaten Kontext die Moderatoreigenschaft zuerkannt, obwohl sie die statistisch relevanten Ergebnisse überhaupt nicht beeinflusst hat. Vor diesem Hintergrund ver-

---

283 Vgl. Sheskin (2004), S. 506-508; Rüger (2002), S. 233f.

284 Der Freeman-Halton-Test stellt eine Erweiterung des exakten Tests von Fisher dar und ist für Kontingenztabellen aller Größen anwendbar. Im Falle der Vierfeldertafel sind beide Testansätze identisch.

wendet die Analyse ein zweistufiges Testverfahren, das für diesen Umstand kontrolliert.

Unabhängigkeitstest I. In einem ersten Schritt werden die Vote-Count-Daten nach ihrem Signifikanzniveau kategorisiert. Ergebnis ist eine dichotome Variable mit den beiden Merkmalsausprägungen „statistisch signifikant" und „nicht signifikant". Der auf dieser Variable basierende Unabhängigkeitstest überprüft die Hypothese, ob eine Moderatorvariable den Erhalt eines signifikanten Studienergebnisses auf aggregierter Ebene beeinflusst. Der Testansatz unterscheidet dabei nicht zwischen positiv und negativ signifikanten Ergebnissen.

H_0: Keine Beeinflussung des Signifikanzniveaus durch die Moderatorvariable

H_A: Beeinflussung des Signifikanzniveaus durch die Moderatorvariable

Dieser Unabhängigkeitstest bietet unter Beibehaltung sämtlicher Beobachtungen die Möglichkeit, die Beeinflussung des Signifikanzniveaus einer Moderatorvariable ungeachtet der Wirkrichtung zu beurteilen. Bestätigt sich die Nullhypothese, ist ein Einfluss des vermuteten Moderators auf das Signifikanzniveau auszuschließen. Anwesenheit oder Abwesenheit des Moderators führen in diesem Fall nicht zu einer größeren Wahrscheinlichkeit signifikanter oder nicht signifikanter Resultate. Die univariate Moderatoreigenschaft wäre damit jedoch noch nicht widerlegt. Hierzu ist der zusätzliche Nachweis erforderlich, dass die untersuchte Variable auch keinen Einfluss auf die Effektrichtung nimmt, also die Vorzeichen der signifikanten Ergebnisse unbeeinflusst lässt.

Unabhängigkeitstest II. Gegenstand des zweiten Unabhängigkeitstests ist dementsprechend die Frage der Beeinflussung der Effektrichtung. Hierzu wird die zuvor definierte dichotome Variable transformiert. Die Kategorie „nicht signifikant" wird aufgegeben; die Kategorie „signifikant" in „positiv signifikant" und „negativ signifikant" untergliedert. Null- und Alternativhypothese lauten wie folgt:

H_0: Keine Beeinflussung der Effektrichtung durch die Moderatorvariable

H_A: Beeinflussung der Effektrichtung durch die Moderatorvariable

Besitzt eine Variable Moderatoreigenschaft, werden die signifikanten Studienergebnisse nachweisbar in eine bestimmte Richtung gelenkt. In diesem Fall wären Moderator und Studienergebnisse nicht mehr voneinander unabhängig und die Alternativhypothese würde angenommen. Bei Bestätigung der Nullhypothese kann der Moderator hingegen den Erhalt eines signifikant positiven oder negativen Resultats nicht beeinflussen und besitzt folglich keine Ergebniswirkung.

Von der Durchführung eines Unabhängigkeitstests wird in der späteren Analyse abgesehen, sofern weniger als fünf Beobachtungen über eine Merkmalsausprägung einer Moderatorvariable vorliegen. Zwar ermöglicht der exakte Test von Fisher verlässliche Hypothesentests für beliebige Beobachtungszahlen. Weniger als fünf Beobachtungen erscheinen allerdings kaum ausreichend, um verallgemeinerbare Schlussfolgerungen zu ziehen.

Die vorgestellten Unabhängigkeitstests sind zum Nachweis der Moderatoreigenschaft im univariaten Kontext geeignet. Darüber hinausgehende Schlussfolgerungen erlaubt diese Testklasse nicht. Unabhängigkeitstests sind nicht im Stande, die Stärke der Beeinflussung zu ermitteln. Genauso wenig kontrollieren sie für wechselseitige Abhängigkeits- und Überlagerungseffekte zwischen den Moderatorvariablen. Ferner lässt diese Testklasse unbeantwortet, welche Merkmalsausprägung des Moderators zu theoriekonformeren Ergebnissen geführt hat. Obwohl sich die multivariate Analyse der Beantwortung dieser Fragen widmet, ist die Kenntnis der Merkmalsausprägung mit theoriekonformeren Resultaten bereits in der univariaten Analyse von Interesse. Anderenfalls wäre ein Ergebnisabgleich zwischen beiden Analysen nicht möglich. Unter Zuhilfenahme der Kontingenztabellen lässt sich diese Frage klären. In diesem Zusammenhang erweist sich eine Eigenschaft der Vierfeldertafel als äußerst hilfreich. Da in einer Vierfeldertafel genau zwei Merkmale einer Moderatorvariable erfasst sind, muss bei Feststellung der Abhängigkeit eine der Merkmalsausprägungen eine höhere relative Häufigkeit an theoriekonformen Ergebnissen aufweisen. Denn wären die relativen Häufigkeiten beider Merkmalsausprägungen gleich oder lägen nur unwesentlich auseinander, würde der Unabhängigkeitstest die Nullhypothese bestätigen. Unter Rückgriff auf die relativen Häufigkeiten ist es somit möglich, die zu theoriekonformeren Ergebnissen führende Merkmalsausprägung eines Moderators zu identifizieren. In den Ergebnistabellen der univariaten Analyse werden dementsprechend neben den Kontingenztabellen und Irrtumswahrscheinlichkeiten der Unabhängigkeitstests auch die Merkmalsausprägungen mit größerer relativer Häufigkeit theoriekonformer Ergebnisse berichtet.

Abschließend ist die Erfordernis zur Durchführung einer univariaten Moderatoranalyse zu erläutern, obwohl die multivariate Moderatoranalyse in allen Belangen überlegen erscheint. Ein wesentlicher Grund zur Durchführung der univariaten Analyse ist die Notwendigkeit zur Vorselektion der in das multivariate Modell zu übernehmenden Variablen. Das multivariate Modell basiert auf einer Maximum-Likelihood-Schätzung, deren Güte maßgeblich von der Zahl erklärender Variablen abhängt. Die für Maximum-Likelihood-Modelle geltenden Datenanforderungen machen eine Vorselektion in Bezug auf einige Determinanten sogar zwingend erforderlich, da die Ergebniszahlen nicht ausreichen würden, um ein multivariates Modells unter Einbeziehung aller im Rahmen dieser Arbeit untersuchten Moderatorvariablen sinnvoll aufstellen zu können.

Daneben kann durch die Vorselektion der Moderatorvariablen die Aufnahme irrelevanter Variablen in das multivariate Modell vermieden werden. Die Einbeziehung irrelevanter Variablen würde unnötigerweise zu einem Anstieg der Standardfehler und somit zu einer Beeinträchtigung der Signifikanztests führen.

Aber auch theoretische Überlegungen sprechen für die Durchführung einer univariaten Moderatoranalyse. Erst aus dem Vergleich der univariaten und multivariaten Ergebnisse werden die wechselseitigen Abhängigkeiten zwischen den Moderatorvariablen sichtbar. Aufschlussreich wären dabei insbesondere solche Ergebniskonstellationen, bei denen sich eine im univariaten Kontext nachgewiesene Moderatoreigenschaft bei multivariater Betrachtung nicht bestätigt. Derartige Ergebnisse würden belegen, dass die isolierte Betrachtung von Moderatorvariablen zu fehlerhaften Schlussfolgerungen führen kann.

4.4.4 Multivariate Moderatoranalyse

4.4.4.1 Modellspezifikation

Zur Untersuchung der Moderatoreigenschaft im multivariaten Kontext dienen Logit-Modelle. Die abhängige Variable der Logit-Modelle bilden die als Vote-Count-Daten erfassten Studienergebnisse über die jeweils untersuchte Determinante. Dem Wert Y=1 entsprechen die theoriekonformen signifikanten Testergebnisse, dem Wert Y=0 alle übrigen Testergebnisse. Die unabhängigen Variablen der Logit-Modelle bilden die signifikanten Moderatorvariablen der vorausgegangenen univariaten Analyse. Die gewählte Modellspezifikation dient somit dem Nachweis, ob und in welcher Weise die Moderatorvariablen Einfluss auf den Erhalt eines theoriekonformen signifikanten Testergebnisses nehmen.

Die Schätzung von Logit-Modellen beruht auf der Maximum-Likelihood-Methode. Unter Kenntnis der Werte der abhängigen Variablen y und unabhängigen Variablen x werden jene Parameterwerte β geschätzt, welche die logarithmierte Likelihood-Funktion $\ln L$ [4.5] unter Annahme der logistischen Verteilungsfunktion Λ [4.6] maximieren. Es werden somit diejenigen Parameterwerte ermittelt, welche die Gesamtheit der vorgefundenen Wertepaare zwischen der abhängigen und den unabhängigen Modellvariablen unter der getroffenen Verteilungsannahme am besten erklären.[285]

$$\ln L = \sum_{i=1}^{N} y_i \ln \Lambda(x_i \beta) + (1 - y_i) \ln(1 - \Lambda(x_i \beta)) \qquad [4.5]$$

[285] Vgl. Wooldridge (2003), S. 558

$$\Lambda(x_i\beta) = \frac{1}{1+e^{-x_i\beta}} \qquad [4.6]$$

Die Maximierung der Log-Likelihood basiert auf iterativen numerischen Verfahren, weshalb besondere Datenkonstellationen zur Unbestimmbarkeit der Parameterwerte führen. Diese Datenkonstellationen entstehen, wenn sich durch eine Linearkombination der unabhängigen Variablen der Wert der abhängigen Variable eindeutig oder beinahe eindeutig bestimmen lässt. Der erste Fall wird als vollständige Trennung, der zweite Fall als quasi-vollständige Trennung bezeichnet. Im einfachsten Fall einer quasi-vollständigen Trennung tritt in einer Vierfeldertafel zwischen der abhängigen und einer unabhängigen Variable eine Leerzelle auf. Im einfachsten Fall einer vollständigen Trennung nehmen die Zellen einer der beiden Diagonalen der Vierfeldertafel Nullwerte an. (Quasi-)vollständige Trennungen ergeben sich in der späteren Auswertung im Hinblick auf das Logit-Modell über die Determinante Risiko sowie in Bezug auf einige zu Robustheitszwecken geschätzte Logit-Modelle. Diese Datenkonstellationen resultieren dabei nicht aufgrund einer herausragenden Trennschärfe der betroffenen Variable(n), sondern sind vielmehr Folge geringer Beobachtungszahlen. Traten (quasi-)vollständige Trennungen auf, wurden die Logit-Modelle jeweils unter Ausschluss der betroffenen Moderatorvariable(n) geschätzt.

Zur Sicherstellung und Überprüfung der globalen Gültigkeit sowie zur Beurteilung der Relevanz der geschätzten Logit-Modelle dienen die im Folgenden vorgestellten Maßnahmen und statistischen Verfahren. Im Hinblick auf die Sicherstellung der Modellgültigkeit orientiert sich die Arbeit insbesondere an den Empfehlungen des Beitrags von Nelson/Kennedy (2009) über die methodischen Anforderungen an Meta-Regressions-Analysen.[286] Neben den Aspekten Modellgültigkeit und Modellrelevanz bedarf auch die Vorgehensweise in Bezug auf die Modellinterpretation gesonderter Erläuterung, da die Bestimmung marginaler Effekte für die im Rahmen dieser Arbeit verwendeten dichotom definierten Moderatorvariablen nicht sinnvoll möglich ist.

4.4.4.2 Modellgültigkeit

Stichprobenumfang. In der Literatur finden sich keine einheitlichen Angaben über den geforderten Mindeststichprobenumfang von binären Logit-Modellen. Nach Urban (1993) sollten Logit-Schätzungen eine Mindest-Stichprobengröße von 50 aufweisen.[287] Nach Backhaus et al. (2006) sollten über jede Kriteriumskategorie der abhängigen Va-

---

[286] Vgl. Nelson/Kennedy (2009), S. 345-377

[287] Vgl. Urban (1993), S. 13

riable mindestens 25 Beobachtungen vorliegen, wobei in umfangreichen Modellen eine höhere Beobachtungszahl erforderlich sei.[288] Präzisere Datenanforderungen formulieren Peduzzi et al. (1996) auf Grundlage einer vielbeachteten Simulationsstudie. Die schwächer besetzte Kriteriumskategorie der abhängigen Variable sollte danach mindestens zehnmal so viele Beobachtungen enthalten, wie erklärende Variablen vorhanden sind.[289] Peduzzi et al. bezeichnen dieses Maß als „Events per Variable (EPV)". Vittinghoff/McCulloch (2006) erweitern die Simulationsstudie von Peduzzi et al. und gelangen zu der Schlussfolgerung, dass Logit-Modelle mit einem EPV-Wert von mindestens 5 bereits zu akzeptablen Ergebnissen führen.[290] Die Logit-Modelle in Bezug auf die Determinanten Unternehmensgröße und Wachstum erfüllen jeweils sowohl das von Peduzzi et al. abgeleitete EPV-Kriterium von 10 als auch die von Urban und Backhaus et al. genannten Mindestanforderungen. Die Logit-Modelle über die Determinanten Profitabilität, Sachanlagevermögen, Risiko und NDTS erreichen EPV-Werte von mindestens 8 und genügen den Datenanforderungen von Backhaus et al. und Urban. Auch die Beobachtungszahl über die Determinante Spezialisierung liegt im akzeptablen Bereich. Der EPV-Wert beträgt 5,0 und der Stichprobenumfang liegt über 50. Nur unter Vorbehalt interpretierbar ist allerdings das multivariate Modell in Bezug auf die Determinante Steuern. Der EPV-Wert beläuft sich auf 4,0 und liegt damit unterhalb der von Vittinghoff/McCulloch geforderten Mindestgröße von 5. Auch das Kriterium nach Backhaus et al. ist verletzt. Statt der geforderten 25 weist die schwächer besetzte Kriteriumskategorie lediglich 12 Beobachtungen auf. Ein Stichprobenumfang von mehr als 50 Beobachtungen liegt aber auch über die Determinante Steuern noch vor.

Multikollinearität. Für jedes der in Kapitel 5 berichteten Logit-Modelle wurden die Variance Inflation Factors (VIF) jeder Variable sowie der Condition Index des Gesamtmodells berechnet. Der maximal festgestellte VIF-Wert beträgt 2,8 und liegt damit deutlich unterhalb eines Wertes von 10, ab dem Bedenken hinsichtlich Kollinearität bestehen. Während der VIF-Wert den unerklärten Varianzanteil jeder einzelnen Variablen misst, ist der Condition Index ein Maß der Kollinearität des Gesamtmodells. Der Condition Index sollte idealerweise ebenfalls unter einem Wert von 10 liegen. Beleg für eine starke Kollinearität sind Werte über 30.[291] Lediglich das Logit-Modell in Bezug auf die Determinante Sachanlagevermögen überschreitet mit einem einen Condition Index von 14 den idealen Wertebereich. Aber auch dieser Wert deutet noch nicht auf eine signifikant erhöhte Multikollinearität hin.

---

288 Vgl. Backhaus et al. (2006), S. 480
289 Vgl. Peduzzi et al. (1996), S. 1373
290 Vgl. Vittinghoff/McCulloch (2006), S. 717
291 Vgl. Kennedy (2003), S. 213

Heteroskedastizität. In allen berichteten Logit-Modellen kommt gemäß den Empfehlungen von Nelson/Kennedy (2009)[292] der Huber-White-Sandwich-Schätzer zum Einsatz.[293] Dieser Schätzer korrigiert die Standardfehler um den möglichen Einfluss heteroskedastischer Residuen-Varianzen. Zu Vergleichszwecken wurden sämtliche Logit-Modelle auch ohne Heteroskedastizitätskorrektur geschätzt. Die Änderungen der Standardfehler waren durchgängig marginal und überschritten den einstelligen Prozentpunktbereich nicht.

Cluster-Schätzer. Der Huber-White-Sandwich-Schätzer kann um eine Cluster-Option erweitert werden.[294] Nelson/Kennedy (2009) empfehlen den Einsatz von Cluster-Schätzern, wenn Abhängigkeiten zwischen den Ergebnisdaten vermutet werden.[295] Ein Cluster-Schätzer korrigiert möglicherweise vorhandene Verletzungen der statistischen Unabhängigkeitsbedingung innerhalb vorab spezifizierter Gruppen. Die definierten Gruppen müssen untereinander allerdings statistisch unabhängig sein. Als Cluster-Variable dient in der späteren Analyse die fortlaufende Identifikationsnummer der einzelnen Primärstudien. Damit trägt der Untersuchungsaufbau dem Umstand Rechnung, dass Ergebnisse aus derselben Studie auf unbekannte Weise miteinander korreliert sein können, während systematische Ergebniskorrelationen zwischen verschiedenen Primärstudien ausgeschlossen werden.[296]

Hosmer-Lemeshow-Test. Die Hosmer-Lemeshow-Statistik ist eines der meistgenutzten Testverfahren zur Überprüfung der globalen Modellgültigkeit binärer Logit-Modelle. Zu diesem Zweck gruppiert der Test die Beobachtungen geordnet nach den vorhergesagten Wahrscheinlichkeiten in Dezile.[297] Für diese zehn Gruppen erfolgt die Gegenüberstellung der tatsächlichen und erwarteten Beobachtungen. Mit Hilfe einer chiquadrat-verteilten Teststatistik wird die Unabhängigkeit der tatsächlichen und erwarteten Beobachtungen in der Mehrfeldertafel überprüft. Angestrebt wird ein eindeutig nicht signifikantes Ergebnis, da sich in diesem Fall erwartete und tatsächliche Beobachtungen weitgehend entsprechen.[298]

Linktest. Der Linktest ist ein allgemeiner Spezifikationstest zur Überprüfung der Variablenauswahl und Link-Funktion. Der Linktest ist in Stata integriert; er lässt sich aber auch auf einfache Weise replizieren. Zu diesem Zweck sind nach Schätzung eines

---

292 Vgl. Nelson/Kennedy (2009), S. 353
293 Vgl. Baum (2006), S. 136f.
294 Vgl. Baum (2006), S. 138f.
295 Vgl. Nelson/Kennedy (2009), S. 355
296 Eine detaillierte mathematische Darstellung des verwendeten Cluster-Schätzers findet sich bei Rogers (1993), S. 19-23. Für eine ausführliche Beschreibung des Einsatzes von Cluster-Schätzern im Rahmen von Logit-Modellen vgl. Hosmer/Lemeshow (2000), S. 308ff.
297 Vgl. Kapitel 4.4.4.4, S. 138, zum Begriff der vorhergesagten Wahrscheinlichkeit
298 Vgl. Hosmer/Lemeshow (2000), S. 147f.; Kuß (2000), S. 24f.; Kohler/Kreuter (2006), S. 291

Modells die vorhergesagten Werte des linearen Prädiktors (y_hat) für jede Beobachtung zu speichern. Diese Werte sind anschließend zu quadrieren und als zusätzliche Variable abzuspeichern (y_hat²). Der eigentliche Linktest besteht nun darin, die abhängige Variable des Ausgangsmodells auf die Variablen y_hat und y_hat² zu regressieren. Da die Variable y_hat die vorhergesagten Werte des Ausgangsmodells beinhaltet, sollte diese Variable statistisch signifikant getestet werden. In allen anderen Fällen ist das Modell fehlspezifiziert, da die ausgewählten Variablen keine Erklärungskraft für den untersuchten Zusammenhang besitzen. Y_hat² sollte im Falle eines korrekt spezifizierten Modells hingegen nicht signifikant getestet werden. Ein signifikantes Ergebnis deutet ansonsten auf ein Übersehen bedeutender erklärender Variablen hin.[299]

Robustheitsprüfung. Zur Untersuchung der Validität der berichteten Logit-Modelle dient schließlich der Ergebnisabgleich mit alternativen Modellspezifikationen. Diese Robustheitsprüfung bleibt notwendigerweise auf ausgewählte Modelle beschränkt, da für jede der acht untersuchten Determinanten mehrere tausend Möglichkeiten zur Kombination der ausgewählten Moderatorvariablen bestehen. Die Definition der alternativen Modelle beruht auf zwei unterschiedlichen Vorgehensweisen. Zunächst wird das berichtete Logit-Modell blockweise um die nicht aus der univariaten Moderatoranalyse übernommenen Variablen erweitert. Für jede Determinante werden auf diese Weise zwei Zwischenmodelle bestimmt, wobei die Variablenblöcke in der Regel zwischen zwei und vier Variablen aufweisen. Bei der Zusammenstellung der Variablenblöcke werden inhaltlich verwandte Moderatorvariablen gemeinsam betrachtet. Zusätzlich zu den beiden Zwischenmodellen erfolgt die Berechnung des sämtliche auswertbaren Moderatorvariablen umfassenden, vollständigen Logit-Modells. Dieser Vorgehensweise liegt die Überlegung zugrunde, dass ein univariat möglicherweise übersehener Moderatoreffekt insbesondere in Erweiterungen des Ausgangsmodells nachweisbar sein sollte.[300] Da sowohl die Zwischenmodelle als auch das vollständige Modell in keinem Fall das EPV-Kriterium von Peduzzi et al. (1996) einhalten und lediglich für die Determinanten Unternehmensgröße, Wachstum und Sachanlagevermögen durchgängig das EPV-Kriterium von Vittinghoff/McCulloch (2006) erfüllen, können diese Modelle allerdings zumeist nicht mit Sicherheit zuverlässig geschätzt werden.

Aus diesem Grund kommt im Rahmen der Arbeit auch eine computergestützte Variablenselektion zum Einsatz. Hierzu dient eine schrittweise Forward-Selektion auf Grund-

---

[299] Vgl. Cleves et al. (2008), S. 197f.

[300] Wenn sich ein univariater Einfluss nicht belegen lässt, kann ein multivariater Moderatoreffekt nur aus dem Zusammenwirken mit anderen Modellvariablen resultieren. Deshalb dient das Ausgangsmodell mit allen univariat signifikanten Variablen als Grundlage der alternativen Modellspezifikationen.

lage der Wald-Statistik.[301] Ausgehend von einem Modell, das ausschließlich die Konstante enthält, wird dabei zunächst jene Moderatorvariable ausgewählt, welche die geringste Irrtumswahrscheinlichkeit aufweist. Die auf diese Weise identifizierte Variable bildet gemeinsam mit der Konstante das neue Grundmodell der Forward-Selektion. In einem zweiten Schritt wird aus den verbleibenden Moderatorvariablen diejenige selektiert, welche innerhalb des neu formierten Grundmodells die geringste Irrtumswahrscheinlichkeit erzielt. Dieser Suchprozess endet, wenn keine der verbliebenen Moderatorvariablen ein ex ante festgelegtes Signifikanzniveau mehr erreicht. Die Höhe des geforderten Signifikanzniveaus ist eine subjektive Entscheidung. Je niedriger der p-Wert gewählt wird, desto strenger vollzieht sich die Variablenauswahl. Hosmer/Lemeshow empfehlen einen p-Wert zwischen 0,15 und 0,20.[302] In der späteren Analyse kommen für jede Determinante eine strenge ($p = 0,1$) und eine weniger strenge ($p = 0,3$) Forward-Suche zur Anwendung. Diese Vorgehensweise soll sicherstellen, dass kein maßgeblicher Moderatoreffekt durch ein zu hoch oder zu niedrig gewähltes Signifikanzniveau übersehen wird. Der Vorteil der Forward-Suche gegenüber der ebenfalls denkbaren Backward-Suche ist der Umstand, dass während der ersten Schritte des Suchprozesses immer das EPV-Kriterium von Peduzzi et al. (1996) eingehalten wird. Selbst in den abschließenden Schritten des Suchprozesses ist zumindest das EPV-Kriterium von Vittinghoff/McCulloch (2006) erfüllt. Ausnahmen hiervon sind die abschließenden Schritte der Forward-Suchen mit einem p-Wert von 0,3 in Bezug auf die Determinanten Risiko und Steuern.

Als Ergebnis dieser Robustheitsprüfung liegen für jede Determinante fünf alternative Modellspezifikationen vor (zwei Zwischenmodelle, das vollständige Modell sowie zwei über die Forward-Selektion hergeleitete Modelle). Da sich alle in den Zwischenmodellen auftretenden Änderungen von Vorzeichenrichtung und Signifikanz auch in gleicher Weise in dem dazugehörigen vollständigen Modell zeigen, wird aus Gründen der Übersichtlichkeit auf die tabellarische Darstellung der Zwischenmodelle verzichtet. Im Anhang finden sich dementsprechend für jede Determinante das vollständige Logit-Modell sowie die beiden aus der Forward-Selektion resultierenden Modellspezifikationen.

Die in Kapitel 5 berichteten Logit-Modelle zeigen sich weitgehend robust gegenüber alternativen Spezifikationen. Die Vorzeichenrichtung signifikanter Koeffizienten wird modellübergreifend beibehalten. Selbst die Vorzeichenrichtung der nicht signifikanten Variablen variiert nur in seltenen Ausnahmefällen. Auch die betragsmäßige Höhe der Koeffizienten bleibt weitgehend unbeeinflusst. Ebenso wenig ändert die Modellvaria-

---

301 Vgl. Hosmer/Lemeshow (2000), S. 117f. Die Wald-Statistik überprüft die Nullhypothese, ob ein Koeffizientenwert innerhalb eines Logit-Modells von Null verschieden ist.

302 Vgl. Hosmer/Lemeshow (2000), S. 118

tion etwas an den als hochsignifikant ($p \leq 0{,}01$) identifizierten Moderatorvariablen. Sämtliche hochsignifikanten Variablen der Ausgangsmodelle sind auch in den alternativen Spezifikationen noch signifikant. Gleichzeitig führen die alternativen Modelle nicht zum Nachweis neuer hochsignifikanter Variablen.[303] Abweichungen ergeben sich jedoch vereinzelt hinsichtlich der auf dem 5%-Niveau signifikanten Variablen. Grenzwertig signifikante Variablen der Ausgangsmodelle sind in alternativen Spezifikationen teilweise nicht mehr signifikant und umgekehrt. Äußerst selten sind jene Fälle, in denen eine neu hinzugefügte Variable auf dem 5%-Niveau signifikant wird.[304] Auf Ergebnisunterschiede hinsichtlich des Signifikanzniveaus wird im Rahmen der multivariaten Moderatoranalyse jeweils gesondert hingewiesen.

4.4.4.3 Modellrelevanz

Wald-Chi-Quadrat-Test. Der Wald-Chi-Quadrat-Test ist ein Maß der globalen Modellrelevanz. Der Test überprüft die Nullhypothese, dass alle Koeffizientenwerte der Modellvariablen gleich Null sind. Ein signifikantes Ergebnis zeigt somit an, dass dem aufgestellten Modell als Ganzem Erklärungskraft für den untersuchten Zusammenhang zukommt.[305]

Pseudo-R^2 (McFadden). In OLS-Modellen misst das R^2 den erklärten Varianzanteil. Ein derartiges Maß ist in Logit-Modellen nicht bestimmbar, da die Varianz fixiert ist und derjenigen der logistischen Verteilung entspricht. Zahlreiche Autoren haben sogenannte Pseudo- R^2 für Maximum-Likelihood-Schätzungen vorgeschlagen. Eines der bekanntesten und gebräuchlichsten Pseudo-R^2 ist jenes nach McFadden. Hierzu bildet man den Quotienten aus der Log-Likelihood des geschätzten Modells und der Log-Likelihood des Modells ohne die erklärenden Variablen (intercept-only model). Subtrahiert man diesen Quotienten von Eins, folgt das Pseudo-R^2 nach McFadden. Dieses fällt tendenziell niedriger aus als der Determinationskoeffizient in OLS-Modellen. Aus diesem Grund sind Werte oberhalb von 0,2 bereits zufriedenstellend, Werte über 0,4 als gut bis sehr gut einzustufen.[306]

AROC. Die Receiver Operating Characteristic (ROC) Kurve stellt den Klassifikationserfolg eines Logit-Modells in Abhängigkeit der gewählten Abgrenzungswahrscheinlichkeit dar. Üblicherweise werden Fälle oberhalb einer vorhergesagten Wahrschein-

---

303 Die einzige Ausnahme betrifft eine Variable der Forward-Selektion mit $p = 0{,}1$ in Bezug auf die Determinante Risiko (vgl. Anhangtabelle A.7, S. 310).

304 In Bezug auf fünf Determinanten wird jeweils genau eine der neu hinzugefügten Variablen in nur einem einzigen der zu Robustheitszwecken berechneten Logit-Modelle auf dem 5%-Niveau signifikant.

305 Vgl. Long (1997), S. 96f.

306 Vgl. Backhaus et al. (2006), S. 456

lichkeit größer gleich 0,5 in die Kategorie Y=1 klassifiziert. Die ROC-Kurve erhält man, indem man die Abgrenzungswahrscheinlichkeit innerhalb des Intervalls von Null bis Eins variiert und jeweils den Anteil der korrekt und nicht korrekt vorhergesagten Fälle in Bezug auf die Kategorie Y=1 erfasst und in einem Koordinatensystem abträgt. Die Fläche unter der ROC-Kurve (Area under the ROC-Curve, AROC) dient als Maß der Diskriminierungsfähigkeit des Logit-Modells. Ein AROC-Wert von 0,5 bedeutet, dass das Modell überhaupt keine Aussagekraft besitzt. AROC-Werte zwischen 0,7 und 0,8 gelten als akzeptabel, Werte zwischen 0,8 und 0,9 als exzellent, Werte von 0,9 und höher als außergewöhnlich.[307]

4.4.4.4 Modellinterpretation

Koeffizientenwerte. Ein signifikant positiver Koeffizientenwert bringt in den geschätzten Logit-Modellen zum Ausdruck, dass die mit dem Wert 1 belegte Merkmalsausprägung einer Moderatorvariable die Wahrscheinlichkeit zum Erhalt eines theoriekonformen signifikanten Ergebnisses erhöht. Bei einem signifikant negativen Koeffizientenwert verringert die mit dem Wert 1 belegte Merkmalsausprägung einer Moderatorvariable die Wahrscheinlichkeit zum Erhalt eines theoriekonformen signifikanten Ergebnisses.

Vorhergesagte Wahrscheinlichkeit. Sind die Koeffizientenwerte des Logit-Modells bestimmt, lassen sich die prognostizierten Wahrscheinlichkeiten für den Erhalt eines theoriekonformen signifikanten Ergebnisses berechnen. Hierzu ist der interessierende Wert des linearen Prädiktors $x_i\beta$ in die logistische Verteilungsfunktion [4.6] einzusetzen.

Marginale Effekte. In OLS-Regressionsmodellen entspricht der marginale Effekt einer unabhängigen Variable auf die abhängige Variable dem jeweiligen Koeffizientenwert. Dieser einfache Zusammenhang resultiert aus der linearen Spezifikation. Die Ableitung des linearen Prädiktors eines OLS-Modells nach einer unabhängigen Variable entspricht immer dem betreffenden Koeffizientenwert. Im Gegensatz zu OLS-Regressionsmodellen ist die Ableitung der logistischen Verteilungsfunktion nach einer Variable keine Konstante, sondern entspricht dem Produkt aus ihrer Dichtefunktion mit dem betreffenden Koeffizientenwert. Während der Koeffizientenwert konstant ist, nimmt die Dichtefunktion je nach Ausprägung der übrigen unabhängigen Modellvariablen verschiedene Werte an. Marginale Effekte in Logit-Modellen können demzufolge nur in Abhängigkeit des Wertes des linearen Prädiktors angegeben werden.

---

[307] Vgl. Hosmer/Lemeshow (2000), S. 160-162

Diskrete Veränderung. Da alle unabhängigen Variablen der geschätzten Logit-Modelle Dummy-Variablen sind, ist die Bestimmung marginaler Effekte nicht sinnvoll. Dummy-Variablen können sich nicht infinitesimal verändern, sondern lediglich die Werte Null und Eins annehmen. Statt marginale Effekte zu untersuchen, bietet sich als Maß der Effektstärke die diskrete Veränderung der vorhergesagten Wahrscheinlichkeit beim Übergang einer Dummy-Variable vom Wert Null zu Wert Eins an. Da in die Berechnung der vorhergesagten Wahrscheinlichkeit sämtliche Modellvariablen einfließen, können auch diskrete Veränderungen nur in Abhängigkeit der untersuchten Stelle des linearen Prädiktors angegeben werden. Im Rahmen der multivariaten Moderatoranalyse werden die diskreten Veränderungen jeder Moderatorvariable an drei charakteristischen Stellen des linearen Prädiktors untersucht. Die erste untersuchte Spezifikation wird in der Folge als Nullmodell bezeichnet. Dabei sind alle Dummy-Variablen auf den Nullwert gesetzt. Diese Spezifikation entspricht dem Worst-Case-Szenario der multivariaten Moderatoranalyse, da als Nullwert immer jene Merkmalsausprägung einer Moderatorvariable kodiert ist, die aus theoretischer Sicht zu schlechteren Ergebnissen führen sollte.[308] Die zweite Spezifikation ist das Mittelwertmodell. Dabei sind alle Moderatorvariablen auf ihren jeweiligen imaginären Mittelwert gesetzt. Die dritte Spezifikation ist das Medianmodell, bei dem jede Dummy-Variable ihren Medianwert annimmt.

4.4.5 Ökonomische Bedeutung

Die Frage nach den Effektstärken der Determinantenergebnisse wird in der wissenschaftlichen Diskussion nahezu vollkommen ausgeblendet. Die empirische Forschung konzentriert sich lediglich auf Vorzeichen und Signifikanzniveau der Koeffizienten. Mit der sich unmittelbar anschließenden und naheliegenden Frage, ob die nachgewiesenen Effekte überhaupt ökonomisch relevant sind, beschäftigt sich die Forschung überraschenderweise nicht. Die Literatur hat bis dato noch nicht einmal definiert, was überhaupt als ökonomisch relevanter Effekt im Bereich der Determinantenforschung gelten soll. Ein erster Versuch, sich der Frage der ökonomischen Relevanz der Kapitalstruktur-Determinanten zu nähern, wird in der späteren Auswertung unternommen.

Diese Auswertung kann aus mehreren Gründen nur höchst näherungsweise erfolgen. Da in den Primärstudien verschiedene statistische Methoden zur Anwendung kommen, sind die Zahlenwerte der berichteten Koeffizienten bereits aus methodischen Gründen nicht bedeutungsgleich. Für die auf Maximum-Likelihood-Schätzungen beruhenden

---

[308] Die Ausnahme hiervon bilden die Dummy-Variablen zur Messung des Einflusses der gewählten Verschuldungsgradkategorie, die Dummy-Variable Datenherkunft sowie die Dummy-Variable Branchenzugehörigkeit. In diesen Fällen entspricht der Nullwert der Dummy-Variable nicht notwendigerweise der aus theoretischer Sicht „schlechteren" Merkmalsausprägung.

Logit-, Probit- und Tobit-Modelle lassen sich marginale Effekte sogar nur in Abhängigkeit der Werte des linearen Prädiktors angeben. Des Weiteren sind die linearen Prädiktoren unterschiedlich zusammengestellt, was die Koeffizientenwerte ebenfalls beeinflusst. Schließlich variiert die Operationalisierung der abhängigen und unabhängigen Variablen und damit auch der Wertebereich der Kennzahlen.

Voraussetzung für die Approximation der Effektstärken ist zunächst die Auseinandersetzung mit den verschiedenen Untersuchungsmethoden. Die mit Abstand meistgenutzten Untersuchungsmethoden im Bereich der Determinantenforschung sind OLS- und Panel-Modelle. Da beide Modellklassen unmittelbar auf linearen Prädiktoren beruhen, ist die Interpretation der Koeffizientenwerte identisch. Koeffizientenwerte von OLS- und Panel-Modellen geben jeweils an, wie sich die abhängige Variable bei infinitesimaler Erhöhung der unabhängigen Variable verändert. Wie zuvor erwähnt, gilt dieser einfache Zusammenhang für Tobit-Modelle bereits nicht mehr. Marginale Effekte in Tobit-Modellen entsprechen dem Produkt aus dem interessierenden Koeffizientenwert mit einem Anpassungsfaktor, in dessen Berechnung insbesondere der Wert des linearen Prädiktors einfließt.[309] Wie sich mathematisch zeigen lässt, ist der Wertebereich dieses Anpassungsfaktors allerdings immer auf das Intervall zwischen Null und Eins beschränkt.[310] Der maximale marginale Effekt einer unabhängigen Variable in Tobit-Modellen entspricht folglich dem Koeffizientenwert. In der Regel liegt der tatsächliche marginale Effekt demnach sogar niedriger. Die spätere Analyse nutzt diese Eigenschaft von Tobit-Modellen, indem der Koeffizientenwert mit dem marginalen Effekt gleichgesetzt wird. Aufgrund dieser Vorgehensweise wird die ökonomische Relevanz der aus Tobit-Modellen stammenden Koeffizientenwerte sogar systematisch überschätzt. Die auf Grundlage von Logit-, Probit-, LISREL- und nicht linearen Panel-Modellen berechneten Koeffizientenwerte können hingegen nicht in die spätere Auswertung in Bezug auf die ökonomische Relevanz der Studienergebnisse übernommen werden. Deren Betragshöhe ist selbst näherungsweise nicht mit den Ergebnissen von OLS-, Panel- und Tobit-Modellen vergleichbar. Der Ausschluss dieser Resultate bleibt indessen ohne größeren Einfluss, da weniger als sieben Prozent der ausgewerteten Ergebnisdaten auf diesen Untersuchungsmethoden beruhen.

Vorbedingung für die Beurteilung der ökonomischen Relevanz ist ferner die Berücksichtigung der Operationalisierung der abhängigen und unabhängigen Variablen. Da standardisierte Regressionskoeffizienten in der Determinantenforschung nicht verfügbar sind, muss zum Vergleich der marginalen Effekte zwangsläufig auf unstandardisierte Koeffizientenwerte ausgewichen werden. Gestützt auf unstandardisierte Koeffizientenwerte ist eine präzise Quantifizierung der Effektstärken jedoch nur möglich,

---

309 Vgl. Wooldridge (2003), S. 567
310 Vgl. Wooldridge (2003), S. 568

wenn die genaue mathematische Definition der Modellvariablen bei der Bestimmung der marginalen Effekte berücksichtigt wird. Die präzise Bestimmung ist allerdings hinsichtlich Durchführung und Darstellung sehr aufwändig und würde eine eigenständige Forschungsarbeit rechtfertigen.

Eine Abschätzung der Effektstärken ist jedoch ohne großen Informationsverlust realisierbar, sofern von der genauen Operationalisierung der Verschuldungskennzahlen abstrahiert wird. Wie in Kapitel 5 im Einzelnen dargestellt wird, weisen nahezu alle gebräuchlichen Verschuldungskennzahlen einen Wertebereich zwischen Null und Eins auf. Die unstandardisierten Koeffizientenwerte der unabhängigen Variablen beziehen sich somit beinahe ausnahmslos auf Prozentzahlen. Die übrigen Verschuldungskennzahlen können Werte außerhalb des Prozentbereichs annehmen. Da ein betragsmäßig gleicher Koeffizient in Bezug auf eine Prozentzahl immer eine höhere ökonomische Bedeutung impliziert als im Hinblick auf eine Zahl mit größerem Wertebereich, reicht es aus, sämtliche Koeffizientenwerte als Prozentpunktveränderungen einer Fremdkapitalquote aufzufassen.[311]

Da sich die Koeffizientenwerte von OLS-, Panel- und Tobit-Modellen näherungsweise als marginale Effekte in Bezug auf eine als Prozentzahl definierte Verschuldungskennzahl interpretieren lassen, muss zur Abschätzung der Effektstärken letztlich nur noch die Operationalisierung der unabhängigen Variablen beachtet werden. Genau diese Überlegung liegt der späteren Auswertung zugrunde. Die Auswertung konzentriert sich dabei notwendigerweise auf die signifikanten Koeffizientenwerte. Denn nur für diese Testergebnisse konnte überhaupt eine von Null verschiedene Effektstärke statistisch nachgewiesen werden.

[311] Diese Aussage gilt selbstverständlich nur bei identischer Operationalisierung der betreffenden unabhängigen Variable.

5 Analyse der Determinanten der Kapitalstruktur

5.1 Moderatorvariablen

5.1.1 Größenfokus

Ende der neunziger Jahre etablierte sich innerhalb der empirischen Determinantenforschung der eigenständige Literaturstrang der Mittelstandsstudien. Die Autoren dieser Studien vermuten aus vielfältigen Gründen signifikante Unterschiede zwischen dem Finanzierungsverhalten mittelständischer und großer (börsennotierter) Unternehmen.[312] Oftmals beruht die Argumentation auf der unzureichenden Geltung großer Teile der bestehenden Kapitalstrukturtheorie für mittelständische Unternehmen. Daneben weisen entsprechende Studien auf spezifische größenbedingte Besonderheiten hin, die möglicherweise unmittelbar auf einzelne Kapitalstruktur-Determinanten wirken.

Viele bedeutende Kapitalstrukturtheorien sind für mittelständische Unternehmen von geringer oder keiner Relevanz.[313] Aufgrund der fehlenden Kapitalmarktpräsenz scheiden die Market-Timing- und Inertia-Theorie zur Erklärung des Finanzierungsverhaltens mittelständischer Firmen per se aus. Da die Persistenztheorie keine Angaben über das Zustandekommen des initialen Verschuldungsgrades macht, trägt auch sie kaum etwas zum Verständnis der Kapitalstruktur mittelständischer Unternehmen bei.

Weitestgehend ungeeignet zur Erklärung der Kapitalmaßnahmen von mittelständischen Unternehmen sind des Weiteren die Signalling-Theorien.[314] Signalling-Modelle bauen auf dem Grundgedanken auf, dass ein höheres finanzielles Engagement oder ein höherer Haftungsrahmen von Firmen-Insidern externen Investoren als Qualitätssignal dient. Bei mittelständischen Unternehmen ist die wirtschaftliche Existenz der Inhaber üblicherweise bereits auf engste Weise mit dem Unternehmenserfolg verknüpft. Die Signalwirkung einer höheren Eigenkapitalbeteiligung (Leland/Pyle, 1977) dürfte bei mittelständischen Firmen somit ins Leere gehen. Auch der von Ross (1977) vorgeschlagene verschuldungsabhängige Signalling-Mechanismus lässt sich nicht auf den Mittelstand übertragen. Mittelständische Unternehmer haben kein Motiv, die (imaginäre) Marktbewertung ihres Unternehmens durch eine künstliche Anhebung der Verschuldung zu steigern. Des Weiteren sind mittelständische Unternehmen nicht auf dem Kapitalmarkt vertreten und damit kaum in der Lage, überhaupt ein Signal an einen breiteren Investorenkreis zu übermitteln.

---

312 Vgl. Ang (1992), S. 185-203; Levin/Travis (1987), S. 30-32; Pettit/Singer (1985), S. 47-60, für eine zusammenfassende Darstellung der wichtigsten Argumente.

313 Vgl. Cassar/Holmes (2003), S. 123

314 Vgl. Sogorb-Mira (2001), S. 8

Marktstrategische Kapitalstrukturtheorien eignen sich im Mittelstandskontext ebenfalls nicht. Grundannahme vieler marktstrategischer Theorien ist die Existenz eines oligopolistischen Absatzmarktes. Mittelständische Unternehmen erreichen eine derartige Marktmacht üblicherweise nicht, weshalb diese Modellklasse grundsätzlich nicht auf KMUs übertragbar ist. Auch dürfte es mittelständischen Firmen in der Regel nicht gelingen, Kunden und Lieferanten in bedeutende Abhängigkeitsverhältnisse zu bringen. Marktstrategische Erklärungsansätze, die über solche Abhängigkeitsverhältnisse die Ausgestaltung der Kapitalstruktur erklären wollen, erscheinen somit ebenfalls nicht anwendbar. Hinzu kommt, dass der Modellmechanismus marktstrategischer Theorien nur greift, wenn die unternehmensexternen Adressaten (Kunden, Lieferanten, Wettbewerber) die Finanzierungsentscheidungen zeitnah beobachten können. Diese Annahme trifft auf den Mittelstand wiederum nicht zu.

Auch die Agency-Theorie ist nicht ohne Weiteres auf mittelständische Unternehmen übertragbar. Agency-Konflikte zwischen Eigentümern und Geschäftsführung fehlen im Falle des inhabergeführten Unternehmens vollständig. Im Falle mehrerer Eigentümer bestimmen die konkreten organisatorischen Rahmenbedingungen die Höhe der Agency-Kosten.[315] Die möglichen Agency-Konflikte zwischen Eigentümern und externen Fremdkapitalgebern sind im Hinblick auf mittelständische Unternehmen bedeutender als bei Großunternehmen, da das Ausmaß der Informationsasymmetrie und die Anreize zu opportunistischen Verhaltensweisen bei kleinen, eigentümergeführten Firmen maximale Ausmaße erreichen.[316] Dies gilt jedoch nur noch eingeschränkt, sofern die Forderungen der kreditgebenden Banken besichert sind.[317] Besteht für Banken darüber hinaus noch die Möglichkeit zum Durchgriff auf das Privatvermögen der Unternehmenseigner – was bei den vielen als Personengesellschaften firmierenden mittelständischen Unternehmen ohnehin immer der Fall ist – verlieren die Agency-Konflikte der externen Fremdfinanzierung weiter an Bedeutung.[318]

Die Relevanz der Pecking-Order-Theorie für den Mittelstand wird in der Literatur hingegen durchgängig bejaht.[319] Mittelständische Firmen sehen sich nach Meinung vieler Autoren sogar einem strengeren Pecking-Order-Regime unterworfen.[320] Als Gründe

---

[315] Auf die Möglichkeit niedrigerer Agency-Kosten im Mittelstandskontext weisen z.B. Anderson et al. (2003), S. 266f.; Cassar/Holmes (2003), S. 125; Chrisman et al. (2005), S. 560; Jordan et al. (1998), S. 3 und Wolter/Hauser (2001), S. 35 hin. Die Möglichkeit höherer Agency-Kosten diskutieren z.B. Ang (1991), S. 4, und Michaelas et al. (1999), S. 115.

[316] Vgl. Pettit/Singer (1985), S. 55f.; Lehmann/Neuberger (2001), S. 341; Chrisman et al. (2004), S. 348

[317] Vgl. Ang (1991), S. 5; Michaelas et al. (1999), S. 115; Pettit/Singer (1985), S. 56

[318] Vgl. Lehmann/Neuberger (2001), S. 343

[319] Vgl. z.B. Hutchinson (1999), S. 350f.; Hall et al. (2000), S 298; López-Gracia/Aybar-Arias (2000), S. 56; Watson/Wilson (2002), S. 558

[320] Vgl. z.B. Holmes/Kent (1991), S. 145; Berger/Udell (2002), S. F36; Pettit/Singer (1985), S. 57

hierfür gelten vor allem die Vermeidung des mit einer Eigenkapitalausgabe einhergehenden Kontrollverlusts[321] sowie die vergleichsweise höheren Kosten der Eigenkapitalbeschaffung[322]. Im Unterschied zu Großunternehmen umfasst die Pecking Order im Bereich des Mittelstandes allerdings ein deutlich geringeres Spektrum an Finanzierungsinstrumenten. Neben der Innenfinanzierung stehen mittelständischen Firmen häufig nur (besicherte) Bankkredite zur Verfügung. Die Ausgabe von Anleihen, nachrangigen Verbindlichkeiten und schließlich auch Eigenkapital kommt nicht oder nur sehr eingeschränkt in Betracht.[323]

Von der grundsätzlichen Anwendbarkeit der erweiterten Trade-Off-Theorie auf Kapitalstrukturentscheidungen mittelständischer Unternehmen wird in der Literatur ebenfalls ausgegangen.[324] Möglicherweise verschiebt sich im Mittelstandskontext aber die relative Bedeutung von Steuervorteil und Insolvenzkosten. Sämtliche Autoren vermuten ein vergleichsweise höheres Risiko mittelständischer Firmen. Häufig genannte Argumente sind die fehlende Diversifikation, ein höheres operatives Risiko sowie die höhere Insolvenzrate mittelständischer Unternehmen.[325] Vereinzelt finden sich in der Literatur auch Hinweise auf eine möglicherweise geringere Bedeutung der Steuervorteile der Fremdfinanzierung im Mittelstandskontext.[326] Die tendenziell geringere Profitabilität und die niedrigere Grenzsteuerbelastung mittelständischer Firmen sollen hierfür verantwortlich sein, wobei diese Gründe kaum verallgemeinerbar erscheinen.[327]

Die mangelnde oder nur eingeschränkte Geltung vieler kapitalstrukturpolitischer Erklärungsansätze unterstreicht die Notwendigkeit einer gesonderten Untersuchung der Finanzierungsentscheidungen mittelständischer Unternehmen. Aufgrund der bedeutenden Unterschiede zwischen mittelständischen und großen Unternehmen scheint eine einfache Übertragung der traditionellen Kapitalstruktur-Determinanten auf die Mittelstandsforschung ausgeschlossen. Stattdessen wäre zu vermuten, dass sich KMU-Studien von der übrigen Determinantenliteratur inhaltlich bewusst abgrenzen und die spezifischen Besonderheiten mittelständischer Firmen bei der Determinantenauswahl berücksichtigen. Dies ist überraschenderweise jedoch nicht der Fall.

---

[321] Vgl. Jordan et al. (1998), S. 8; Pettit/Singer (1985), S. 57; López-Gracia/Aybar-Arias (2000), S. 56

[322] Vgl. Michaelas et al. (1999), S. 116

[323] Vgl. Ang (1991), S. 2; Bartholdy/Mateus (2005), S. 3

[324] Vgl. z.B. Cassar/Holmes (2003), S. 125; Sogorb-Mira/López-Gracia (2003), S. 1

[325] Die mangelnde Diversifikation betonen z.B. Balakrishnan/Fox (1993), S. 6, ein höheres operatives Risiko vermuten z.B. Cassar/Holmes (2003), S. 127, der Aspekt der höheren Insolvenzwahrscheinlichkeit findet sich z.B. bei Scherr/Hulburt (2001), S. 89f., und Hall et al. (2004), S. 715.

[326] Vgl. Sogorb-Mira (2001), S. 5; Michaelas et al. (1999), S. 117

[327] Damit die Grenzsteuerbelastung überhaupt variieren kann, muss ein progressiver (oder degressiver) Steuertarif gegeben sein. Die deutsche Körperschaftsteuer erfüllt diese Bedingung beispielsweise nicht.

Alle der im Rahmen dieser Arbeit ausgewerteten Mittelstandsstudien testen ausschließlich Determinanten, die zuvor bereits in Großunternehmensstudien zum Einsatz kamen.[328] Selbst die relative Gewichtung der Variablen bleibt unverändert. Wie im Falle der Großunternehmensstudien ist es durchgängig der traditionelle Determinanten-Katalog, dem die weitaus größte Bedeutung zukommt. Auch die Hypothesen über die Signifikanz und Vorzeichenrichtung der traditionellen Kapitalstruktur-Determinanten werden in der Mittelstandsliteratur weitestgehend beibehalten.[329,330]

Ob und in welchem Ausmaß der Mittelstandsbezug tatsächlich Moderatoreigenschaft in der Determinantenforschung besitzt, ist Gegenstand der nachfolgenden metaanalytischen Auswertung. Zu diesem Zweck werden sämtliche deskriptiven Auswertungen getrennt für mittelständische Unternehmen (KMU) und Großunternehmen (GU) berichtet. Im Rahmen der Moderatoranalyse wird die Unabhängigkeit der Untersuchungsergebnisse beider Studienarten zusätzlich statistisch überprüft. Dabei sollten sich zumindest im Hinblick auf einzelne Determinanten charakteristische Ergebnisunterschiede nachweisen lassen. Sollte sich dieses Resultat nicht einstellen, wäre dies zwar ein Hinweis auf die universelle Geltung der ausgewählten Determinanten. Gleichzeitig bliebe jedoch unklar, weshalb die erwiesenermaßen bestehenden Unterschiede zwischen mittelständischen und großen Unternehmen keinen Einfluss auf die Determinantenergebnisse ausüben. In diesem Fall wäre zu hinterfragen, ob im Mittelstandskontext möglicherweise andere Determinanten relevant sind oder ob die Auswirkungen der größenbedingten Unterschiede in der Literatur überschätzt werden.

Ergebniserwartung:
Ergebnisunterschiede in Bezug auf die acht im Rahmen dieser Arbeit untersuchten, traditionellen Determinanten der Kapitalstruktur lassen sich in Abhängigkeit des Größenfokus der Primärstudien nachweisen.

---

328 Eine Ausnahme stellen die Studien von Guiso (2003), Jordan et al. (1998) und Zoppa/McMahon (2002) dar. Diese Studien können auf Umfragedaten zugreifen und aus diesem Grund Kontrollvariablen in ihr Modell aufnehmen, die im Rahmen der Determinantenforschung üblicherweise nicht zur Verfügung stehen (z.B. die subjektive Einschätzung über die Zugangsmöglichkeiten zu externem Kapital).

329 Vgl. die Hypothesenformulierung bedeutender KMU-Studien, z.B. Hall et al. (2004), S. 715f.; Michaelas et al. (1999), S. 115f.; Jordan et al. (1998), S. 4f. Eine überblicksartige Darstellung der Forschungshypothesen ausgewählter KMU-Studien findet sich bei Zoppa/McMahon (2002), S. 22f.

330 Der begrenzte Einfluss der theoretischen Forschung auf den traditionellen Determinanten-Katalog bestätigt sich somit auch in Bezug auf die Mittelstandsforschung. Obwohl die Autoren auf zum Teil gravierende Unterschiede zwischen mittelständischen und großen Unternehmen hinweisen, bleiben Determinantenauswahl und Forschungshypothesen letztlich nahezu unverändert.

5.1.2 Länderfokus

Die Tradition länderübergreifender Primärstudien reicht bis zu den Anfängen der Determinantenforschung zurück.[331] Diesen Forschungsarbeiten liegt die allgemeine Vermutung zugrunde, dass institutionelle und kulturelle Unterschiede zwischen den untersuchten Ländern einen nachweisbaren Effekt auf die Determinantenergebnisse besitzen. Diese Vermutung wird von den entsprechenden Primärstudien auch beinahe ausnahmslos bestätigt.[332] Allerdings gelangen die Autoren zu unterschiedlichen Einschätzungen hinsichtlich der Stärke des Ländereinflusses und bedienen sich verschiedener Argumente zur Begründung dieser Beobachtung.[333] Bis auf wenige Ausnahmen lassen sich die genannten Argumente unter den fünf Oberbegriffen Zugehörigkeit zu einer bestimmten geografischen Region, allgemeiner Entwicklungsstand des Untersuchungslandes, Entwicklungsstand des Finanzsystems, Ausgestaltung des Finanzsystems und Rechtsraumzugehörigkeit subsumieren. Da diese Rubriken untereinander nicht überschneidungsfrei sind, können Primärstudien aufgrund ihrer jeweils verhältnismäßig geringen Ergebniszahl nicht untersuchen, welche der fünf Effekte letztlich für die Ergebnisabweichungen verantwortlich sind.

Mit der nachfolgenden Meta-Analyse wird ein alternativer Weg vorgeschlagen, sich der Frage des Ländereinflusses zu nähern. Durch die studienübergreifende Gegenüberstellung der Ergebnisdaten kann der Einfluss der wichtigsten länderspezifischen Moderatorvariablen explizit getestet werden. In diese Analyse fließen sämtliche Ergebnisse der Primärliteratur – und nicht nur die Resultate der länderübergreifenden Studien – ein, so dass der Ländereinfluss erstmals über die gesamte Determinantenliteratur hinweg beurteilt werden kann. Die in der Analyse verwendeten Moderatorvariablen greifen dabei die fünf in der Literatur genannten Hauptargumente für die Existenz eines möglichen Ländereinflusses auf.

Geografische Region. Die geografische Region ist die unspezifischste der länderbezogenen Moderatorvariablen und dient hauptsächlich als Kontrollvariable. Da die Kapitalstrukturtheorie vorwiegend in den USA entwickelt wurde, sollten die Hypothesen über die Determinanten der Kapitalstruktur insbesondere auf Stichproben nordamerikanischer Unternehmen zutreffen. Die in der Moderatoranalyse verwendete Dummy-Variable stellt dementsprechend die Ergebnisse in Bezug auf nordamerikanische Unternehmen den weltweiten Resultaten gegenüber.

---

331 Die ersten länderübergreifenden Determinantenstudien veröffentlichten vermutlich Remmers et al. (1974) und Toy et al. (1974) (vgl. Kapitel 3.2.2.2, S. 76).

332 Vgl. z.B. Fan et al. (2003), S. 4; Booth et al. (2001), S. 118f.; Wald (1999), S. 184; Rajan/Zingales (1995), S. 1458

333 Vgl. Marques/Santos (2004), S. 5, für eine Auflistung gängiger Argumente zur Begründung des Ländereinflusses.

Entwicklungsstand Volkswirtschaft. Diese Moderatorvariable unterteilt die Länderstichproben der Literaturdatenbank in entwickelte Länder und Entwicklungsländer. Grundlage hierfür bildet die Entwicklungsländerklassifikation der Vereinten Nationen.[334] Da die Kapitalstrukturtheorie von einem hoch entwickelten Finanz- und Rechtssystem ausgeht, sollten die Hypothesen über die Determinanten der Kapitalstruktur insbesondere für Unternehmen aus entwickelten Staaten gelten.

Entwicklungsstand Finanzsystem. Diese Moderatorvariable berücksichtigt ausschließlich den finanziellen Entwicklungsstand eines Landes und basiert auf der entsprechenden Länderklassifikation von Demirgüç-Kunt/Levine (2001).[335] Da Finanzierungsentscheidungen in hohem Maße von der Funktionsfähigkeit des Finanzsystems abhängen und die Kapitalstrukturtheorie gleichzeitig ein leistungsfähiges Finanzsystem unterstellt, sollten Untersuchungen über Unternehmen aus entwickelten Finanzsystemen gängige kapitalstrukturpolitische Hypothesen am ehesten bestätigen können.

Finanzsystem. Diese Moderatorvariable überprüft, ob Ergebnisabweichungen zwischen Untersuchungen über bankbasierte und marktbasierte Finanzsysteme auftreten. In bankbasierten Finanzsystemen, wie z.B. Deutschland oder Japan, fungiert vor allem das Bankensystem als Kapitalsammelstelle. Des Weiteren übernimmt vornehmlich das Bankensystem die Kapitalallokation und die Überwachung des Unternehmenssektors. In marktbasierten Finanzsystemen, wie z.B. den USA oder den Niederlanden, werden diese Funktionen in stärkerem Maße auch durch den Kapitalmarkt abgedeckt. Zur Klassifikation der untersuchten Länderstichproben dient ebenfalls die Ländereinteilung nach Demirgüç-Kunt/Levine (2001).[336] Da die Kapitalstrukturtheorie maßgeblich in den USA und damit unter dem Eindruck eines marktbasierten Finanzsystems entwickelt wurde, werden hypothesenkonforme Ergebnisse eher für marktbasierte Finanzsysteme erwartet.

Rechtsraum. Basierend auf der Klassifikation von La Porta et al. (1998) ordnet diese Moderatorvariable die Studienergebnisse nach Rechtsräumen.[337] In der Literatur werden der englische, deutsche, französische und skandinavische Rechtsraum unterschieden. Dabei hebt sich insbesondere die englische Rechtstradition (Common Law) von den drei übrigen Rechtstraditionen (Civil Law) ab. Da die Ausgestaltung des Rechtsraums erhebliche Auswirkungen auf Eigentums- und Gläubigerrechte besitzt, liegt die Vermutung nahe, dass auch Finanzierungsentscheidungen durch rechtliche Rahmen-

---

334 Vgl. o.V. (2007), S. 376
335 Vgl. Demirgüç-Kunt/Levine (2001), S. 58
336 Vgl. Demirgüç-Kunt/Levine (2001), S. 58
337 Vgl. La Porta et al. (1998), S. 1130f.

bedingungen beeinflusst werden.[338] Implizite Grundlage der Kapitalstrukturtheorie bildet die englische Rechtstradition. Aus diesem Grund sollten kapitalstrukturpolitische Hypothesen insbesondere für Unternehmen aus diesem Rechtsraum zutreffen. In der Moderatoranalyse werden dementsprechend die Ergebnisse über den englischen Rechtsraum mit denen der drei übrigen Rechtsräume verglichen.

Ergebniserwartung:
Ergebnisunterschiede in Bezug auf die traditionellen Determinanten der Kapitalstruktur lassen sich in Abhängigkeit des Länderfokus der Primärstudien nachweisen. Hypothesenkonforme Ergebnisse werden dabei am ehesten für jene Modelle erwartet, die nordamerikanische Firmen, entwickelte Volkswirtschaften, leistungsfähige und marktbasierte Finanzsysteme sowie den englischen Rechtsraum untersuchen.

5.1.3 Methodik

Maßgebliche Ergebniseffekte könnten im Bereich der Determinantenforschung auch von der verwendeten Methodik ausgehen. Jüngere Determinantenstudien setzen überwiegend statistisch anspruchsvollere Untersuchungsmethoden ein und halten die jeweils verwendeten Verfahren methodisch der OLS-Regressionsanalyse für überlegen. Sollte diese Einschätzung der Autoren zutreffen, müssten sich folglich Ergebnisunterschiede zwischen OLS-Modellen und den alternativen Verfahren nachweisen lassen. Neben fortschrittlicheren Untersuchungsmethoden könnten mögliche Ergebniseffekte aber auch schlicht auf der Nutzung eines umfangreicheren Datenbestandes beruhen. Die mit weitem Abstand meistgenutzten alternativen Auswertungsverfahren sind Panel-Analysen, denen kombinierte Querschnitts- und Zeitreihendatensätze zugrunde liegen. Möglicherweise ist es primär der größere Informationsgehalt des Datensatzes und weniger die eigentliche Methodik, welcher die vermuteten Ergebniseffekte bewirkt.

Im Hinblick auf den verwendeten Datensatz könnte sich ein zweiter Effekt bemerkbar machen. Die Mehrheit der Determinantenstudien greift mit Compustat, Worldscope und Datastream auf die drei gleichen Bilanzdatenbanken zurück. Ob von der wiederholten Verwendung der gleichen Datenbanken eine systematische Ergebnisbeeinflussung ausgeht, überprüft die Moderatoranalyse ebenfalls.

---

[338] Vgl. La Porta et al. (1998), S. 1113f. Die für Kapitalstrukturentscheidungen möglicherweise relevanten Rechtsgebiete sind sehr zahlreich und umfassen z.B. das Steuerrecht, das Gesellschaftsrecht, das Insolvenzrecht oder das Aufsichtsrecht.

Die Determinantenergebnisse könnten auch signifikant durch die Einbeziehung der Branchenzugehörigkeit als Kontrollvariable beeinflusst sein. Innerhalb einer Branche sind sich Unternehmensgrößen, Wachstumsaussichten, Gewinnmargen, Bilanzstrukturen und Risiken vermutlich ähnlicher als zwischen Branchen. Demzufolge könnte die Branchenzugehörigkeit mit den übrigen Determinanten korreliert sein und somit Einfluss auf die Resultate nehmen. Der Untersuchung methodisch bedingter Ergebniseffekte dienen die vier folgenden Moderatorvariablen.

Analysemethode. Diese Moderatorvariable unterteilt die in der Literatur vorgefundenen Untersuchungsmethoden in statistisch anspruchsvollere und weniger anspruchsvolle Verfahren. Als weniger anspruchsvolle Verfahren gelten dabei (gepoolte) OLS-Regressionen und (gepoolte) Tobit-Modelle. Dementsprechend wurden statische und dynamische Panel-Modelle, Strukturgleichungsmodelle, LISREL und Faktorregressionen als anspruchsvollere Verfahren gewertet. Aufgrund mangelnder methodischer Vergleichbarkeit wurden Logit- und Probit-Modelle im Rahmen dieser Auswertung nicht berücksichtigt.

Datenstruktur. Diese Moderatorvariable kategorisiert die Untersuchungsmethoden in Abhängigkeit der verwendeten Datenstruktur. Als paneldaten-basierte Ansätze gelten alle gepoolten Modelle sowie sämtliche statischen und dynamischen Panel-Verfahren. Als Querschnittsverfahren gelten nicht-gepoolte OLS-, Tobit- und Strukturgleichungsmodelle sowie LISREL und die Faktorregressionen. Nicht berücksichtigt wurden erneut Logit- und Probit-Modelle, da die ihnen zugrundeliegende Datenstruktur weder die Eigenschaften eines klassischen Querschnitts- noch die eines Panel-Datensatzes aufweist.

Datenherkunft. Diese Moderatorvariable grenzt Forschungsergebnisse, die auf Compustat, Worldscope oder Datastream basieren, von den Übrigen ab.

Kontrolle Brancheneinfluss. Diese Dummy-Variable klassifiziert die Modelle in Abhängigkeit der Einbeziehung der Branchenzugehörigkeit als Kontrollvariable.

Ergebniserwartung:
Ergebnisunterschiede in Bezug auf die traditionellen Determinanten der Kapitalstruktur lassen sich in Abhängigkeit der Methodik der Primärstudien nachweisen. Hypothesenkonforme Ergebnisse sollten dabei häufiger von fortschrittlichen Analysetechniken nachgewiesen werden. Die Verwendung eines Panel-Datensatzes, die Nutzung bestimmter Bilanzdatenbanken sowie die Einbeziehung der Branchenzugehörigkeit als Kontrollvariable sollten hingegen keinen systematischen Einfluss auf die Determinantenergebnisse besitzen.

5.1.4 Verschuldungsgradmaß

Auch die mögliche Moderatoreigenschaft des Verschuldungsgradmaßes beherrscht die wissenschaftliche Diskussion seit Jahrzehnten. Die Debatte bezieht sich einerseits auf die mögliche Ergebnisbeeinflussung infolge einer Messung des Verschuldungsgrades über Buch- oder Marktwerte; andererseits auf die Auswirkungen der getrennten Untersuchung von kurzfristiger, langfristiger und gesamter Verschuldung. Der Untersuchung der Moderatoreigenschaft des Verschuldungsgradmaßes kommt erhebliche Bedeutung in der Determinantenforschung zu. Rund 40% der ausgewerteten Primärstudien variieren das Verschuldungsgradmaß nach Markt-/Buchwertbezug und/oder Verschuldungsgradkategorie.

Die Diskussion über die Eignung buch- bzw. marktwertbasierter Verschuldungsgrade findet ihren Ursprung in der Kapitalstrukturtheorie. Die theoretische Literatur argumentiert grundsätzlich über die Marktwerte von Eigen- und Fremdkapital. Folgerichtig sollten Determinantenstudien auf marktwertbasierten Verschuldungsgraden beruhen.[339] In Umfragestudien finden sich dagegen Hinweise, dass sich Manager vorwiegend an buchwertbasierten Verschuldungskennziffern orientieren.[340] Des Weiteren sind gerade in Bezug auf das Fremdkapital Marktwerte nicht oder nur mit größerem Aufwand zu ermitteln, weshalb die empirische Forschung oftmals alleine aus Datengründen auf Buchwerte ausweicht. Die Verwendung von Buchwerten wäre prinzipiell unproblematisch, sofern sich Buch- und Marktwerte in absoluter Betrachtung nur unwesentlich unterscheiden würden bzw. die berechneten Verschuldungsgradkennzahlen in relativer Betrachtung weitgehend konstant blieben.[341] Wie bedeutsam die Ergebnisunterschiede aus der Verwendung buch- oder marktwertbasierter Kennzahlen tatsächlich sind, ist studienübergreifend jedoch weitgehend unbekannt. Buchwertbasierte Studien unterstellen geringe Unterschiede und berufen sich häufig auf die Untersuchung von Bowman (1980).[342] Bowman schlussfolgert für eine Stichprobe von 92 börsennotierten Unternehmen, dass sich die Ergebnisse über buch- und marktwertbasierte Verschuldungskennzahlen im Zusammenhang mit der empirischen Erforschung des systematischen Risikos nur unwesentlich voneinander unterscheiden. Bowman weist aber ebenfalls darauf hin, dass dieses Resultat möglicherweise nicht auf andere Forschungsdisziplinen und Stichproben übertragbar ist.[343]

---

339 Vgl. Flannery/Rangan (2004), S. 5; Bennett/Donnelly (1993), S. 47; Allen/Mizuno (1989), S. 578

340 Vgl. Beattie et al. (2004), S. 7; Stonehill et al. (1975), S. 39f.; Marsh (1982), S. 131

341 Vgl. Allen/Mizuno (1989), S. 578

342 Vgl. z.B. Bhaduri (2002b), S. 204; Brailsford et al. (2002), S. 8; Colombo (2001), S. 1696; Titman/Wessels (1988), S. 7

343 Vgl. Bowman (1980), S. 253

Während der Ergebniseffekt einer buch- oder marktwertbasierten Definition des Verschuldungsgrades als eher gering eingestuft wird, erwartet die Kapitalstrukturforschung signifikante Ergebnisunterschiede in Abhängigkeit der untersuchten Verschuldungsgradkategorie.[344] Dabei trifft die Kapitalstrukturtheorie insbesondere in Bezug auf die kurzfristige Verschuldung unterschiedliche Vorhersagen über die Effektrichtung einzelner Determinanten.[345] Dementsprechend sollten in der meta-analytischen Auswertung Ergebnisabweichungen in Abhängigkeit der Verschuldungsgradkategorie nachweisbar sein. Sieben Moderatorvariablen untersuchen den Ergebniseinfluss der Verschuldungsgraddefinition.

Markt-/Buchwertbezug. Die Ergebnisauswirkungen einer markt- oder buchwertbasierten Definition des Verschuldungsgrades werden mit Hilfe von vier Dummy-Variablen untersucht. Die erste Dummy-Variable stellt sämtlichen Ergebnissen über buchwertbasierte Verschuldungskennzahlen die Gesamtheit der Resultate über marktwertbasierte Kennzahlen gegenüber. Die drei übrigen Dummy-Variablen besitzen den gleichen Aufbau, beziehen sich aber jeweils nur auf die kurzfristige, langfristige oder gesamte Verschuldung.

Verschuldungsgradkategorie. Zur Untersuchung der Ergebnisauswirkungen in Abhängigkeit der gewählten Verschuldungsgradkategorie dienen drei Dummy-Variablen. Dabei wird jeweils eine der drei Verschuldungskategorien (gesamte, langfristige und kurzfristige Verschuldung) im Vergleich zu den beiden übrigen Kategorien getestet.

Ergebniserwartung:
Ergebnisunterschiede in Bezug auf die traditionellen Determinanten der Kapitalstruktur lassen sich in Abhängigkeit des Verschuldungsgradmaßes der Primärstudien nachweisen. Marktwertbasierte Verschuldungsgradkennzahlen sollten eher zu theoriekonformen Ergebnissen führen als die korrespondierenden buchwertbasierten Kennzahlen. Resultate über die kurzfristige Verschuldung sollten zumindest in Bezug auf einzelne Determinanten signifikante Abweichungen aufweisen, während sich die Ergebnisse in Bezug auf die Gesamtverschulung und langfristige Verschuldung nicht unterscheiden sollten.

---

[344] Innerhalb der Kapitalstrukturliteratur existiert ein eigenständiger Forschungsstrang, der die Fristigkeitsstruktur des Fremdkapitals untersucht. Die mutmaßlichen Determinanten der Fristigkeitsstruktur stimmen dabei weitgehend mit den Determinanten der Kapitalstruktur überein. Determinanten wie Unternehmensgröße, Wachstum, Risiko und Steuern bilden auch die Grundlage dieser Studien. Vgl. z.B. Ozkan (2002), S. 23; Guedes/Opler (1996), S. 1816; Stohs/Mauer (1996), S. 303; Barclay/Smith (1995), S. 620

[345] Diese abweichenden Hypothesen werden im Rahmen der Besprechung der einzelnen Determinanten im Detail erläutert.

5.2 Datengrundlage

5.2.1 Beschreibung der ausgewerteten Modelle

Die nachfolgende Literaturauswertung berücksichtigt 266 statistische Modelle der 90 recherchierten empirischen Determinantenstudien. Die Modellauswahl erfolgte anhand des im vorangegangenen Kapitel beschriebenen Auswertungsschemas.[346] Durchschnittlich erfüllten somit annähernd drei Modelle jeder Studie die dortigen Selektionskriterien. Aus 45 Studien konnte jeweils ein Modell (45 Modelle, 16,9%), aus 33 Studien konnten bis zu fünf Modelle (87 Modelle, 32,7%) und aus den verbleibenden zwölf Studien konnten mehr als fünf Modelle ausgewählt werden (134 Modelle, 50,4%).

Die Auswahl von 176 der 266 Modelle beruht auf den in Kapitel 4 formulierten Ausnahmeregeln von der strengsten Auslegung der statistischen Unabhängigkeitsbedingung.[347] 93 dieser Modelle untersuchen getrennte Länderstichproben, 82 Modelle untersuchen verschiedene Verschuldungsgradkategorien. Die getrennte Untersuchung von Großunternehmen und mittelständischen Firmen innerhalb der gleichen Primärstudie betraf letztlich lediglich eine einzige Veröffentlichung und führte zur Einbeziehung eines zusätzlichen Modells.

217 (81,6%) der ausgewählten Modelle haben Großunternehmen, 49 (18,4%) Modelle mittelständische Firmen zum Gegenstand. Auf Ebene der Studien beträgt dieses Verhältnis 73 (81,1%) zu 17 (18,9%) Veröffentlichungen und bleibt damit faktisch unverändert. Auch die Häufigkeitsverteilung der Modelle nach Erscheinungsjahr, Publikationsart und Datenquelle ist nahezu identisch mit derjenigen der Studien. 65,0% (56,7%) der ausgewerteten Modelle (Studien) wurden 2001 oder später veröffentlicht. Bezogen auf die mittelstandsbezogenen Modelle (Studien) liegt dieser Anteil sogar bei 73,5% (70,6%). 46,2% (53,3%) der Modelle (Studien) stammen aus mindestens B-Publikationen, 33,5% (20,0%) aus Arbeitspapieren, 15,4% (15,6%) aus C-Publikationen und 4,9% (11,1%) aus nicht im VHB-Ranking erfassten Zeitschriften. Schließlich basieren 47,7% (47,7%) der Modelle (Studien) auf Compustat, Datastream oder Worldscope. Diese und weitere Angaben können Tabelle 5.1 entnommen werden. Eine detaillierte Darstellung der in die Meta-Analyse einbezogenen Primärstudien und empirischen Modelle beinhalten die Anhangtabellen A.11 und A.12.

Die länderbezogene Verteilung der Modelle verdeutlicht die Ausrichtung der Determinantenforschung auf Staaten der ehemaligen G7-Gruppe. 167 der 266 Modelle

[346] Vgl. Kapitel 4.3.2.3, S. 112ff.

[347] Jeweils ein Modell aus jeder der 90 ausgewerteten Studien ist per Definition statistisch unabhängig.

(62,8%) untersuchen diese Länder. Im Einzelnen liegen 65 (24,4%) Modelle über die USA und Kanada, 42 (15,8%) Modelle über Großbritannien, 24 (9,0%) Modelle über Deutschland, 14 (5,3%) Modelle über Frankreich, 11 (4,1%) Modelle über Italien und neun (3,4%) Modelle über Japan vor.[348]

Daneben konnten Modelle über 26 weitere Länder in die Literaturauswertung übernommen werden. Die jeweilige Testhäufigkeit dieser übrigen Länder bewegt sich mit wenigen Ausnahmen auf niedrigem Niveau und variiert zum Teil deutlich. Tendenziell sind es immer noch Unternehmen aus Staaten mit höherer Wirtschaftsleistung, die häufiger Gegenstand der Untersuchung sind. Spanien (15 Modelle, 5,6%) und Australien (9 Modelle, 3,4%) stellen dabei die einzigen nicht G7-Mitglieder dar, über die mindestens neun Modelle in der Literaturdatenbank vorliegen. Anhangtabelle A.12 zeigt die jeweils von den Primärstudien untersuchten Länder.

Die Verteilung der Modelle nach Regionen bestätigt darüber hinaus die weitgehende Ausrichtung der bisherigen Forschung auf Europa und Nordamerika: 145 (54,5%) Modelle behandeln europäische, 65 (24,4%) Modelle nordamerikanische, 38 (14,3%) Modelle asiatische, 9 (3,4%) Modelle australische und 6 (2,3%) Modelle südamerikanische Unternehmen.[349] Über afrikanische Unternehmen findet sich in der ausgewerteten Literatur lediglich eine Untersuchung, deren Stichprobenumfang der in Kapitel 4.3.2.3 genannten Mindestvoraussetzung von 50 Stichprobenunternehmen genügt.

Einen weiteren eindrücklichen Beleg für die weitgehende Konzentration der bisherigen Forschungsanstrengungen auf führende Volkswirtschaften liefert der geringe Anteil empirischer Untersuchungen über Entwicklungsländer. Gemäß der Entwicklungsländer-Klassifikation der Vereinten Nationen betrachten 231 (86,8%) der ausgewerteten Modelle Unternehmen in entwickelten Staaten und nur 32 (12,0%) Modelle Unternehmen in Entwicklungsländern. Drei (1,1%) Modelle konnten dabei nicht eingeordnet werden, da sie Länder betrachten, die in der Auflistung der Verneinten Nationen

[348] 33 Modelle über die USA bzw. Kanada konnten diesen Ländern dabei nur indirekt zugeordnet werden. Die Autoren dieser Studien führen lediglich die Verwendung von Compustat an, spezifizieren aber weder das Untersuchungsland noch die exakte Compustat Datenbank. Erst nach Abstimmung mit Standard & Poor's London war es anhand der verwendeten Datenhistorie möglich, die Verwendung der Compustat North America Datenbank für alle betreffenden Studien nachzuweisen.

[349] Die beiden Modelle der Studie von Kester (1986) können nicht eindeutig einer Region, einem Finanzsystem oder einem Rechtsraum zugeordnet werden, da sie einen kombinierten Datensatz aus US-amerikanischen und japanischen Unternehmen untersuchen.

nicht berücksichtigt sind oder Unternehmen verschiedener Staaten in einer Stichprobe bündeln.[350]

Betrachtet man nur den finanziellen Entwicklungsstand der untersuchten Staaten, verschiebt sich die Gewichtung weiter zugunsten entwickelter Finanzmärkte. Nach der Finanzsystem-Klassifikation von Demirgüç-Kunt/Levine (2001) untersuchen gerade noch 25 (9,4%) Modelle Unternehmen aus unterentwickelten Finanzsystemen, 234 (88,0%) Modelle beziehen sich auf Unternehmen aus entwickelten Finanzsystemen.[351] Eine deutliche Übergewichtung marktbasierter Finanzsysteme in der empirischen Forschung lässt sich indessen nicht nachweisen. 156 (58,6%) Modelle über Unternehmen aus marktbasierten Staaten stehen 101 (38,0%) Modelle über Firmen aus bankbasierten Ländern gegenüber.[352]

Die Verteilung der ausgewerteten Modelle nach Rechtsraumzugehörigkeit entspricht weitgehend den Erwartungen. Auf Grundlage der Rechtsraum-Klassifikation von La Porta et al. (1998) sind 139 (52,3%) Modelle dem englischen, 64 (24,1%) Modelle dem französischen, 43 (16,2%) Modelle dem deutschen und 13 (4,9%) Modelle dem skandinavischen Rechtsraum zuzurechnen. Sieben (2,6%) Modelle konnten dabei nicht eingeordnet werden.[353] Da sich die vier Rechtsräume in ihrer Größe deutlich unterscheiden, war von einer größeren Testhäufigkeit in Bezug auf den englischen und französischen Rechtsraum auszugehen. Der englische Rechtsraum ist aber auch bei relativer Betrachtung in der Literatur vermutlich noch überrepräsentiert. Mit den USA und Großbritannien zählen die beiden mit weitem Abstand meistuntersuchten Länder zum englischen Rechtsraum.

---

350 Die Studien von Chui et al. (2002) und Fan et al. (2003) untersuchen u.a. Taiwan, das nicht in der Auflistung der Vereinten Nationen geführt wird. Allayannis et al. (2003) untersuchen einen kombinierten Datensatz ostasiatischer Staaten, weshalb eine Zuordnung ebenfalls unmöglich war.

351 Sieben Modelle konnten dabei nicht zugeordnet werden. Dies betrifft das Modell der Studie von Allayannis et al. (2003) über einen kombinierten Datensatz ostasiatischer Länder, die beiden Modelle der Studie von Chen (2004) über China, das Modell von Frackowiak et al. (2005) über Polen, ein Modell der Studie von Colombo (2001) über Ungarn sowie jeweils ein Modell der Studie von Chui et al. (2002) und Fan et al. (2003) über Taiwan.

352 Neun Modelle konnten nicht in die Auswertung übernommen werden. Zusätzlich zu den sieben Modellen, die in der Aufstellung von Demirgüç-Kunt/Levine (2001) nicht enthalten sind, konnten in Bezug auf die Ausgestaltung des Finanzsystems die beiden Modelle der Studie von Kester (1986) über einen kombinierten Datensatz US-amerikanischer und japanischer Firmen nicht zugeordnet werden. Japan kennzeichnet ein bankbasiertes, die USA ein marktbasiertes Finanzsystem.

353 Im Unterschied zu der Finanzsystem-Klassifikation von Demirgüç-Kunt/Levine (2001) beinhaltet die Rechtsraum-Klassifikation von La Porta et al. (1998) Taiwan. Ansonsten sind die beiden Länderaufstellungen im Hinblick auf die von den Primärstudien untersuchten Staaten deckungsgleich. Dementsprechend konnten die beiden Modelle der Studien von Chui et al. (2002) und Fan et al. (2003) über Taiwan nach dem Rechtsraum eingeordnet werden, so dass in Bezug auf die Rechtsraumklassifikation sieben Modelle nicht berücksichtigt werden konnten.

Tabelle 5.1 Übersicht der ausgewerteten empirischen Modelle

	GU		KMU		Gesamt	
	N	%	*N*	%	*N*	%
Übersicht A. Anzahl und relative Häufigkeit der Modelle nach Jahr						
1984	1	(0,5%)	-	-	1	(0,4%)
1986	3	(1,4%)	-	-	3	(1,1%)
1988	5	(2,3%)	-	-	5	(1,9%)
1989	3	(1,4%)	-	-	3	(1,1%)
1990	1	(0,5%)	-	-	1	(0,4%)
1991	2	(0,9%)	-	-	2	(0,8%)
1992	7	(3,2%)	-	-	7	(2,6%)
1993	8	(3,7%)	2	(4,1%)	10	(3,8%)
1994	3	(1,4%)	-	-	3	(1,1%)
1995	16	(7,4%)	-	-	16	(6,0%)
1996	2	(0,9%)	3	(6,1%)	5	(1,9%)
1997	4	(1,8%)	-	-	4	(1,5%)
1998	3	(1,4%)	1	(2,0%)	4	(1,5%)
1999	14	(6,5%)	5	(10,2%)	19	(7,1%)
2000	8	(3,7%)	2	(4,1%)	10	(3,8%)
2001	17	(7,8%)	4	(8,2%)	21	(7,9%)
2002	31	(14,3%)	3	(6,1%)	34	(12,8%)
2003	41	(18,9%)	5	(10,2%)	46	(17,3%)
2004	24	(11,1%)	21	(42,9%)	45	(16,9%)
2005	24	(11,1%)	3	(6,1%)	27	(10,2%)
Übersicht B. Anzahl und relative Häufigkeit der Modelle nach Publikationsart						
Zeitschrift "A+"	52	(24,0%)	-	-	52	(19,5%)
Zeitschrift "A"	21	(9,7%)	20	(40,8%)	41	(15,4%)
Zeitschrift "B"	22	(10,1%)	8	(16,3%)	30	(11,3%)
Zeitschrift "C"	38	(17,5%)	3	(6,1%)	41	(15,4%)
Zeitschrift "unbewertet"	8	(3,7%)	5	(10,2%)	13	(4,9%)
Arbeitspapier	76	(35,0%)	13	(26,5%)	89	(33,5%)
Übersicht C. Anzahl und relative Häufigkeit der Modelle nach Datenherkunft						
Compustat	41	(18,9%)	-	-	41	(15,4%)
Datastream	28	(12,9%)	-	-	28	(10,5%)
Worldscope	58	(26,7%)	-	-	58	(21,8%)
Sonstige	90	(41,5%)	49	(100,0%)	139	(52,3%)
	217	(100,0%)	49	(100,0%)	266	(100,0%)

5.2.2 Beschreibung der ausgewerteten Ergebnisdaten

Auf Grundlage des in Kapitel 4.3.2.4 erläuterten Auswertungsschemas fanden insgesamt 1.253 Einzelergebnisse der 266 ausgewählten Modelle Eingang in die Literaturdatenbank. Im Durchschnitt testen die ausgewerteten Modelle demnach 4,7 der acht traditionellen Kapitalstruktur-Determinanten. Größere Abweichungen von diesem Mittelwert sind ausgesprochen selten. Annähernd 90% (239 der 266) der Modelle untersuchen zwischen drei und sechs der traditionellen Determinanten. Aus 58 Primärstudien konnten bis zu neun Ergebnisse (302 Resultate, 24,1%), aus 17 Studien zwischen zehn und 19 Ergebnisse (233 Resultate, 18,6%), aus acht Studien zwischen 20 und 49 Ergebnisse (237 Resultate, 18,9%) und aus den sieben umfangreichsten Studien 50 und mehr Ergebnisse entnommen werden (481 Resultate, 38,4%).

Bis auf wenige Ausnahmen ist der Einfluss jeder einzelnen Primärstudie auf die Gesamtzahl der Ergebnisse gering. 82 der 90 ausgewerteten Studien besitzen einen relativen Anteil an den Gesamtergebnissen von jeweils unter 3%. Sieben Studien erreichen einen Anteilswert zwischen jeweils 3% und 6%. Die meisten Ergebnisse stammen aus der Studie von Fan et al. (2003). Die Autoren untersuchen sechs der traditionellen Determinanten für 18 getrennte Länderstichproben. Diese 108 Resultate entsprechen 8,6% der Gesamtergebnisse.

Im Rahmen der Ergebnisauswertung konnte die statistische Unabhängigkeitsbedingung beinahe durchgängig eingehalten werden. Widersprüchliche Ergebnisse über die gleiche Determinante innerhalb eines Modells traten in lediglich sieben Fällen auf. Die diesbezüglich formulierte Ausnahmeregelung blieb damit de facto ohne Auswirkung auf die Gesamtergebnisse.[354]

Da sich die Zahl der aus jedem Modell entnommenen Ergebnisse nur unwesentlich voneinander unterscheidet, stimmt die relative Häufigkeitsverteilung der Ergebnisdaten nahezu vollkommen mit den entsprechenden Angaben auf Modellebene überein. 1.036 (82,7%) der 1.253 ausgewerteten Ergebnisse beziehen sich auf Großunternehmen, 217 (17,3%) Resultate auf mittelständische Firmen. Mehr als 60% der Ergebnisdaten wurden seit 2001 veröffentlicht. 43,6% der Resultate erschienen in mindestens B-Publikationen, beachtliche 34,9% in Arbeitspapieren. Auf Compustat, Datastream und Worldscope beruhen 52,6% der ausgewerteten Ergebnisse. Der Einfluss dieser drei Datenbanken auf die weltweite Determinantenforschung muss somit als erheblich gelten. Tabelle 5.2 stellt die Verteilung der Ergebnisdaten zusammenfassend dar. Eine detaillierte Aufschlüsselung der ausgewerteten Ergebnisdaten enthält Anhangtabelle A.12.

---

[354] Vgl. Kapitel 4.3.2.4, S. 114f.

Auf die sieben führenden Industrienationen entfallen 63,2% der Ergebnisdaten.[355] Auch die individuelle Bedeutung der einzelnen Staaten bleibt nahezu unverändert. Die meisten Resultate über die traditionellen Kapitalstruktur-Determinanten liegen über die USA und Kanada (281 Ergebnisse), Großbritannien (209 Ergebnisse), Deutschland (108 Ergebnisse), Frankreich (70 Ergebnisse), Spanien (66 Ergebnisse), Italien (45 Ergebnisse), Japan (43 Ergebnisse) und Australien (43 Ergebnisse) vor. In Bezug auf die übrigen 24 in der Literaturdatenbank vertretenen Länder ergibt sich eine uneinheitliche Ergebnislage. Über 14 dieser Länder liegen zwischen zehn und 33 Ergebnisse vor, aus Modellen über die übrigen zehn Staaten stammen zwischen drei und neun Resultate.

Die weitgehende Konzentration der Determinantenforschung auf wirtschaftlich bedeutende Volkswirtschaften lässt sich auch anhand der Ergebnisdaten belegen. 85,8% der Determinantenergebnisse beziehen sich auf Unternehmen, die gemäß der UN-Klassifizierung in wirtschaftlich entwickelten Staaten ansässig sind. Allein auf Europa und Nordamerika entfallen 78,2% der Resultate. Immerhin 15,1% der Ergebnisse beziehen sich auf asiatische Unternehmen. Die in der internationalen Literatur vorhandenen Erkenntnisse über südamerikanische und afrikanische Unternehmen sind hingegen marginal. Lediglich 2,1% bzw. 0,5% der ausgewerteten Ergebnisse geben Aufschluss über das Finanzierungsverhalten von Unternehmen dieser beiden Kontinente.[356]

Nahezu übereinstimmend mit den Angaben auf Modellebene sind schließlich auch die relativen Ergebnishäufigkeiten hinsichtlich der Finanzsystem- und Rechtsraumklassifikation. 88,7% der Ergebnisse beruhen auf Unternehmensstichproben aus Staaten mit entwickeltem Finanzsystem. 60,1% der Ergebnisse entfallen auf marktbasierte Finanzsysteme. Auf den englischen Rechtsraum beziehen sich 53,7%, auf den Französischen 22,8%, auf den Deutschen 16,1% und auf den Skandinavischen 4,6% der Resultate.

---

[355] Bei der Interpretation der nachfolgenden Häufigkeitsangaben ist grundsätzlich zu beachten, dass je nach Fragestellung bis zu 44 Ergebnisse nicht zugeordnet werden konnten. Diese Ergebnisdaten stammen aus den im vorangegangenen Abschnitt bereits genannten Modellen, die entweder Staaten untersuchen, welche nicht in den einzelnen Länderklassifikationen geführt werden oder einen kombinierten Datensatz untersuchen, der nicht eindeutig in die betreffenden Länderklassifikationen eingeordnet werden kann.

[356] In den ausgewerteten Studien finden sich einige wenige weitere Modelle über südamerikanische und afrikanische Unternehmen, die wegen mangelnder Stichprobengröße nicht in die Datenbank übernommen wurden. Da diese Modelle auf Datensätzen von weniger als 50 Stichprobeunternehmen beruhen, ist ihre jeweilige Aussagekraft überaus fraglich.

Tabelle 5.2 Übersicht der ausgewerteten Ergebnisdaten

	GU		KMU		Gesamt	
	N	%	*N*	%	*N*	%
Übersicht A. Anzahl und relative Häufigkeit der Modelle nach Jahr						
1984	3	(0,3%)	-	-	3	(0,2%)
1986	13	(1,3%)	-	-	13	(1,0%)
1988	32	(3,1%)	-	-	32	(2,6%)
1989	9	(0,9%)	-	-	9	(0,7%)
1990	5	(0,5%)	-	-	5	(0,4%)
1991	11	(1,1%)	-	-	11	(0,9%)
1992	30	(2,9%)	-	-	30	(2,4%)
1993	45	(4,3%)	8	(3,7%)	53	(4,2%)
1994	13	(1,3%)	-	-	13	(1,0%)
1995	60	(5,8%)	-	-	60	(4,8%)
1996	9	(0,9%)	12	(5,5%)	21	(1,7%)
1997	18	(1,7%)	-	-	18	(1,4%)
1998	20	(1,9%)	6	(2,8%)	26	(2,1%)
1999	91	(8,8%)	29	(13,4%)	120	(9,6%)
2000	35	(3,4%)	8	(3,7%)	43	(3,4%)
2001	76	(7,3%)	22	(10,1%)	98	(7,8%)
2002	139	(13,4%)	12	(5,5%)	151	(12,1%)
2003	210	(20,3%)	26	(12,0%)	236	(18,8%)
2004	104	(10,0%)	76	(35,0%)	180	(14,4%)
2005	113	(10,9%)	18	(8,3%)	131	(10,5%)
Übersicht B. Anzahl und relative Häufigkeit der Modelle nach Publikationsart						
Zeitschrift "A+"	241	(23,3%)	-	-	241	(19,2%)
Zeitschrift "A"	93	(9,0%)	82	(37,8%)	175	(14,0%)
Zeitschrift "B"	89	(8,6%)	41	(18,9%)	130	(10,4%)
Zeitschrift "C"	196	(18,9%)	15	(6,9%)	211	(16,8%)
Zeitschrift "unbewertet"	44	(4,2%)	15	(6,9%)	59	(4,7%)
Arbeitspapier	373	(36,0%)	64	(29,5%)	437	(34,9%)
Übersicht C. Anzahl und relative Häufigkeit der Modelle nach Datenherkunft						
Compustat	204	(19,7%)	-	-	204	(16,3%)
Datastream	143	(13,8%)	-	-	143	(11,4%)
Worldscope	312	(30,1%)	-	-	312	(24,9%)
Sonstige	377	(36,4%)	217	(100,0%)	594	(47,4%)
	1036	(100,0%)	217	(100,0%)	1253	(100,0%)

5.3 Methodische Merkmale der Determinantenforschung

5.3.1 Untersuchungsmethodik

Die 90 ausgewerteten Kapitalstrukturstudien basieren auf 17 verschiedenen multivariaten statistischen Verfahren. Als Hauptanalysemethode werden am häufigsten OLS-Regressionen eingesetzt. 31 (34,4%) der 90 betrachteten Studien nutzen diese Methode zur Auswertung von Querschnittsdaten; weitere 10 (11,1%) Studien zur Auswertung von Panel-Daten. Erhebliche Bedeutung kommt des Weiteren den klassischen Panel-Verfahren zu. Mehr als ein Viertel der Studien greift auf Fixed-Effects-, Random-Effects- oder dynamische Panel-Modelle zurück. Mit bereits deutlichem Abstand folgen Logit- bzw. Probit-Modelle, die von 7,8% der Studien verwendet werden. Ebenfalls 7,8% der Studien verwenden mit Tobit-Spezifikationen oder dem Fama-MacBeth-Ansatz Abwandlungen des OLS-Modells. Abwandlungen der klassischen Panel-Modelle finden sich in gerade noch 5,5% der Studien. Auf sonstigen empirischen Methoden basieren zusammengenommen lediglich 4,4% der Studien. Die Bedeutung der einzelnen Methoden ist erwartungsgemäß weitgehend unabhängig von der Größenklasse der untersuchten Firmen. Studien über mittelständische Unternehmen setzten bis Ende 2005 allerdings erst sechs statistische Verfahren ein, was unmittelbare Folge der geringeren Studienzahl sein dürfte. Tabelle 5.3 stellt Anzahl und relative Häufigkeiten der verwendeten statistischen Verfahren dar.

Der methodische Fortschritt im Zeitablauf lässt sich anhand der ausgewerteten Studien ebenfalls dokumentieren. Studien mit Veröffentlichungsdatum zwischen 1984 und 1990 nutzen ausschließlich Querschnittsmodelle oder Logit-/Probit-Spezifikationen. Der Anteil von OLS-Regressionen beträgt dabei 75,0%. Im Laufe der folgenden 15 Jahre sinkt der Anteil an Querschnittsmodellen kontinuierlich. Seit 2001 basieren nur noch 25,5% der Studien auf solchen Verfahren. Lineare Querschnittsregressionen verwenden sogar nur noch 19,6% der Beiträge als Hauptanalysetechnik. Bemerkenswert ist die Methodenwahl in den Arbeitspapieren. Bereits 13 der 18 ausgewerteten Beiträge nutzen statische oder dynamische Panel-Modelle, nur noch ein einziger als Arbeitspapier erschienener Beitrag wertet einen klassischen Querschnittsdatensatz von Unternehmen aus. Auch die Methodenvielfalt nimmt zu. In dem Zeitraum von 1984 bis 1990 werden lediglich drei verschiedene statistische Verfahren in der empirischen Determinantenforschung eingesetzt; Veröffentlichungen der Jahre 2001 bis 2005 nutzen hingegen 15 unterschiedliche Methoden.

Tabelle 5.3 Übersicht der statistischen Methoden

	GU		KMU		Gesamt	
Methode	*N*	*%*	*N*	*%*	*N*	*%*
OLS	24	(32,9%)	7	(41,2%)	31	(34,4%)
Panel (fixed-effects)	11	(15,1%)	3	(17,6%)	14	(15,6%)
OLS (gepoolt)	10	(13,7%)	-	-	10	(11,1%)
Panel (dynamisch)	7	(9,6%)	3	(17,6%)	10	(11,1%)
LOGIT/PROBIT	5	(6,8%)	2	(11,8%)	7	(7,8%)
TOBIT	3	(4,1%)	1	(5,9%)	4	(4,4%)
TOBIT (gepoolt)	2	(2,7%)	-	-	2	(2,2%)
Panel (random-effects)	2	(2,7%)	-	-	2	(2,2%)
Panel (TOBIT, random-effects)	2	(2,7%)	-	-	2	(2,2%)
2SLS (gepoolt)	1	(1,4%)	-	-	1	(1,1%)
3SLS	1	(1,4%)	-	-	1	(1,1%)
Faktorregression	1	(1,4%)	-	-	1	(1,1%)
LISREL	1	(1,4%)	-	-	1	(1,1%)
OLS (Fama-MacBeth)	1	(1,4%)	-	-	1	(1,1%)
Panel (2SLS, fixed-effects)	1	(1,4%)	-	-	1	(1,1%)
Panel (nicht linear, fixed-effects)	1	(1,4%)	-	-	1	(1,1%)
Panel (nicht linear, gepoolt)	-	-	1	(5,9%)	1	(1,1%)
	73	(100,0%)	17	(100,0%)	90	(100,0%)

5.3.2 Stichprobengröße

Tabelle 5.4 stellt die in der Literatur verwendeten Stichprobengrößen im Überblick dar. Die Tabelle zeigt jeweils Mittelwert, Standardabweichung und ausgewählte Perzentile der von Querschnittsanalysen, Panel-Analysen und Logit-/Probit-Modellen genutzten Datenumfänge. Aus Gründen der Übersichtlichkeit sind alle Tabelleneinträge ganzzahlig gerundet. Infolge unvollständiger Angaben zur Stichprobengröße konnte eine Querschnittsstudie (2 Modelle) sowie fünf Studien auf Basis von Panel-Daten (12 Modelle) nicht in dieser Aufstellung berücksichtigt werden. Die fünf Panel-Studien berichten lediglich die Zahl der Stichprobenunternehmen aber nicht die genaue Anzahl an Beobachtungspunkten (Firm-Year-Observations).[357] Die Querschnittsuntersuchung erwähnt lediglich in einer Anhangtabelle einen sehr großen Stichprobenumfang, der sich nicht weiter verifizieren ließ und aus diesem Grund nicht in die Auswertung übernommen wurde.[358]

[357] Vgl. Kremp et al. (1999); Fama/French (2002); Menéndez-Alonso (2003); van der Wijst/Thurik (1993); Moh'd et al. (1998)

[358] Vgl. Kayhan/Titman (2004)

Querschnittsanalysen basieren im Durchschnitt auf 934 Unternehmen. Der kleinste Querschnitts-Datensatz beinhaltet 65, der Umfangreichste 12.990 Unternehmen. Die Hälfte der Stichproben ist größer als 451 Unternehmen. Große Querschnitts-Stichproben finden sich in der Literatur auffallend selten. Lediglich 21,6% (8,6%) der Querschnittsmodelle liegen Stichproben von mehr als 1.000 (3.000) Firmen zugrunde. Umgekehrt überrascht der Anteil verhältnismäßig kleiner Stichproben. 30,2% der ausgewerteten Querschnittsanalysen beruhen auf höchstens 300 Unternehmen. Allerdings ist der Anteil von Kleinststichproben in der Determinantenforschung äußerst gering. Lediglich 7,8% der ausgewerteten Querschnittsmodelle unterschreiten 100 Stichprobenunternehmen.[359]

Modelle basierend auf Panel-Datensätzen weisen durchschnittlich 11,2 Beobachtungsjahre und 952 Unternehmen auf.[360] In vielen Fällen liegt die Zahl der angegebenen Beobachtungspunkte allerdings niedriger als bei Multiplikation der Untersuchungsjahre mit dem Stichprobenumfang zu erwarten wäre. Offenbar basieren viele Studien auf unbalancierten Panel-Datensätzen oder der angegebene Untersuchungszeitraum wird nicht in Gänze ausgeschöpft (z.B. aufgrund von Durchschnittsbildung der Variablen). Die Hälfte der Studien basiert auf einer Zeitreihe von bis zu neun Jahren bzw. auf einer Stichprobe von bis zu 222 Unternehmen. Panel-Untersuchungen kommen dabei üblicherweise auf Grundlage einer mindestens sechsjährigen Zeitreihe zum Einsatz.[361] Nur 13,8% der Panel-Modelle basieren auf kürzeren Untersuchungszeiträumen. Die minimale Zahl an Beobachtungsjahren beträgt drei (Menéndez-Alonso, 2003), die maximale Zahl 36 (Flannery/Rangan, 2004).

Aus der Kombination von Zeitreihen- und Querschnittsdaten resultieren durchschnittlich 10.484 verwertbare Beobachtungspunkte. Die Streuung um den Mittelwert ist dabei weit größer als im Fall der Querschnittsdatensätze. Der Umfang der ausgewerteten Panel-Datensätze reicht von 294 bis 111.106 Beobachtungspunkten. Der Median liegt mit 1.906 Beobachtungspunkten deutlich unterhalb des berechneten Mittelwerts. Oberhalb des Durchschnittswerts liegt tatsächlich nur etwas mehr als ein Fünftel der Panel-Modelle. Mehr als 30.000 Beobachtungspunkte weisen noch 13 der 126 (10,3%) Panel-Modelle auf. Auf einem Querschnittsdatensatz von mehr als 5.000 Unternehmen

---

[359] Bei der Interpretation dieses Wertes ist zu beachten, dass Modelle unter 50 Stichprobenunternehmen nicht in die Literaturauswahl übernommen wurden.

[360] Angaben über die absolute Anzahl an Stichprobenunternehmen basieren auf lediglich 119 Panel-Studien, da sieben Panel-Studien nur die Zahl der Beobachtungspunkte angeben.

[361] Die Zeitreihenlänge wurde – sofern keine anderen Angaben verfügbar waren – als Differenz des von den Autoren angegebenen End- und Startjahres des Untersuchungszeitraumes berechnet. Diese Vorgehensweise unterstellt implizit, dass das Endjahr nicht mehr in die Auswertung einfloss. Wäre das Endjahr noch vollständig in die Analyse eingegangen, würde die Zeitreihenlänge dieser Studien demzufolge um ein Jahr unterschätzt.

basieren lediglich sechs Panel-Modelle. Höchstens neun weitere Panel-Modelle könnten unter Würdigung der Beobachtungspunkte und Untersuchungsjahre auf einem ähnlich umfangreichen Unternehmensdatensatz beruhen. Selbst wenn diese 15 Modelle den vermuteten Stichprobenumfang besäßen, basierten lediglich 7,4% der gesamten Querschnitts- und Panel-Analysen auf einem Datensatz von mehr als 5.000 Unternehmen. Eine Validierung der empirischen Ergebnisse über die Determinanten der Kapitalstruktur auf Grundlage großer Querschnittsdatensätze steht somit überraschenderweise noch weitgehend aus.

Eine Sonderstellung in Bezug auf die Stichprobengröße nehmen Logit-/Probit-Modelle ein. Der Stichprobenumfang dieser Untersuchungen bestimmt sich in erster Linie nach der Verfügbarkeit von Informationen über Eigen- und Fremdkapitalemissionen und nicht nach Eintragungen in Bilanzdatenbanken. Die durchschnittlich von Logit-/Probit-Modelle untersuchte Anzahl externer Kapitalaufnahmen beläuft sich auf 635. Dieser Mittelwert ist aufgrund der geringen Modellzahl allerdings nicht aussagekräftig. Der Stichprobenumfang schwankt tatsächlich erheblich und reicht von 63 bis 1.747 Kapitalmaßnahmen.

Tabelle 5.4 Übersicht Stichprobengröße

		Mittelwert	*Standard-abweichung*	*5% Perzentil*	*25% Perzentil*	*Median*	*75% Perzentil*	*95% Perzentil*
				Übersicht A. Querschnittsdatensätze				
Gesamt	(N=116)	934	1602	96	236	451	822	3337
GU-Modelle	(N=88)	815	1698	91	177	363	796	2849
KMU-Modelle	(N=28)	1308	1200	320	500	500	2470	3500
				Übersicht B. Panel-Datensätze				
Gesamt	(N=126)	10484	21328	427	836	1906	7915	70449
GU-Modelle	(N=113)	10021	22305	422	759	1515	5190	83818
KMU-Modelle	(N=13)	14511	8662	1186	7765	19805	20500	29155
				Übersicht C. Logit-/Probit-Datensätze				
Gesamt	(N=10)	635	528	63	104	749	871	1747
GU-Modelle	(N=6)	584	658	63	81	391	1056	1747
KMU-Modelle	(N=4)	710	322	228	389	871	871	871

5.3.3 Güte der Schätzung

Die in der Literatur verwendeten Untersuchungsmethoden unterstellen mit wenigen Ausnahmen lineare Zusammenhänge zwischen Regressand und Regressoren. Vor diesem Hintergrund bietet sich der Determinationskoeffizient (R^2) als allgemeines Maß der Modellgüte an. Erreicht das R^2 einer OLS-Regression den maximalen Wert von

Eins, erklärt das aufgestellte Modell die gesamte Varianz der abhängigen Variable. In diesem Fall würden alle Messwerte der abhängigen Variable exakt auf der geschätzten Regressionsgeraden liegen. Kann ein Modell die Varianz der abhängigen Variable nicht erklären, resultiert ein R^2 von Null.[362] Übertragen auf die Determinantenforschung bedeutet dies, dass Modelle mit einem niedrigen R^2 letztlich kaum etwas zum Verständnis der Höhe des untersuchten Verschuldungsgrades beitragen. Solchen Modelle fehlen offenbar wichtige Einflussfaktoren auf die Kapitalstruktur oder die Linearitätsannahme ist unzutreffend. Umgekehrt bringt ein hohes R^2 zum Ausdruck, dass den untersuchten Determinanten zusammengenommen eine hohe Erklärungskraft zukommt und dass die wesentlichen Bestimmungsfaktoren des Verschuldungsgrades tatsächlich innerhalb des empirischen Modells berücksichtigt sind.

Eine unmittelbare Vergleichbarkeit der R^2 ist jedoch aus mehreren Gründen nicht gegeben. Die R^2 beziehen sich jeweils auf verschiedene statistische Methoden und unterscheiden sich aus diesem Grund hinsichtlich Berechnungsart und Aussagekraft. Bereits im Zusammenhang mit Panel-Untersuchungen bestehen mehrere alternative Definitionsformen des Determinationskoeffizienten.[363] Die Berechnungsweise des Determinationskoeffizienten in Tobit-Modellen unterscheidet sich ebenfalls von derjenigen in OLS-Modellen.[364] In Bezug auf Logit- und Probit-Modelle können R^2 nur (höchst) näherungsweise bestimmt werden. Diese Pseudo-R^2 können in zahlreichen Unterformen vorliegen, was den studienübergreifenden Vergleich beeinträchtigt. Hinzu kommt, dass die linearen Prädiktoren der Modelle unterschiedlich zusammengestellt sind. Berücksichtigt eine Studie beispielsweise ein zeitlich versetztes Verschuldungsgradmaß als unabhängige Variable wird die erklärte Varianz entscheidend erhöht, obwohl sich die Aussagekraft der eigentlichen Determinanten dadurch nicht verändert. Schließlich variiert auch die Definition der abhängigen Variable zwischen den ausgewerteten Modellen.

Die Kenntnis der ungefähren Größenordnungen der ermittelten R^2 ist dennoch von Interesse. Sollte die überragende Mehrheit der Modelle methodenübergreifend verhältnismäßig hohe R^2-Werte aufweisen, wäre dies zumindest ein starkes Indiz für die Erklärungskraft bisheriger empirischer Modelle und damit indirekt auch für den Einfluss der traditionellen Kapitalstruktur-Determinanten. Umgekehrt würde eine methodenübergreifende Häufung sehr niedriger R^2-Werte auf eine geringe Aussagekraft der Modelle hindeuten. In die nachfolgende Auswertung wurde von OLS-Regressionen

[362] Vgl. Wooldridge (2003), S. 40, 83
[363] Vgl. Verbeek (2008), S. 369f.
[364] Vgl. Wooldridge (2003), S. 571

jeweils das adjustierte R^2 [365], ansonsten das jeweils berichtete R^2 übernommen. Angaben über (adjustierte) R^2 und Pseudo-R^2 fanden sich in Bezug auf 188 (70,7%) der 266 ausgewerteten Modelle. Die vorgefundene Schwankungsbreite der R^2-Maße ist immens. In der Hälfte der Fälle liegt der Wert dieser Statistik unter 0,3. Etwa zwei Drittel der Modelle weisen eine erklärte Varianz von unter 50% auf. Außerordentlich hohe erklärte Varianzen von über 70% berichtet jedoch fast ein Fünftel der Modelle. Einzelne Modelle kommen sogar auf R^2-Werte von über 0,9. Gleichzeitig erreichen aber rund 10% der Modelle nicht einmal einen R^2-Wert von 0,1.

In diesem Zusammenhang fällt auf, dass sich bei alleiniger Auswertung der R^2-Werte der OLS-Querschnittsmodelle ein deutlich weniger beeindruckendes Ergebnis einstellt. Lediglich drei der 59 ausgewerteten adjustierten R^2 von OLS-Modellen überschreiten den Wert von 0,5. 41 der 59 (70,0%) Modelle weisen erklärte Varianzen von unter 30% auf. 20 dieser Modelle kommen noch nicht einmal über ein R^2 von 15% hinaus. Noch niedrigere R^2-Werte weisen die ebenfalls auf Querschnittsdaten basierenden Tobit-Modelle auf. Hier liegen sogar 12 der 14 (85,7%) ausgewerteten R^2 unterhalb von 0,3. Über zwei Fünftel der Tobit-Modelle erhalten R^2-Werte kleiner 0,15.

Ganz anderes stellt sich die Situation bei Panel-Modellen dar. Die außerordentlich hohen R^2-Werte von mindestens 0,7 werden bis auf eine Ausnahme allesamt von Panel-Ansätzen erzielt. Der Einsatz eines Panel-Verfahrens führt dabei aber nicht notwendigerweise von sich aus zu einem höheren R^2-Wert. Beispielsweise berichten 40% der Fixed-Effects-Modelle ein R^2 kleiner 0,3. Bei 45% dieser Modelle liegt es oberhalb von 0,7. Auffallend ist ebenso, dass es vornehmlich einzelne Studien sind, die wiederholt hohe R^2-Werte erhalten. So finden sich 75,8% der gesamten R^2-Werte von 0,5 und höher in lediglich fünf Studien[366], 63,6% der R^2-Werte oberhalb von 0,7 stammen sogar aus nur zwei Studien[367].

Über die Gründe der extremen Schwankungsbreite und der großen Zahl überraschend hoher R^2-Werte bei Panel-Modellen kann im Rahmen dieser Arbeit letztlich nur spekuliert werden. In einigen Fällen dürfte die Einbeziehung eines zeitversetzten Verschuldungsgradmaßes als unabhängige Variable für den signifikanten Anstieg der R^2-Werte verantwortlich sein. Daneben ist bekannt, dass die Verwendung des Least-Squares-Dummy-Schätzers im Rahmen von Fixed-Effects-Panel-Modellen zu einem deutlichen

365 Das R^2 kann mit zunehmender Zahl an unabhängigen Modellvariablen niemals sinken sondern höchstens ansteigen. Das adjustierte R^2 berücksichtigt explizit die Zahl unabhängiger Modellvariablen und steigt lediglich an, wenn eine neu hinzugefügte Variable mindestens einen t-Betragswert von Eins besitzt. Vgl. Wooldridge (2003), S. 197f.

366 Dies sind die Studien von Bartholdy/Mateus (2005), Chen/Hammes (2004), Fan et al. (2003), Menéndez-Alonso (2003) und Booth et al. (2001).

367 Dies sind die Studien von Fan et al. (2003) und Booth et al. (2001).

R^2-Anstieg führt.[368] Von den fünf Studien, die zusammen genommen mehr als drei Viertel der R^2-Werte oberhalb von 0,5 auf sich vereinen, nutzen tatsächlich zwei Studien den Least-Squares-Dummy-Schätzer und eine Studie ein zeitversetztes Verschuldungsgradmaß. Aufschlussreich ist in diesem Zusammenhang die Studie von Booth et al. (2001). Die Autoren berechnen dieselben Modelle für zahlreiche unterschiedliche Länderstichproben jeweils mit einer gepoolten OLS-Regression und einem Least-Squares-Dummy-Schätzer. Der alleinige Modellwechsel führt in nahezu allen Fällen zu einem Anstieg des gemessenen R^2 um mindestens 0,2. In vielen Fällen verdoppeln sich die Werte sogar. In Einzelfällen kommt es sogar bis zu einer Verzehnfachung der Determinationskoeffizienten. Dies hat zur Folge, dass die Fixed-Effects-Modelle beinahe durchgängig beeindruckende R^2 aufweisen, während die gepoolten OLS-Modelle weit bescheidenere Werte ergeben. Booth et al. schlussfolgern in diesem Zusammenhang, dass ihr Modell bedeutende Variablen übersehen haben muss.[369] Dabei erreicht die überwiegende Zahl der R^2-Werte der gepoolten Modelle immer noch Werte zwischen 0,2 und 0,5 und liegt damit zum Teil deutlich über den entsprechenden Werten anderer Studien. Wäre diese Schlussfolgerung von Booth et al. verallgemeinerbar, müssten viele der ausgewerteten Primärstudien weitaus erheblichere Schwierigkeiten mit fehlenden Modellvariablen haben.

Vor diesem Hintergrund verdient die Schwankungsbreite der R^2 größere Aufmerksamkeit. Von zentraler Bedeutung wäre dabei das Verständnis, welchen Einfluss die Untersuchungsmethodik bzw. die Berechnungsweise der R^2 und welchen Einfluss die konkrete Modellzusammenstellung auf den Wert der Determinationskoeffizienten nimmt. Wären die R^2-Schwankungen maßgeblich methodisch bedingt, blieben die inhaltlichen Auswirkungen auf die Determinantenforschung gering. Beruhen die Schwankungen jedoch in größerem Maße auf der Determinantenauswahl, der Stichprobenzusammensetzung und den verwendeten Operationalisierungsformen, hätte dies erhebliche Konsequenzen. In diesem Falle gäbe es in der Literatur Modellspezifikationen mit deutlich überlegener Aussagekraft, die bis dato aber nicht als solche erkannt würden.

5.3.4 Definition des Verschuldungsgradmaßes

Auf aggregierter Ebene fehlen in der Literatur bisher nicht nur jegliche Angaben über Untersuchungsmethodik, Stichprobengröße und Modellgüte, sondern auch über die abhängigen Variablen der Determinantenstudien. Sowohl über die Verwendungshäufigkeit als auch über die Definition der Verschuldungsgradmaße herrscht weitgehende Intransparenz. Zur Untersuchung dieser Fragestellungen wurden die abhängigen Va-

[368] Vgl. Wooldridge (2003), S. 466
[369] Vgl. Booth et al. (2001), S. 104

riablen der ausgewerteten Modelle mit ihrer genauen mathematischen Definition erfasst und den sechs in Kapitel 3.1.3.2 erläuterten Verschuldungsgradkategorien (Gesamtverschuldung, langfristige Verschuldung und kurzfristige Verschuldung jeweils zu Buch- und Marktwerten) zugeordnet. Um Mehrfachzählungen und damit Ergebnisverzerrungen zu vermeiden, erfolgt die Auswertung nicht auf Modell- sondern auf Studienebene.

In der Literatur am besten erforscht sind die Bestimmungsfaktoren der Gesamtverschuldung. 69 der 90 (76,7%) ausgewerteten Studien testen diese. Lediglich 19 (21,1%) Studien beschäftigen sich hingegen mit der kurzfristigen Verschuldung. Die langfristige Verschuldung wird von 37 (41,1%) Studien untersucht. Aufgeschlüsselt nach buch- und marktbasierten Kennzahlen ergeben sich die in Tabelle 5.5 dargestellten (relativen) Häufigkeiten. 52 (33) Studien untersuchen demnach die Gesamtverschuldung zu Buchwerten (zu Marktwerten), 24 (17) die langfristige Verschuldung zu Buchwerten (zu Marktwerten) und 18 (3) Studien die kurzfristige Verschuldung zu Buchwerten (zu Marktwerten). Im Durchschnitt testet somit jede Studie 1,6 der sechs verschiedenen Verschuldungskategorien.

Erwartungsgemäß verwenden die mittelstandsbezogenen Studien ausschließlich buchwertbasierte Verschuldungskennzahlen. Auch bei den Studien über Großunternehmen überwiegen buchwertbasierte Verschuldungsmaße. Die Studie von Bennett/Donnelly (1993) untersucht als einziger Beitrag alle sechs Verschuldungsgradkategorien. Bevan/Danbolt (2002), Chen/Zhao (2005a) und Titman/Wessels (1988) testen jeweils vier, alle anderen Studien untersuchen drei oder weniger Kategorien.

Mittelstandsstudien sind in Bezug auf die getesteten Verschuldungsmaße vielseitiger als Studien über Großunternehmen. 82,4% der mittelstandsbezogenen Studien testen die Gesamtverschuldung, 52,9% die langfristige Verschuldung und 58,8% die kurzfristige Verschuldung. Studien über Großunternehmen stellen hingegen stärker auf die Gesamtverschuldung ab. Letztere wird von 75,3% der Studien getestet. Lediglich 38,4% und 12,3% der Studien über Großunternehmen untersuchen hingegen die Determinanten der lang- und kurzfristigen Verbindlichkeiten.

Überraschenderweise verzichtet die empirische Literatur nahezu vollständig auf die Verwendung streng marktwertbasierter Verschuldungsgradmaße. Lediglich die Studien von Pindado/de la Torre (2005) und de Miguel/Pindado (2000) verwenden – wie von den Kapitalstrukturtheorie gefordert – die Marktwerte von Eigen- und Fremdkapital in der Kennzahlendefinition. Alle übrigen marktwertbasierten Studien ersetzen den Marktwert des Fremdkapitals näherungsweise durch dessen Buchwert. Mangels Vergleichsmöglichkeiten können die Folgen dieser Vorgehensweise weder eingeschätzt noch überprüft werden. Trotz jahrzehntelanger empirischer Forschung besteht somit hinsichtlich einer Grundfrage der Determinantenforschung noch weitgehende Unklarheit. Die Ergebnisimplikationen aus dem Buch- oder Marktwertbezug der Verschuldungskennzahlen lassen sich folglich nur in Abhängigkeit der Bewertung des Eigenkapitals untersuchen.

Eine einheitliche Definition der Verschuldungsgradmaße liegt in der Literatur nicht vor. Allein 27 verschiedene Kennzahlen messen die Gesamtverschuldung, 15 die langfristige Verschuldung und neun die kurzfristige Verschuldung. Der Vergleich der abhängigen Variablen wird auch dadurch erschwert, dass die Mehrheit der Studien keine exakten Kennzahlendefinitionen enthält. Insbesondere Sammelbegriffe wie „Total Debt" oder „Total Liabilities" lassen Raum für die Einbeziehung unterschiedlichster Bilanzpositionen. Ob und wie sich der Verzicht auf eine präzise Spezifikation der abhängigen Variablen tatsächlich auswirkt, kann aufgrund fehlender Informationen nicht weiter untersucht werden. In der Folge muss daher die Inhaltsgleichheit buchhalterischer Begriffe studienübergreifend unterstellt werden.

Am häufigsten wird in der Literatur die Variable „Total Debt/Total Assets" als Regressand verwendet (29 Studien). Lediglich 18 weitere Verschuldungsmaße werden überhaupt mehrfach getestet. 32 Kennzahlen finden sich dagegen jeweils nur in einer Studie. Trotz der Vielzahl an Kennzahlen basiert ein Großteil der empirischen Forschung auf weitgehend ähnlichen oder identischen abhängigen Variablen. In allen sechs Verschuldungsgradkategorien vereint jeweils eine Kennzahl mindestens 40% der Forschung auf sich. Unter Berücksichtigung inhaltlich eng verwandter Verschuldungsmaße verwendet jeweils die überwiegende Mehrheit der Studien gut bis sehr gut vergleichbare Kennzahlen. Diese Beobachtung gilt gleichermaßen für Studien über mittelständische und große Unternehmen.

Dennoch ist innerhalb der einzelnen Verschuldungsgradkategorien eine signifikante Ergebnisbeeinflussung durch die Definition der abhängigen Variable nicht auszuschließen. Ein möglicherweise erheblicher Einfluss resultiert aus der Messung des Verschuldungsgrades über die Fremdkapitalquote oder den klassischen Verschuldungsgradkoeffizienten. Letzter misst das Verhältnis von Fremdkapital zu Eigenkapital, während die Fremdkapitalquote das Fremdkapital in das Verhältnis zu der Summe aus Eigen- und Fremdkapital setzt. Der Zahlenwert des Verschuldungsgradkoeffizienten reagiert deutlich stärker auf eine ansteigende Fremdfinanzierung als die Fremdkapitalquote. Bei einer vollkommen ausgeglichenen Bilanzstruktur mit einem Eigen- und Fremdkapitalanteil von jeweils 50% beträgt der Verschuldungsgradkoeffizient 1 und die Fremdkapitalquote 0,5. Nimmt der Fremdkapitalanteil in der Folge auf 70% zu, reagiert der Verschuldungsgradkoeffizient mit mehr als einer Verdoppelung seines Wertes (von 1 auf 2,3), während die Fremdkapitalquote um lediglich Faktor 1,4 ansteigt. Extreme Unterschiede zwischen beiden Kennzahlen treten in den für die Determinantenforschung besonders interessanten Fällen eines hohen Fremdkapitalanteils auf. Bei einem Fremdkapitalanteil von 90% beträgt der Verschuldungsgradkoeffizient 9, die Fremdkapitalquote 0,9. Im Verhältnis zu dem Ausgangswert bei einer ausgeglichenen Bilanzstruktur verneunfacht sich der Verschuldungsgradkoeffizient, während die Fremdkapitalquote um lediglich Faktor 1,8 ansteigt.

Umgekehrt fällt auch die relative Veränderung des Verschuldungsgradkoeffizienten bei einer Erhöhung der Eigenfinanzierung etwas stärker aus als die Veränderung der Fremdkapitalquote. Bei einem Eigenkapitalanteil von 70% beträgt der Verschuldungsgradkoeffizient 0,43, was mehr als einer Halbierung des Ausgangswertes von 1 entspricht. Die Fremdkapitalquote beläuft sich auf 0,3 und damit immer noch auf 60% des Ausgangswertes von 0,5. Der Verschuldungsgradkoeffizient führt somit zu einer deutlich stärkeren Gewichtung unausgeglichener Bilanzstrukturen, wobei sich ganz erhebliche Unterschiede im Falle hoher Fremdkapitalanteile ergeben. Da die Datensätze der Primärstudien nicht einsehbar sind, kann der daraus resultierende Ergebniseffekt nicht quantifiziert werden.

In zwei Fällen erscheint die Kennzahlenwahl grundsätzlich zur Messung des Verschuldungsgrades ungeeignet. Dies betrifft die Variablen „Interest Expenses/Gross Profit" sowie „(Interest Expenses/Cash-Flow)-1". Bereits die Zinszahlung eignet sich nur bedingt zur Approximation der Höhe des Fremdkapitals. Die Höhe der Zinszahlung bemisst sich nach der Art des Finanzierungsinstruments, der Bonität des Schuldners und dem allgemeinen Zinsniveau entweder zum Zeitpunkt der einzelnen Kapitalmaßnahmen oder bei variabler Verzinsung zum Zeitpunkt der Datenerhebung. Diese Zinszahlung durch eine Gewinn- oder Cash-Flow-Größe zu teilen, erlaubt lediglich Rückschlüsse auf die aktuelle Zinsdeckung, aber nicht über den Fremdkapitalanteil an der Bilanzsumme.

Trotz der Vielzahl an Kennzahlen erlauben es der eingeschränkte Wertebereich und die stark divergierenden Verwendungshäufigkeiten der Verschuldungskennzahlen, die ökonomische Relevanz der Determinantenergebnisse ohne Rückgriff auf gesonderte Effektstärkemaße studienübergreifend abzuschätzen. Im Hinblick auf den Wertebereich können prinzipiell drei Kennzahlenkategorien unterschieden werden. Die erste Kategorie bilden die als Fremdkapitalquoten definierten Variablen, die einen Wertebereich von Null bis Eins aufweisen. Die zweite Kategorie bilden dichotome Variablen im Rahmen von Logit- oder Probit-Untersuchungen, die entweder Null oder Eins betragen. Zu der dritten Kategorie gehören alle übrigen Variablen – darunter insbesondere die Verschuldungsgradkoeffizienten –, die Werte oberhalb von Eins annehmen können. Von den 1.253 ausgewerteten Ergebnissen beziehen sich lediglich 36 oder 2,9% auf Logit-/Probit-Schätzungen, so dass die Kenntnis der Koeffizientenwerte dieser Ergebnisse für eine ungefähre literaturübergreifende Beurteilung der ökonomischen Relevanz unerheblich ist. Auf die dritte Kennzahlenkategorie mit ausgedehnterem

Wertebereich entfallen insgesamt 95 (7,6%) Ergebnisse. 1.122 oder 89,5% der Resultate beziehen sich auf die als Prozentzahlen definierten Fremdkapitalquoten. Da ein betragsmäßig gleicher Koeffizientenwert bei identischer Skalierung der betreffenden unabhängigen Variable in Bezug auf eine Prozentzahl immer eine höhere ökonomische Bedeutung impliziert als im Hinblick auf eine Zahl mit größerem Wertebereich, reicht es zur näherungsweisen Beurteilung der Effektstärken aus, die gemessenen Koeffizientenwerte in Bezug auf Fremdkapitalquoten zu interpretieren.[370]

Tabelle 5.5 Übersicht Verschuldungsgraddefinition

	GU		KMU		Gesamt	
Abhängige Variable	*N*	%	*N*	%	*N*	%
Übersicht A. Gesamtverschuldung zu Marktwerten						
TD / (TD + MV (E))	14	(42,4%)	-	-	14	(42,4%)
TD / (TA - BV (E) + MV (E))	6	(18,2%)	-	-	6	(18,2%)
TD / MV (E)	3	(9,1%)	-	-	3	(9,1%)
TD / MV (Firm)	2	(6,1%)	-	-	2	(6,1%)
BIN (1 [E] / 0 [D])	2	(6,1%)	-	-	2	(6,1%)
BIN (0 [E] / 1 [D])	2	(6,1%)	-	-	2	(6,1%)
TL / MV (E)	1	(3,0%)	-	-	1	(3,0%)
TL / (TL + MV (E))	1	(3,0%)	-	-	1	(3,0%)
AdD / (AdD + MV (AdE))	1	(3,0%)	-	-	1	(3,0%)
(LTD + STD) / (TA - BV (E) + MV (E))	1	(3,0%)	-	-	1	(3,0%)
Gesamt	33	(100,0%)	-	-	33	(100,0%)
Übersicht B. Gesamtverschuldung zu Buchwerten						
TD / TA	23	(60,5%)	6	(42,9%)	29	(55,8%)
TL / TA	4	(10,5%)	1	(7,1%)	5	(9,6%)
TD / BV (E)	2	(5,3%)	-	-	2	(3,8%)
TD / (TD + BV (E))	1	(2,6%)	1	(7,1%)	2	(3,8%)
ln (TD / BV (E))	-	-	2	(14,3%)	2	(3,8%)
TL / BV (E)	1	(2,6%)	-	-	1	(1,9%)
TL / (TL + BV (E))	1	(2,6%)	-	-	1	(1,9%)
TD / (TA - CL)	1	(2,6%)	-	-	1	(1,9%)
Interest Expenses / Gross Profit	-	-	1	(7,1%)	1	(1,9%)
BIN (1 [TD / TA aSM] / 0 [TD / TA bSM])	-	-	1	(7,1%)	1	(1,9%)
BIN (1 [E] / 0 [D])	-	-	1	(7,1%)	1	(1,9%)
BIN (0 [all equity firm] / 1 [other])	1	(2,6%)	-	-	1	(1,9%)
AdD / (AdD + BV (AdE))	1	(2,6%)	-	-	1	(1,9%)

370 Beträgt ein Koeffizientenwert beispielsweise 0,05, würde eine als Verschuldungsgradkoeffizient definierte abhängige Variable bei Erhöhung der betreffenden unabhängigen Variable um eine Einheit um absolut gesehen 5 Prozentpunkte zunehmen. Dieser Anstieg fiele bei relativer Betrachtung aber geringer aus als im Falle einer Fremdkapitalquote. Die Interpretation der Koeffizientenwerte in Bezug auf Fremdkapitalquoten überzeichnet die ökonomische Relevanz damit sogar häufig.

Tabelle 5.5 (fortgesetzt)

	GU		KMU		Gesamt	
Abhängige Variable	*N*	%	*N*	%	*N*	%
(STD + LTD) / TA	1	(2,6%)	-	-	1	(1,9%)
(LTBD + STBD + P - R + other CL) / TA	-	-	1	(7,1%)	1	(1,9%)
(Interest Expenses / Cash-Flow) - 1	1	(2,6%)	-	-	1	(1,9%)
(1 - BV (E)) / TA	1	(2,6%)	-	-	1	(1,9%)
Gesamt	38	(100,0%)	14	(100,0%)	52	(100,0%)
Übersicht C. Langfristige Verschuldung zu Marktwerten						
LTD / (LTD + MV (E))	9	(52,9%)	-	-	9	(52,9%)
MV (LTD) / (MV (LTD) + MV (E))	2	(11,8%)	-	-	2	(11,8%)
LTD / (TD + MV (E))	2	(11,8%)	-	-	2	(11,8%)
LTD / MV (E)	1	(5,9%)	-	-	1	(5,9%)
LTD / (TD + MV (E) + BV (PS))	1	(5,9%)	-	-	1	(5,9%)
(TL - CL) / (TL - CL + MV (E))	1	(5,9%)	-	-	1	(5,9%)
(LTD - CapL)/(TA - BV(E) + MV(E) + PV(OpL))	1	(5,9%)	-	-	1	(5,9%)
Gesamt	17	(100,0%)	-	-	17	(100,0%)
Übersicht D. Langfristige Verschuldung zu Buchwerten						
LTD / TA	11	(73,3%)	6	(66,7%)	17	(70,8%)
LTD / BV (E)	1	(6,7%)	-	-	1	(4,2%)
LTD / (TD + BV (E))	1	(6,7%)	-	-	1	(4,2%)
LTD / (TA - CL)	1	(6,7%)	-	-	1	(4,2%)
(TL - CL) / (TL - CL + BV (E))	1	(6,7%)	-	-	1	(4,2%)
LTL / TA	-	-	1	(11,1%)	1	(4,2%)
LTBD / TA	-	-	1	(11,1%)	1	(4,2%)
BIN (1 [LTD / TA aSM] / 0 [LTD / TA bSM])	-	-	1	(11,1%)	1	(4,2%)
Gesamt	15	(100,0%)	9	(100,0%)	24	(100,0%)
Übersicht E. Kurzfristige Verschuldung zu Marktwerten						
STD / (TD + MV (E))	2	(66,7%)	-	-	2	(66,7%)
STD / MV (E)	1	(33,3%)	-	-	1	(33,3%)
Gesamt	3	(100,0%)	-	-	3	(100,0%)
Übersicht F. Kurzfristige Verschuldung zu Buchwerten						
STD / TA	3	(37,5%)	7	(70,0%)	10	(55,6%)
TCL / TA	2	(25,0%)	-	-	2	(11,1%)
CL / TA	1	(12,5%)	1	(10,0%)	2	(11,1%)
STD / BV (E)	1	(12,5%)	-	-	1	(5,6%)
STD / (TA - CL)	1	(12,5%)	-	-	1	(5,6%)
STBD / TA	-	-	1	(10,0%)	1	(5,6%)
BIN (1 [STD / TA aSM] / 0 [STD / TA bSM])	-	-	1	(10,0%)	1	(5,6%)
Gesamt	8	(100,0%)	10	(100,0%)	18	(100,0%)

Anmerkung: Erläuterungen zu den verwendeten Kurzformen und Operatoren beinhaltet Anhangtabelle A.2

5.4 Individuelle Analyse der Determinanten der Kapitalstruktur

5.4.1 Determinante Unternehmensgröße

5.4.1.1 Theoretische Einordnung

Die Determinante Unternehmensgröße nimmt eine Sonderstellung in der Kapitalstrukturforschung ein. Einerseits kann die Determinante Unternehmensgröße offenbar nicht für alle größenbedingten Unterschiede tatsächlich kontrollieren. Denn könnte sie es, wäre die getrennte Untersuchung großer und mittelständischer Firmen nicht erforderlich. Andererseits findet sich keine unmittelbare Begründung für die Bedeutung dieser Determinante in der Kapitalstrukturtheorie.[371] Der mögliche Einfluss der Unternehmensgröße auf Finanzierungsentscheidungen lässt sich jedoch auf vielfältige Weise indirekt aus der Kapitalstrukturtheorie begründen. Zu diesem Zweck bedient sich die empirische Literatur im Wesentlichen dreier grundlegender Argumente.

Studienübergreifend wird die Unternehmensgröße vielfach als allgemeiner Gradmesser für das Ausmaß der Informationsasymmetrie zwischen Firmen-Insidern und Außenstehenden interpretiert. Je größer ein Unternehmen ist, desto geringer wird das Informationsgefälle erwartet. Hierfür verantwortlich seien zum Beispiel das bessere Berichtswesen sowie die Kapitalmarktpräsenz größerer Unternehmen.[372]

Eng mit dem Informationsasymmetrie-Argument verknüpft, ist die Annahme einer besseren Reputation größerer Unternehmen am Kapitalmarkt. Diese mache es größeren Unternehmen leichter, Zugang zu Fremdkapital zu erhalten.[373] Größere Firmen verfügten zudem eher über ein Rating[374], zahlten tendenziell geringere Zinsen[375] und profitierten von geringeren relativen Transaktionskosten bei Kapitalmaßnahmen[376], was eine Fremdkapitalaufnahme zusätzlich erleichtere.

Das meistgenannte Argument in der Literatur ist das inverse Verhältnis zwischen Unternehmensgröße und Risiko. Große Unternehmen seien besser diversifiziert[377], oft-

---

371 Vgl. Kester (1986), S. 12; Chen (2004), S. 8; Halov/Heider (2004), S. 20

372 Vgl. Allayannis et al. (2004), S. 2681; Arrondo/Gómez-Ansón (2003), S. 772; Kester (1986), S. 12

373 Vgl. z.B. Frank/Goyal (2003a), S. 224; Barclay et al. (2003), S. 158; Halov/Heider (2004), S. 20; Colombo (2001), S. 1691; Bennett/Donnelly (1993), S. 50

374 Vgl. Bevan/Danbolt (2002), S. 161; Castanias (1983), S. 1628

375 Vgl. Ferri/Jones (1979), S. 632

376 Vgl. Titman/Wessels (1988), S. 6; Bhaduri (2002b), S. 202; Chen (2004), S. 8

377 Vgl. z.B. Rajan/Zingales (1995), S. 1451; Colombo (2001), S. 1691; Ferri/Jones (1979), S. 632; Titman/Wessels (1988), S. 6; Frank/Goyal (2003a), S. 224; Bennett/Donnelly (1993), S. 50; Castanias (1983), S. 1628; Chen (2004), S. 8

mals „too big to fail“[378] und durch geringere direkte Insolvenzkosten und eine geringere Insolvenzgefahr gekennzeichnet[379].

Mittelstandsstudien begründen die Einbeziehung der Determinante Unternehmensgröße mit den im Prinzip gleichen Argumenten.[380] Allerdings bezieht sich die Argumentation in diesem Fall auf Unterschiede zwischen größeren und kleineren mittelständischen Firmen. Gleichzeitig dienen die vermuteten größenbedingten Unterschiede aber auch der Rechtfertigung einer gesonderten Untersuchung mittelständischer Firmen. Aus der alleinigen Kenntnis der Resultate über die Determinante Unternehmensgröße kann somit keine Aussage über die Notwendigkeit separater Mittelstandsstudien getroffen werden.

Vor dem Hintergrund der genannten Argumente wird in der Literatur ein positiver Zusammenhang zwischen Verschuldungsgrad und Unternehmensgröße erwartet. Im Hinblick auf die kurzfristige Verschuldung könnte allerdings auch eine negative Beziehung gelten. Aufgrund der größeren Informationsasymmetrie, des schlechteren Kapitalmarktzugangs und des im Durchschnitt höheren Risikos, müssen kleinere Firmen unter Umständen verstärkt auf kurzfristige Verbindlichkeiten ausweichen.[381]

> **Hypothese – Determinante Unternehmensgröße:**
> Zwischen Verschuldungsgrad und Unternehmensgröße besteht ein statistisch signifikanter, positiver Zusammenhang. Ergebnisunterschiede zwischen Studien über Großunternehmen und mittelständische Unternehmen existieren nicht. Die Höhe der kurzfristigen Verbindlichkeiten steht in negativem Verhältnis zu der Größe eines Unternehmens.

5.4.1.2 Deskriptive Analyse

Die Unternehmensgröße ist die in der Literatur am besten untersuchte Determinante der Kapitalstruktur. 78 der 90 (86,7%) ausgewerteten Studien kontrollieren für diesen Einflussfaktor. Aufgegliedert nach dem Größenfokus ergeben sich 63 Untersuchungen über Groß- und 15 über mittelständische Unternehmen. Die Unternehmensgröße wird in der Literatur auf 16 verschiedene Arten operationalisiert. Studien über Großunternehmen verwenden 14, Studien über mittelständische Firmen acht unterschiedliche Kennzahlen. 73 der 78 (93,6%) Studien knüpfen zur Messung der Unternehmensgröße

---

[378] Vgl. z.B. Bevan/Danbolt (2002) S. 167; Colombo (2001), S. 1691

[379] Vgl. z.B. Titman/Wessels (1988), S. 6; Rajan/Zingales (1995), S. 1451; Bhaduri (2002b), S. 202; Allayannis et al. (2004), S. 2677

[380] Vgl. Hall et al. (2000), S. 301; Cassar/Holmes (2003), S. 127; Sogorb-Mira/López-Gracia (2003), S. 21

[381] Vgl. z.B. Titman/Wessels (1988), S. 6; Hall et al. (2000), S. 301; Bennett/Donnelly (1993), S. 50

unmittelbar an Umsatz, Bilanzsumme oder Mitarbeiterzahl an. Eine Sonderstellung nehmen die Faktorvariablen der Studien von Aybar-Arias et al. (2004), Bhaduri (2002a) und Titman/Wessels (1988) ein, die jeweils mehrere dieser Kennzahlen bündeln.[382] Lediglich Graham et al. (1998) und Chen et al. (1997) nutzen mit dem Unternehmenswert bzw. dem Marktwert des Eigenkapitals abweichende Größenindikatoren.

Die beiden gebräuchlichsten Kennzahlen sind der natürliche Logarithmus des Umsatzes und der Bilanzsumme. 30,8% bzw. 20,5% der Studien nutzen diese.[383] Während Studien über Großunternehmen umsatzbezogene Kennzahlen bevorzugen, stellen Studien über mittelständische Firmen vorwiegend auf die Bilanzsumme als Größenkriterium ab. 55,6% der Studien über Großunternehmen definieren die Unternehmensgröße über den Logarithmus oder den Absolutwert des Umsatzes, 73,3% der KMU-Studien definieren sie hingegen über die entsprechenden Werte der Bilanzsumme. Tabelle 5.6 fasst diese Ergebnisse zusammen. Bei der Interpretation der Tabelle ist zu beachten, dass jeweils eine Studie über Großunternehmen (Dessi/Robertson, 2003) und eine KMU-Studie (Zoppa/McMahon, 2002) die Determinante Unternehmensgröße in ihrem Modell doppelt testen, weshalb sich in den ausgewerteten Modellen der 78 Studien insgesamt 80 Größenvariablen finden.[384] Die aufgrund statistischer Abhängigkeit von der weiteren Analyse ausgeschlossenen Ergebnisse dieser beiden Primärstudien sind in der letzten Tabellenspalte kenntlich gemacht.

Tabelle 5.6 Operationalisierungsformen (Determinante Unternehmensgröße)

	Ausgewertete Studien				Ausgewertete Ergebnisse				Zahl abhäng. Ergeb.
	GU	KMU	Gesamt		GU	KMU	Gesamt		
Messvariable	*N*	*N*	*N*	*%*	*N*	*N*	*N*	*%*	*N*
ln (Sales)	23	1	24	(30,8%)	72	1	73	(29,6%)	-
ln (TA)	13	3	16	(20,5%)	45	7	52	(21,1%)	-
TA	3	7	10	(12,8%)	3	29	32	(13,0%)	-
log (Sales)	8	-	8	(10,3%)	42	-	42	(17,0%)	-
log (TA)	6	1	7	(9,0%)	10	3	13	(5,3%)	-

382 Da die Studie von Aybar-Arias et al. (2004) lediglich in Bezug auf die Approximation der Determinante Unternehmensgröße eine Faktoranalyse verwendet, wurde der Ansatz nicht als Faktorregression gewertet (vgl. Anhangtabelle A.11, S. 314).

383 Aufgrund unzureichender Angaben war es in einigen Fällen nicht möglich, die Verwendung des natürlichen oder dekadischen Logarithmus eindeutig zu bestimmen. Fehlten in einer Studie weitergehende Informationen wurden alle mit „ln“ gekennzeichneten Variablen gemäß der mathematischen Konvention als natürlicher, alle mit „log“ gekennzeichneten Variablen als dekadischer Logarithmus aufgefasst.

384 Bei Übernahme nur einer einzigen Operationalisierungsform jeder Studie bestünde die Möglichkeit, dass einzelne in der Literatur gebräuchliche Kennzahlen überhaupt nicht erfasst würden. Aus diesem Grund beinhaltet die Tabelle sämtliche Operationalisierungsformen der ausgewerteten Modelle und macht die statistisch abhängigen Ergebnisse kenntlich.

Tabelle 5.6 (fortgesetzt)

	Ausgewertete Studien				Ausgewertete Ergebnisse				Zahl abhäng. Ergeb.
	GU	KMU	Gesamt		GU	KMU	Gesamt		
Messvariable	*N*	*N*	*N*	*%*	*N*	*N*	*N*	*%*	*N*
Faktorvariable	2	1	3	(3,8%)	7	1	8	(3,2%)	-
Sales	2	-	2	(2,6%)	5	-	5	(2,0%)	-
log (Mitarbeiterzahl)	1	1	2	(2,6%)	1	1	2	(0,8%)	-
ln (MV (E))	1	-	1	(1,3%)	1	-	1	(0,4%)	-
Sales (in million)	1	-	1	(1,3%)	2	-	2	(0,8%)	-
ln (MV (Firm))	1	-	1	(1,3%)	1	-	1	(0,4%)	-
ln (Mitarbeiterzahl)	1	-	1	(1,3%)	-	-	-	-	1
ln (Sales) / 100	1	-	1	(1,3%)	13	-	13	(5,3%)	-
Mitarbeiterzahl	-	1	1	(1,3%)	-	1	1	(0,4%)	1
Size Dummy (1: ≥ 10 Mitarbeiter)	-	1	1	(1,3%)	-	1	1	(0,4%)	-
TA - Current Payables	1	-	1	(1,3%)	1	-	1	(0,4%)	-
Summe (inkl. Mehrfachtestung)	64	16	80						
Mehrfachtestung	1	1	2						
Summe (exkl. Mehrfachtestung)	63	15	78	(100%)	203	44	247	(100%)	2

Anmerkung: Erläuterungen zu den verwendeten Kurzformen und Operatoren beinhaltet Anhangtabelle A.2

Auch bei näherer Betrachtung lässt sich die definitorische Ähnlichkeit der verwendeten Größenindikatoren überwiegend bestätigen. Ohne Einfluss auf die Schätzergebnisse bleibt die Wahl des Logarithmus. Zwar hat die Entscheidung für den natürlichen anstelle des dekadischen Logarithmus jeweils mehr als eine Verdoppelung des berechneten Zahlenwertes zur Folge. Das relative Verhältnis der logarithmierten Zahlenwerte untereinander bleibt allerdings konstant, so dass sich lediglich die unstandardisierten Koeffizientenwerte verändern.[385] Des Weiteren sollte auch die von Studie zu Studie variierende Verknüpfung der Logarithmen mit Umsatz, Bilanzsumme oder Mitarbeiterzahl zu keinen maßgeblichen Ergebniseffekten führen, da im Allgemeinen davon ausgegangen werden kann, dass diese drei Größen in ungefähr gleicher Beziehung zueinander stehen.

Kennzahlenbedingte Ergebnisdifferenzen entstehen hingegen, wenn anstatt der Logarithmen Absolutwerte zum Einsatz kommen. Log-Transformationen werden durchgeführt, um erhebliche Verletzungen der Linearitätsannahme in Regressionsmodellen auszugleichen. Da sich die Skalierung von Absolut- und logarithmierten Werten in beträchtlichem Maße unterscheidet, ist kaum anzunehmen, dass beide Operationalisie-

[385] Bei einer Verzehnfachung des Umsatzes von beispielsweise 10 Mio. auf 100 Mio. steigt der Zahlenwert des dekadischen Logarithmus von 7 auf 8, was einer Veränderung von rund 14,3% entspricht. Der Zahlenwert des natürlichen Logarithmus nimmt von 16,1 auf 18,4 zu, was ebenfalls einem Anstieg von 14,3% entspricht.

rungsformen gleichermaßen zur Approximation der Determinante Unternehmensgröße geeignet sind. Bedenklich erscheint die Verwendung von Absolutwerten auch deshalb, weil ihr Wertebereich weder im Verhältnis zu den anderen unabhängigen Variablen noch zu der abhängigen Variable der empirischen Modelle steht. Die allermeisten Determinanten, wie auch die Verschuldungskennzahlen, sind als Prozentwerte definiert und meist deutlich kleiner als Eins. Die Einbeziehung einer oftmals millionen- bis milliardenfach höheren Größenvariable gibt einzelnen Ausreißern beträchtliches Gewicht, so dass ausreißerbedingte Ergebnisverzerrungen eher möglich sind. Absolutwerte verwenden trotzdem 13 Studien, wovon sieben mittelständische Unternehmen zum Gegenstand haben.

Die einzelnen Kennzahlen finden auf Modellebene in nahezu gleicher relativer Häufigkeit Verwendung wie auf Ebene der Studien. Über die Determinante Unternehmensgröße konnten insgesamt 247 Ergebnisse ausgewertet werden. 193 (78,1%) Ergebnisse basieren auf den logarithmierten Werten von Umsatz und Bilanzsumme. 39 (15,8%) Ergebnisse beziehen sich auf Absolutwerte. Über sonstige Kennzahlen liegen 15 (6,1%) Resultate vor.

Die deskriptive Auswertung der Vote-Count-Daten führt in Bezug auf die Determinante Unternehmensgröße zu sehr beeindruckenden theoriekonformen Ergebnissen. 178 der 247 (72,1%) Ergebnisse über die Determinante Unternehmensgröße sind mindestens auf dem 5%-Niveau statistisch signifikant; lediglich 69 (27,9%) Resultate sind folglich nicht signifikant. Die Unternehmensgröße wird in 201 Fällen positiv und in nur 46 Fällen negativ getestet. Berücksichtigt man nur die statistisch signifikanten Resultate ergeben sich 158 positive und lediglich 20 negative Werte. 88,8% der statistisch signifikanten und 63,9% der gesamten Ergebnisse belegen somit die theoretisch vermutete positive Beziehung zwischen Unternehmensgröße und Verschuldungsgrad. Auf einen signifikanten negativen Zusammenhang deuten lediglich 8,1% der gesamten Ergebnisse hin.

Untergliedert man die Ergebnisse über die Determinante Unternehmensgröße nach Mittelstandsbezug und Verschuldungsgradkategorie fallen insbesondere zwei Aspekte auf. Wie Tabelle 5.7 darstellt, werden buchwertbasierte Verschuldungskennzahlen weitaus häufiger eingesetzt. Darüber hinaus unterscheiden sich die einzelnen Verschuldungsgradkategorien deutlich nach Ergebniszahl. Auf die Gesamtverschuldung beziehen sich zwei Drittel der Ergebnisse, während auf die kurzfristige Verschuldung lediglich 10,5% der Resultate entfallen. Dabei vernachlässigen vor allem Studien über Großunternehmen die kurzfristige Verschuldung. Gerade einmal neun Ergebnisse liegen in den ausgewerteten Großunternehmensstudien über die Wirkung der Determinante Unternehmensgröße auf die kurzfristige Verschuldung vor.

Tabelle 5.7 Ergebnisübersicht (Determinante Unternehmensgröße)

	GU				KMU				Gesamt	
	signifikant		nicht signifikant		signifikant		nicht signifikant			
Koeff.	*N*	*%*	*N*	*%*	*N*	*%*	*N*	*%*	*N*	*%*
Übersicht A. Gesamtverschuldung zu Marktwerten										
negativ	2	(3,2%)	6	(46,2%)	-	-	-	-	8	(10,7%)
positiv	60	(96,8%)	7	(53,8%)	-	-	-	-	67	(89,3%)
Gesamt	62	(100,0%)	13	(100,0%)	-	-	-	-	75	(100,0%)
Übersicht B. Gesamtverschuldung zu Buchwerten										
negativ	5	(8,3%)	7	(38,9%)	-	-	3	(75,0%)	15	(16,9%)
positiv	55	(91,7%)	11	(61,1%)	7	(100,0%)	1	(25,0%)	74	(83,1%)
Gesamt	60	(100,0%)	18	(100,0%)	7	(100,0%)	4	(100,0%)	89	(100,0%)
Übersicht C. Langfristige Verschuldung zu Marktwerten										
negativ	2	(18,2%)	2	(50,0%)	-	-	-	-	4	(26,7%)
positiv	9	(81,8%)	2	(50,0%)	-	-	-	-	11	(73,3%)
Gesamt	11	(100,0%)	4	(100,0%)	-	-	-	-	15	(100,0%)
Übersicht D. Langfristige Verschuldung zu Buchwerten										
negativ	3	(20,0%)	2	(18,2%)	-	-	-	-	5	(11,9%)
positiv	12	(80,0%)	9	(81,8%)	9	(100,0%)	7	(100,0%)	37	(88,1%)
Gesamt	15	(100,0%)	11	(100,0%)	9	(100,0%)	7	(100,0%)	42	(100,0%)
Übersicht E. Kurzfristige Verschuldung zu Marktwerten										
negativ	1	(100,0%)	1	(100,0%)	-	-	-	-	2	(100,0%)
positiv	-	-	-	-	-	-	-	-	-	-
Gesamt	1	(100,0%)	1	(100,0%)	-	-	-	-	2	(100,0%)
Übersicht F. Kurzfristige Verschuldung zu Buchwerten										
negativ	2	(40,0%)	-	-	5	(62,5%)	5	(55,6%)	12	(50,0%)
positiv	3	(60,0%)	2	(100,0%)	3	(37,5%)	4	(44,4%)	12	(50,0%)
Gesamt	5	(100,0%)	2	(100,0%)	8	(100,0%)	9	(100,0%)	24	(100,0%)
	154	(100,0%)	49	(100,0%)	24	(100,0%)	20	(100,0%)	247	(100,0%)

5.4.1.3 Vorzeichentest

Die ausgesprochen theoriekonforme Verteilung der Vote-Count-Daten wird durch formale Vorzeichentests bestätigt. Die 247 ausgewerteten Einzelergebnisse lassen demnach zweifelsfrei auf eine statistisch signifikante, positive Beziehung zwischen der Determinante Unternehmensgröße und der Höhe der Verschuldung schließen. Alle drei Vorzeichentests bestätigen die Theoriekonformität der Gesamtheit der weltweiten Ergebnisse mit höchster Signifikanz (vgl. Tabelle 5.8). Da alleine 178 der 247 Koeffizientenwerte signifikant getestet wurden, kann dieses Ergebnis nicht durch mögliche Typ-II-Fehler verzerrt sein. Damit ist der vermutete positive Kausalzusammenhang zwischen der Determinante Unternehmensgröße und der Verschuldungshöhe erstmals literaturübergreifend belegt.

Dieses Ergebnis zeigt sich zudem weitgehend robust gegenüber den verwendeten Operationalisierungsformen. Lediglich die wenigen Untersuchungen basierend auf Faktorvariablen oder dem Logarithmus der Marktkapitalisierung „ln(MV (E))" legen bei aggregierter Betrachtung einen signifikant negativen Zusammenhang nahe. Auffällig sind daneben noch die beiden Kennzahlen Bilanzsumme („TA") und Umsatz („Sales"). Erstere wird in 16 von 32 Fällen, letztere in drei von fünf Fällen nicht signifikant getestet. Dies unterstützt die Vermutung, dass Absolutwerte zur Messung der Unternehmensgröße eher ungeeignet sind.

Tabelle 5.8 Vorzeichentests (Determinante Unternehmensgröße)

		Vote-Count-Daten				Vorzeichentests			
Messvariable	*N*	*neg. sig.*	*neg.*	*pos.*	*pos. sig.*	*I*	*II*	*III*	
Umsatz-Kennzahlen	**135**	**8**	**11**	**21**	**95**	**.0000**	**.0000**	**.0000**	**pos**
ln (Sales)	73	2	3	12	56	.0000	.0000	.0000	pos
log (Sales)	42	4	3	4	31	.0000	.0000	.0000	pos
ln (Sales) / 100	13	2	1	4	6	.0461	.0000	.1445	pos
Sales	5	-	2	1	2	n/a	n/a	n/a	pos
Sales (in million)	2	-	2	-	-	n/a	n/a	n/a	neg
Bilanzsummen-Kennzahlen	**98**	**7**	**12**	**22**	**57**	**.0000**	**.0000**	**.0000**	**pos**
ln (TA)	52	2	6	7	37	.0000	.0000	.0000	pos
TA	32	5	6	10	11	.0551	.0000	.1051	pos
log (TA)	13	-	-	5	8	.0001	.0000	.0039	pos
TA - Current Payables	1	-	-	-	1	n/a	n/a	n/a	pos
Sonstige Kennzahlen	**14**	**5**	**3**	**-**	**6**	**.7880**	**.0000**	**.5000**	**neg**
Faktorvariable	8	4	2	-	2	n/a	n/a	n/a	neg
log (Mitarbeiterzahl)	2	-	-	-	2	n/a	n/a	n/a	pos
ln (MV (E))	1	1	-	-	-	n/a	n/a	n/a	neg
ln (MV (Firm))	1	-	-	-	1	n/a	n/a	n/a	pos
Mitarbeiterzahl	1	-	-	-	1	n/a	n/a	n/a	pos
Size Dummy (1: ≥ 10 Mitarbeiter)	1	-	1	-	-	n/a	n/a	n/a	neg
Gesamtergebnis	**247**	**20**	**26**	**43**	**158**	**.0000**	**.0000**	**.0000**	**pos**

5.4.1.4 Univariate Moderatoranalyse

Auf Grundlage des exakten Tests von Fisher wird im Folgenden die Moderatoreigenschaft des Größenfokus, des Länderfokus, der Untersuchungsmethodik sowie der Verschuldungsgraddefinition in Bezug auf die Determinante Unternehmensgröße untersucht. Tabelle 5.9 zeigt die Irrtumswahrscheinlichkeiten der beiden Unabhängigkeitstests sowie die Merkmalskategorie der jeweils untersuchten Moderatorvariable mit größerer relativer Häufigkeit theoriekonformer Ergebnisse. Bleibt die Differenz der relativen Häufigkeiten zwischen den beiden Merkmalsausprägungen einer Moderatorvariable unter fünf Prozentpunkten, wird die Kategorie mit größerer relativer Häufigkeit in Klammern ausgewiesen.

In Abhängigkeit des Größenfokus lassen sich systematische Ergebnisabweichungen zum Teil belegen. Mittelstandsbezogene Untersuchungen erhalten in 54,5% der Fälle ein statistisch signifikantes Ergebnis, wohingegen dieser Anteil bei Großunternehmensstudien mit 75,9% signifikant höher liegt ($p < 0,01$). Hinsichtlich der Vorzeichenrichtung der signifikanten Resultate bestehen hingegen keine statistisch nachweisbaren Unterschiede. Die im Hinblick auf das Signifikanzniveau auftretenden Ergebnisunterschiede könnten allerdings primär Folge der Kennzahlendefinition sein. KMU-Studien setzen weitaus häufiger Absolutwerte zur Approximation der Determinante Unternehmensgröße ein. Allein 14 der insgesamt 20 nicht signifikanten Resultate von Mittelstandsstudien beziehen sich auf Absolutwerte der Bilanzsumme. Selbst wenn dieser Aspekt bedeutungslos sein sollte, besäße die Moderatorvariable Größenfokus bei univariater Betrachtung dennoch eher geringe Relevanz, da die Vorzeichenrichtung der Ergebnisse nicht durch diese verändert wird.

Der Länderfokus der Primärstudien beeinflusst die Ergebnisse ebenfalls nur in geringem Umfang. Vollkommen unerheblich sind die geografische Region, der allgemeine und finanzielle Entwicklungsstand sowie die Rechtsraumzugehörigkeit. Bemerkenswert ist hingegen der hochsignifikante Einfluss des Finanzsystems auf den Zusammenhang zwischen Verschuldungsgrad und Unternehmensgröße ($p < 0,01$). Modelle über marktbasierte Finanzsysteme können in 81,0% der Fälle einen solchen Zusammenhang statistisch bestätigen. Modelle über bankbasierte Länder gelangen nur in 59,3% der Fälle zu diesem Ergebnis. Auf die Vorzeichenrichtung der signifikanten Ergebnisse nimmt aber auch die Ausgestaltung des Finanzsystems keinen nachweisbaren Einfluss, weshalb der Ländereinfluss insgesamt als gering zu bewerten ist.

Untersuchungsmethodik und Datenherkunft beeinflussen die Testergebnisse ungleich stärker als der Größen- oder Länderfokus. Statistisch hochsignifikante Ergebnisunterschiede ($p < 0,001$) treten zwischen Panel- und Querschnittsmodellen auf. 84,6% der auf Panel-Daten, aber nur 57,7% der auf Querschnittsdaten beruhenden Modelle weisen einen signifikanten Einfluss der Unternehmensgröße nach. Einen signifikanten, positiven Koeffizienten ermitteln 94,5% der paneldaten-basierten, aber nur 78,1% der querschnittsdaten-basierten Modelle ($p < 0,01$). Auch Modelle basierend auf anspruchsvolleren statistischen Methoden sowie Untersuchungen basierend auf Compustat, Datastream oder Worldscope weisen signifikante Zusammenhänge häufiger nach ($p < 0,05$). Auf die Vorzeichenrichtung nehmen die beiden letztgenannten Moderatorvariablen allerdings keinen Einfluss. Gänzlich unbedeutend ist hingegen die Einbeziehung der Branchenzugehörigkeit als Kontrollvariable.

In Abhängigkeit der Verschuldungsgrad-Definition ergibt sich ein gemischtes Bild. Dem Markt- oder Buchwertbezug der Verschuldungskennzahlen kommt keine Bedeutung für die Testergebnisse zu. Bei aggregierter Betrachtung weisen marktwertbasierte Untersuchungen zwar häufiger einen signifikanten Zusammenhang nach ($p < 0,05$). Sobald allerdings nur noch die statistisch signifikanten Koeffizienten miteinander verglichen werden, führen buch- und marktwertbasierte Verschuldungskennzahlen zu den gleichen Resultaten. Die Ergebnisunterschiede zwischen buch- und marktwertbasierten Kennzahlen verschwinden interessanterweise gänzlich, sofern jeweils nur die Resultate innerhalb der gleichen Verschuldungsgradkategorie einander gegenübergestellt werden. Eine Überlegenheit marktwertbasierter Kennzahlen lässt sich aus den Studienergebnissen über die Determinante Unternehmensgröße folglich nicht ableiten.

Erhebliche Unterschiede zwischen den Testergebnissen treten hingegen in Abhängigkeit der betrachteten Verschuldungsgradkategorie auf. Misst die abhängige Variable die Gesamtverschuldung, sind 78,7% der Resultate signifikant, wovon 94,6% einen positiven Kausalzusammenhang bestätigen. Bezieht sich das Ergebnis auf die langfristige Verschuldung, sind nur noch 61,4% der Ergebnisse signifikant, wovon aber immer noch 85,7% einen positiven Koeffizientenwert aufweisen. Eine vollkommen veränderte Ergebnisverteilung ergibt sich jedoch in Bezug auf die kurzfristige Verschuldung. Die Ergebnisse über die kurzfristige Verschuldung sind in nur noch 53,8% der Fälle statistisch signifikant, während alle anderen Verschuldungsgradkategorien zusammengenommen auf einen Anteil von 74,2% kommen ($p < 0,05$). Noch größer sind die Unterschiede hinsichtlich des Koeffizientenvorzeichens. Werden kurzfristige Verschuldungsgradmaße als abhängige Variable verwendet, werden nur 42,9%, anderenfalls 92,7%, der Koeffizienten signifikant positiv geschätzt ($p < 0,001$). Im Umkehrschluss bedeutet dies, dass die signifikanten Ergebnisdaten über die kurzfristige Verschuldung mehrheitlich eine negative Beziehung zwischen Unternehmensgröße und der Nutzung kurzfristiger Fremdkapitalinstrumente nahelegen.

Tabelle 5.9 Univariate Moderatoranalyse (Determinante Unternehmensgröße)

Moderatorvariable	*Sub-Gruppen*	Signifikant vs. Nicht sign. *sig.*	*n. sig.*	Negativ sign. vs. Positiv sign. *neg.*	*pos.*	Fisher's Exact Test *I*	*II*	Kategorie mit größter relativer Häufigkeit *I*	*II*
				Übersicht A. Größenfokus und Länderfokus					
Größenfokus	GU KMU	154 24	49 20	15 5	139 19	**.009**	.155	**GU**	GU
Geografische Region	NA Sonstige	47 131	10 57	6 14	41 117	.063	.788	NA	(S)
Entwicklungsstand Volkswirtschaft	Entwickelt Unterentw.	152 23	59 10	16 4	136 19	.836	.306	(ETW)	ETW
Entwicklungsstand Finanzsystem	Entwickelt Unterentw.	159 14	58 9	17 2	142 12	.225	.654	ETW	(ETW)
Finanzsystem	Marktbas. Bankbas.	119 54	28 37	12 7	107 47	**.001**	.604	**MB**	(MB)
Rechtsraum	Englisch Sonstige	97 78	33 32	10 9	87 69	.561	.812	(E)	(E)
				Übersicht B. Methodik und Verschuldungsgraddefinition					
Analysemethode	Fortgesch. OLS	79 95	20 47	9 11	70 84	**.029**	1.00	**FTG**	(FTG)
Datenstruktur	Panel QS	110 64	20 47	6 14	104 50	**.000**	**.002**	**PA**	**PA**
Datenherkunft	CWD Sonstige	96 82	25 44	7 13	89 69	**.016**	.095	**CWD**	CWD
Kontrolle Brancheneinfluss	Ja Nein	39 139	22 47	6 14	33 125	.138	.391	Nein	Nein
Markt-/ Buchwertbezug	Marktwert Buchwert	74 104	18 51	5 15	69 89	**.028**	.149	**MW**	MW
Gesamte Verschuldung	TD STD/LTD	129 49	35 34	7 13	122 36	**.002**	**.000**	**TD**	**TD**
Kurzfristige Verschuldung	STD TD/LTD	14 164	12 57	8 12	6 152	**.037**	**.000**	**TD/ LTD**	**TD/ LTD**
Langfristige Verschuldung	LTD TD/STD	35 143	22 47	5 15	30 128	**.045**	.552	**TD/ STD**	(TD/ STD)
				Übersicht C. Einzelanalyse Markt-/Buchwertbezug					
TD (BV vs. MV)	TD BV TD MV	67 62	22 13	5 2	62 60	.339	.443	MV	(MV)
LTD (BV vs. MV)	LTD BV LTD MV	24 11	18 4	3 2	21 9	.360	.640	MV	BV
STD (BV vs. MV)	STD BV STD MV	13 1	11 1	7 1	6 -	-	-	-	-

5.4.1.5 Multivariate Moderatoranalyse

Die signifikanten Moderatorvariablen der univariaten Analyse werden nachfolgend in einem multivariaten Modell einander gegenübergestellt, um für wechselseitige Abhängigkeitsverhältnisse der Variablen kontrollieren zu können. Käme den ausgewählten Moderatorvariablen keine Aussagekraft zu, ließe sich kein gültiges und inhaltlich relevantes multivariates Modell formulieren. Die Moderatoreigenschaft der untersuchten Variablen wäre widerlegt. Dies ist in Bezug auf die Determinante Unternehmensgröße eindeutig nicht der Fall. Wie Tabelle 5.10 darstellt, bestätigen formale Testverfahren Gültigkeit und Relevanz des verwendeten Logit-Modells. Die nicht signifikante Hosmer-Lemeshow-Statistik belegt die globale Gültigkeit der verwendeten Modellspezifikation. Diese Feststellung wird zusätzlich durch das sehr eindeutige Ergebnis des Linktests unterstützt. Auch die Modellrelevanz ist mehr als zufriedenstellend. Der Wald-Chi-Quadrat-Test ist hochsignifikant. Das Pseudo-R^2 nach McFadden liegt mit 0,25 deutlich im akzeptablen Bereich. Der AROC-Wert von über 0,8 ist sogar als gut bis sehr gut einzustufen. Die erzielte Anpassungsgüte des Logit-Modells spricht somit für die Bedeutung der untersuchten Moderatorvariablen. Die alleinige Kenntnis der ausgewählten Moderatorvariablen erlaubt demzufolge belastbare Rückschlüsse über den Erhalt eines theoriekonformen Testergebnisses.

Der Übergang von der univariaten zur multivariaten Analyse führt allerdings zu beträchtlichen Ergebnisabweichungen. Von den acht bei univariater Betrachtung signifikanten Moderatorvariablen sind bei multivariater Betrachtung gerade noch die vier Variablen Finanzsystem, Datenstruktur, kurzfristige Verschuldung und langfristige Verschuldung statistisch von Null zu unterscheiden. Die Moderatorvariablen Größenfokus, Analysemethode, Datenherkunft und Markt-/Buchwertbezug sind hingegen noch nicht einmal grenzwertig statistisch signifikant und üben somit keinen systematischen Einfluss auf die theoriekonformen Ergebnisse über die Determinante Unternehmensgröße aus. Die multivariate Analyse führt aber auch im Hinblick auf die Vorzeichenrichtung zu einem unerwarteten Resultat. Der Koeffizient der Variable langfristige Verschuldung ist negativ. Entgegen der theoretischen Vorhersage sinkt somit die Wahrscheinlichkeit für den Nachweis eines signifikant positiven Ergebnisses, wenn anstelle der gesamten Verschuldung die langfristige Verschuldung als abhängige Variable gewählt wird.

Die multivariaten Ergebnisse zeigen sich robust gegenüber alternativen Modellspezifikationen. Selbst die Einbeziehung sämtlicher in der univariaten Moderatoranalyse untersuchten Variablen in das Logit-Modell führt zu keinen Veränderungen hinsichtlich statistischer Signifikanz oder Vorzeichenrichtung.[386] Auch die Betragshöhe der Koeffizienten verändert sich modellübergreifend nur unwesentlich. Gleichzeitig wird keine der zusätzlich berücksichtigten Variablen in einer alternativen Modellspezifikation signifikant getestet. Dieses Resultat belegt somit gleichermaßen, dass die univariate Analyse eine sinnvolle Vorselektion der Moderatorvariablen ermöglicht hat.

Ein wesentlicher Vorteil der multivariaten Analyse ist die Möglichkeit zur Quantifizierung der Moderatoreffekte. Als Maßstab der Effektstärke dient die Veränderung der vorhergesagten Wahrscheinlichkeit. Nimmt man für alle Dummy-Variablen den Wert Null an, was aus theoretischer Sicht annähernd dem Worst-Case-Szenario entspricht[387], ergibt sich auf Grundlage des Logit-Modells eine vorhergesagte Wahrscheinlichkeit für den Erhalt eines signifikant positiven Testergebnisses von 45,0%. Weist man ausgehend von diesem Nullmodell nacheinander jeweils einer Dummy-Variablen den Wert Eins zu und bestimmt die Veränderungen der vorhersagten Wahrscheinlichkeit, lässt sich der Einfluss der einzelnen Moderatorvariablen quantifizieren.

Die auf diese Weise gemessenen Effektstärken der vier signifikanten Moderatorvariablen sind beträchtlich. Der Wechsel von einem Querschnitts- zu einem Panel-Datensatz führt zu einem Anstieg der prognostizierten Wahrscheinlichkeit für ein signifikant positives Ergebnis um 41,6 Prozentpunkte. Umgekehrt sinkt die vorhergesagte Wahrscheinlichkeit um 39,1 Prozentpunkte, wenn statt der Gesamtverschuldung die kurzfristige Verschuldung als abhängige Variable verwendet wird. Die diskreten Veränderungen der Variablen Finanzsystem und langfristige Verschuldung sind mit Betragswerten von jeweils über 0,2 ebenfalls bedeutsam. Unerwartet ist der negative Einfluss der langfristigen Verschuldung. Das Abstellen auf die langfristige statt auf die gesamte Verschuldung vermindert die prognostizierte Wahrscheinlichkeit um 22,1 Prozentpunkte.

Die für das Nullmodell aufgezeigten Zusammenhänge gelten auch für andere Ausgangswerte des linearen Prädiktors. Legt man den imaginären Mittelwert jeder Variable zugrunde, nehmen die Effektstärken sogar noch zu. Die kurzfristige Verschuldung führt ceteris paribus zu einer Absenkung der vorhergesagten Wahrscheinlichkeit um 56,0 Prozentpunkte, die Verwendung eines Panel-Datensatzes zu einer Erhöhung um 43,0 Prozentpunkte. Liegt der Median jeder Variablen zugrunde, sinken die Effekt-

---

[386] Vgl. Anhangtabelle A.3, S. 306. Die Dummy-Variable „Gesamte Verschuldung" wurde in diese alternative Spezifikation nicht einbezogen, da ansonsten perfekte Kollinearität aufgetreten wäre.

[387] Dem „Nullmodell" entspricht in diesem Fall die Untersuchung von mittelständischen Unternehmen aus einem Land mit bankbasiertem Finanzsystem mit Hilfe eines nicht-gepoolten OLS- oder Tobit-Modells, wobei als Datenquelle nicht Compustat, Datastream oder Worldscope dienen. Die abhängige Variable des Modells ist in Buchwerten definiert, bezieht sich aber auf die Gesamtverschuldung und nicht wie im Worst-Case-Szenario auf die kurzfristige Verschuldung.

stärken der Moderatoren Datenstruktur und kurzfristige Verschuldung unter die Werte des Nullmodells, bleiben aber von ihrer Größenordnung bedeutsam. An dieser Stelle des linearen Prädiktors sind jedoch der Einfluss des Finanzsystems und der langfristigen Verschuldung unerheblich.

Zusammenfassend belegt die multivariate Moderatoranalyse eine hohe Abhängigkeit der Ergebnisse über die Determinante Unternehmensgröße von der verwendeten Datenstruktur und der betrachteten Verschuldungsgradkategorie sowie in etwas schwächerem Maße von der Ausprägung des Finanzsystems. Die häufigere theoriekonforme Testung der Determinante Unternehmensgröße in marktbasierten Finanzsystemen bestätigt die theoretische Vermutung, dass die Unternehmensgröße als Indikator der Informationsasymmetrie und des operativen Risikos dient. In bankbasierten Finanzsystemen bedarf es einer solchen Indikatorwirkung offenbar nur in geringerem Umfang, da die engeren Bankbeziehungen Informationsasymmetrien abbauen und Unternehmen vermutlich seltener auf dem Kapitalmarkt Fremdkapital nachfragen.

Ein zentrales Ergebnis der Moderatoranalyse ist die studienübergreifend erstmals nachgewiesene Sonderstellung der kurzfristigen Verschuldung. Wird die Determinante Unternehmensgröße in Bezug auf die kurzfristige Verschuldung getestet, erhöht sich die Wahrscheinlichkeit für den Erhalt eines nicht signifikanten oder negativ signifikanten Ergebnisses deutlich. Dies unterstützt die theoretische Vermutung, dass kleinere Unternehmen aufgrund geringerer Transparenz und Reputation verstärkt auf kurzfristige Verbindlichkeiten ausweichen müssen.

Ein aus theoretischer Sicht enttäuschendes Ergebnis ist die beträchtliche Abhängigkeit der Testresultate von der zugrundeliegenden Datenstruktur. Die Verwendung der im Durchschnitt deutlich umfangreicheren Panel-Datensätze erhöht die Aussicht auf ein signifikant positives Ergebnis in hohem Maße. Hier liegt die Vermutung nahe, dass die schiere Größe des Datenumfangs den Erhalt eines signifikanten Ergebnisses begünstigt. Dies widerlegt nicht die positive Beziehung zwischen Unternehmensgröße und Verschuldungsgrad, weist aber darauf hin, dass die Effektstärke der Determinante Unternehmensgröße offenbar in Einzelfällen nicht groß genug ist, um von Studien kleineren Stichprobenumfangs detektiert zu werden.

Nicht im Einklang mit der theoretischen Argumentation steht der negative Koeffizientenwert der Variable langfristige Verschuldung. Eigentlich sollte es Untersuchungen basierend auf der langfristigen Verschuldung leichter fallen, einen positiven Zusammenhang festzustellen, als solchen basierend auf der Gesamtverschuldung. Wie die univariate Moderatoranalyse gezeigt hat, korrelieren dennoch beide Verschuldungsmaße eindeutig positiv mit der Unternehmensgröße, so dass die festgestellten Ergebnisabweichungen zwar unerwartet sind, aber letztlich nicht im Widerspruch zu den grundlegenden Vorhersagen der Kapitalstrukturtheorie stehen.

Tabelle 5.10 Multivariate Moderatoranalyse (Determinante Unternehmensgröße)

		Logit-Modell		Diskrete Veränderung der vorhergesagten Wahrscheinlichkeit					
Modellvariablen	*Sub-gruppen*	*Koeffizienten*		*Null-Modell*		*Mittelwert-Modell*		*Median-Modell*	
Größenfokus	1:GU	-0,206		-0,050		-0,043		-0,009	
	0:KMU	(-0,33)		(-0,32)		(-0,33)		(-0,34)	
Finanzsystem	1:MB	1,052	***	0,251	***	0,231	**	0,085	
	0:BB	(3,18)		(3,27)		(3,14)		(1,77)	
Analysemethode	1:FTG	-0,474		-0,113		-0,103		-0,029	
	0:OLS	(-0,78)		(-0,83)		(-0,76)		(-0,79)	
Datenstruktur	1:PA	2,067	***	0,416	***	0,430	***	0,253	***
	0:QS	(3,53)		(3,95)		(4,14)		(4,27)	
Datenherkunft	1:CWD	0,341		0,085		0,073		0,017	
	0:Sonstige	(0,76)		(0,76)		(0,76)		(0,63)	
Markt-/Buchwertbezug	1:MW	-0,185		-0,045		-0,040		-0,010	
	0:BW	(-0,56)		(-0,57)		(-0,55)		(-0,55)	
Kurzfristige Verschuldung	1:STD	-2,556	***	-0,391	**	-0,560	***	-0,366	
	0:TD/LTD	(-3,79)		(-3,14)		(-5,34)		(-1,81)	
Langfristige Verschuldung	1:LTD	-1,013	*	-0,221	*	-0,232	*	-0,080	
	0:TD/STD	(-2,33)		(-2,14)		(-2,24)		(-1,23)	
Konstante		-0,199		-		-		-	
		(-0,36)		-		-		-	
N		232							
Pseudo Log-Likelihood		-113							
P > Wald chi2		0,00							
P > Hosmer-Lemeshow chi2		0,76							
Pseudo-R^2 (McFadden)		0,25							
AROC		0,82							
Linktest		erfüllt							
_hat		0,00							
_hat²		0,61							

Anmerkung: *** p ≤ 0,001, ** p ≤ 0,01, * p ≤ 0,05; z-Werte in Klammern

5.4.1.6 Ökonomische Bedeutung

Die nachgewiesene Theoriekonformität der Ergebnisse und die Quantifizierung des Einflusses der Moderatorvariablen erlauben noch keine Aussage über die ökonomische Relevanz der Determinante Unternehmensgröße. Tatsächlich muss die vordergründig hohe Erklärungskraft der Determinante Unternehmensgröße für Finanzierungsentscheidungen mit Blick auf die ökonomische Relevanz der Koeffizientenwerte relativiert werden. Abbildung 5.1 zeigt die Häufigkeitsverteilung der zu diesem Zweck verwertbaren statistisch signifikanten Koeffizientenwerte.[388] Die Betragshöhe der signifikant getesteten Koeffizienten ist bis auf wenige Ausnahmen gering. 149 der 169 signifikanten Koeffizienten liegen im höchstens einstelligen Prozentbereich. 20 dieser Ergebnisse weisen sogar einen statistisch von Null verschiedenen Koeffizienten im Promillebereich und darunter aus.

Abbildung 5.1 Ergebnisverteilung (Determinante Unternehmensgröße)

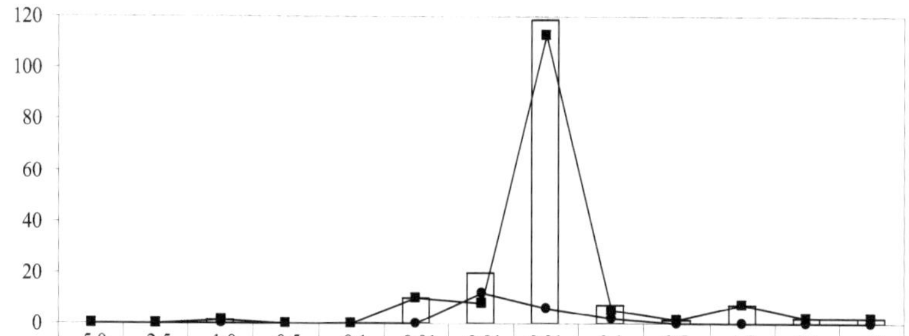

	-5,0 ≥ β	-2,5 ≥ β > -5,0	-1,0 ≥ β > -2,5	-0,5 ≥ β > -1,0	-0,1 ≥ β > -0,5	-0,01 ≥ β > -0,1	-0,01 < β < 0,01	0,01 ≤ β < 0,1	0,1 ≤ β < 0,5	0,5 ≤ β < 1,0	1,0 ≤ β < 2,5	2,5 ≤ β < 5,0	5,0 ≤ β
Gesamt	0	0	1	0	0	10	20	119	7	1	7	2	2
GU	0	0	1	0	0	10	8	113	5	1	7	2	2
KMU	0	0	0	0	0	0	12	6	2	0	0	0	0

Die Vernachlässigung der Koeffizientenwerte in der bisherigen wissenschaftlichen Diskussion muss vor dem Hintergrund dieses Ergebnisses als bedenklich gewertet werden. Ein hochsignifikanter Koeffizient mit aus theoretischer Sicht korrektem Vorzeichen ist nur bei entsprechendem Betragswert ökonomisch tatsächlich bedeutsam. Beträgt der Koeffizient des dekadischen Logarithmus des Umsatzes als Größenindikator beispielsweise 0,1, muss sich der Umsatz schon verzehnfachen, damit auf Grundla-

[388] Die Gesamtzahl der dargestellten Koeffizientenwerte beläuft sich statt der erwarteten 178 auf 169 Resultate, da die signifikanten Koeffizientenwerte von Logit-, Probit-, LISREL- und nicht linearen Panel-Modellen mangels Vergleichbarkeit nicht in die Abbildung übernommen wurden.

ge eines linearen Regressionsmodells ein absoluter Anstieg einer Fremdkapitalquote um 10 Prozentpunkte zu prognostizieren wäre. Bei Verwendung des natürlichen Logarithmus muss der Umsatz bei gleichem Koeffizientenwert immerhin noch um Faktor 2,7 steigen, um diesen Effekt zu bewirken. Da gemäß Abbildung 5.1 die allermeisten in der Literatur über die Determinante Unternehmensgröße gemessenen Koeffizienten unterhalb eines Betragswertes von 0,1 und nur wenige darüber liegen, ist es vielfach zweifelhaft, ob ein signifikanter Größeneffekt auch faktisch mit einer ökonomisch relevanten Kapitalstrukturänderung einhergeht.

Bei näherer Betrachtung der Koeffizientenwerte bestätigt sich diese Vermutung. 151 der 169 signifikanten Resultate basieren auf logarithmierten Werten von Umsatz, Bilanzsumme, Mitarbeiterzahl oder Marktwert des Unternehmens. 67 dieser Resultate weisen einen Betragswert von unter 0,03 auf. Beinahe 40% der gesamten signifikanten Ergebnisse lassen demzufolge selbst bei einer Verdreifachung (im Falle des natürlichen Logarithmus) bzw. Verzehnfachung (im Falle des dekadischen Logarithmus) der Unternehmensgröße, noch nicht einmal eine Veränderung einer Fremdkapitalquote um 3 Prozentpunkte erwarten. Weitere 41 der 151 auf logarithmierten Kennzahlen basierenden Ergebnisse besitzen Betragswerte zwischen 0,03 und 0,05. Eine Verdreifachung bzw. Verzehnfachung der Unternehmensgröße wäre auch in diesen Fällen immer noch bei weitem nicht ausreichend, um eine Veränderung einer Fremdkapitalquote um 10 Prozentpunkte zu bewirken. Rund 70% der auf logarithmierten Kennzahlen basierenden signifikanten Ergebnisse über die Determinante Unternehmensgröße legen dementsprechend eine überraschend geringe ökonomische Bedeutung nahe. Oberhalb eines Betragswertes von 0,1 liegen gerade einmal 18 (oder 11,9%) der 151 auf logarithmierten Kennzahlen basierenden signifikanten Ergebnisse.

Die Verwendung von Absolutwerten als Größenindikatoren führt keineswegs zu besseren Ergebnissen. Im Gegenteil, 14 der 15 auf Absolutwerten beruhenden signifikanten Koeffizienten liegen im Mikro- (10^{-6}), Nano- (10^{-9}) oder sogar Piko-Bereich (10^{-12}).[389] Im einstelligen Piko-Bereich müsste der Umsatz oder die Bilanzsumme um eine Billion Geldeinheiten zunehmen, um eine einstellige Veränderung einer Fremdkapitalquote herbeizuführen. Der Mikro-Bereich scheint hingegen vordergründig plausibel. Hierbei ist jedoch zu beachten, dass sich diese Ergebnisse ausnahmslos auf die Bilanzsumme kleiner und mittelständischer Firmen beziehen und sich die Koeffizientenwerte zum Teil im Bereich von 10^{-7} bewegen. Ein Bilanzsummenanstieg um eine Million

---

[389] Ergebnisse im Mikrobereich berichten Hall et al. (2000), S. 306, und Chittenden et al. (1996), S. 64, Koeffizientenwerte im Nano-Bereich erhalten Hall et al. (2004), S. 723f., und Ergebnisse im Piko-Bereich weisen Francfort/Rudolph (1992), S. 1073, aus. Diese Koeffizientenwerte beziehen sich allesamt auf DM-, Dollar- oder Pfund-Beträge.

oder gar zehn Millionen Geldeinheiten bedeutet in Bezug auf KMUs bereits einen beachtlichen Größenzuwachs.[390]

Zu diesem Gesamtbild passt ebenso, dass die wenigen Koeffizientenwerte mit Betragswerten von 1 und darüber von lediglich vier Studien nachgewiesen werden konnten: Baker/Wurgler (2002), De Medeiros/Daher (2004), Kayhan/Titman (2004) und Wald (1999). Eine Besonderheit bildet die Studie von Booth et al. (2001). Booth et al. berichten acht signifikante Betragswerte oberhalb von 1. Die Autoren verwenden jedoch die Variable „ln(Sales)/100", so dass der gemessene Koeffizientenwert im Vergleich zu den übrigen Studien um Faktor 100 höher ausgewiesen wird. Um diesen Effekt bereinigt, liegen die Koeffizientenwerte folglich ebenfalls nur im einstelligen Prozentbereich.[391]

Abstrahiert man von den drei schwer interpretierbaren auf Faktorvariablen beruhenden Schätzergebnissen, lassen demnach lediglich 19 von 166 signifikanten Resultaten nicht an der ökonomischen Bedeutung der Determinante Unternehmensgröße zweifeln. Alle übrigen Koeffizientenwerte prognostizieren eine zweistellige Veränderung einer Fremdkapitalquote erst bei einem erheblichen Größenzuwachs. Bei linearer Fortschreibung der marginalen Effekte müsste sich in rund 40% der Fälle die Unternehmensgröße hierzu sogar mehr als verzwanzigfachen.[392]

5.4.1.7 Zwischenfazit

In der Literatur wird mit der Unternehmensgröße interessanterweise jene der traditionellen Determinanten am häufigsten getestet, die den geringsten Rückhalt in der Kapitalstrukturtheorie besitzt. Die Auswertung der weltweiten Ergebnisse nach Signifikanzniveau und Vorzeichenrichtung führt aus theoretischer Sicht zu einem ausgezeichneten Gesamtergebnis. Sämtliche Vorzeichentests bestätigen mit höchster Signifikanz den theoretisch erwarteten positiven Zusammenhang zwischen Verschuldungshöhe und der Unternehmensgröße. Gleichzeitig präsentieren sich die Testergebnisse weitgehend unabhängig von den gewählten Operationalisierungsformen.

Auch die Moderatoranalyse unterstützt bisherige theoretische Vermutungen. Der Größenfokus fungiert nicht als Moderator in Bezug auf die Determinante Unternehmens-

---

[390] Gemäß der Mittelstandsdefinition der Europäischen Union gelten nur Bilanzsummen bis 43 Mio. Euro als Indikator für die mittelständische Prägung eines Unternehmens. Vgl. o.V. (2005), S. 14

[391] Im Rahmen der Beurteilung der ökonomischen Bedeutung wurden diese Studienergebnisse demzufolge auch als einstellige Prozentzahlen gewertet.

[392] Dies gilt unter der Annahme, dass ausschließlich natürliche Logarithmen verwendet werden. Sollten häufiger dekadische Logarithmen zum Einsatz kommen, wären die geforderten Zuwächse der Unternehmensgröße noch um ein Vielfaches größer, um eine zweistellige Veränderung einer Fremdkapitalquote zu bewirken.

größe, während sich die vermutete Sonderstellung der Untersuchungen in Bezug auf die kurzfristige Verschuldung bestätigt. Unerwartet deutlich ist jedoch das bessere Abschneiden paneldaten-basierter Studien, was Hinweis auf eine eher geringe ökonomische Relevanz der Determinante Unternehmensgröße sein kann.

Die Auseinandersetzung mit den signifikanten Koeffizientenwerten bestätigt diesen Eindruck. Betrachtet man Veränderungen von Fremdkapitalquoten um wenige Prozentpunkte bei Verdreifachung oder Verzehnfachung der Unternehmensgröße als ökonomisch bedeutende Effekte, ist die Determinante Unternehmensgröße nicht nur signifikant, sondern auch eindeutig ökonomisch relevant. Soll diese Determinante unter realistischen Annahmen jedoch auch (höhere) zweistellige Prozentpunktveränderungen erklären und bewirken können, erscheint ihre ökonomische Bedeutung hingegen fraglich.

5.4.2 Determinante Wachstum

5.4.2.1 Theoretische Einordnung

Die Berücksichtigung der Determinante Wachstum begründet die empirische Forschung vorwiegend agency-theoretisch. Ausgangspunkt der Überlegungen bildet dabei die Annahme, dass Agency-Konflikte zwischen Eigentümern und externen Fremdkapitalgebern im Hinblick auf wachsende Unternehmen besonders ausgeprägt sind. Einerseits kennzeichnet wachstumsstarke Firmen ein inhärentes Vermögenssubstitutionsproblem.[393] Gläubiger können zum Zeitpunkt der Kreditgewährung nur sehr schwer einschätzen, ob die eingeschlagene Wachstumsstrategie zum Erfolg führt bzw. wie sich das Geschäftsmodell des Unternehmens während der Laufzeit des Kredites verändern wird. Andererseits müssen Fremdkapitalgeber gerade in Bezug auf expandierende Unternehmen mit dem Eintreten von Unterinvestitionsproblemen rechnen. Insbesondere wenn die Expansion misslingt, werden Projekte mit positivem Kapitalwert möglicherweise nicht mehr finanziert, da der Projekterfolg hauptsächlich den Altgläubigern zugute käme.[394] Demzufolge wird üblicherweise ein negativer Zusammenhang zwischen Wachstum und Verschuldungsgrad erwartet.[395]

In der Literatur finden sich darüber hinaus noch weitere Argumente für einen negativen Kausalzusammenhang. So wirke sich nachteilig aus, dass sich der Wert von Wachstumsoptionen nicht als Kreditsicherheit eignet.[396] Firmen mit aussichtsreichen

---

[393] Vgl. Fama/French (2002), S. 7; Lang et al. (1996), S. 27
[394] Vgl. Wald (1999), S. 172; Allayannis et al. (2004), S. 2681; Balakrishnan/Fox (1993), 4f.
[395] Vgl. Frank/Goyal (2003a), S. 224
[396] Vgl. Titman/Wessels (1988), S. 4; Chen (2004), S. 7

Wachstumschancen sollten zudem hohe Verschuldungsgrade meiden, um sich Handlungsfreiräume für die Realisierung künftiger Investitionsprojekte zu bewahren.[397] Wachstumsstarke Firmen könnten schließlich auch höhere Insolvenzkosten aufweisen, da große Teile ihres aktuellen Unternehmenswertes maßgeblich von Zukunftserwartungen abhängen.[398]

Werden hohe Wachstumsaussichten jedoch als Indikator für eine zukünftig höhere Profitabilität aufgefasst, könnte nach einer alternativen Sichtweise auch eine positive Beziehung zwischen Wachstum und Verschuldungsgrad resultieren.[399] Dieses Argument hat allerdings keinen Eingang in die breite Literaturdiskussion gefunden.

Während im Hinblick auf die gesamte und langfristige Verschuldung beinahe ausnahmslos von einem negativen Einfluss der Determinante Wachstum ausgegangen wird, könnte in Bezug auf die kurzfristige Verschuldung ein gegensätzliches Resultat eintreten. Da kurzfristige Verbindlichkeiten mit geringeren Agency-Kosten verbunden sind als langfristige Verbindlichkeiten, sollte nach Meinung vieler Autoren für wachstumsstarke Unternehmen ein Anreiz bestehen, gezielt kurze Anleihe- oder Kreditlaufzeiten zu wählen.[400]

Dieser Anreiz sollte insbesondere für mittelständische Firmen bestehen, da die Informationsasymmetrien und damit die Agency-Kosten im Mittelstandskontext ungleich bedeutsamer sind.[401] Die Mittelstandsliteratur verfügt mit der „Financial-Growth-Cycle-Theorie" (Berger/Udell, 1998) sogar über einen eigenständigen Erklärungsansatz für das Zusammenwirken von Verschuldungsgrad und Wachstum. Kleine, junge Unternehmen sind nach dieser Theorie ausgesprochen intransparent, weshalb ihnen häufig nur Eigenkapital als Finanzierungsquelle zur Verfügung steht. Im Laufe des Wachstumsprozesses nehmen die Informationsasymmetrien kontinuierlich ab und die Unternehmen gewinnen sukzessive Zugang zu weiteren Finanzierungsformen. Der Einsatz kurzfristiger Verbindlichkeiten geht nach dieser Theorie ebenfalls dem Einsatz langfristiger Verbindlichkeiten voraus.[402]

397 Vgl. Lang et al. (1996), S. 27
398 Vgl. Rajan/Zingales (1995), S. 1455
399 Vgl. Chen/Zhao (2005a), S. 9; Bartholdy/Mateus (2005), S. 19
400 Vgl. Titman/Wessels (1988), S. 4; Bhaduri (2002b), S. 202; Hall et al. (2000), S. 300
401 Vgl. Michaelas et al. (1999), S. 115; Sogorb-Mira (2003), S. 6f.; Hall et al. (2004), S. 715
402 Vgl. Berger/Udell (1998), S. 622f.; Gregory et al. (2005), S. 383

Hypothese – Determinante Wachstum:
Zwischen Verschuldungsgrad und Wachstum besteht ein statistisch signifikanter, negativer Zusammenhang. Studienergebnisse über große und mittelständische Unternehmen unterscheiden sich in Bezug auf Signifikanzniveau und Vorzeichenrichtung nicht. Im Hinblick auf die kurzfristige Verschuldung besteht ein statistisch signifikanter positiver Zusammenhang.

5.4.2.2 Deskriptive Analyse

Die Determinante Wachstum wird in der Literatur am zweithäufigsten getestet. 68 (75,6%) Studien beschäftigen sich mit diesem potenziellen Bestimmungsfaktor der Kapitalstruktur. 56 dieser Studien haben Großunternehmen, zwölf Studien mittelständische Firmen zum Gegenstand. Im Gegensatz zu der Determinante Unternehmensgröße wird die Determinante Wachstum häufig mehrfach innerhalb der empirischen Modelle berücksichtigt. Acht Studien über Großunternehmen und vier KMU-Studien untersuchen diese Determinante mittels zwei oder drei unterschiedlichen Variablen.

Im Vergleich zur Determinante Unternehmensgröße bedient sich die Forschung zur Approximation des Unternehmenswachstums eines deutlich umfangreicheren Kennzahlen-Katalogs. Insgesamt lassen sich 29 verschiedene Kennzahlen identifizieren. Bis auf vier Ausnahmen fallen die verwendeten Kennzahlen in drei grundlegende Kategorien. 32 Studien schätzen die Wachstumsaussichten über unterschiedlich definierte Markt-Buchwert-Verhältnisse. 31 Studien schließen aus der Bilanzsummen-, Umsatz-, Gewinn- oder Mitarbeiterentwicklung unmittelbar auf das Wachstum. 15 Studien nutzen normierte Werte sonstiger Jahresabschlussgrößen zum indirekten Rückschluss auf das Unternehmenswachstum.[403] Zu diesem Zweck dienen hauptsächlich Kennzahlen über Bruttoinvestitionen, Forschungsaufwendungen, Vertriebskosten oder immaterielle Vermögenswerte. Studien über Großunternehmen verwenden 26, KMU-Studien lediglich acht Kennzahlen. Im Hinblick auf Großunternehmen finden Markt-Buchwert-Verhältnisse mit einem Anteil von 49,2% am häufigsten Verwendung. Studien über mittelständische Firmen greifen aufgrund fehlender Marktwerte vorwiegend auf die direkte Schätzung des Unternehmenswachstums zurück. Rund drei Viertel der in der Mittelstandsliteratur eingesetzten Wachstumsindikatoren beruhen auf der Entwicklung von Bilanzsumme, Gewinn, Umsatz oder Mitarbeiterzahl.

[403] Da einzelne Studien mehrere Kennzahlen zur Approximation der Determinante Wachstum verwenden, übersteigt die Summe der Verwendungshäufigkeiten der einzelnen Kennzahlenkategorien die Gesamtzahl der Studien, welche die Determinante Wachstum testen.

Die prinzipielle Eignung dieser Kennzahlen zur Messung der Wachstumsaussichten wird in Teilen der Literatur angezweifelt. Insbesondere Markt-Buchwert-Verhältnisse und die direkten Wachstumsindikatoren sind dabei nicht frei von Kritik. Bedenken gegen den Einsatz von Markt-Buchwert-Verhältnissen bestehen vor allem wegen der Möglichkeit einer ungewollten Korrelation mit marktwertbasierten Verschuldungskennzahlen. Diese könnten entstehen, weil der Marktwert des Eigenkapitals gleichzeitig im Nenner der abhängigen und im Zähler der unabhängigen Variable steht.[404] Marktwerte sind ebenfalls abhängig von der allgemeinen Börsenentwicklung, so dass ein höheres Markt-Buchwert-Verhältnis primär Folge einer Börsenhausse und keineswegs Ausdruck gestiegener Wachstumsaussichten sein kann. Als Nachteil der direkten Wachstumsindikatoren wird die ex post Betrachtung genannt. Da diese Indikatoren ausschließlich vergangenheitsorientiert sind, ließen sie strenggenommen keinen Schluss über die gegenwärtigen Wachstumsaussichten zu.[405]

Tabelle 5.11 Operationalisierungsformen (Determinante Wachstum)

	Ausgewertete Studien				Ausgewertete Ergebnisse				Zahl abhäng. Ergeb.
	GU	KMU	Gesamt		GU	KMU	Gesamt		
Messvariable	*N*	*N*	*N*	*%*	*N*	*N*	*N*	*%*	*N*
(TA - BV (E) + MV (E)) / TA	20	-	20	(29,4%)	61	-	61	(26,8%)	2
%change in Sales	6	6	12	(17,6%)	22	25	47	(20,6%)	4
%change in TA	6	3	9	(13,2%)	13	7	20	(8,8%)	3
Intangible Assets / TA	1	4	5	(7,4%)	-	7	7	(3,1%)	4
(MV (E) + TD) / TA	4	-	4	(5,9%)	17	-	17	(7,5%)	-
MV (E) / BV (Total Equity)	4	-	4	(5,9%)	39	-	39	(17,1%)	-
Compound Sales Growth	2	1	3	(4,4%)	6	3	9	(3,9%)	-
%change in Net Income	1	1	2	(2,9%)	-	-	-	-	3
CAPEX / TA	2	-	2	(2,9%)	2	-	2	(0,9%)	-
Faktorvariable	2	-	2	(2,9%)	7	-	7	(3,1%)	-
R&D Expenditures / Sales	2	-	2	(2,9%)	1	-	1	(0,4%)	1
%change in EBIT	1	-	1	(1,5%)	1	-	1	(0,4%)	-
%change in Sales / %change in TA	1	-	1	(1,5%)	2	-	2	(0,9%)	-
(ADV + R&D Expenses) / Sales	1	-	1	(1,5%)	1	-	1	(0,4%)	-
(CAPEX on PPE) / EBIT	1	-	1	(1,5%)	1	-	1	(0,4%)	-
(MV (E) + TL) / TA	1	-	1	(1,5%)	2	-	2	(0,9%)	-
(TA - BV (E) + MV (E) + PV (OpL)) / (TA + PV (OpL))	1	-	1	(1,5%)	1	-	1	(0,4%)	-
ADV Expenditures / Sales	1	-	1	(1,5%)	-	-	-	-	1
Compound Asset Growth	-	1	1	(1,5%)	-	-	-	-	3
Compound Employee Growth	-	1	1	(1,5%)	-	1	1	(0,4%)	2
Growth Dummy	-	1	1	(1,5%)	-	1	1	(0,4%)	-

404 Vgl. z.B. Titman/Wessels (1988), S. 7; Bevan/Danbolt (2002), S. 165; Booth et al. (2001), S. 112

405 Vgl. Dessi/Robertson (2003), S. 908

Tabelle 5.11 (fortgesetzt)

	Ausgewertete Studien				Ausgewertete Ergebnisse				Zahl abhäng. Ergeb.
	GU	KMU	Gesamt		GU	KMU	Gesamt		
Messvariable	*N*	*N*	*N*	*%*	*N*	*N*	*N*	*%*	*N*
ln (Market-to-Book-Ratio)	1	-	1	(1,5%)	1	-	1	(0,4%)	-
MV (E) / BV (Common Equity)	1	-	1	(1,5%)	1	-	1	(0,4%)	-
Net CAPEX / TA	1	-	1	(1,5%)	1	-	1	(0,4%)	-
Partial Time-Effect on ln (Sales)	1	-	1	(1,5%)	2	-	2	(0,9%)	-
R&D Dummy	1	-	1	(1,5%)	-	-	-	-	2
R&D Expenditures / TA	1	-	1	(1,5%)	1	-	1	(0,4%)	1
Slope of Sales-Time-Trend	1	-	1	(1,5%)	1	-	1	(0,4%)	-
Value Line's Sales Growth Forecast	1	-	1	(1,5%)	1	-	1	(0,4%)	-
Summe (inkl. Mehrfachtestung)	65	18	83						
Mehrfachtestung	9	6	15						
Summe (exkl. Mehrfachtestung)	56	12	68	(100%)	184	44	228	(100%)	26

Anmerkung: Erläuterungen zu den verwendeten Kurzformen und Operatoren beinhaltet Anhangtabelle A.2

Über die Determinante Unternehmenswachstum liegen 228 auswertbare Ergebnisse vor. 26 Resultate wurden aufgrund statistischer Abhängigkeit nicht in die Auswertung übernommen. 122 (53,5%) Ergebnisse entfallen auf Markt-Buchwert-Verhältnisse, 81 (35,5%) auf direkte Wachstumsindikatoren, 14 (6,1%) auf indirekte Wachstumsindikatoren und 11 (4,8%) auf sonstige Kennzahlen.[406]

Die aggregierte Auswertung der empirischen Ergebnisse über die Determinante Wachstum führt zu weniger eindeutigen Resultaten als im Falle der Unternehmensgröße. Die grundsätzliche Bedeutung dieser Determinante unterstreicht die hohe Zahl statistisch signifikanter Ergebnisse. Von den 228 Ergebnissen sind 152 (66,7%) statistisch signifikant. Unter Berücksichtigung der Vorzeichenrichtung der signifikanten Resultate widersprechen sich die Schätzergebnisse jedoch häufiger. 90 (59,2%) der statistisch signifikanten Resultate sind zwar negativ, 62 (40,8%) gleichzeitig aber auch positiv. Der theoretisch vermutete negative Zusammenhang zwischen Wachstumsaussichten und langfristigem bzw. gesamtem Verschuldungsgrad wird von 43,8% (88 von 201) der entsprechenden Ergebnisse unmittelbar gestützt (vgl. Tabelle 5.12); 26,4% (53 von 201) dieser Resultate weisen gleichzeitig aber einen gegensätzlichen, signifikant positiven Zusammenhang nach. Für einen positiven Zusammenhang zwischen Unternehmenswachstum und kurzfristigem Fremdkapital sprechen ein Drittel der entsprechenden Ergebnisse. Lediglich 7,4% der gesamten Ergebnisse über die kurzfristige Verschuldung finden einen signifikant negativen Zusammenhang.

[406] Zur Klassifikation der Kennzahlen vgl. Tabelle 5.13, S. 194

Die Aufschlüsselung der Ergebnisdaten nach Verschuldungsgradkategorie und Größenfokus führt zu ähnlichen Feststellungen wie im Falle der Determinante Unternehmensgröße. Mit Abstand am häufigsten wird die Gesamtverschuldung untersucht (65,8%). Eine erhebliche Zahl an Ergebnissen bezieht sich noch auf die langfristige Verschuldung (22,4%). Die kurzfristige Verschuldung folgt an dritter Stelle (11,8%). Erneut sind es insbesondere Großunternehmensstudien, die sich kaum der Erforschung der kurzfristigen Verschuldung widmen. Die Mehrheit der Ergebnisse bezieht sich wiederum auf buchwertbasierte Verschuldungskennzahlen, wobei vor allem die langfristige und kurzfristige Verschuldung deutlich seltener zu Marktwerten getestet werden. Darüber hinaus weisen KMU-Studien deutlich seltener signifikante Ergebnisse nach als Studien über Großunternehmen. Diese und weitere Angaben können Tabelle 5.12 entnommen werden.

Tabelle 5.12 Ergebnisübersicht (Determinante Wachstum)

	GU				KMU				Gesamt	
	signifikant		nicht signifikant		signifikant		nicht signifikant			
Koeff.	*N*	*%*	*N*	*%*	*N*	*%*	*N*	*%*	*N*	*%*
Übersicht A. Gesamtverschuldung zu Marktwerten										
negativ	59	(98,3%)	6	(54,5%)	-	-	-	-	65	(91,5%)
positiv	1	(1,7%)	5	(45,5%)	-	-	-	-	6	(8,5%)
Gesamt	60	(100,0%)	11	(100,0%)	-	-	-	-	71	(100,0%)
Übersicht B. Gesamtverschuldung zu Buchwerten										
negativ	16	(35,6%)	14	(66,7%)	-	-	2	(50,0%)	32	(40,5%)
positiv	29	(64,4%)	7	(33,3%)	9	(100,0%)	2	(50,0%)	47	(59,5%)
Gesamt	45	(100,0%)	21	(100,0%)	9	(100,0%)	4	(100,0%)	79	(100,0%)
Übersicht C. Langfristige Verschuldung zu Marktwerten										
negativ	9	(100,0%)	3	(75,0%)	-	-	-	-	12	(92,3%)
positiv	-	-	1	(25,0%)	-	-	-	-	1	(7,7%)
Gesamt	9	(100,0%)	4	(100,0%)	-	-	-	-	13	(100,0%)
Übersicht D. Langfristige Verschuldung zu Buchwerten										
negativ	4	(28,6%)	4	(44,4%)	-	-	5	(45,5%)	13	(34,2%)
positiv	10	(71,4%)	5	(55,6%)	4	(100,0%)	6	(54,5%)	25	(65,8%)
Gesamt	14	(100,0%)	9	(100,0%)	4	(100,0%)	11	(100,0%)	38	(100,0%)
Übersicht E. Kurzfristige Verschuldung zu Marktwerten										
negativ	-	-	1	(33,3%)	-	-	-	-	1	(33,3%)
positiv	-	-	2	(66,7%)	-	-	-	-	2	(66,7%)
Gesamt	-	-	3	(100,0%)	-	-	-	-	3	(100,0%)
Übersicht F. Kurzfristige Verschuldung zu Buchwerten										
negativ	1	(33,3%)	2	(40,0%)	1	(12,5%)	1	(12,5%)	5	(20,8%)
positiv	2	(66,7%)	3	(60,0%)	7	(87,5%)	7	(87,5%)	19	(79,2%)
Gesamt	3	(100,0%)	5	(100,0%)	8	(100,0%)	8	(100,0%)	24	(100,0%)
	131	(100,0%)	53	(100,0%)	21	(100,0%)	23	(100,0%)	228	(100,0%)

5.4.2.3 Vorzeichentest

Trotz der im Vergleich zu der Determinante Unternehmensgröße deutlich heterogeneren Ergebnisverteilung bestätigen sämtliche Vorzeichentests die Theoriekonformität der Determinante Wachstum. Der vermutete negative Zusammenhang zwischen der Höhe des Verschuldungsgrades und den Wachstumsaussichten eines Unternehmens gilt somit studienübergreifend.

Bei genauerer Betrachtung der einzelnen Kennzahlenkategorien offenbaren sich jedoch erhebliche Unterschiede. Die Theoriekonformität der Ergebnisse wird ausschließlich von jenen Ergebnissen getragen, die auf Markt-Buchwert-Verhältnissen beruhen. Die Vorzeichentests über diese Kennzahlenkategorie bestätigen den negativen Zusammenhang mit höchster Signifikanz. Für alle übrigen Kennzahlenkategorien lässt sich hingegen kein Zusammenhang feststellen. Im Gegenteil, Untersuchungen, die nicht auf Markt-Buchwert-Verhältnissen beruhen, finden sogar häufiger (signifikant) positive Koeffizientenwerte.

Tabelle 5.13 Vorzeichentests (Determinante Wachstum)

		Vote-Count-Daten				Vorzeichentests			
Messvariable	*N*	*neg. sig.*	*neg.*	*pos.*	*pos. sig.*	*I*	*II*	*III*	
Market-to-Book-Ratios	**122**	**78**	**15**	**11**	**18**	**.0000**	**.0000**	**.0000**	**neg**
(TA - BV (E) + MV (E)) / TA	61	44	9	4	4	.0000	.0000	.0000	neg
MV (E) / BV (Total Equity)	39	21	3	4	11	.0998	.0000	.0551	neg
(MV (E) + TD) / TA	17	9	3	3	2	.0717	.0000	.0327	neg
(MV (E) + TL) / TA	2	1	-	-	1	n/a	n/a	n/a	-
(TA - BV (E) + MV (E) + PV (OpL) / (TA + PV (OpL))	1	1	-	-	-	n/a	n/a	n/a	neg
ln (Market-to-Book-Ratio)	1	1	-	-	-	n/a	n/a	n/a	neg
MV (E) / BV (Common Equity)	1	1	-	-	-	n/a	n/a	n/a	neg
Direkte Wachstumsindikatoren	**81**	**6**	**18**	**24**	**33**	**.9999**	**.2188**	**1.000**	**pos**
%change in Sales	47	3	12	13	19	.9960	.4195	.9999	pos
%change in TA	20	2	2	6	10	.9987	.2642	.9968	pos
Compound Sales Growth	9	-	4	4	1	n/a	n/a	n/a	pos
%change in Sales / %change in TA	2	-	-	-	2	n/a	n/a	n/a	pos
%change in EBIT	1	1	-	-	-	n/a	n/a	n/a	neg
Compound Employee Growth	1	-	-	1	-	n/a	n/a	n/a	pos
Growth Dummy	1	-	-	-	1	n/a	n/a	n/a	pos
Indirekte Wachstumsindikatoren	**14**	**5**	**2**	**-**	**7**	**.6047**	**.0004**	**.8062**	**-**
Intangible Assets / TA	7	1	-	-	6	n/a	n/a	n/a	pos
CAPEX / TA	2	1	-	-	1	n/a	n/a	n/a	-
(ADV + R&D Expenses) / Sales	1	1	-	-	-	n/a	n/a	n/a	neg
(CAPEX on PPE) / EBIT	1	1	-	-	-	n/a	n/a	n/a	neg
Net CAPEX / TA	1	-	1	-	-	n/a	n/a	n/a	neg
R&D Expenditures / Sales	1	-	1	-	-	n/a	n/a	n/a	neg
R&D Expenditures / TA	1	1	-	-	-	n/a	n/a	n/a	neg

Tabelle 5.13 (fortgesetzt)

		Vote-Count-Daten				Vorzeichentests			
Messvariable	*N*	*neg. sig.*	*neg.*	*pos.*	*pos. sig.*	*I*	*II*	*III*	
Sonstige Kennzahlen	**11**	**1**	**3**	**3**	**4**	**.8867**	**.4312**	**.9688**	**pos**
Faktorvariable	7	-	3	1	3	n/a	n/a	n/a	pos
Partial Time-Effect on ln (Sales)	2	-	-	2	-	n/a	n/a	n/a	pos
Slope of Sales-Time-Trend	1	-	-	-	1	n/a	n/a	n/a	pos
Value Line's Sales Growth Forecast	1	1	-	-	-	n/a	n/a	n/a	neg
Gesamtergebnis	**228**	**90**	**38**	**38**	**62**	**.0368**	**.0000**	**.0141**	**neg**

5.4.2.4 Univariate Moderatoranalyse

Bei univariater Betrachtung hängen Signifikanz und Vorzeichen der Ergebnisse über die Determinante Wachstum in hohem Maße vom Größenfokus einer Studie ab. Studien über mittelständische Firmen gelangen zu signifikant schlechteren Ergebnissen als Untersuchungen über Großunternehmen. 52,3% der wachstumsbezogenen Determinantentests von KMU-Studien sind insignifikant, wohingegen dieser Anteil in der übrigen Literatur unter einem Drittel liegt ($p < 0{,}01$). Die eigentliche Besonderheit der Ergebnisse über mittelständische Unternehmen besteht aber in den Vorzeichen der geschätzten Regressionskoeffizienten. 95,2% der signifikant getesteten Variablen sind entgegen der modelltheoretischen Hypothesen positiv, Großunternehmensstudien gelangen dagegen in 67,9% der Fälle zu theoriekonformen negativen Ergebnissen ($p < 0{,}001$). Dieses sehr deutliche Ergebnis könnte allerdings primär Folge der Kennzahlendefinition sein. Denn Mittelstandsstudien stehen Markt-Buchwert-Verhältnisse zur Approximation der Determinante Wachstum nicht zur Verfügung. Wie zuvor gezeigt, ist es aber offenbar genau diese Kennzahlenkategorie, welche maßgeblich für den Nachweis der Theoriekonformität auf aggregierter Ebene verantwortlich ist.

Die institutionellen Rahmenbedingungen sowie der geografische Sitz der Unternehmen nehmen auf die Signifikanz der Variablen keinen Einfluss. Der Länderfokus beeinflusst jedoch das Vorzeichen der signifikant getesteten Koeffizienten in erheblichem Maße. Ergebnisse über nordamerikanische Firmen sind zu 82,1%, Resultate über alle übrigen Unternehmen zu lediglich 51,8% negativ ($p < 0{,}01$). Nicht signifikant ist die Moderatorvariable Rechtsraum, obwohl die 36 Resultate über den französischen Rechtsraum deutlich von den übrigen Ergebnissen abweichen. Entgegen der theoretischen Vorhersage bestätigen 63,9% der Resultate bezogen auf den französischen Rechtsraum eine positive Beziehung zwischen Wachstum und Verschuldungsgrad, während 59,3% (68,0%) der Ergebnisse über den deutschen (englischen) Rechtsraum eine negative Beziehung belegen. Hervorzuheben ist die Abhängigkeit der signifikanten Ergebnisse von der Ausgestaltung des Finanzsystems. 72,6% der signifikanten Ergebnisse über marktbasierte Finanzsysteme besitzen negative Koeffizienten, wohingegen 57,4% der Ergebnisse über bankbasierte Länder einen positiven Kausalzusammenhang nachweisen ($p < 0,001$). Da gleichzeitig mehrere Ländervariablen die Vorzeichenrichtung der signifikanten Ergebnisse beeinflussen, scheint eine Moderatoreigenschaft des Länderfokus in Bezug auf die Determinante Wachstum wahrscheinlich.

Wie schon im Fall der Unternehmensgröße besitzen methodische Aspekte Einfluss auf das Testergebnis. Untersuchungen basierend auf Panel-Datensätzen erzielen deutlich häufiger signifikante Ergebnisse. Noch bedeutsamer erscheint jedoch die Wahl der Datenbank. Unter Einsatz von Compustat, Worldscope und Datastream sind 78,5% der signifikant getesteten Studienergebnisse negativ, wohingegen dieser Anteil bei Verwendung einer sonstigen Datenquelle nur 38,4% beträgt ($p < 0,001$). Dieses sehr erstaunliche Resultat ist möglicherweise erneut eng mit der Kennzahlendefinition verbunden. Compustat-, Worldscope- und Datastream-Studien nutzen in rund vier von fünf Fällen Markt-Buchwert-Verhältnisse zur Approximation der Determinante Wachstum. Kein Zusammenhang besteht unterdessen zwischen der Analysemethode und der Determinante Wachstum. Ob Studien für die Branchenzugehörigkeit kontrollieren, beeinflusst die Testergebnisse auf aggregierter Ebene ebenfalls nicht.

Enorme Auswirkungen besitzt zumindest bei isolierter Betrachtung die Definition des Verschuldungsgrades. Buchwertbasierte Verschuldungsgradmaße führen aus theoretischer Sicht zu höchst unbefriedigenden Ergebnissen. Die Determinante Wachstum wird in Bezug auf buchwertbasierte Verschuldungskennzahlen nicht nur deutlich seltener signifikant getestet ($p < 0,01$), sondern 73,5% der signifikanten Ergebnisse (61 von 83 Resultaten) bestätigen sogar einen positiven Zusammenhang. Marktwertbasierte Untersuchungen erhalten hingegen in bemerkenswerten 98,6% der Fälle einen theoriekonformen, negativen Zusammenhang ($p < 0,001$). Der Markt-/Buchwertbezug scheint somit Moderatoreigenschaft zu besitzen. Erneut hinzuweisen ist in diesem Zusammenhang jedoch auf die von einigen Autoren diskutierte Möglichkeit einer Korrelation zwischen Markt-Buchwert-Verhältnissen und marktwertbasierten Verschuldungskennzahlen.

Die Verschuldungsgradkategorie agiert bei univariater Betrachtung ebenfalls als Moderator. Der theoretisch oft vermutete positive Zusammenhang zwischen Wachstum und kurzfristiger Verschuldung bestätigt sich mit höchster Signifikanz. Umgekehrt ist es aber erstaunlicherweise nicht die langfristige Verschuldung, für welche die Determinante Wachstum am ehesten signifikant negativ getestet wird. Vielmehr sind es die Ergebnisse über die Gesamtverschuldung, welche letztlich den negativen Wirkzusammenhang zwischen Verschuldungsgrad und Wachstum bedingen.

Tabelle 5.14 Univariate Moderatoranalyse (Determinante Wachstum)

		Signifikant vs. Nicht sign.		Negativ sign. vs. Positiv sign.		Fisher's Exact Test		Kategorie mit größter relativer Häufigkeit	
Moderatorvariable	*Sub-Gruppen*	*sig.*	*n. sig.*	*neg.*	*pos.*	*I*	*II*	*I*	*II*
		Übersicht A. Größenfokus und Länderfokus							
Größenfokus	GU KMU	131 21	53 23	89 1	42 20	**.004**	**.000**	**GU**	**GU**
Geografische Region	NA Sonstige	39 112	13 62	32 58	7 54	.181	**.001**	NA	**NA**
Entwicklungsstand Volkswirtschaft	Entwickelt Unterentw.	131 19	70 6	78 10	53 9	.371	.623	UTW	ETW
Entwicklungsstand Finanzsystem	Entwickelt Unterentw.	135 11	68 8	83 4	52 7	.457	.120	ETW	ETW
Finanzsystem	Marktbas. Bankbas.	84 61	51 24	61 26	23 35	.188	**.000**	BB	**MB**
Rechtsraum	Englisch Sonstige	75 71	46 29	51 37	24 34	.199	.063	S	E
		Übersicht B. Methodik und Verschuldungsgraddefinition							
Analysemethode	Fortgesch. OLS	70 81	25 46	37 53	33 28	.146	.136	FTG	OLS
Datenstruktur	Panel QS	104 47	22 49	67 23	37 24	**.000**	.077	**PA**	PA
Datenherkunft	CWD Sonstige	79 73	28 48	62 28	17 45	**.035**	**.000**	**CWD**	**CWD**
Kontrolle Brancheneinfluss	Ja Nein	30 122	24 52	17 73	13 49	.068	.836	Nein	(Nein)
Markt-/ Buchwertbezug	Marktwert Buchwert	69 83	18 58	68 22	1 61	**.001**	**.000**	**MW**	**MW**
Gesamte Verschuldung	TD STD/LTD	114 38	36 40	75 15	39 23	**.000**	**.007**	**TD**	**TD**
Kurzfristige Verschuldung	STD TD/LTD	11 141	16 60	2 88	9 53	**.004**	**.008**	**TD/ LTD**	**TD/ LTD**
Langfristige Verschuldung	LTD TD/STD	27 125	24 52	13 77	14 48	**.028**	.204	**TD/ STD**	TD/ STD
		Übersicht C. Einzelanalyse Markt-/Buchwertbezug							
TD (BV vs. MV)	TD BV TD MV	54 60	25 11	16 59	38 1	**.023**	**.000**	**MV**	**MV**
LTD (BV vs. MV)	LTD BV LTD MV	18 9	20 4	4 9	14 -	.211	**.000**	MV	**MV**
STD (BV vs. MV)	STD BV STD MV	11 -	13 3	2 -	9 -	-	-	-	-

5.4.2.5 Multivariate Moderatoranalyse

Das zur multivariaten Moderatoranalyse in Bezug auf die Determinante Wachstum verwendete Logit-Modell überprüft den Einfluss der Moderatorvariablen auf den Erhalt eines signifikant negativen Testergebnisses. Das aufgestellte Modell weist eine hohe Güte und Relevanz auf. Sämtliche formalen Testverfahren besitzen die geforderten Signifikanzniveaus. Das Pseudo-R^2 und der AROC-Wert erreichen mit 0,40 bzw. 0,89 ausgezeichnete Werte. Somit ist auch im Hinblick auf die Determinante Wachstum ein Einfluss von Moderatorvariablen gegeben. Die Ergebnisse des in Tabelle 5.15 dargestellten Logit-Modells sind gleichzeitig robust gegenüber alternativen Modellspezifikationen. Für keine der nicht signifikanten Variablen der univariaten Analyse lässt sich ein Moderatoreffekt im multivariaten Kontext nachweisen.[407]

Wie schon im Falle der Determinante Unternehmensgröße bestätigt sich die Moderatoreigenschaft vieler Variablen im multivariaten Kontext nicht. Obwohl in der univariaten Analyse acht Variablen, oftmals sogar in Bezug auf die Richtung des Vorzeichens, signifikant getestet wurden, verbleiben bei multivariater Betrachtung lediglich noch zwei signifikante Variablen. Eine außergewöhnlich hohe Signifikanz mit einem z-Wert von über 5 besitzt der Markt-/Buchwertbezug der Verschuldungskennzahl. Grenzwertig signifikant ist die Variable geografische Region. In den alternativen Modellspezifikationen bestätigt sich dieser Einfluss jedoch nur noch auf dem 10%-Niveau. Insbesondere die in der univariaten Analyse noch hochsignifikanten Variablen Finanzsystem, Datenherkunft und kurzfristige Verschuldung büßen bei multivariater Betrachtung hingegen ihre Aussagekraft ein.

Die verglichen mit der Determinante Unternehmensgröße heterogenere Ergebnisverteilung schlägt sich unmittelbar in den vorhergesagten Wahrscheinlichkeiten nieder. Das Nullmodell besitzt eine vorhergesagte Wahrscheinlichkeit für ein signifikant negatives Ergebnis von lediglich 3,2%. Im Falle der Determinante Unternehmensgröße lag dieser Wert für den Erhalt eines signifikant positiven Resultats bei 45,0%. In Bezug auf das Nullmodell hilft auch der alleinige Übergang zu einer marktwertbasierten Verschuldungskennzahl kaum. Die vorhergesagte Wahrscheinlichkeit stiege zwar um 25,3 Prozentpunkte, würde damit aber immer noch für den Erhalt eines positiv signifikanten bzw. nicht signifikanten Ergebnisses sprechen. Anders stellt sich die Situation an den übrigen untersuchten Stellen des linearen Prädiktors dar. Der alleinige Wechsel von einer buchwert- zu einer marktwertbasierten Kennzahl erhöht die Wahrscheinlichkeit eines signifikant negativen Testergebnisses bei Zugrundelegen der Mittel- oder Medianwerte um jeweils mehr als 50 Prozentpunkte.

---

[407] Vgl. Anhangtabelle A.4, S. 307

Der Ausgang der multivariaten Analyse ist aus theoretischer Sicht äußerst unbefriedigend. Gerade der Zusammenhang zwischen kurzfristiger Verschuldung und Wachstum wird in der Kapitalstruktur-Literatur als eindeutig positiv vermutet. Dieses Ergebnis stellte sich in der univariaten Moderatoranalyse auch ein. Kontrolliert man jedoch für sonstige Moderatorvariablen, verschwinden die univariat beobachteten Unterschiede nahezu vollständig. Die Variable kurzfristige Verschuldung besitzt lediglich noch das theoretisch erwartete negative Vorzeichen. Eine statistische Signifikanz ist hingegen nicht mehr nachweisbar.

Nahezu sämtliche Erklärungskraft für den Erhalt eines signifikant negativen Ergebnisses vereint die Variable Markt-/Buchwertbezug auf sich. Ein Logit-Modell unter alleiniger Einbeziehung dieser Variable führt bereits zu einem Klassifikationserfolg von 82,0%. Über vier Fünftel der Ergebnisse würden allein durch Kenntnis der markt- oder buchwertbasierten Definition der Verschuldungskennzahl richtig vorhergesagt. Das Gesamtmodell mit allen acht Variablen erreicht im Vergleich dazu 83,2%. Da der Erhalt theoriekonformer Ergebnisse über die Determinante Wachstum entscheidend von der Verwendung einer marktwertbasierten Verschuldungskennzahl abhängt, läge die Schlussfolgerung einer mangelnden Eignung buchwertbasierter Verschuldungsmaße nahe.

Diese Schlussfolgerung trifft vermutlich jedoch nicht zu. Ungleich wahrscheinlicher ist die von einigen Autoren vermutete systematische Ergebnisverzerrung aufgrund der Korrelation von Markt-Buchwert-Verhältnissen mit marktwertbasierten Verschuldungskennzahlen. Von den 69 signifikanten Ergebnissen in Bezug auf marktwertbasierte Verschuldungsmaße beruhen tatsächlich 64 auf Markt-Buchwert-Verhältnissen. Es ist also offenbar nicht die isolierte Betrachtung einer marktwertbasierten Verschuldungskennzahl, sondern ihre Verknüpfung mit einem Markt-Buchwert-Verhältnis, was in großer Regelmäßigkeit zu einem signifikant negativen Testergebnis führt. Für diese Sichtweise spricht außerdem, dass in keinem der ausgewerteten Modelle ein signifikant positives Ergebnis aus der Verknüpfung von Markt-Buchwert-Verhältnissen und marktwertbasierten Verschuldungskennzahlen resultiert. Sollte der Verdacht einer methodisch bedingten Ergebnisverzerrung zutreffen, stünde die gesamte Determinante Wachstum in Frage, da die zahlreichen in der Literatur nachgewiesenen theoriekonformen Testergebnisse nur mit Hilfe von Markt-Buchwert-Verhältnissen erreicht wurden. Die im Rahmen dieser Arbeit gewonnenen Testergebnisse sprechen jedenfalls für die Existenz einer maßgeblichen systematischen Ergebnisverzerrung in der empirischen Literatur.

Tabelle 5.15 Multivariate Moderatoranalyse (Determinante Wachstum)

		Logit-Modell	Diskrete Veränderung der vorhergesagten Wahrscheinlichkeit		
Modellvariablen	*Sub-gruppen*	*Koeffizienten*	*Null-Modell*	*Mittelwert-Modell*	*Median-Modell*
Größenfokus	1:GU	1,647	0,114	0,275 *	0,186
	0:KMU	(1,69)	(1,23)	(2,51)	(1,89)
Geografische Region	1:NA	1,118 *	0,060	0,257 *	0,253
	0:Sonstige	(2,09)	(0,82)	(1,96)	(1,90)
Finanzsystem	1:MB	-0,260	-0,007	-0,056	-0,051
	0:BB	(-0,77)	(-0,61)	(-0,75)	(-0,77)
Datenstruktur	1:PA	0,896	0,043	0,186	0,128
	0:QS	(1,39)	(0,89)	(1,51)	(1,78)
Datenherkunft	1:CWD	0,183	0,006	0,039	0,035
	0:Sonstige	(0,33)	(0,31)	(0,33)	(0,33)
Markt-/Buchwertbezug	1:MW	2,494 ***	0,253	0,529 ***	0,552 ***
	0:BW	(5,18)	(1,34)	(5,80)	(6,52)
Kurzfristige Verschuldung	1:STD	-1,486	-0,025	-0,242	-0,176
	0:TD/LTD	(-1,08)	(-1,02)	(-1,70)	(-1,53)
Langfristige Verschuldung	1:LTD	-0,962	-0,019	-0,183	-0,134
	0:TD/STD	(-1,77)	(-0,92)	(-1,89)	(-1,61)
Konstante		-3,412 ***	-	-	-
		(-3,46)	-	-	-
N		214			
Pseudo Log-Likelihood		-86			
P > Wald chi2		0,00			
P > Hosmer-Lemeshow chi2		0,62			
Pseudo-R² (McFadden)		0,40			
AROC		0,89			
Linktest		erfüllt			
_hat		0,00			
_hat²		0,34			

Anmerkung: *** p ≤ 0,001, ** p ≤ 0,01, * p ≤ 0,05; z-Werte in Klammern

5.4.2.6 Ökonomische Bedeutung

Wie schon im Falle der Determinante Unternehmensgröße kann die ökonomische Relevanz der Schätzergebnisse nicht vorbehaltlos überzeugen. Annähernd zwei Drittel der Koeffizienten kommen nicht über den einstelligen Prozentbereich hinaus. Lediglich acht der 147 signifikanten Koeffizientenwerte erreichen oder übersteigen einen Betragswert von 0,5.[408] Abbildung 5.2 veranschaulicht die Verteilung der signifikanten Koeffizientenwerte.

Abbildung 5.2 Ergebnisverteilung (Determinante Wachstum)

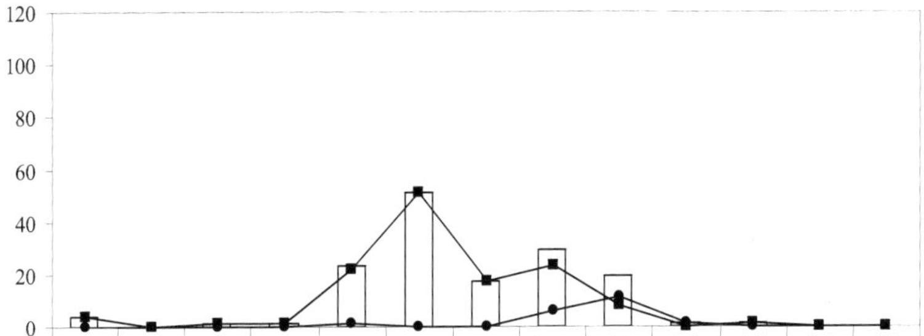

	-5,0 ≥ β	-2,5 ≥ β > -5,0	-1,0 ≥ β > -2,5	-0,5 ≥ β > -1,0	-0,1 ≥ β > -0,5	-0,01 ≥ β > -0,1	-0,01 < β < 0,01	0,01 ≤ β < 0,1	0,1 ≤ β < 0,5	0,5 ≤ β < 1,0	1,0 ≤ β < 2,5	2,5 ≤ β < 5,0	5,0 ≤ β
Gesamt	4	0	1	1	23	51	17	29	19	1	1	0	0
GU	4	0	1	1	22	51	17	23	8	0	1	0	0
KMU	0	0	0	0	1	0	0	6	11	1	0	0	0

Die geringen Koeffizientenwerte wiegen aufgrund des engen Wertebereichs der zur Messung der Wachstumsaussichten verwendeten Kennzahlen zum Teil noch schwerer als im Falle der Determinante Unternehmensgröße. Markt-Buchwert-Verhältnisse dürften höchst selten über den niedrigen einstelligen Wertebereich hinaus ansteigen, da der Zuwachs eines Markt-Buchwert-Verhältnisses um eine Einheit bereits eine ganz erhebliche Steigerung der Marktbewertung impliziert.[409] Von den 93 signifikanten auf Markt-Buchwert-Verhältnissen basierenden Ergebnissen übersteigen gerade einmal 16 den Betragswert von 0,1. Auf Grundlage der übrigen 77 Ergebnisse würde ein Anstieg eines Markt-Buchwert-Verhältnisses um eine Einheit nicht ausreichen, damit eine

[408] Die Gesamtzahl der dargestellten Koeffizientenwerte beläuft sich statt der erwarteten 152 auf 147 Resultate, da die signifikanten Koeffizientenwerte von Logit-, Probit-, LISREL- und nicht linearen Panel-Modellen mangels Vergleichbarkeit nicht in die Abbildung übernommen wurden.

[409] Beispielsweise betrug das direkte Verhältnis von Marktwert zu Buchwert des Eigenkapitals Mitte Dezember 2008 bei einem DAX-Stand von 4767 Punkten 0,62 für BMW, 1,05 für Eon, 1,17 für BASF, 1,65 für Siemens und 2,46 für RWE (Quelle: WirtschaftsWoche, Nr. 51 (2008), S. 116).

Veränderung einer Fremdkapitalquote um 10 Prozentpunkte zu prognostizieren wäre. 47 der 93 signifikanten Ergebnisse liegen aber sogar unter einem Betragswert von 0,05. In diesen Fällen wäre ein Anstieg eines Markt-Buchwert-Verhältnisses um eine Einheit noch nicht einmal in der Lage, eine Fremdkapitalquote um 5 Prozentpunkte zu bewegen.

Eine noch geringere ökonomische Relevanz implizieren die 50 signifikanten Testergebnisse in Bezug auf die direkten und indirekten Wachstumsindikatoren, deren Wertebereich beinahe ausnahmslos auf den ein- und zweistelligen Prozentbereich beschränkt ist. Bei einem Koeffizienten von 0,1 muss eine zwischen Null und Eins definierte Kennzahl bereits um absolut zehn Prozentpunkte zunehmen, um bei linearer Fortschreibung des marginalen Effekts gerade einmal eine Veränderung einer Fremdkapitalquote um einen Prozentpunkt zu bewirken. Von den 50 Koeffizientenwerten erreichen 17 jedoch noch nicht einmal einen Betragswert von 0,1. 27 weitere bleiben unter 0,5. Vor diesem Hintergrund muss auch die ökonomische Relevanz der Determinante Wachstum in Zweifel gezogen werden.

5.4.2.7 Zwischenfazit

Die alleinige Würdigung der Vorzeichentests und der univariaten Moderatoranalyse bestätigt die Erwartungen der Kapitalstrukturliteratur. Die Beziehung zwischen Wachstum und Verschuldungshöhe ist signifikant und eindeutig negativ, wobei die Ergebnisse über die kurzfristige Verschuldung eher für die erwartete positive Beziehung sprechen.

Dieses sehr theoriekonforme Resultat weist aber offenbar eine ausgeprägte Abhängigkeit von der Kennzahlendefinition auf. Wie die Vorzeichentests belegen, wird die Theoriekonformität von den zahlreichen Studien getragen, die Markt-Buchwert-Verhältnisse nutzen. Direkte und indirekte Wachstumsindikatoren weisen hingegen mehrheitlich (signifikant) positive Kausalbeziehungen nach. In der Moderatoranalyse bestätigt sich der Eindruck, dass hinter den nachweisbaren Ergebnisabweichungen letztlich immer die Frage der Verwendung von Markt-Buchwert-Verhältnissen und marktwertbasierten Verschuldungskennzahlen steht. Vor diesem Hintergrund erscheint die Annahme nicht abwegig, dass die Determinante Wachstum sämtliche Theoriekonformität verlieren könnte, wenn die Verknüpfung von Markt-Buchwert-Verhältnissen und marktwertbasierten Verschuldungskennzahlen unterbliebe. Weiterer Forschungsbedarf ist diesbezüglich somit dringend gegeben.

Davon abstrahiert kann aber auch die ökonomische Relevanz der Determinante Wachstum keinesfalls als gesichert gelten. Insbesondere die Ergebnisse in Bezug auf die direkten und indirekten Wachstumsindikatoren implizieren eine ausgesprochen niedrige Effektstärke.

5.4.3 Determinante Profitabilität

5.4.3.1 Theoretische Einordnung

Aus Sicht der theoretischen Forschung ist die Profitabilität die wichtigste Determinante der Kapitalstruktur. Die Profitabilität eines Unternehmens bestimmt dessen Innenfinanzierungskapazität und wirkt damit unmittelbar auf die Kapitalstruktur.[410] Gleichzeitig ist die Profitabilität elementarer Bestandteil der bedeutendsten Kapitalstrukturtheorien und eine der wenigen Determinanten, wenn nicht sogar die einzige Determinante, die im Rahmen von Querschnittsuntersuchungen einen direkten Test zwischen der Trade-Off- und Pecking-Order-Theorie ermöglicht.[411]

In der klassischen Trade-Off-Theorie kommt der Profitabilität eine herausragende Bedeutung zu, weil der Gewinn vor Zinsen und Steuern unmittelbar die Höhe des nutzbaren Steuervorteils bestimmt. Mit zunehmender Profitabilität steigt ceteris paribus die Steuerbelastung eines Unternehmens, weshalb die Ausnutzung der Steuervorteile der Fremdfinanzierung interessanter wird. Gemäß der klassischen Trade-Off-Theorie sollten Profitabilität und Verschuldungsgrad demzufolge eindeutig positiv korrelieren.[412]

Auch aus der Agency-Theorie folgt eine positive Beziehung. In hoch profitablen Unternehmen verfügt das Management über hohe Innenfinanzierungsmöglichkeiten und damit über große Handlungsfreiräume. Um übermäßigem Konsum am Arbeitsplatz (Jensen/Meckling, 1976) sowie Überinvestitionsproblemen (Jensen, 1986) entgegen zu wirken, bietet sich für externe Unternehmenseigner der verstärkte Einsatz von Fremdkapital als disziplinierendes Instrument an.[413]

Die Determinante Profitabilität ist ebenfalls für verschuldungsgradbasierte Signalling-Modelle von hoher Relevanz. Nach dieser Modellklasse können profitable Unternehmen ihre überdurchschnittliche Qualität durch die bewusste Anhebung der Verschuldung gegenüber externen Investoren signalisieren. Dieses Signal ist glaubwürdig, weil Unternehmen schlechterer Qualität und somit auch geringerer Profitabilität die höhere Zins- und Tilgungslast nicht darstellen können.[414] Folglich vermutet auch diese Modellklasse einen positiven Zusammenhang zwischen Profitabilität und Verschuldungsgrad.

---

410 Vgl. Chen/Zhao (2005a), S. 2

411 Vgl. Strebulaev (2004), S. 24; Hovakimian et al. (2004), S. 519; Menéndez-Alonso (2002), S. 5

412 Vgl. Bevan/Danbolt (2002), S. 161; Frank/Goyal (2003a), S. 224; Dittmar (2004), S. 30

413 Vgl. Frydenberg (2004), S. 6

414 Vgl. Frank/Goyal (2003a), S. 224

Von überragender Bedeutung ist die Determinante Profitabilität innerhalb der Pecking-Order-Theorie. Je rentabler ein Unternehmen wirtschaftet, desto höher ist das Innenfinanzierungsvolumen und desto geringer der externe Finanzbedarf. Unter diesen Bedingungen sagt die Pecking-Order-Theorie ceteris paribus einen geringeren Verschuldungsgrad voraus, da Unternehmen ihren Investitionsbedarf zuerst über interne Mittel decken und erst danach eine Fremdkapitalaufnahme in Betracht ziehen.[415]

Einige Autoren weisen zudem darauf hin, dass die Determinante Profitabilität möglicherweise die Determinante Wachstum approximiert.[416] Die hohe aktuelle Profitabilität wird in diesem Fall als Indikator der zukünftigen Investitionsmöglichkeiten aufgefasst. Dieser Einwand ist sehr bedeutsam, da gestützt auf dieses Argument auch ein negativer Zusammenhang zwischen Profitabilität und Verschuldungsgrad in Einklang mit der Trade-Off-Theorie gebracht werden kann. Ein negativer Koeffizientenwert der Profitabilitäts-Variable könnte dann auch nicht mehr zweifelsfrei als Bestätigung der Pecking Order aufgefasst werden.[417]

Die Mittelstandsliteratur vermutet üblicherweise einen negativen Zusammenhang zwischen Profitabilität und Verschuldungsgrad, da eine hohe Relevanz der Pecking-Order-Theorie in Bezug auf mittelständische Firmen unterstellt wird.[418] Großunternehmensstudien weisen im Allgemeinen auf die Möglichkeit eines positiven wie negativen Ergebnisses hin.[419] Da bisherige empirische Resultate jedoch eher eine negative Effektrichtung nahelegen, messen Autoren diesem Resultat tendenziell eine höhere Wahrscheinlichkeit bei. Hinsichtlich der Wirkung der Profitabilität auf die Höhe der langfristigen und kurzfristigen Verschuldung wird für gewöhnlich nicht differenziert.

> **Hypothese – Determinante Profitabilität:**
> Zwischen Verschuldungsgrad und Profitabilität besteht ein statistisch signifikanter Zusammenhang. In Mittelstandsstudien überwiegt ein negativer Zusammenhang. Die Ergebnisse in Bezug auf die gesamte, langfristige und kurzfristige Verschuldung unterscheiden sich nicht.

---

415 Vgl. Bevan/Danbolt (2002), S. 161; Colombo (2001), S. 1697

416 Vgl. Chen/Zhao (2005a), S. 9; Dittmar (2004), S. 10; Booth et al. (2001), S. 105

417 Vgl. Frank/Goyal (2003a), S. 225

418 Vgl. z.B. Holmes/Kent (1991), S. 145; Berger/Udell (2002), S. F36; Pettit/Singer (1985), S. 57

419 Vgl. z.B. Bhaduri (2002a), S. 660; Hovakimian et al. (2004), S. 519; Wald (1999), S. 172

5.4.3.2 Deskriptive Analyse

Die Determinante Profitabilität untersuchen 65 Studien. Damit beschäftigen sich 72,2% der ausgewerteten Primärliteratur mit dieser Determinante. 50 Studien behandeln Groß-, 15 mittelständische Unternehmen. Auch die Determinante Profitabilität wird von einigen Studien mehrfach getestet. Sechs Studien verwenden bis zu vier unabhängige Variablen zur Modellierung der Profitabilität.[420] Insgesamt finden sich in der ausgewerteten Literatur 25 verschiedene Kennzahlen zur Operationalisierung dieser Determinante. KMU-Studien verwenden 13; Studien über Großunternehmen 18 unterschiedliche Kennzahlen. 14 der 25 Kennzahlen kommen in der Literatur jeweils nur in einer Studie zum Einsatz. Häufigste Rentabilitätsgrößen sind EBIT bzw. EBITDA zur Bilanzsumme. 43,1% der Studien, welche die Determinante Profitabilität zum Gegenstand haben, nutzen diese als unabhängige Variablen. Die (relativen) Häufigkeiten der verwendeten Kennzahlen zeigt Tabelle 5.16.

Trotz der Vielzahl an Kennzahlen sind die verwendeten Variablen inhaltlich weitgehend homogen. Die mit weitem Abstand gebräuchlichsten Kennzahlen sind Verhältniszahlen, deren Zähler eine Gewinngröße und deren Nenner die Bilanzsumme bildet. Häufig wird die Gewinngröße auch auf den Umsatz bezogen. Alle andere Kennzahlen – mit Ausnahme des Return on Equity (RoE) – kommen jeweils nur in einer Studie zum Einsatz. Zwei der in der Literatur genutzten Kennzahlen erscheinen zur Messung der Rentabilität eines Unternehmens ungeeignet. Die Variablen Cash-Flow zu Bilanzsumme („CF/TA“) und Umsatz zu Bilanzsumme („Sales/TA“) sagen über die Profitabilität nichts aus und sollten aus diesem Grund nicht verwendet werden.

Über die Determinante Profitabilität liegen in der ausgewerteten Literatur insgesamt 236 Ergebnisse vor. 189 Resultate beziehen sich auf Großunternehmen, 47 auf mittelständische Unternehmen. Über vier Fünftel der Ergebnisse beruhen auf sechs Kennzahlen: 62 Ergebnisse beziehen sich auf „EBITDA/TA“, 51 auf „EBIT/TA“, 27 auf „Net Income/TA“, 23 auf „EBT/Sales“, 18 auf „Operating Income/TA“ und 16 auf „EBT/TA“ als unabhängige Variablen.

---

[420] Die Studien von Bartholdy/Mateus (2005), Jordan et al. (1998), Voulgaris et al. (2004) und Zoppa/McMahon (2002) testen diese Determinante doppelt. Voulgaris et al. (2002) verwenden in ihrer Studie drei, Dessi/Robertson (2004) vier unabhängige Variablen zur Modellierung der Determinante Profitabilität.

Tabelle 5.16 Operationalisierungsformen (Determinante Profitabilität)

	Ausgewertete Studien				Ausgewertete Ergebnisse				Zahl abhäng. Ergeb.
	GU	KMU	Gesamt		GU	KMU	Gesamt		
Messvariable	*N*	*N*	*N*	*%*	*N*	*N*	*N*	*%*	*N*
EBIT / TA	14	3	17	(26,2%)	47	4	51	(21,6%)	3
EBITDA / TA	11	-	11	(16,9%)	62	-	62	(26,3%)	-
Operating Income / TA	8	-	8	(12,3%)	18	-	18	(7,6%)	-
EBITD / TA	5	-	5	(7,7%)	8	-	8	(3,4%)	-
Net Income / TA	2	2	4	(6,2%)	20	7	27	(11,4%)	-
EBT / Sales	1	3	4	(6,2%)	2	21	23	(9,7%)	-
Net Income / Sales	2	1	3	(4,6%)	3	-	3	(1,3%)	2
EBT / TA	1	1	2	(3,1%)	13	3	16	(6,8%)	-
(Operating Income before D) / TA	2	-	2	(3,1%)	5	-	5	(2,1%)	-
RoA	-	2	2	(3,1%)	-	4	4	(1,7%)	-
RoE	1	1	2	(3,1%)	1	-	1	(0,4%)	3
Faktorvariable	1	-	1	(1,5%)	4	-	4	(1,7%)	-
EBIT / CAPEX	1	-	1	(1,5%)	3	-	3	(1,3%)	-
(RoA before Interest) / TA	-	1	1	(1,5%)	-	3	3	(1,3%)	-
RoI	-	1	1	(1,5%)	-	2	2	(0,8%)	-
Price-Cost-Margin	-	1	1	(1,5%)	-	1	1	(0,4%)	-
Operating Margin	1	-	1	(1,5%)	1	-	1	(0,4%)	-
EBIT / Sales	-	1	1	(1,5%)	-	1	1	(0,4%)	-
CF / TA	1	-	1	(1,5%)	1	-	1	(0,4%)	-
(Net Income before Interest) / TA	-	1	1	(1,5%)	-	1	1	(0,4%)	-
(Income before EI) / TA	1	-	1	(1,5%)	1	-	1	(0,4%)	-
Sales / TA	1	-	1	(1,5%)	-	-	-	-	2
Gross Profit / Sales	1	-	1	(1,5%)	-	-	-	-	2
(Operating Income / TA)²	1	-	1	(1,5%)	-	-	-	-	1
(EBIT / Sales)²	-	1	1	(1,5%)	-	-	-	-	1
Summe (inkl. Mehrfachtestung)	55	19	74						
Mehrfachtestung	5	4	9						
Summe (exkl. Mehrfachtestung)	50	15	65	(100%)	189	47	236	(100%)	14

Anmerkung: Erläuterungen zu den verwendeten Kurzformen und Operatoren beinhaltet Anhangtabelle A.2

Die aggregierten Ergebnisse über die Determinante Profitabilität stimmen in beeindruckender Weise mit den Vorhersagen der Pecking-Order-Theorie überein. Einen negativen Koeffizienten besitzen 215 (91,1%), einen Positiven lediglich 21 (8,9%) Ergebnisse. Noch deutlicher wird die Bestätigung der Pecking-Order-Hypothese, wenn lediglich die 196 signifikanten Ergebnisse ausgewertet werden. 191 (97,4%) dieser Resultate bestätigen den von der Pecking-Order-Theorie geforderten negativen Zusammenhang zwischen Verschuldung und Profitabilität. Die insbesondere von der Trade-Off-Theorie postulierte positive Beziehung belegen hingegen nur fünf (2,6%) signifikante Ergebnisse. Vier der fünf signifikant positiven Ergebnisse beziehen sich dabei auf mittelständische Firmen, so dass in der gesamten ausgewerteten Literatur nur ein Ergebnis über Großunternehmen einen signifikant positiven Koeffizienten aufweist.

Tabelle 5.17 Ergebnisübersicht (Determinante Profitabilität)

	GU				KMU				Gesamt	
	signifikant		nicht signifikant		signifikant		nicht signifikant			
Koeff.	*N*	*%*	*N*	*%*	*N*	*%*	*N*	*%*	*N*	*%*
	Übersicht A. Gesamtverschuldung zu Marktwerten									
negativ	66	(98,5%)	5	(71,4%)	-	-	-	-	71	(95,9%)
positiv	1	(1,5%)	2	(28,6%)	-	-	-	-	3	(4,1%)
Gesamt	67	(100,0%)	7	(100,0%)	-	-	-	-	74	(100,0%)
	Übersicht B. Gesamtverschuldung zu Buchwerten									
negativ	65	(100,0%)	8	(72,7%)	11	(91,7%)	-	-	84	(93,3%)
positiv	-	-	3	(27,3%)	1	(8,3%)	2	(100,0%)	6	(6,7%)
Gesamt	65	(100,0%)	11	(100,0%)	12	(100,0%)	2	(100,0%)	90	(100,0%)
	Übersicht C. Langfristige Verschuldung zu Marktwerten									
negativ	11	(100,0%)	-	-	-	-	-	-	11	(100,0%)
positiv	-	-	-	-	-	-	-	-	-	-
Gesamt	11	(100,0%)	-	-	-	-	-	-	11	(100,0%)
	Übersicht D. Langfristige Verschuldung zu Buchwerten									
negativ	13	(100,0%)	5	(83,3%)	8	(88,9%)	2	(28,6%)	28	(80,0%)
positiv	-	-	1	(16,7%)	1	(11,1%)	5	(71,4%)	7	(20,0%)
Gesamt	13	(100,0%)	6	(100,0%)	9	(100,0%)	7	(100,0%)	35	(100,0%)
	Übersicht E. Kurzfristige Verschuldung zu Marktwerten									
negativ	2	(100,0%)	-	-	-	-	-	-	2	(66,7%)
positiv	-	-	1	(100,0%)	-	-	-	-	1	(33,3%)
Gesamt	2	(100,0%)	1	(100,0%)	-	-	-	-	3	(100,0%)
	Übersicht F. Kurzfristige Verschuldung zu Buchwerten									
negativ	2	(100,0%)	3	(75,0%)	13	(86,7%)	1	(50,0%)	19	(82,6%)
positiv	-	-	1	(25,0%)	2	(13,3%)	1	(50,0%)	4	(17,4%)
Gesamt	2	(100,0%)	4	(100,0%)	15	(100,0%)	2	(100,0%)	23	(100,0%)
	160	(100,0%)	29	(100,0%)	36	(100,0%)	11	(100,0%)	236	(100,0%)

5.4.3.3 Vorzeichentest

Die Theoriekonformität der empirischen Ergebnisse in Bezug auf die Determinante Profitabilität ist bemerkenswert. Von den 236 Ergebnissen bestätigen 191 (80,9%) Resultate unmittelbar den von der Pecking-Order-Theorie postulierten negativen Zusammenhang zwischen Profitabilität und Verschuldungsgrad. Dementsprechend überrascht es nicht, dass auch sämtliche Vorzeichentests die Pecking-Order-Hypothese mit höchster Signifikanz auf aggregierter Ebene stützen. In der Literatur wird zwar vermutet, dass die Testergebnisse über die Determinante Profitabilität mehrheitlich die Pecking-Order-Theorie bestätigen. Dass die konkurrierende Hypothese der Trade-Off- und Signalling-Theorie aber mit derartiger Deutlichkeit abgelehnt wird, war nicht zu erwarten. Nach Jahrzehnten empirischer Forschung findet sich somit noch nicht einmal ansatzweise ein Rückhalt dafür, dass eine zunehmende Profitabilität die Ausnutzung der Steuervorteile interessanter macht und somit eine höhere Verschuldung impliziert. Dieses Hauptargument der Trade-Off-Theorie muss demzufolge als empirisch widerlegt gelten.

Hier hilft im Übrigen auch das zuweilen genannte Argument nicht, dass die Determinante Profitabilität möglicherweise die Determinante Wachstum approximiert, wodurch ein negativer Koeffizientenwert auch in Einklang mit der Trade-Off-Theorie gebracht werden könnte. Eine Überlagerung mit der Determinante Wachstum ist höchst unwahrscheinlich, da lediglich 27 Ergebnisse aus Modellen stammen, welche lediglich die Determinante Profitabilität aber nicht die Determinante Wachstum berücksichtigen.[421] Außerdem wäre bei Rückzug auf dieses Argument zu erklären, weshalb die indirekte Approximation des Wachstums über die Determinante Profitabilität zu eindeutigeren Resultaten führen sollte, als die unmittelbare Überprüfung der Determinante Wachstum selbst.

Auch im Hinblick auf die einzelnen Operationalisierungsformen ergibt sich ein sehr homogenes Ergebnis. Lediglich die Resultate in Bezug auf die Variablen „EBT/Sales“ und „Price-Cost-Margin“ können die Gültigkeit der Pecking-Order-Hypothese nicht uneingeschränkt bestätigen. Dies ist aber insofern zu relativieren, als diese Kennzahlen in nur vier Studien bzw. nur einer einzigen Studie zum Einsatz kommen und sich die überwiegende Zahl der Ergebnisse zudem auf mittelständische Firmen bezieht (vgl. Tabelle 5.18).

[421] Diese Modelle entstammen den Studien von Allen/Mizuno (1989), Bayless/Diltz (1994), Berger et al. (1997), Booth et al. (2001), Chui et al. (2002), Cloyd et al. (1997), Friend/Lang (1988), Guiso (2003), MacKay (2003), Panno (2003), Schäfer et al. (2004) und van der Wijst/Thurik (1993).

Tabelle 5.18 Vorzeichentests (Determinante Profitabilität)

		Vote-Count-Daten				Vorzeichentests			
Messvariable	*N*	*neg. sig.*	*neg.*	*pos.*	*pos. sig.*	*I*	*II*	*III*	
Gewinngröße zu Bilanzsumme	**196**	**172**	**16**	**7**	**1**	**.0000**	**.0000**	**.0000**	**neg**
EBITDA / TA	62	52	8	2	-	.0000	.0000	.0000	neg
EBIT / TA	51	46	3	2	-	.0000	.0000	.0000	neg
Net Income / TA	27	27	-	-	-	.0000	.0000	.0000	neg
Operating Income / TA	18	11	3	3	1	.0154	.0000	.0032	neg
EBT / TA	16	16	-	-	-	.0000	.0000	.0000	neg
EBITD / TA	8	7	1	-	-	n/a	n/a	n/a	neg
(Operating Income before D) / TA	5	4	1	-	-	n/a	n/a	n/a	neg
RoA	4	4	-	-	-	n/a	n/a	n/a	neg
(RoA before Interest) / TA	3	3	-	-	-	n/a	n/a	n/a	neg
(Net Income before Interest) / TA	1	1	-	-	-	n/a	n/a	n/a	neg
(Income before EI) / TA	1	1	-	-	-	n/a	n/a	n/a	neg
Gewinngröße zu Umsatz	**28**	**11**	**6**	**8**	**3**	**.1725**	**.0000**	**.0287**	**neg**
EBT / Sales	23	9	4	7	3	.3388	.0000	.0730	neg
Net Income / Sales	3	1	2	-	-	n/a	n/a	n/a	neg
Operating Margin	1	1	-	-	-	n/a	n/a	n/a	neg
EBIT / Sales	1	-	-	1	-	n/a	n/a	n/a	pos
Sonstige Kennzahlen	**12**	**8**	**2**	**1**	**1**	**.0193**	**.0000**	**.0195**	**neg**
Faktorvariable	4	2	2	-	-	n/a	n/a	n/a	neg
EBIT / CAPEX	3	2	-	1	-	n/a	n/a	n/a	neg
RoI	2	2	-	-	-	n/a	n/a	n/a	neg
RoE	1	1	-	-	-	n/a	n/a	n/a	neg
Price-Cost-Margin	1	-	-	-	1	n/a	n/a	n/a	pos
CF / TA	1	1	-	-	-	n/a	n/a	n/a	neg
Gesamtergebnis	**236**	**191**	**24**	**16**	**5**	**.0000**	**.0000**	**.0000**	**neg**

5.4.3.4 Univariate Moderatoranalyse

Trotz der sehr einheitlichen Ergebnisse lassen sich einzelne Moderatorvariablen identifizieren (vgl. Tabelle 5.19). Die Ergebnisse in Bezug auf Großunternehmen weichen bei univariater Betrachtung statistisch signifikant von jenen über den Mittelstand ab. Beachtliche 99,4% der signifikanten Ergebnisse über Großunternehmen bestätigen die Pecking-Order-Hypothese, während dieser Anteil im Hinblick auf KMU-Studien immer noch hohe 88,9% beträgt ($p < 0,01$).

Dem Länderfokus kommt hingegen keine Bedeutung zu. Eine interessante Feststellung ergibt sich dennoch in Bezug auf die Vorzeichen der Koeffizientenwerte. Von den insgesamt 21 Koeffizientenwerten mit positivem Vorzeichen beziehen sich 20 auf europäische Unternehmen. Hinsichtlich nicht-europäischer Stichproben findet sich in der gesamten ausgewerteten Literatur somit nur ein einziges positives Ergebnis.

Wie schon im Falle der Determinanten Unternehmensgröße bzw. Wachstum führen Untersuchungen basierend auf Panel-Daten auch im Hinblick auf die Profitabilität häufiger zu signifikanten Ergebnissen. 92,9% der auf Panel-Daten, aber nur 71,8% der auf Querschnittsdaten beruhenden Ergebnisse sind statistisch von Null verschieden ($p < 0,001$). Ansonsten bleiben methodische Aspekte ohne Ergebniseinfluss. Weder der Untersuchungsmethodik, der Datenbankwahl noch der Kontrollvariable Branchenzugehörigkeit kommt eine Moderatoreigenschaft zu.

Die Entscheidung für oder gegen marktwertbasierte Verschuldungskennzahlen hat für die Determinante Profitabilität einen moderaten Ergebniseffekt. Marktwertbasierte Verschuldungskennzahlen werden häufiger signifikant getestet ($p < 0,05$). Dieses Resultat tragen jedoch ausschließlich die Ergebnisse über die langfristige Verschuldung ($p < 0,05$). In Bezug auf die gesamte und kurzfristige Verschuldung ändern sich die Ergebnisse in Abhängigkeit des Markt- oder Buchwertbezugs des Verschuldungsgradmaßes nicht. Auf die Vorzeichenrichtung der signifikanten Ergebnisse nimmt der Markt- oder Buchwertbezug keinerlei Einfluss.

Auch in Abhängigkeit der Verschuldungsgradkategorie verändern sich die Koeffizientenvorzeichen nicht. Ergebnisse über den langfristigen Verschuldungsgrad sind jedoch deutlich seltener signifikant. Die Signifikanzquote bleibt mit 71,7% deutlich hinter derjenigen der übrigen Ergebnisse (85,8%) zurück ($p < 0,05$). Dieses Resultat stellt sich auch bei alleiniger Gegenüberstellung der Ergebnisse über die langfristige und gesamte Verschuldung ein ($p < 0,05$). Die Ergebnisse über die kurzfristige Verschuldung unterscheiden sich hingegen nicht von den übrigen Verschuldungsgradkategorien.

Tabelle 5.19 Univariate Moderatoranalyse (Determinante Profitabilität)

		Signifikant vs. Nicht sign.		Negativ sign. vs. Positiv sign.		Fisher's Exact Test		Kategorie mit größter relativer Häufigkeit	
Moderatorvariable	*Sub-Gruppen*	*sig.*	*n. sig.*	*neg.*	*pos.*	*I*	*II*	*I*	*II*
		Übersicht A. Größenfokus und Länderfokus							
Größenfokus	GU KMU	160 36	29 11	159 32	1 4	.196	**.004**	GU	**GU**
Geografische Region	NA Sonstige	46 148	4 36	45 144	1 4	.058	1.00	NA	(NA)
Entwicklungsstand Volkswirtschaft	Entwickelt Unterentw.	166 27	39 1	161 27	5 -	.057	1.00	UTW	(UTW)
Entwicklungsstand Finanzsystem	Entwickelt Unterentw.	173 19	36 3	168 19	5 -	1.00	1.00	(UTW)	(UTW)
Finanzsystem	Marktbas. Bankbas.	117 73	20 19	114 71	3 2	.282	1.00	MB	(MB)
Rechtsraum	Englisch Sonstige	98 94	19 20	96 91	2 3	.861	.678	(E)	(E)
		Übersicht B. Methodik und Verschuldungsgraddefinition							
Analysemethode	Fortgesch. OLS	84 107	11 27	84 104	- 3	.105	.257	FTG	(FTG)
Datenstruktur	Panel QS	117 74	9 29	117 71	- 3	**.000**	.057	**PA**	(PA)
Datenherkunft	CWD Sonstige	96 100	15 25	95 96	1 4	.225	.369	CWD	(CWD)
Kontrolle Brancheneinfluss	Ja Nein	40 156	11 29	40 151	- 5	.398	.585	Ja	(Nein)
Markt-/ Buchwertbezug	Marktwert Buchwert	80 116	8 32	79 112	1 4	**.013**	.650	**MW**	(MW)
Gesamte Verschuldung	TD STD/LTD	144 52	20 20	142 49	2 3	**.005**	.118	**TD**	(TD)
Kurzfristige Verschuldung	STD TD/LTD	19 177	7 33	17 174	2 3	.167	.075	TD/ LTD	TD/ LTD
Langfristige Verschuldung	LTD TD/STD	33 163	13 27	32 159	1 4	**.029**	1.00	**TD/ STD**	(TD/ STD)
		Übersicht C. Einzelanalyse Markt-/Buchwertbezug							
TD (BV vs. MV)	TD BV TD MV	77 67	13 7	76 66	1 1	.473	1.00	(MV)	(BV)
LTD (BV vs. MV)	LTD BV LTD MV	22 11	13 -	21 11	1 -	**.020**	1.00	**MV**	(MV)
STD (BV vs. MV)	STD BV STD MV	17 2	6 1	15 2	2 -	-	-	-	-

5.4.3.5 Multivariate Moderatoranalyse

Im Gegensatz zu den beiden zuvor untersuchten Kapitalstruktur-Determinanten überzeugt die Modellgüte des multivariaten Modells nicht uneingeschränkt. Während die Nullhypothese der Hosmer-Lemeshow-Statistik abgelehnt wird, ist der Linktest grenzwertig verletzt, was eine Fehlspezifikation nahelegt. Nach Erweiterung des Logit-Modells um sämtliche Moderatorvariablen ist der Linktest jedoch eindeutig erfüllt, obwohl keine der zusätzlichen Variablen statistisch signifikant ist und sich keine Änderungen an Signifikanzniveau oder Vorzeichenrichtung der ursprünglich ausgewählten Variablen ergeben.[422] Auch in den übrigen zu Robustheitszwecken geschätzten Logit-Modellen ist der Linktest durchgängig erfüllt, ohne dass sich grundlegende Ergebnisabweichungen einstellen.[423] Vor diesem Hintergrund bleibt die Ursache für die Verletzung des Linktests unklar.

Da die Verteilung der Resultate über die Determinante Profitabilität sehr theoriekonform ist, sollte die Identifikation aussagekräftiger Moderatorvariablen schwer fallen. Das multivariate Modell bestätigt diese Vermutung. Von den fünf signifikanten Moderatorvariablen der univariaten Analyse übt lediglich noch die Variable Datenstruktur einen nachweisbaren Effekt auf die Testergebnisse aus. Die Vorzeichenrichtung der Variable Datenstruktur ist dabei plausibel. Paneldaten-basierte Untersuchungen besitzen eine höhere Wahrscheinlichkeit zum Nachweis eines signifikant negativen Ergebnisses. Ein vermutlich größerer Datenumfang unterstützt – wie schon im Falle der Determinante Unternehmensgröße – demnach den Nachweis eines signifikanten Ergebnisses. Sehr auffällig ist der deutliche Bedeutungsverlust der Variable Größenfokus. In der univariaten Analyse ließ sich für diese Variable sogar ein signifikanter Unterschied in Bezug auf die Vorzeichenrichtung nachweisen. In der multivariaten Betrachtung liegen z-Wert und folglich auch der Koeffizientenwert nahe Null.

Auch die vorhergesagten Wahrscheinlichkeiten belegen den geringen Einfluss von Moderatorvariablen auf die Determinantenergebnisse. Selbst im Falle des Nullmodells, was aufgrund der Aussparung der kurzfristigen Verschuldung dem tatsächlichen Worst-Case-Szenario entspricht, liegt die vorhergesagte Wahrscheinlichkeit mit 51,5% bereits im Annahmebereich. Im Median- und fiktiven Mittelwertmodell liegen diese Werte bei 92,8% und 87,4%. Entsprechend gering sind die jeweils berechneten diskreten Veränderungen. Nur im Nullmodell überschreiten sie zum Teil den Wert von 0,2.

---

[422] Vgl. Anhangtabelle A.5, S. 308. Da die Variable „Entwicklungsstand Volkswirtschaft" eine vollständige Trennung verursacht und damit die numerische Schätzung unmöglich macht, konnte diese Variable nicht in das vollständige Modell übernommen werden.

[423] Lediglich die Variable geografische Region wird in einem der zu Robustheitszwecken geschätzten Logit-Modelle grenzwertig signifikant. Ansonsten bleiben Vorzeichen und statistische Signifikanz der Variablen modellübergreifend unverändert.

Tabelle 5.20 Multivariate Moderatoranalyse (Determinante Profitabilität)

		Logit-Modell	Diskrete Veränderung der vorhergesagten Wahrscheinlichkeit		
Modellvariablen	*Sub-gruppen*	*Koeffizienten*	*Null-Modell*	*Mittelwert-Modell*	*Median-Modell*
Größenfokus	1:GU	-0,039	-0,010	-0,004	-0,002
	0:KMU	(-0,05)	(-0,05)	(-0,05)	(-0,05)
Datenstruktur	1:PA	1,516 **	0,313 **	0,181 *	0,187 *
	0:QS	(2,58)	(3,15)	(2,18)	(2,09)
Markt-/Buchwertbezug	1:MW	0,977	0,223 *	0,100 *	0,043
	0:BW	(1,73)	(1,98)	(1,97)	(1,67)
Gesamte Verschuldung	1:TD	1,031	0,233	0,132	0,105
	0:STD/LTD	(1,49)	(1,67)	(1,33)	(0,96)
Langfristige Verschuldung	1:LTD	-0,022	-0,005	-0,002	-0,001
	0:TD/STD	(-0,04)	(-0,04)	(-0,04)	(-0,04)
Konstante		0,063	-	-	-
		(0,17)	-	-	-
N		229			
Pseudo Log-Likelihood		-89			
P > Wald chi2		0,00			
P > Hosmer-Lemeshow chi2		0,54			
Pseudo-R^2 (McFadden)		0,17			
AROC		0,78			
Linktest		verletzt			
_hat		0,12			
_hat²		0,74			

Anmerkung: *** p ≤ 0,001, ** p ≤ 0,01, * p ≤ 0,05; z-Werte in Klammern

5.4.3.6 Ökonomische Bedeutung

Wie aus Abbildung 5.3 hervorgeht, ist der Zusammenhang zwischen der Determinante Profitabilität und dem Verschuldungsgrad nicht nur eindeutig negativ, sondern vor allem auch betragsmäßig vergleichsweise bedeutsam. Von den 186 signifikanten Ergebnissen mit auswertbarem Koeffizientenwert besitzen 88,2% einen Betragswert von 0,1 und darüber.[424] 77 Ergebnisse liegen sogar oberhalb eines Betragswertes von 0,5.

[424] Die Gesamtzahl der dargestellten Koeffizientenwerte beläuft sich statt der erwarteten 196 auf 186 Resultate, da die signifikanten Koeffizientenwerte von Logit-, Probit-, LISREL- und nicht linearen Panel-Modellen mangels Vergleichbarkeit nicht in die Abbildung übernommen wurden.

Abbildung 5.3 Ergebnisverteilung (Determinante Profitabilität)

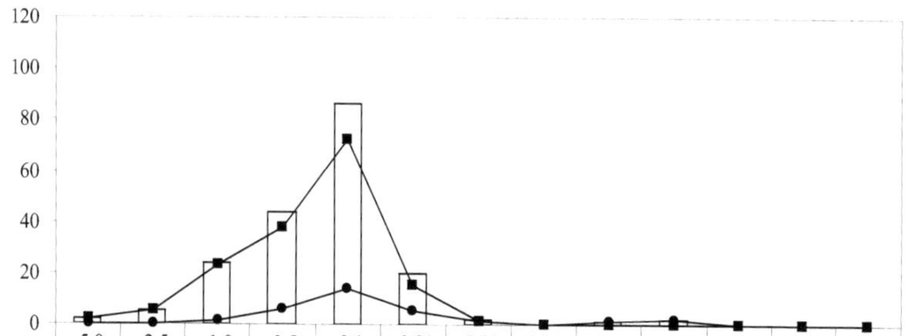

	-5,0 ≥ β	-2,5 ≥ β > -5,0	-1,0 ≥ β > -2,5	-0,5 ≥ β > -1,0	-0,1 ≥ β > -0,5	-0,01 ≥ β > -0,1	-0,01 < β < 0,01	0,01 ≤ β < 0,1	0,1 ≤ β < 0,5	0,5 ≤ β < 1,0	1,0 ≤ β < 2,5	2,5 ≤ β < 5,0	5,0 ≤ β
Gesamt	2	5	24	44	86	20	2	0	1	2	0	0	0
GU	2	5	23	38	72	15	1	0	0	0	0	0	0
KMU	0	0	1	6	14	5	1	0	1	2	0	0	0

Die zur Operationalisierung der Profitabilität genutzten Kennzahlen sind nahezu ausschließlich Verhältniszahlen, die eine Gewinngröße in das Verhältnis zu Bilanzsumme oder Umsatz setzen. Unter der realistischen Annahme, dass Gewinngrößen den Umsatz oder die Bilanzsumme nicht übersteigen, beschränkt sich ihr Wertebereich auf das Intervall von Null bis Eins.[425] Diese Verhältniszahlen müssen sich bei einem Koeffizienten von 0,1 um mindestens 10 Prozentpunkte erhöhen, damit bei linearer Fortschreibung des marginalen Effekts ein Anstieg einer Fremdkapitalquote um einen Prozentpunkt zu erwarten wäre. 77 der 180 auf diesen Verhältniszahlen beruhenden signifikanten Ergebnisse weisen aber immerhin Koeffizienten oberhalb eines Betragswertes von 0,5 auf, 30 davon übersteigen sogar (deutlich) den Wert von 1. Diese 77 Ergebnisse lassen bei einer Erhöhung der jeweiligen Verhältniszahl um einen Prozentpunkt somit eine Veränderung einer Fremdkapitalquote um zumindest einen halben Prozentpunkt erwarten. Elf Ergebnisse sagen sogar eine Veränderung um mindestens zwei Prozentpunkte voraus.

Eine unmittelbare Erklärung für die Testergebnisse mit besonders hoher ökonomischer Bedeutung fand sich auf aggregierter Ebene allerdings nicht. Die 30 Ergebnisse mit einem Betragswert von größer gleich Eins entstammen 14 Studien, beruhen auf sechs verschiedenen statistischen Verfahren, sechs verschiedenen Operationalisierungsformen und beziehen sich auf mittelständische wie auf große Unternehmen sowie auf 15 unterschiedliche Länder.

---

425 Im Falle von Jahresfehlbeträgen wären auch negative Werte denkbar. Solche Werte sollten in einem großen Unternehmensdatensatz allerdings nicht in größerer Zahl vorkommen.

5.4.3.7 Zwischenfazit

Die Verteilung der Testergebnisse über die Determinante Profitabilität ist außergewöhnlich theoriekonform. Die weltweiten Ergebnisse sind in ihrer Gesamtheit derart eindeutig, dass kein Zweifel mehr an einer signifikant negativen Beziehung zwischen Verschuldungshöhe und Profitabilität bestehen kann. An diesem grundlegenden Kausalzusammenhang ändern weder die Wahl der Operationalisierungsform noch Moderatorvariablen irgendetwas. Weiter aufgewertet wird dieses Ergebnis durch die vergleichsweise hohe ökonomische Relevanz der Koeffizientenwerte. Erstmals lässt eine größere Anzahl von Testergebnissen zweistellige Veränderungen einer Fremdkapitalquote unter realistischen Annahmen vermuten. Im Einklang mit der theoretischen Erwartung steht zudem die fehlende Moderatoreigenschaft der Verschuldungsgraddefinition. Eine größere Bedeutung der Pecking-Order-Theorie im Mittelstandskontext lässt sich hingegen nicht nachweisen.

Die Deutlichkeit dieses Ergebnisses besitzt weitreichende Konsequenzen für die Trade-Off- und in geringerem Maße für die Signalling-Theorie. Der von beiden Theoriegebäuden postulierte positive Zusammenhang zwischen Profitabilität und Verschuldungshöhe ist empirisch in deutlichster Form widerlegt. Damit ist einem zentralen Bestandteil der Trade-Off-Theorie jegliche empirische Grundlage entzogen. Umgekehrt unterstützt dieses Ergebnis eindrücklich die Hypothese der Pecking-Order-Theorie, welche eine inverse Beziehung zwischen Verschuldungshöhe und Innenfinanzierungskapazität erwartet.

5.4.4 Determinante Sachanlagevermögen

5.4.4.1 Theoretische Einordnung

Die Determinante Sachanlagevermögen approximiert den nicht beobachtbaren Sicherungswert der Bilanzaktiva und folgt im Wesentlichen aus der Agency-Theorie. Nach der Agency-Theorie lassen sich die Agency-Kosten der externen Fremdfinanzierung durch Stellung von Kreditsicherheiten deutlich absenken, wobei insbesondere das Vermögenssubstitutionsproblem erheblich abgemildert werden kann.[426] Ein hohes Sachanlagevermögen lässt zusätzlich auf einen hohen Liquidationserlös im Insolvenzfalle hoffen, weshalb die Agency-Theorie auch aus diesem Grund eine positive Beziehung zwischen der Höhe des Sachanlagevermögens und der Verschuldung erwartet.[427]

[426] Vgl. Rajan/Zingales (1995), S. 1451; Titman/Wessels (1988), S. 3; Allayannis et al. (2004), S. 2676; Bevan/Danbolt (2002), S. 161; Bhaduri (2002b), S. 202; Michaelas et al. (1999), S. 115

[427] Vgl. Fattouh et al. (2005), S. 11; Cassar/Holmes (2003), S. 128; Frydenberg (2004), S. 6

Über Umwege kann agency-theoretisch jedoch auch eine negative Korrelation zwischen Verschuldung und Sachanlagevermögen begründet werden. Sofern eine übermäßige Inanspruchnahme nicht-monetärer Vorteile durch das Management erfolgt, könnten Unternehmenseigner nach Meinung einzelner Autoren selbst im Falle geringer Sicherheiten für eine hohe Verschuldung optieren, um die Agency-Kosten der Eigenfinanzierung zu reduzieren.[428] Dieses Vorhaben gelingt allerdings nur dann, wenn Fremdkapitalinvestoren, trotz mangelnder Sicherheiten, bereit sind, Kredite zu gewähren.

Indirekt lässt sich die Determinante Sachanlagevermögen auch mit der Pecking-Order-Theorie verknüpfen. Erstklassig besicherte Kredite weisen für gewöhnlich sehr niedrige Risikoaufschläge auf, weshalb sich Unterinvestitionsprobleme nicht oder nur in geringem Umfang stellen. Nach der Pecking-Order-Theorie sollte es Unternehmen mit hohem Sachanlagevermögen folglich vergleichsweise leichter fallen, sich höher zu verschulden.[429] Aus der Pecking-Order-Theorie folgt somit ebenfalls eine positive Beziehung zwischen Verschuldungsgrad und Sachanlagevermögen. Eine Minderheiten-Meinung vertreten in diesem Zusammenhang Harris/Raviv (1991). Harris/Raviv bestätigen das verstärkte Auftreten von Unterinvestitionsproblemen in Abwesenheit von Kreditsicherheiten. Nach ihrer Meinung führt dies aber zu einer höheren Verschuldung jener Unternehmen mit geringerem Sachanlagevermögen.[430]

Neben den genannten Argumenten finden sich in der Literatur gelegentlich weitere Gründe für die Untersuchung dieser Determinante. Fasst man die Höhe des Sachanlagevermögens zum Beispiel als Approximation der Kapitalintensität eines Unternehmens auf, lässt sich erneut ein negativer Zusammenhang zwischen Sachanlagevermögen und Verschuldungsgrad herstellen. Eine hohe Kapitalintensität impliziert einen hohen Fixkostenanteil, welcher in konjunkturellen Abschwungzeiten erhebliche Risiken birgt. Aus diesem Grund könnten kapitalintensive Firmen eine niedrige Verschuldung wählen, um wirtschaftlich schlechteren Phasen besser begegnen zu können.[431] Legt man dieses Argument in leicht abgewandelter Weise aus, resultiert wiederum ein positiver Zusammenhang. Ein hohes Sachanlagevermögen deutet möglicherweise auf die Reife eines Industriezweiges hin. Unternehmen in reifen Industriezweigen könnten ein geringeres operatives Risiko besitzen, was ihnen eine höhere Verschuldung ermöglichen würde.[432]

---

428 Vgl. Titman/Wessels (1988), S. 3; Bhaduri (2002b), S. 202
429 Vgl. Titman/Wessels (1988), S. 3; Frydenberg (2004), S. 6
430 Vgl. Harris/Raviv (1991), S. 308; Frank/Goyal (2003a), S. 224
431 Vgl. Ferri/Jones (1979), S. 632
432 Vgl. Chen/Hammes (2004), S. 10

Trotz einzelner gegenteiliger Argumente herrscht in der Determinantenliteratur breiter Konsens über den positiven Zusammenhang zwischen Sachanlagevermögen und Verschuldungsgrad. Demzufolge erwartet die Literatur einen statistisch signifikanten, positiven Koeffizientenwert dieser Determinante. Im Mittelstandskontext verliert das Sachanlagevermögen möglicherweise etwas an Erklärungskraft. Grund hierfür ist die denkbare und durchaus übliche Sicherheitenstellung aus dem Privatvermögen der Gesellschafter. Die alleinige Kenntnis des Sachanlagevermögens auf Unternehmensebene könnte den tatsächlichen Umfang der vorhandenen werthaltigen Kreditsicherheiten somit unterschätzen.[433] Auf die Fristigkeitsstruktur des Fremdkapitals könnte das Sachanlagevermögen ebenfalls Einfluss nehmen. Nach der „goldenen Bilanzregel" sollten langfristige Vermögenswerte langfristig und kurzfristige Vermögenswerte entsprechend kurzfristig finanziert werden.[434] Demzufolge könnten Unternehmen mit geringem Sachanlagevermögen stärker auf kurzfristige Verbindlichkeiten zurückgreifen.

Hypothese – Determinante Sachanlagevermögen:
Zwischen Verschuldungsgrad und Sachanlagevermögen besteht ein statistisch signifikanter, positiver Zusammenhang. Studienergebnisse über große und mittelständische Unternehmen unterscheiden sich in Bezug auf Signifikanzniveau und Vorzeichenrichtung nicht. Im Hinblick auf die kurzfristige Verschuldung besteht ein negativer Zusammenhang.

5.4.4.2 Deskriptive Analyse

Die Determinante Sachanlagevermögen ist Bestandteil von 64 Studien und somit der am vierthäufigsten getestete Bestimmungsfaktor der Kapitalstruktur. Im Einzelnen liegen 50 Studien über Großunternehmen und 14 über mittelständische Firmen vor. Vier Großunternehmensstudien sowie eine KMU-Studie berücksichtigen diese Determinante in ihren Modellen jeweils doppelt.[435] Literaturübergreifend wird das Sachanlagevermögen auf 17 verschiedene Weisen approximiert. Studien über Großunternehmen (mittelständische Firmen) verwenden 14 (sieben) Kennzahlen.

Die Definition der Kennzahlen stimmt studienübergreifend weitgehend überein (vgl. Tabelle 5.21). Im Zähler der Verhältniszahlen findet sich üblicherweise das bilanzielle Anlagevermögen (oder eine Teilmenge daraus) gegebenenfalls ergänzt um das Vorratsvermögen. Den Nenner bildet in der Regel die Bilanzsumme. Abgesehen von den

---

433 Vgl. Hall et al. (2000), S. 303

434 Vgl. Stohs/Mauer (1996), S. 285; Guedes/Opler (1996), S. 1812; Ozkan (2002), S. 21

435 Die GU-Studien von Allayannis et al. (2003), Colombo (2001), Thies/Klock (1992), Wald (1999) sowie die KMU-Studie von Michaelas et al. (1999) testen die Determinante Sachanlagevermögen in ihrer Modellspezifikation jeweils doppelt.

Faktorvariablen der Studien von Bhaduri (2002a) und Titman/Wessels (1988) weichen lediglich drei Kennzahlen inhaltlich grundlegend von den Übrigen ab. Dabei handelt es sich zum einen um die Variable „Committed CAPEX/Sales" der Studie von Allayannis et al. (2003). Diese Variable versucht die Bestandsgröße Sachanlagevermögen über die Stromgröße Investition zu approximieren. Zum anderen handelt es sich um die Variable „(MV(E)-BV(E))/TA" der Studie von Bayless/Diltz (1994). Diese Kennzahl soll das Ausmaß des intangiblen Anlagevermögens approximieren und stellt somit ein inverses Maß für die Determinante Sachanlagevermögen dar.[436] Ungewöhnlich erscheint die von Schäfer et al. (2004) verwendete Kennzahl „(FA+CA)/Staff Expenses". Nach Angaben der Autoren approximieren die Personalkosten die Höhe der intangiblen Vermögenswerte, so dass die Kennzahl als Ganze das Verhältnis von besicherbaren zu nicht besicherbaren Vermögenswerten abbilden soll.[437]

Auffallend ist die stark unterschiedliche Verwendungshäufigkeit der einzelnen Kennzahlen. Jeweils eine der drei in der Literatur mit Abstand meistgenutzten Kennzahlen findet sich in 68,8% der Studien, wobei die in 13 bzw. sechs Studien verwendeten Kennzahlen „PPE/TA" und „Tangible Assets/TA" vermutlich sogar inhaltsgleich sind. Im Gegensatz dazu kommen elf der insgesamt 25 Kennzahlen in höchstens zwei Studien zum Einsatz.

In der ausgewerteten Literatur liegen insgesamt 233 Ergebnisse über die Determinante Sachanlagevermögen vor. Die Reihenfolge der drei auf Studienebene meistgenutzten Kennzahlen bleibt auf Ebene der Ergebnisse nahezu unverändert. Ihr relativer Anteil an den Gesamtergebnissen beträgt 74,7%, wobei allein die Variable Anlagevermögen zu Bilanzsumme („FA/TA") über 50% der Forschungsergebnisse auf sich vereint.

Tabelle 5.21 Operationalisierungsformen (Determinante Sachanlagevermögen)

	Ausgewertete Studien				Ausgewertete Ergebnisse				Zahl abhäng. Ergeb.
	GU	KMU	Gesamt		GU	KMU	Gesamt		
Messvariable	*N*	*N*	*N*	*%*	*N*	*N*	*N*	*%*	*N*
FA / TA	18	7	25	(39,1%)	86	33	119	(51,1%)	1
PPE / TA	13	-	13	(20,3%)	27	-	27	(11,6%)	-
Tangible Assets / TA	3	3	6	(9,4%)	21	7	28	(12,0%)	-
INVT / TA	4	1	5	(7,8%)	3	-	3	(1,3%)	14
(PPE + INVT) / TA	3	1	4	(6,3%)	4	1	5	(2,1%)	-
(FA + INVT) / TA	3	-	3	(4,7%)	5	2	7	(3,0%)	-
(Plant + Machinery) / (TA - CL)	2	-	2	(3,1%)	7	-	7	(3,0%)	-
Faktorvariable	2	-	2	(3,1%)	7	-	7	(3,0%)	-

[436] Der Koeffizientenwert dieser Variable wurde dementsprechend mit -1 multipliziert, um die Vergleichbarkeit mit den anderen Ergebnissen zu wahren.

[437] Vgl. Schäfer et al. (2004), S. 234

Tabelle 5.21 (fortgesetzt)

	Ausgewertete Studien				Ausgewertete Ergebnisse				Zahl abhäng. Ergeb.
	GU	KMU	Gesamt		GU	KMU	Gesamt		
Messvariable	*N*	*N*	*N*	*%*	*N*	*N*	*N*	*%*	*N*
(FA + CA) / Staff Expenses	-	1	1	(1,6%)	-	1	1	(0,4%)	-
(MV (E) - BV (E)) / TA	1	-	1	(1,6%)	1	-	1	(0,4%)	-
(TA - CA) / TA	1	-	1	(1,6%)	13	-	13	(5,6%)	-
(Tangible Assets + INVT) / TA	-	1	1	(1,6%)	-	1	1	(0,4%)	-
Committed CAPEX / Sales	1	-	1	(1,6%)	1	-	1	(0,4%)	-
FA / (TA - BV (E) + MV (E))	1	-	1	(1,6%)	10	-	10	(4,3%)	-
FA / CA	1	-	1	(1,6%)	1	-	1	(0,4%)	-
FA / MV (Firm)	1	-	1	(1,6%)	1	-	1	(0,4%)	-
ln (FA / CA)	-	1	1	(1,6%)	-	1	1	(0,4%)	-
Summe (inkl. Mehrfachtestung)	54	15	69						
Mehrfachtestung	4	1	5						
Summe (exkl. Mehrfachtestung)	50	14	64	(100%)	187	46	233	(100%)	15

Anmerkung: Erläuterungen zu den verwendeten Kurzformen und Operatoren beinhaltet Anhangtabelle A.2

Die gemeinsame Auswertung der Vote-Count-Daten ergibt erneut überaus theoriekonforme Ergebnisse. Die Determinante Sachanlagevermögen wird in 176 von 233 Fällen signifikant und in 173 Fällen mit positivem Vorzeichen getestet. Von den 176 statistisch signifikanten Koeffizienten sind 133 (75,6%) positiv und lediglich 43 negativ (24,4%). Somit bestätigt die deskriptive Auswertung die in der Literatur vertretene Mehrheitsmeinung eines positiven Zusammenhangs zwischen Verschuldungsgrad und Sachanlagevermögen.

Die der theoretischen Vorhersage widersprechenden negativen Koeffizienten erklären sich zu wesentlichen Teilen aus der Wahl der abhängigen Variable. 17 der 43 signifikant negativen Koeffizienten beziehen sich auf die kurzfristige Verschuldung (vgl. Tabelle 5.22). Daneben finden sich überproportional viele signifikant negative Koeffizienten für die Gesamtverschuldung zu Buchwerten als abhängige Variable. Diese 19 nicht theoriekonformen Resultate lassen sich auf aggregierter Ebene nicht erklären. Zehn unterschiedliche Studien über vierzehn verschiedene Länder gelangen zu diesem Ergebnis.

Die Testhäufigkeiten in Bezug auf die sechs Verschuldungsgradkategorien stimmen erwartungsgemäß weitgehend mit denen der bisher betrachteten Determinanten überein. Die mit Abstand meisten Ergebnisse liegen über die Gesamtverschuldung (66,1%), die wenigsten über die kurzfristige Verschuldung vor (12,0%). Über buchwertbasierte Verschuldungsgradmaße existieren abermals mehr Untersuchungen als über die jeweiligen marktwertbezogenen abhängigen Variablen.

Tabelle 5.22 Ergebnisübersicht (Determinante Sachanlagevermögen)

	GU				KMU				Gesamt	
	signifikant		nicht signifikant		signifikant		nicht signifikant			
Koeff.	*N*	*%*	*N*	*%*	*N*	*%*	*N*	*%*	*N*	*%*
	Übersicht A. Gesamtverschuldung zu Marktwerten									
negativ	5	(9,3%)	2	(13,3%)	-	-	-	-	7	(10,1%)
positiv	49	(90,7%)	13	(86,7%)	-	-	-	-	62	(89,9%)
Gesamt	54	(100,0%)	15	(100,0%)	-	-	-	-	69	(100,0%)
	Übersicht B. Gesamtverschuldung zu Buchwerten									
negativ	17	(33,3%)	6	(28,6%)	2	(22,2%)	2	(50,0%)	27	(31,8%)
positiv	34	(66,7%)	15	(71,4%)	7	(77,8%)	2	(50,0%)	58	(68,2%)
Gesamt	51	(100,0%)	21	(100,0%)	9	(100,0%)	4	(100,0%)	85	(100,0%)
	Übersicht C. Langfristige Verschuldung zu Marktwerten									
negativ	-	-	1	(33,3%)	-	-	-	-	1	(9,1%)
positiv	8	(100,0%)	2	(66,7%)	-	-	-	-	10	(90,9%)
Gesamt	8	(100,0%)	3	(100,0%)	-	-	-	-	11	(100,0%)
	Übersicht D. Langfristige Verschuldung zu Buchwerten									
negativ	2	(11,1%)	3	(50,0%)	-	-	-	-	5	(12,5%)
positiv	16	(88,9%)	3	(50,0%)	15	(100,0%)	1	(100,0%)	35	(87,5%)
Gesamt	18	(100,0%)	6	(100,0%)	15	(100,0%)	1	(100,0%)	40	(100,0%)
	Übersicht E. Kurzfristige Verschuldung zu Marktwerten									
negativ	1	(33,3%)	1	(100,0%)	-	-	-	-	2	(50,0%)
positiv	2	(66,7%)	-	-	-	-	-	-	2	(50,0%)
Gesamt	3	(100,0%)	1	(100,0%)	-	-	-	-	4	(100,0%)
	Übersicht F. Kurzfristige Verschuldung zu Buchwerten									
negativ	1	(100,0%)	2	(33,3%)	15	(88,2%)	-	-	18	(75,0%)
positiv	-	-	4	(66,7%)	2	(11,8%)	-	-	6	(25,0%)
Gesamt	1	(100,0%)	6	(100,0%)	17	(100,0%)	-	-	24	(100,0%)
	135	(100,0%)	52	(100,0%)	41	(100,0%)	5	(100,0%)	233	(100,0%)

5.4.4.3 Vorzeichentest

Alle drei Vorzeichentests bestätigen für die Gesamtheit der weltweiten Ergebnisse einen positiven Kausalzusammenhang zwischen der Höhe des Sachanlagevermögens und des Verschuldungsgrades mit höchster Signifikanz. Obwohl nahezu alle Kennzahlen überwiegend positive Vorzeichen ergeben, bestehen dennoch Unterschiede in Abhängigkeit der Kennzahlendefinition. Die sehr zahlreichen Testergebnisse, die das (Sach-) Anlagevermögen unmittelbar auf die Bilanzsumme beziehen, belegen mit Ausnahme der Variable „(TA-CA)/TA" einen positiven Kausalzusammenhang. Kennzahlen, die zusätzlich das Vorratsvermögen im Zähler berücksichtigen, erbringen weniger eindeutige Ergebnisse. Auf Grundlage der Vorzeichentests lässt sich die Existenz eines signifikant positiven Zusammenhangs für diese Kennzahlen nicht eindeutig bestätigen. Auch die sonstigen Kennzahlen schneiden aggregiert schlechter ab als die erstgenannte Kennzahlenkategorie.

Tabelle 5.23 Vorzeichentests (Determinante Sachanlagevermögen)

		Vote-Count-Daten				Vorzeichentests			
Messvariable	*N*	*neg. sig.*	*neg.*	*pos.*	*pos. sig.*	*I*	*II*	*III*	
Anlagevermögen zu Bilanzsumme	**187**	**37**	**8**	**23**	**119**	**.0000**	**.0000**	**.0000**	**pos**
FA / TA	119	28	6	16	69	.0000	.0000	.0000	pos
Tangible Assets / TA	28	4	1	1	22	.0005	.0000	.0003	pos
PPE / TA	27	2	-	3	22	.0000	.0000	.0000	pos
(TA - CA) / TA	13	3	1	3	6	.1334	.0000	.2539	pos
Anlage- und Vorratsvermögen zu Bilanzsumme	**13**	**2**	**2**	**3**	**6**	**.1334**	**.0000**	**.1445**	**pos**
(FA + INVT) / TA	7	-	1	2	4	n/a	n/a	n/a	pos
(PPE + INVT) / TA	5	2	-	1	2	n/a	n/a	n/a	pos
(Tangible Assets + INVT) / TA	1	-	1	-	-	n/a	n/a	n/a	neg
Sonstige Kennzahlen	**33**	**4**	**7**	**14**	**8**	**.0401**	**.0002**	**.1938**	**pos**
FA / (TA - BV (E) + MV (E))	10	3	-	6	1	.1719	.4013	.9375	pos
(Plant + Machinery) / (TA - CL)	7	-	1	4	2	n/a	n/a	n/a	pos
Faktorvariable	7	-	5	2	-	n/a	n/a	n/a	neg
INVT / TA	3	1	1	-	1	n/a	n/a	n/a	neg
(FA + CA) / Staff Expenses	1	-	-	1	-	n/a	n/a	n/a	pos
(MV (E) - BV (E)) / TA	1	-	-	-	1	n/a	n/a	n/a	pos
Committed CAPEX / Sales	1	-	-	-	1	n/a	n/a	n/a	pos
FA / CA	1	-	-	-	1	n/a	n/a	n/a	pos
FA / MV (Firm)	1	-	-	1	-	n/a	n/a	n/a	pos
ln (FA / CA)	1	-	-	-	1	n/a	n/a	n/a	pos
Gesamtergebnis	**233**	**43**	**17**	**40**	**133**	**.0000**	**.0000**	**.0000**	**pos**

5.4.4.4 Univariate Moderatoranalyse

Die Determinante Sachanlagevermögen wird bei univariater Betrachtung in erheblichem Maße von Moderatorvariablen beeinflusst. Alle untersuchten Moderatorkategorien nehmen Einfluss auf die Vorzeichenrichtung der signifikanten Ergebnisse. KMU-Studien testen die Determinante Sachanlagevermögen häufiger signifikant. 89,1% der mittelstandsbezogenen, aber nur 72,2% der Ergebnisse über Großunternehmen sind signifikant ($p < 0,05$). Ein positiver Zusammenhang zwischen Verschuldungsgrad und Sachanlagevermögen wird hingegen vorwiegend von Großunternehmensstudien bestätigt. 41,5% der signifikanten Ergebnisse der Mittelstandsstudien sind sogar negativ ($p < 0,001$). 15 der 17 signifikant negativen Resultate der KMU-Studien beziehen sich jedoch auf die kurzfristige Verschuldung. Abstrahiert man von diesen 15 Ergebnissen, verschwinden sämtliche größenbedingten Unterschiede.

Das Signifikanzniveau der Testergebnisse ist vom Länderfokus der Studien weitgehend unabhängig. Lediglich in Bezug auf den Entwicklungsstand der Volkswirtschaft lassen sich Unterschiede nachweisen. Überraschenderweise sind es vor allem Untersuchungen über Unternehmen aus entwickelten Staaten, welche die Determinante Sachanlagevermögen häufiger signifikant testen. Der Anteil signifikanter Ergebnisse beläuft sich im Falle entwickelter Staaten auf 78,3%, während dieser im Hinblick auf Entwicklungsländer lediglich 59,4% beträgt ($p < 0,05$). Mit beinahe gleicher prozentualer Differenz können Studien über entwickelte Länder zudem einen positiven Zusammenhang öfter bestätigen ($p < 0,05$). Auf die Vorzeichenrichtung nimmt aber auch die Variable geografische Region Einfluss. Untersuchungen über nordamerikanische Unternehmen belegen zu über 90% einen signifikant positiven Zusammenhang, während alle übrigen Ergebnisse in annähernd 30% der Fälle eine negative Beziehung ausweisen ($p < 0,01$).

Untersuchungsmethodik und Datengrundlage beeinflussen die Ergebnisse über die Determinante Sachanlagevermögen bei univariater Betrachtung ebenfalls. Paneldaten-basierte Untersuchungen, die Verwendung anspruchsvollerer statistischer Methoden sowie die Nutzung der drei Großdatenbanken Compustat, Datastream und Worldscope führen zu einem häufigeren Nachweis signifikant positiver Koeffizienten ($p < 0,05$). In Bezug auf die Determinante Sachanlagevermögen lässt sich erstmals ein Einfluss der Kontrollvariable Branchenzugehörigkeit belegen. Kontrollieren Studien für die Branchenzugehörigkeit, sinkt die Zahl signifikanter Testergebnisse deutlich – von 80,0% auf 58,3% ($p < 0,01$). Sollte sich dieses Ergebnis in der multivariaten Analyse bestätigen, wäre von einer ergebnisrelevanten Korrelation zwischen Branchenzugehörigkeit und Sachanlagevermögen auszugehen.

Zwischen buch- und marktwertbasierten Verschuldungskennzahlen bestehen keine statistisch nachweisbaren Unterschiede hinsichtlich des Signifikanzniveaus der Testergebnisse. Eine nicht signifikante Beziehung zwischen marktwertbasierten Verschuldungskennzahlen und dem Sachanlagevermögen wird ähnlich häufig wie für buchwertbasierte Kennzahlen festgestellt. Signifikant sind jedoch die Unterschiede in Bezug auf das Vorzeichen der Koeffizienten, insbesondere wenn die Gesamtverschuldung getestet wird. Die Ergebnisse über die Gesamtverschuldung zu Buchwerten sind entgegen der theoretischen Erwartung zu 31,7% negativ, während die Resultate über die Gesamtverschuldung zu Marktwerten in nur 9,3% der Fälle ein negatives Vorzeichen besitzen ($p < 0{,}01$).

Die Unterscheidung der Verschuldungskennzahlen nach Fristigkeit besitzt ebenfalls keine Auswirkungen auf die Häufigkeit signifikanter Ergebnisse. Umso bedeutsamer ist diese jedoch für die Vorzeichenrichtung. Die signifikanten Koeffizienten in Bezug auf die kurzfristige Verschuldung sind zu 81,0% negativ, während die Ergebnisse über langfristige und gesamte Verschuldung zu 83,2% positiv sind ($p < 0{,}001$). Betrachtet man nur die langfristige Verschuldung, sind sogar 95,1% der signifikanten Koeffizienten positiv. Dieser Zusammenhang ist durchaus plausibel, da Kreditinstitute im Falle mangelnder Sicherheiten eher kurz- als langfristige Darlehen gewähren.

Tabelle 5.24 Univariate Moderatoranalyse (Determinante Sachanlagevermögen)

Moderatorvariable	*Sub-Gruppen*	Signifikant vs. Nicht sign. *sig.*	*n. sig.*	Negativ sign. vs. Positiv sign. *neg.*	*pos.*	Fisher's Exact Test *I*	*II*	Kategorie mit größter relativer Häufigkeit *I*	*II*
Übersicht A. Größenfokus und Länderfokus									
Größenfokus	GU KMU	135 41	52 5	26 17	109 24	**.020**	**.006**	**KMU**	**GU**
Geografische Region	NA Sonstige	40 136	9 48	3 40	37 96	.350	**.003**	NA	**NA**
Entwicklungsstand Volkswirtschaft	Entwickelt Unterentw.	155 19	43 13	33 9	122 10	**.027**	**.021**	**ETW**	**ETW**
Entwicklungsstand Finanzsystem	Entwickelt Unterentw.	156 15	46 9	35 7	121 8	.132	.056	ETW	ETW
Finanzsystem	Marktbas. Bankbas.	103 68	34 21	23 19	80 49	.875	.469	(BB)	MB
Rechtsraum	Englisch Sonstige	90 82	30 26	19 24	71 58	.879	.224	(S)	E
Übersicht B. Methodik und Verschuldungsgraddefinition									
Analysemethode	Fortgesch. OLS	73 100	23 30	11 31	62 69	.875	**.019**	(OLS)	**FTG**
Datenstruktur	Panel QS	101 72	21 32	18 24	83 48	**.019**	**.030**	**PA**	**PA**
Datenherkunft	CWD Sonstige	86 90	26 31	14 29	72 61	.761	**.015**	(CWD)	**CWD**
Kontrolle Brancheneinfluss	Ja Nein	28 148	20 37	3 40	25 108	**.004**	.092	**Nein**	Ja
Markt-/ Buchwertbezug	Marktwert Buchwert	65 111	19 38	6 37	59 74	.751	**.000**	(MW)	**MW**
Gesamte Verschuldung	TD STD/LTD	114 62	40 17	24 19	90 43	.521	.199	(STD/ LTD)	TD
Kurzfristige Verschuldung	STD TD/LTD	21 155	7 50	17 26	4 129	1.00	**.000**	(TD/ LTD)	**TD/ LTD**
Langfristige Verschuldung	LTD TD/STD	41 135	10 47	2 41	39 94	.462	**.001**	LTD	**LTD**
Übersicht C. Einzelanalyse Markt-/Buchwertbezug									
TD (BV vs. MV)	TD BV TD MV	60 54	25 15	19 5	41 49	.356	**.005**	MV	**MV**
LTD (BV vs. MV)	LTD BV LTD MV	33 8	7 3	2 -	31 8	.669	1.00	BV	MV
STD (BV vs. MV)	STD BV STD MV	18 3	6 1	16 1	2 2	-	-	-	-

5.4.4.5 Multivariate Moderatoranalyse

In Anbetracht der Vielzahl signifikant getesteter Moderatorvariablen in der univariaten Analyse bleiben die Modellgültigkeitstests des multivariaten Modells etwas hinter den Erwartungen zurück. Die Hosmer-Lemeshow-Statistik und der Linktest sind gerade noch erfüllt. Die Modellrelevanz ist hingegen eindeutig gegeben. Der Wald-Chi-Quadrat-Test ist hochsignifikant; Pseudo-R^2 und AROC sind als akzeptabel bis gut einzustufen. Auch im Hinblick auf die Determinante Sachanlagevermögen führen alternative Modellspezifikationen zu keinen maßgeblichen Ergebnisabweichungen. Die grenzwertig nicht signifikante Variable Markt-/Buchwertbezug des berichteten Logit-Modells wird in den zu Robustheitszwecken berechneten Modellen allerdings grenzwertig signifikant. Ebenfalls grenzwertig signifikant wird die Variable Datenstruktur, jedoch nur in den auf Forward-Selektion basierenden Modellen. Umgekehrt verfehlt die Variable langfristige Verschuldung knapp die Irrtumswahrscheinlichkeit von 5% in zwei alternativen Spezifikationen.[438]

Eindeutig signifikant ist hingegen der Einfluss der Moderatorvariablen Entwicklungsstand Volkswirtschaft und kurzfristige Verschuldung. Die Vorzeichenrichtung der signifikanten Variablen stimmt dabei nur teilweise mit den theoretischen Erwartungen überein. Die Untersuchung der kurzfristigen Verschuldung führt zu einer geringeren Wahrscheinlichkeit zum Nachweis eines signifikant positiven Testergebnisses, die Untersuchung der langfristigen Verschuldung zu einer höheren Wahrscheinlichkeit. Unternehmen mit hohem Sachanlagevermögen meiden demzufolge kurzfristige Verbindlichkeiten und tendieren in Übereinstimmung mit der „goldenen Bilanzregel" zu einer fristenkongruenten Finanzierungspolitik. Nicht im Einklang mit der theoretischen Erwartung steht der positive Koeffizientenwert der Variable Entwicklungsstand Volkswirtschaft. Gerade in weniger entwickelten Ländern sollte sich der Zugang zu Fremdkapital mit steigenden Kreditsicherheiten vereinfachen. Der positive Koeffizient der grenzwertig nicht signifikanten Variable Markt-/Buchwertbezug spricht für die bessere Eignung marktwertbasierter Verschuldungskennzahlen.

Im Falle des Nullmodells beträgt die vorhergesagte Wahrscheinlichkeit auf Grundlage des Logit-Modells 20,5%. Demzufolge wäre ein negativ signifikantes bzw. nicht signifikantes Ergebnis zu erwarten, sofern alle Dummy-Variablen den Wert Null annehmen. Überraschenderweise reicht alleine die Effektstärke der Variable Entwicklungsstand Volkswirtschaft aus, um die vorhergesagte Wahrscheinlichkeit deutlich in den Annahmebereich zu bewegen. Umgekehrt ist im Mittelwert- und Medianmodell die Variable kurzfristige Verschuldung in der Lage, die vorhergesagten Wahrscheinlichkeiten von 59,9% bzw. 60,6% deutlich aus dem Annahmebereich zu bewegen.

[438] Vgl. Anhangtabelle A.6, S. 309

Tabelle 5.25 Multivariate Moderatoranalyse (Determinante Sachanlagevermögen)

		Logit-Modell	Diskrete Veränderung der vorhergesagten Wahrscheinlichkeit		
Modellvariablen	*Sub-gruppen*	*Koeffizienten*	*Null-Modell*	*Mittelwert-Modell*	*Median-Modell*
Größenfokus	1:GU	-0,970	-0,116	-0,212	-0,195
	0:KMU	(-1,42)	(-1,09)	(-1,59)	(-1,13)
Geografische Region	1:NA	0,971	0,200	0,214	0,196
	0:Sonstige	(1,63)	(1,27)	(1,87)	(1,29)
Entwicklungsstand Volkswirtschaft	1:ETW	1,793 ***	0,403 ***	0,415 ***	0,403 **
	0:UTW	(3,30)	(4,22)	(3,89)	(2,69)
Analysemethode	1:FTG	0,145	0,025	0,035	0,034
	0:OLS	(0,18)	(0,17)	(0,18)	(0,18)
Datenstruktur	1:PA	0,974	0,201	0,232	0,239
	0:QS	(1,24)	(1,21)	(1,25)	(1,27)
Datenherkunft	1:CWD	0,112	0,019	0,027	0,026
	0:Sonstige	(0,16)	(0,15)	(0,16)	(0,16)
Kontrolle Brancheneinfluss	1:Ja	-0,540	-0,074	-0,132	-0,133
	0:Nein	(-0,92)	(-0,85)	(-0,91)	(-0,88)
Markt-/Buchwertbezug	1:MW	0,876	0,177	0,202 *	0,180
	0:BW	(1,90)	(1,65)	(1,99)	(1,42)
Kurzfristige Verschuldung	1:STD	-2,405 ***	-0,182	-0,514 ***	-0,485 **
	0:TD/LTD	(-3,33)	(-1,59)	(-4,80)	(-3,10)
Langfristige Verschuldung	1:LTD	1,130 *	0,239	0,245 *	0,219
	0:TD/STD	(1,98)	(1,90)	(2,23)	(1,64)
Konstante		-1,358	-	-	-
		(-1,75)	-	-	-
N		223			
Pseudo Log-Likelihood		-115			
P > Wald chi2		0,00			
P > Hosmer-Lemeshow chi2		0,15			
Pseudo-R² (McFadden)		0,24			
AROC		0,81			
Linktest		erfüllt			
_hat		0,00			
_hat²		0,20			

Anmerkung: *** p ≤ 0,001, ** p ≤ 0,01, * p ≤ 0,05; z-Werte in Klammern

5.4.4.6 Ökonomische Bedeutung

Die Verteilung der Testergebnisse in Abhängigkeit der Koeffizientenwerte unterscheidet sich merklich von den bisher untersuchten Determinanten. Im Gegensatz zu den anderen Determinanten findet sich eine nicht unerhebliche Zahl klar abgegrenzter, betragsmäßig bedeutsamer Koeffizientenwerte mit aus theoretischer Sicht falschem Vorzeichen. Wie die deskriptive Analyse gezeigt hat, gehen diese Ergebnisse zu einem gewissen Teil auf Untersuchungen über die kurzfristige Verschuldung zurück und sind insofern theoriekonform. Darüber hinaus wird die Determinante Sachanlagevermögen erfreulicherweise in nur zwei Fällen im Promillebereich signifikant getestet. Auch Betragswerte im einstelligen Prozentbereich sind deutlich in der Minderheit. 121 der 172 signifikanten Ergebnisse sind größer oder gleich 0,1 (vgl. Abbildung 5.4).[439] Gleichzeitig sind allerdings Betragswerte oberhalb von 0,5 ausgesprochen rar.

Abbildung 5.4 Ergebnisverteilung (Determinante Sachanlagevermögen)

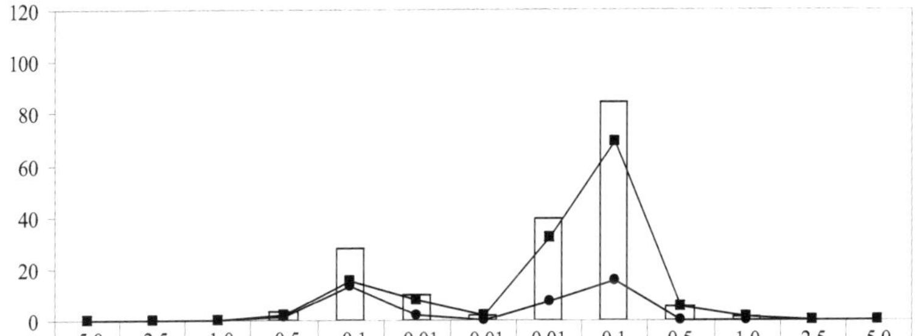

	-5,0 ≥ β	-2,5 ≥ β > -5,0	-1,0 ≥ β > -2,5	-0,5 ≥ β > -1,0	-0,1 ≥ β > -0,5	-0,01 ≥ β > -0,1	-0,01 < β < 0,01	0,01 ≤ β < 0,1	0,1 ≤ β < 0,5	0,5 ≤ β < 1,0	1,0 ≤ β < 2,5	2,5 ≤ β < 5,0	5,0 ≤ β
Gesamt	0	0	0	3	28	10	2	39	84	5	1	0	0
GU	0	0	0	2	15	8	2	32	69	5	1	0	0
KMU	0	0	0	1	13	2	0	7	15	0	0	0	0

Zur näheren Beurteilung der ökonomischen Relevanz der Determinante Sachanlagevermögen genügt die Betrachtung der ersten beiden Kennzahlenkategorien aus Tabelle 5.23. Denn 161 der 172 signifikanten Ergebnisse liegen Kennzahlen zugrunde, die das (Sach-) Anlagevermögen gegebenenfalls ergänzt um das Vorratsvermögen auf die Bilanzsumme beziehen. Diese Verhältniszahlen sind immer auf das Intervall zwischen Null und Eins beschränkt und damit leicht interpretierbar. 117 dieser 161 signifikanten Koeffizienten weisen Betragswerte von unter 0,3 auf. Steigt der Anteil des (Sach-)

[439] Statt der erwarteten 176 berücksichtigt die Abbildung nur 172 Resultate, da nur die signifikanten Koeffizientenwerte von OLS-, Panel- und Tobit-Modellen ausgewertet wurden.

Anlagevermögens an der Bilanzsumme um einen Prozentpunkt an, wäre demzufolge eine Veränderung einer Fremdkapitalquote um weniger als 0,3 Prozentpunkte zu erwarten. Weitere 42 Koeffizienten liegen unter einem Betragswert von 0,6. Lediglich zwei der auf diesen Verhältniszahlen beruhenden Schätzergebnissen übersteigen den Wert von 0,8. Diese Größenordnungen machen deutlich, dass ein absoluter Anstieg des (Sach-) Anlagevermögens um 10 Prozentpunkte niemals ausreichen dürfte, um eine Fremdkapitalquote in absoluter Betrachtung zweistellig zu bewegen. Auf Grundlage der geschätzten Koeffizientenwerte müsste bei linearer Fortschreibung der Anteil des (Sach-) Anlagevermögens an der Bilanzsumme in 72,7% der Fälle (117 von 161 Ergebnissen) sogar um über 30 Prozentpunkte zunehmen, damit eine Änderung einer Fremdkapitalquote im zweistelligen Prozentbereich zu prognostizieren wäre. Demzufolge kann auch die Annahme einer hohen ökonomischen Bedeutung der Determinante Sachanlagevermögen empirisch keineswegs als gesichert gelten. Zumindest dann nicht, wenn mindestens zweistellige Veränderungen einer Fremdkapitalquote als relevante Kapitalstrukturänderungen aufgefasst werden.

5.4.4.7 Zwischenfazit

Die gemeinsame Auswertung der Ergebnisdaten über die Determinante Sachanlagevermögen belegt einen eindeutig positiven Kausalzusammenhang mit der Verschuldungshöhe. Das zweite hervorzuhebende Resultat ist die erneute Bestätigung der theoretisch vermuteten Sonderstellung der kurzfristigen Verschuldung. Auch der in der multivariaten Moderatoranalyse erstmals studienübergreifend geführte Nachweis fehlender Ergebnisunterschiede zwischen Großunternehmens- und Mittelstandsstudien in Bezug auf die Determinante Sachanlagevermögen ist theoriekonform.

Die Testergebnisse zeigen sich ferner weitgehend unbeeinflusst von der Operationalisierung des Sachanlagevermögens. Lediglich der signifikant positive Koeffizient der Variable Entwicklungsstand Volkswirtschaft widerspricht der allgemeinen Erwartungshaltung. Bei diesem Ergebnis ist allerdings die verhältnismäßig geringe Beobachtungszahl über Staaten mit geringer Wirtschaftsleistung zu beachten. Darüber hinaus könnte sich ein Selektionseffekt (Selection Bias) dergestalt bemerkbar machen, dass sich Studien über Entwicklungsländer aufgrund der schwierigen Datenlage auf die wenigen führenden Unternehmen des jeweiligen Landes konzentrieren, wodurch keine repräsentative Abbildung des Unternehmenssektors erreicht wird. Hierfür spricht, dass 21 der 32 Studienergebnisse über die Determinante Sachanlagevermögen in Entwicklungsländern Worldscope oder ein Datensatz der International Finance Corporation (IFC) über die größten Unternehmen der jeweiligen Länder zugrunde liegt.

Trotz der hohen Theoriekonformität hinsichtlich Signifikanzniveau und Vorzeichenrichtung fällt erneut die eher geringe ökonomische Relevanz auf. Zwar lassen sich einstellige Prozentpunktveränderungen einer Fremdkapitalquote mit den gemessenen Koeffizientenwerten sehr gut in Einklang bringen. Soll die Determinante Sachanlagevermögen aber auch (höhere) zweistellige Veränderungen der Kapitalstruktur erklären können, sind in der überwiegenden Zahl der Fälle beträchtliche, vielfach vermutlich sogar unrealistische Veränderungen des Sachanlagevermögens erforderlich.

5.4.5 Determinante Risiko

5.4.5.1 Theoretische Einordnung

Die Determinante Risiko ist die intuitiv einsichtigste Kapitalstruktur-Determinante und bedarf als solche kaum der Erläuterung. Die Annahme, dass sich mit steigendem Unternehmensrisiko der Zugang zu Fremdkapital erschwert, ist gemeinhin anerkannt. Der Risikoaspekt findet in mehr oder weniger expliziter Form Berücksichtigung in sämtlichen theoretischen Kapitalstrukturmodellen. Der negative Zusammenhang zwischen Risiko und Verschuldungsgrad lässt sich dabei aus jedem dieser Modelle begründen, wobei die Einflussnahme auf die Kapitalstruktur von Theorie zu Theorie schwankt.[440]

Ein interessanter Einwand stammt diesbezüglich von Castanias (1983). Nach der klassischen Trade-Off-Theorie sei die Determinante Risiko möglicherweise bis zu einem gewissen Grad nicht eindeutig negativ mit dem Verschuldungsgrad korreliert. Die negative Wirkung auf den Verschuldungsgrad setze erst dann ein, wenn die marginalen Insolvenzkosten ein kritisches Niveau erreicht haben.[441]

Die Mittelstandsliteratur misst der Determinante Risiko einen hohen Stellenwert bei, da mittelständische Firmen aus verschiedenen Gründen riskanter seien als Großunternehmen.[442] Dies könnte insbesondere dazu führen, dass mittelständische Unternehmen gezwungen sind, vornehmlich kurzfristige Verbindlichkeiten einzusetzen.[443] Im Allgemeinen sollte es Firmen mit hohem unternehmerischem Risiko schwerer fallen, langfristiges Fremdkapital zu erhalten. Umgekehrt können sich aber auch Firmen mit hoher Bonität für das üblicherweise günstigere kurzfristige Fremdkapital entscheiden, da ihr Refinanzierungsrisiko gering ist. Langfristiges Fremdkapital würde dementsprechend vor allem von Unternehmen mittlerer Risikoklasse eingesetzt.[444]

---

440 Vgl. Gardner/Trzcinka (1992), S. 78
441 Vgl. Castanias (1983), S. 1620
442 Vgl. Kapitel 5.1.1, S. 142ff.
443 Vgl. Scherr/Hulburt (2001), S. 89f.
444 Vgl. Barclay/Smith (1995), S. 613

Hypothese – Determinante Risiko:
Zwischen Verschuldungsgrad und Risiko besteht ein statistisch signifikanter, negativer Zusammenhang. Studienergebnisse über große und mittelständische Unternehmen unterscheiden sich in Bezug auf Signifikanzniveau und Vorzeichenrichtung nicht. Ein eindeutiger Zusammenhang zwischen der Höhe der kurzfristigen Verschuldung und dem Unternehmensrisiko besteht nicht.

5.4.5.2 Deskriptive Analyse

Wurden die bisher vorgestellten Determinanten in großer Regelmäßigkeit in der Literatur untersucht, gilt dies bereits in Bezug auf die theoretisch überaus bedeutsame Determinante Risiko nicht mehr. Bereits nur noch 50 der 90 ausgewerteten Studien (55,6%) berücksichtigen diese. Erheblich ist die Forschungslücke im Bereich der KMU-Studien. Nur fünf der 17 (29,4%) mittelstandsbezogenen Studien untersuchen das Unternehmensrisiko. Mehrfach wird die Determinante Risiko in den Modellen von sieben Großunternehmensstudien und einer KMU-Studie getestet.[445]

Der Rückstand der empirischen Mittelstandsforschung erklärt sich vermutlich im Wesentlichen aus der Schwierigkeit, das Unternehmensrisiko quantitativ zu messen. Zur Messung werden entweder Kapitalmarktdaten zur Berechnung von Volatilitäten bzw. Beta-Faktoren oder umfangreichere Zeitreihendaten zur Bestimmung von Schwankungsmaßen über Cash-Flow-, Gewinn- oder Umsatzgrößen benötigt. Aber auch Studien über Großunternehmen haben offenkundig Schwierigkeiten mit der Kennzahlendefinition. Standardrisikomaße haben sich in der Literatur bis dato nicht ansatzweise etabliert. Ganz im Gegenteil, insgesamt finden sich 51 unterschiedliche Kennzahlen in lediglich 50 Studien. Keine der Kennzahlen wird dabei in mehr als drei Studien eingesetzt. Die 45 Studien über Großunternehmen verwenden 46, die fünf KMU-Studien sieben verschiedene Kennzahlen. Obwohl das Unternehmensrisiko von allen Kapitalstruktur-Determinanten durch die meisten und variantenreichsten Kennzahlen approximiert wird, ist der mathematische Aufbau der Variablen in den Studien am schlechtesten dokumentiert. Unklarheiten treten zuweilen dann auf, wenn das Risikomaß als Varianz bzw. Standardabweichung einer Verhältniszahl definiert ist. In diesen Fällen ist die genaue Berechnungsreihenfolge aus den betreffenden Studien nicht immer ein-

---

[445] Jeweils zweimal wird die Determinante Risiko in den Modellen der GU-Studien von Bayless/Diltz (1994), Ghosh et al. (2000), MacKay (2003), Moh'd et al. (1998), Thies/Klock (1992), dreimal in der Studie von Kale et al. (1991) und viermal in der Studie von MacKie-Mason (1990) verwendet. Die KMU-Studie von Bartholdy/Mateus (2005) testet die Determinante ebenfalls dreimal.

deutig zu ersehen.[446] Aus diesem Grund stimmt die Klammersetzung bei einigen der in Tabelle 5.26 aufgeführten Kennzahlen möglicherweise nicht.

Tabelle 5.26 Operationalisierungsformen (Determinante Risiko)

	Ausgewertete Studien				Ausgewertete Ergebnisse				Zahl abhäng. Ergeb.
	GU	KMU	Gesamt		GU	KMU	Gesamt		
Messvariable	*N*	*N*	*N*	*%*	*N*	*N*	*N*	*%*	*N*
CoV (EBIT)	2	1	3	(6,0%)	2	1	3	(2,6%)	-
Beta	2	-	2	(4,0%)	3	-	3	(2,6%)	-
CoV (CF)	2	-	2	(4,0%)	1	-	1	(0,9%)	1
CoV^2 (CF)	2	-	2	(4,0%)	-	-	-	-	2
SD (%change in EBITD)	2	-	2	(4,0%)	1	-	1	(0,9%)	1
SD (FD (EBIT / TA))	2	-	2	(4,0%)	12	-	12	(10,4%)	-
SD (FD (EBITD) / AV (TA))	2	-	2	(4,0%)	7	-	7	(6,1%)	-
SD (FD (EBITD)) / AV (TA)	2	-	2	(4,0%)	2	-	2	(1,7%)	-
Residuals of RoA Regression	2	-	2	(4,0%)	6	-	6	(5,2%)	-
Z-Score	1	1	2	(4,0%)	1	2	3	(2,6%)	1
%change in OI	1	-	1	(2,0%)	2	-	2	(1,7%)	-
(%change EBIT) / (%change Sales)	1	-	1	(2,0%)	3	-	3	(2,6%)	-
(1-TaxR) *AB * MV (TD) / MV (E)	1	-	1	(2,0%)	1	-	1	(0,9%)	-
(1-TaxR) * AB * PV (FC) / MV (E)	1	-	1	(2,0%)	1	-	1	(0,9%)	-
$(NI / Sales - AV (NI / Sales))^2$	1	-	1	(2,0%)	2	2	4	(3,5%)	-
(SD(EBIT)-E(EBIT)+IA) / RV (TA)	1	-	1	(2,0%)	1	-	1	(0,9%)	-
$(Unsystematic VAR (Stock Returns)/ Total VAR (Stock Returns))^2$	1	-	1	(2,0%)	1	-	1	(0,9%)	-
$0,5*((VAR(EBIT) / (E(EBIT) - IE)^2)$	1	-	1	(2,0%)	1	-	1	(0,9%)	-
1 / Z-Score	1	-	1	(2,0%)	-	-	-	-	1
Asset Beta	1	-	1	(2,0%)	1	-	1	(0,9%)	-
Buildings and Machinery / Total Labor Costs	1	-	1	(2,0%)	-	-	-	-	1
CoV (%change of EBIT)	1	-	1	(2,0%)	1	-	1	(0,9%)	-
CoV ((RoA before Interest) / TA)	-	1	1	(2,0%)	-	3	3	(2,6%)	-
CoV (EBT / TA)	-	1	1	(2,0%)	-	3	3	(2,6%)	-
CoV (Profit)	1	-	1	(2,0%)	1	-	1	(0,9%)	-
Distress Dummy (1: EBIT < 0)	-	1	1	(2,0%)	-	-	-	-	3
Faktorvariable	1	-	1	(2,0%)	4	-	4	(3,5%)	-
FD (Earnings) / AV (FD (Earnings))	1	-	1	(2,0%)	6	-	6	(5,2%)	-
FD (EBIT) / Average Change (EBIT)	1	-	1	(2,0%)	4	-	4	(3,5%)	-
FD (NI / TA)	1	-	1	(2,0%)	18	-	18	(15,7%)	-
IE / EBIT	-	1	1	(2,0%)	-	1	1	(0,9%)	-
Median of Industry's 5 Year Earnings Volatility	1	-	1	(2,0%)	1	-	1	(0,9%)	-
Random Component of Sales Regression	1	-	1	(2,0%)	2	-	2	(1,7%)	-

446 Beispielsweise sind bei lediglich verbaler Definition einer Variablen als „Standard Deviation of the first difference of EBIT scaled by Total Assets" die beiden durchaus plausiblen Fälle SD (FD (EBIT/TA)) oder SD (FD (EBIT)/TA) nicht zu unterscheiden.

Tabelle 5.26 (fortgesetzt)

	Ausgewertete Studien				Ausgewertete Ergebnisse				Zahl abhäng. Ergeb.
	GU	KMU	Gesamt		GU	KMU	Gesamt		
Messvariable	*N*	*N*	*N*	*%*	*N*	*N*	*N*	*%*	*N*
SD (%change in OI / AV (OI))	1	-	1	(2,0%)	1	-	1	(0,9%)	-
SD (%change in OI)	1	-	1	(2,0%)	1	-	1	(0,9%)	-
SD (CF / AV (TA))	1	-	1	(2,0%)	1	-	1	(0,9%)	-
SD (Change in EBITDA / TA)	1	-	1	(2,0%)	1	-	1	(0,9%)	-
SD (EBIT / TA)	1	-	1	(2,0%)	1	-	1	(0,9%)	-
SD (EBT / TA)	1	-	1	(2,0%)	2	-	2	(1,7%)	-
SD (FD (EBIT)) / AV (TA)	1	-	1	(2,0%)	2	-	2	(1,7%)	-
SD (FD (EBITD) / (1 / Z-Score))	1	-	1	(2,0%)	-	-	-	-	1
SD (FD (Operating CF) / TA)	1	-	1	(2,0%)	1	-	1	(0,9%)	-
SD (NI / TA)	-	1	1	(2,0%)	-	1	1	(0,9%)	2
SD (OI / TA)	1	-	1	(2,0%)	1	-	1	(0,9%)	-
SD (Operating Margin)	1	-	1	(2,0%)	1	-	1	(0,9%)	-
SD (Stock Returns * MV (E) / (MV (E) + BV (LTD))	1	-	1	(2,0%)	1	-	1	(0,9%)	-
Slope of Changes in Operating Income on Changes in Sales	1	-	1	(2,0%)	-	-	-	-	2
Residuals of RoE Regression	1	-	1	(2,0%)	1	-	1	(0,9%)	-
TA / Z-Score	1	-	1	(2,0%)	1	-	1	(0,9%)	-
Unsystematic VAR (Stock Returns) / Total VAR (Stock Returns)	1	-	1	(2,0%)	1	-	1	(0,9%)	-
VAR (CF) / AV (TA)	1	-	1	(2,0%)	1	-	1	(0,9%)	-
Summe (inkl. Mehrfachtestung)	55	7	62						
Mehrfachtestung	10	2	12						
Summe (exkl. Mehrfachtestung)	45	5	50	(100%)	102	13	115	(100%)	15

Anmerkung: Erläuterungen zu den verwendeten Kurzformen und Operatoren beinhaltet Anhangtabelle A.2

Über die Determinante Risiko konnten 115 Ergebnisse in die Auswertung übernommen werden. Damit liegen über das Unternehmensrisiko nur noch etwa halb so viele Ergebnisse vor wie über die vier zuvor besprochenen Determinanten. Die Gewichtung der Risikoindikatoren verschiebt sich auf Ebene der Ergebnisse merklich. Acht Kennzahlen repräsentieren 61 Ergebnisse (53,0%). In der Literatur liegen die meisten Resultate über die Kennzahl Standardabweichung der ersten Differenz des Quotienten EBIT zu Bilanzsumme („SD (FD (EBIT/TA))") und über die Kennzahl erste Differenz des Jahresüberschusses zur Bilanzsumme („FD (NI/TA)") vor. Der kombinierte Anteil beider Kennzahlen beträgt 26,1%.

Die modelltheoretischen Vorhersagen über den Einfluss des Unternehmensrisikos auf die Kapitalstruktur decken sich nicht mit den empirischen Befunden. Von den 115 Ergebnissen sind lediglich 52 (45,2%) statistisch signifikant.[447] Damit ist die Determinante Risiko die bisher einzige Kapitalstruktur-Determinante, die häufiger nicht signifikant als signifikant getestet wird. Die vielen nicht signifikanten Ergebnisse ließen sich noch mit dem Argument erklären, dass Insolvenzkosten erst bei unmittelbarem Bevorstehen einer finanziellen Krisensituation eine betragsmäßige Bedeutung erlangen. Die signifikanten Koeffizienten müssten dann aber gemäß der Kapitalstrukturtheorie wenigstens negativ sein. Eine derartige Ergebnisverteilung liegt jedoch nicht vor. 51,9% der signifikanten Koeffizienten sind tatsächlich positiv und nur 48,1% negativ.

Die Auswirkungen der deutlich geringeren Ergebniszahl in Bezug auf die Determinante Risiko zeigt die zusammenfassende Ergebnisdarstellung in Tabelle 5.27. Nahezu gänzlich unerforscht ist die Beziehung zwischen kurzfristiger Verschuldung und Unternehmensrisiko. Gerade noch neun Ergebnisse liegen diesbezüglich vor. Die Gesamtverschuldung ist noch Gegenstand von 73, die langfristige Verschuldung von 33 empirischen Tests. Tabelle 5.27 verdeutlicht außerdem den erheblichen Nachholbedarf der Mittelstandsliteratur in Bezug auf die Determinante Risiko. Lediglich 13 Ergebnisse über diese Determinante entstammen KMU-Studien. Die Testhäufigkeiten in Abhängigkeit des Markt- bzw. Buchwertbezugs der Verschuldungskennzahlen unterscheiden sich hingegen erstmals kaum.

---

[447] Ein Anteil signifikanter Ergebnisse von über 45% spricht bei einem geforderten Signifikanzniveau von mindestens 5% für die Relevanz des überprüften Zusammenhangs. Bei den zuvor untersuchten Determinanten konnten aber jeweils Signifikanzquoten von zum Teil deutlich über 66% nachgewiesen werden. In relativem Vergleich zu den bisher untersuchten Determinanten schneiden die Testergebnisse über die Determinante Risiko somit eindeutig schlechter ab.

Tabelle 5.27 Ergebnisübersicht (Determinante Risiko)

	GU				KMU				Gesamt	
	signifikant		nicht signifikant		signifikant		nicht signifikant			
Koeff.	*N*	*%*	*N*	*%*	*N*	*%*	*N*	*%*	*N*	*%*
	Übersicht A. Gesamtverschuldung zu Marktwerten									
negativ	9	(56,3%)	14	(60,9%)	-	-	-	-	23	(59,0%)
positiv	7	(43,8%)	9	(39,1%)	-	-	-	-	16	(41,0%)
Gesamt	16	(100,0%)	23	(100,0%)	-	-	-	-	39	(100,0%)
	Übersicht B. Gesamtverschuldung zu Buchwerten									
negativ	5	(35,7%)	7	(53,8%)	-	-	3	(75,0%)	15	(44,1%)
positiv	9	(64,3%)	6	(46,2%)	3	(100,0%)	1	(25,0%)	19	(55,9%)
Gesamt	14	(100,0%)	13	(100,0%)	3	(100,0%)	4	(100,0%)	34	(100,0%)
	Übersicht C. Langfristige Verschuldung zu Marktwerten									
negativ	9	(75,0%)	3	(100,0%)	-	-	-	-	12	(80,0%)
positiv	3	(25,0%)	-	-	-	-	-	-	3	(20,0%)
Gesamt	12	(100,0%)	3	(100,0%)	-	-	-	-	15	(100,0%)
	Übersicht D. Langfristige Verschuldung zu Buchwerten									
negativ	2	(50,0%)	5	(45,5%)	-	-	1	(50,0%)	8	(44,4%)
positiv	2	(50,0%)	6	(54,5%)	1	(100,0%)	1	(50,0%)	10	(55,6%)
Gesamt	4	(100,0%)	11	(100,0%)	1	(100,0%)	2	(100,0%)	18	(100,0%)
	Übersicht E. Kurzfristige Verschuldung zu Marktwerten									
negativ	-	-	1	(50,0%)	-	-	-	-	1	(33,3%)
positiv	1	(100,0%)	1	(50,0%)	-	-	-	-	2	(66,7%)
Gesamt	1	(100,0%)	2	(100,0%)	-	-	-	-	3	(100,0%)
	Übersicht F. Kurzfristige Verschuldung zu Buchwerten									
negativ	-	-	1	(33,3%)	-	-	-	-	1	(16,7%)
positiv	-	-	2	(66,7%)	1	(100,0%)	2	(100,0%)	5	(83,3%)
Gesamt	-	-	3	(100,0%)	1	(100,0%)	2	(100,0%)	6	(100,0%)
	47	(100,0%)	55	(100,0%)	5	(100,0%)	8	(100,0%)	115	(100,0%)

5.4.5.3 Vorzeichentest

Die formale Überprüfung der Vote-Count-Daten bestätigt das in der deskriptiven Analyse bereits vermutete Ergebnis. Die empirischen Forschungsresultate geben bei aggregierter Betrachtung keinen Anhaltspunkt für den theoretisch erwarteten negativen Zusammenhang zwischen Unternehmensrisiko und Verschuldungsgrad. Vielmehr ist die Gesamtheit der Testergebnisse nicht von einer Zufallsverteilung zu unterscheiden. Vorzeichentest I kann sogar noch nicht einmal ansatzweise Unterschiede in der Häufigkeit positiver und negativer Koeffizientenwerte bestätigen. Das hochsignifikante Ergebnis des zweiten Vorzeichentests besagt zwar, dass signifikant negative Koeffizienten deutlich häufiger gemessen werden, als bei einer Eintrittswahrscheinlichkeit von 5% zu erwarten wäre. Dieses theoriekonforme Ergebnis besitzt jedoch keine Aussagekraft, da die Zahl der signifikant positiven sogar die Zahl der signifikant negativen Koeffizientenwerte übersteigt, weshalb Vorzeichentest III wiederum keine systematischen Ergebnisabweichungen feststellen kann.

Ungewöhnlich an der Ergebnisverteilung erscheint die hohe Zahl signifikanter Ergebnisse. Eine Variable ohne Erklärungskraft sollte üblicherweise nicht signifikant getestet werden. Im Falle der Determinante Unternehmensgröße tritt hingegen ein anderes Ergebnismuster auf. Die alleinige Zahl der signifikanten Ergebnisse liegt weit über der bei einem Zufallsbefund zu erwartenden Anzahl. Die zahlreichen signifikanten Ergebnisse nehmen allerdings mit annähernd gleicher Häufigkeit positive und negative Koeffizientenwerte an.

Die Operationalisierung des Unternehmensrisikos scheint für den häufigen Vorzeichenwechsel nicht verantwortlich zu sein. Zumindest lassen sich auf Grundlage von Tabelle 5.28 keine systematischen Ergebnisabweichungen einzelner Kennzahlenkategorien erkennen. Die divergierenden Befunde über die Effektrichtung könnten möglicherweise durch die Existenz bedeutender Moderatorvariablen verursacht sein. Die nachfolgende Moderatoranalyse wird diesen Erklärungsansatz untersuchen.

Tabelle 5.28 Vorzeichentests (Determinante Risiko)

		Vote-Count-Daten				Vorzeichentests			
Messvariable	*N*	*neg. sig.*	*neg.*	*pos.*	*pos. sig.*	*I*	*II*	*III*	
Direkte Schwankungsmaße	**50**	**10**	**14**	**12**	**14**	**.6641**	**.0002**	**.8463**	**pos**
SD (FD (EBIT / TA))	12	2	3	4	3	.8061	.1184	.8125	pos
SD (FD (EBITD) / AV (TA))	7	-	-	4	3	n/a	n/a	n/a	pos
CoV ((RoA before Interest) / TA	3	-	2	1	-	n/a	n/a	n/a	neg
CoV (EBIT)	3	-	-	-	3	n/a	n/a	n/a	pos
CoV (EBT / TA)	3	-	-	1	2	n/a	n/a	n/a	pos
SD (EBT / TA)	2	-	-	1	1	n/a	n/a	n/a	pos
SD (FD (EBIT)) / AV (TA)	2	-	2	-	-	n/a	n/a	n/a	neg

Tabelle 5.28 (fortgesetzt)

		Vote-Count-Daten				Vorzeichentests			
Messvariable	*N*	*neg. sig.*	*neg.*	*pos.*	*pos. sig.*	*I*	*II*	*III*	
SD (FD (EBITD)) / AV (TA)	2	2	-	-	-	n/a	n/a	n/a	neg
(SD (EBIT) - E(EBIT) + IA) / RV (TA)	1	1	-	-	-	n/a	n/a	n/a	neg
0,5*((VAR (EBIT) / (E (EBIT) - IE)^2)	1	1	-	-	-	n/a	n/a	n/a	neg
CoV (%change in EBIT)	1	-	1	-	-	n/a	n/a	n/a	neg
CoV (CF)	1	-	1	-	-	n/a	n/a	n/a	neg
CoV (Profit)	1	-	1	-	-	n/a	n/a	n/a	neg
SD (%change in EBITD)	1	-	1	-	-	n/a	n/a	n/a	neg
SD (%change in OI / AV (OI))	1	-	-	-	1	n/a	n/a	n/a	pos
SD (%change in OI)	1	1	-	-	-	n/a	n/a	n/a	neg
SD (CF / AV (TA))	1	-	-	-	1	n/a	n/a	n/a	pos
SD (Change in EBITDA / TA)	1	-	1	-	-	n/a	n/a	n/a	neg
SD (EBIT / TA)	1	1	-	-	-	n/a	n/a	n/a	neg
SD (FD (Operating CF) / TA)	1	-	1	-	-	n/a	n/a	n/a	neg
SD (NI / TA)	1	-	-	1	-	n/a	n/a	n/a	pos
SD (OI / TA)	1	1	-	-	-	n/a	n/a	n/a	neg
SD (Operating Margin)	1	-	1	-	-	n/a	n/a	n/a	neg
VAR (CF) / AV (TA)	1	1	-	-	-	n/a	n/a	n/a	neg
Differenzmaße	**37**	**6**	**12**	**13**	**6**	**.6286**	**.0095**	**.6128**	**pos**
FD (NI / TA)	18	4	6	4	4	.4072	.0108	.6367	neg
FD (Earnings) / AV (FD (Earnings))	6	-	3	1	2	n/a	n/a	n/a	-
(NI / Sales – AV (NI / Sales))^2	4	-	1	3	-	n/a	n/a	n/a	pos
FD (EBIT) / Average Change (EBIT)	4	1	1	2	-	n/a	n/a	n/a	-
(%change EBIT) / (%change Sales)	3	-	1	2	-	n/a	n/a	n/a	pos
%change in OI	2	1	-	1	-	n/a	n/a	n/a	-
Direkte Risikomaße	**13**	**6**	**2**	**1**	**4**	**.2905**	**.0000**	**.3770**	**neg**
Beta	3	1	1	1	-	n/a	n/a	n/a	neg
Z-Score	3	1	-	-	2	n/a	n/a	n/a	pos
(1-TaxR) * AB * MV (TD) / MV (E)	1	1	-	-	-	n/a	n/a	n/a	neg
(1-TaxR) * AB * PV (FC) / MV (E)	1	-	-	-	1	n/a	n/a	n/a	pos
(Unsystematic VAR (Stock Returns) / Total VAR (Stock Returns))^2	1	-	-	-	1	n/a	n/a	n/a	pos
Asset Beta	1	1	-	-	-	n/a	n/a	n/a	neg
SD (Stock Returns * MV (E) / (MV (E) + BV (LTD))	1	1	-	-	-	n/a	n/a	n/a	neg
TA / Z-Score	1	-	1	-	-	n/a	n/a	n/a	neg
Unsystematic VAR (Stock Returns) / Total VAR (Stock Returns)	1	1	-	-	-	n/a	n/a	n/a	neg
Sonstige Kennzahlen	**15**	**3**	**7**	**2**	**3**	**.1509**	**.0362**	**.6563**	**neg**
Residuals of RoA Regression	6	2	2	1	1	n/a	n/a	n/a	neg
Faktorvariable	4	-	4	-	-	n/a	n/a	n/a	neg
Random Component of Sales Regression	2	1	-	-	1	n/a	n/a	n/a	-
IE / EBIT	1	-	1	-	-	n/a	n/a	n/a	neg
Median of Industry's 5 Year Earnings Volatility	1	-	-	1	-	n/a	n/a	n/a	pos
Residuals of RoE Regression	1	-	-	-	1	n/a	n/a	n/a	pos
Gesamtergebnis	**115**	**25**	**35**	**28**	**27**	**.3547**	**.0000**	**.6611**	**neg**

5.4.5.4 Univariate Moderatoranalyse

Im Gegensatz zu den bisher untersuchten Determinanten ist der Größenfokus bei univariater Betrachtung irrelevant für die Testergebnisse über die Determinante Risiko. Studien über große und mittelständische Unternehmen gelangen hinsichtlich des Signifikanzniveaus und Koeffizientenvorzeichens zu statistisch nicht unterscheidbaren Resultaten. Dieses Ergebnis ist allerdings insofern wenig aussagekräftig, als in der Literatur nur wenige Untersuchungsergebnisse über mittelständische Unternehmen vorliegen. Methodische Aspekte beeinflussen die Testergebnisse ebenfalls nicht.

Der Länderfokus besitzt die größte Bedeutung in der univariaten Analyse. Modelle über nordamerikanische Unternehmen gelangen in 61,8% der Fälle zu einem signifikanten Ergebnis; Untersuchungen über europäische Firmen in nur 39,2% der Fälle ($p < 0,05$). 55,1% der Ergebnisse über den englischen, 42,1% über den deutschen und 25,0% über den französischen Rechtsraum sind signifikant. Der englische Rechtsraum unterscheidet sich dabei statistisch signifikant von den übrigen ($p < 0,05$). In marktbasierten Ländern scheint das Unternehmensrisiko eine größere relative Bedeutung zu besitzen. 53,4% (31,4%) der Ergebnisse über marktbasierte (bankbasierte) Staaten sind statistisch signifikant ($p < 0,05$). Auf das Vorzeichen haben Rechts- und Finanzsystem hingegen keinen Einfluss. Eine deutliche Diskrepanz besteht jedoch zwischen den Vorzeichen der nordamerikanischen und der übrigen Testergebnisse. Während 66,7% der signifikanten nordamerikanischen Resultate den theoretisch vermuteten negativen Zusammenhang zwischen Kapitalstruktur und Unternehmensrisiko bestätigen, belegen 64,5% der übrigen Ergebnisse eine signifikant positive Beziehung ($p < 0,05$).

Die Entscheidung für buch- oder marktwertbasierte abhängige Variablen ändert an den empirischen Ergebnissen wenig. Lediglich in Bezug auf die langfristige Verschuldung führt die Verwendung marktwertbasierter Kennzahlen zu einem vermehrten Auftreten signifikanter Ergebnisse ($p < 0,01$). Die Vorzeichen der signifikanten Koeffizienten unterscheiden sich bei gesonderter Betrachtung der einzelnen Verschuldungsgradkategorien statistisch nicht voneinander. Bei gemeinsamer Betrachtung führt die Verwendung marktwertbasierter Kennzahlen jedoch häufiger zu einem theoriekonformen negativen Koeffizienten, während buchwertbasierte Untersuchungen überwiegend einen positiven Koeffizienten aufweisen ($p < 0,05$). Erstmals unterscheiden sich bei univariater Betrachtung die Ergebnisse nicht signifikant in Abhängigkeit der Fristigkeit. Insgesamt erscheint der Einfluss der Verschuldungsmaß-Definition im Hinblick auf die Determinante Risiko gering. Anhaltspunkte für eine erhebliche Moderatoreigenschaft ergeben sich in der univariaten Auswertung somit höchstens in Bezug auf die Variable geografische Region.

Tabelle 5.29 Univariate Moderatoranalyse (Determinante Risiko)

		Signifikant vs. Nicht sign.		Negativ sign. vs. Positiv sign.		Fisher's Exact Test		Kategorie mit größter relativer Häufigkeit	
Moderatorvariable	*Sub-Gruppen*	*sig.*	*n. sig.*	*neg.*	*pos.*	*I*	*II*	*I*	*II*
		Übersicht A. Größenfokus und Länderfokus							
Größenfokus	GU KMU	47 5	55 8	25 -	22 5	.769	.052	GU	GU
Geografische Region	NA Sonstige	21 31	13 48	14 11	7 20	**.039**	**.047**	**NA**	**NA**
Entwicklungsstand Volkswirtschaft	Entwickelt Unterentw.	46 5	54 8	21 3	25 2	.769	.656	ETW	UTW
Entwicklungsstand Finanzsystem	Entwickelt Unterentw.	49 1	59 1	22 1	27 -	-	-	-	-
Finanzsystem	Marktbas. Bankbas.	39 11	34 24	17 6	22 5	**.040**	.733	**MB**	BB
Rechtsraum	Englisch Sonstige	38 13	31 27	18 6	20 7	**.029**	1.00	**E**	(E)
		Übersicht B. Methodik und Verschuldungsgraddefinition							
Analysemethode	Fortgesch. OLS	13 35	25 36	4 18	9 17	.159	.329	OLS	OLS
Datenstruktur	Panel QS	26 22	31 30	12 10	14 12	.847	1.00	(PA)	(PA)
Datenherkunft	CWD Sonstige	34 18	38 25	19 6	15 12	.699	.152	CWD	CWD
Kontrolle Brancheneinfluss	Ja Nein	21 31	28 35	8 17	13 14	.707	.270	(Nein)	Nein
Markt-/ Buchwertbezug	Marktwert Buchwert	29 23	28 35	18 7	11 16	.263	**.029**	MW	**MW**
Gesamte Verschuldung	TD STD/LTD	33 19	40 23	14 11	19 8	1.00	.389	(STD/ LTD)	STD/ LTD
Kurzfristige Verschuldung	STD TD/LTD	2 50	7 56	- 25	2 25	.181	-	TD/ LTD	-
Langfristige Verschuldung	LTD TD/STD	17 35	16 47	11 14	6 21	.414	.140	LTD	LTD
		Übersicht C. Einzelanalyse Markt-/Buchwertbezug							
TD (BV vs. MV)	TD BV TD MV	17 16	17 23	5 9	12 7	.486	.166	BV	MV
LTD (BV vs. MV)	LTD BV LTD MV	5 12	13 3	2 9	3 3	**.005**	.280	**MV**	MV
STD (BV vs. MV)	STD BV STD MV	1 1	5 2	- -	1 1	-	-	-	-

5.4.5.5 Multivariate Moderatoranalyse

Im Falle der Determinante Risiko ist erstmals die Übernahme sämtlicher signifikanter Moderatorvariablen der univariaten Analyse in das Logit-Modell nicht möglich. Die Variablen Finanzsystem und Rechtsraum führen bei gemeinsamer Betrachtung zu einer vollständigen Trennung, was die numerische Lösung des Modells verhindert. Aus diesem Grund wurden zwei getrennte Logit-Modelle geschätzt. Das Modell mit der Variable Finanzsystem verletzt mit dem Hosmer-Lemeshow- und dem Linktest beide Modellgültigkeitsmaße und wird aus diesem Grund in der Folge nicht berichtet. Das in Tabelle 5.30 dargestellte Modell mit der Variable Rechtsraum schneidet jedoch nur unwesentlich besser ab. Der Linktest ist ebenfalls in deutlichster Weise verletzt. Die Hosmer-Lemeshow-Statistik ist hingegen noch grenzwertig erfüllt. Das Pseudo-R^2 liegt mit 0,13 allerdings unterhalb des akzeptablen Bereichs. Die signifikanten Moderatorvariablen der univariaten Analyse führen somit für sich genommen nicht zu einem validen multivariaten Modell. Auch die Variation der Modellvariablen ändert an dieser Feststellung nichts. Der Linktest ist für sämtliche alternativen Modellspezifikationen verletzt.[448] Die Hosmer-Lemeshow-Statistik und das Pseudo-R^2 verbessern sich dagegen zum Teil leicht. Dem Zugewinn an Modellgültigkeit steht allerdings ein weitgehender Verlust an Modellrelevanz gegenüber. In dem vollständigen Modell ist sogar keine der Moderatorvariablen mehr statistisch signifikant.

Die schlechte Anpassungsgüte der Modelle belegt die mangelnde Aussagekraft der untersuchten Moderatorvariablen in Bezug auf den Erhalt eines signifikant negativen Koeffizientenwertes. Demzufolge können auch die im Rahmen dieser Arbeit untersuchten Moderatorvariablen das auffällige Ergebnismuster der Determinante Risiko nicht erklären. Dies wird auch bei näherer Betrachtung des in Tabelle 5.30 berichteten Logit-Modells offenkundig. Die Variable Rechtsraum – wie im Übrigen auch die Variable Finanzsystem in der alternativen, nicht berichteten Modellspezifikation – ist nicht ansatzweise signifikant. Die Variablen geografische Region und Markt-/ Buchwertbezug werden zwar signifikant getestet. Deren Effektstärke reicht aber an keiner der untersuchten Stellen des linearen Prädiktors aus, um die vorhergesagte Wahrscheinlichkeit über 51% zu bewegen. Die vorhergesagte Wahrscheinlichkeit liegt dabei im Mittelwertmodell mit 18,1% am höchsten und im Nullmodell mit 8,8% am niedrigsten. Zu diesem Gesamtbild passt ebenso die hohe Signifikanz der Konstanten. Diese zeigt an, dass der Erhalt eines nicht signifikanten oder positiv signifikanten Resultats das eindeutig zu erwartende Ergebnis des Nullmodells darstellt.

[448] Vgl. Anhangtabelle A.7, S. 310. Das vollständige Modell in Bezug auf die Determinante Risiko lässt sich nur unter Ausschluss der Variablen Größenfokus, Entwicklungsstand Finanzsystem, Finanzsystem und kurzfristige Verschuldung formulieren, da ansonsten (quasi-)vollständige Trennungen auftreten.

Tabelle 5.30 Multivariate Moderatoranalyse (Determinante Risiko)

		Logit-Modell	Diskrete Veränderung der vorhergesagten Wahrscheinlichkeit		
Modellvariablen	*Sub-gruppen*	*Koeffizienten*	*Null-Modell*	*Mittelwert-Modell*	*Median-Modell*
Geografische Region	1:NA 0:Sonstige	1,596 * (2,24)	0,234 (1,39)	0,280 * (2,01)	0,335 * (2,46)
Rechtsraum	1:Englisch 0:Sonstige	-0,430 (-0,64)	-0,029 (-0,69)	-0,066 (-0,63)	-0,070 (-0,64)
Markt-/Buchwertbezug	1:MW 0:BW	1,206 ** (2,66)	0,155 * (2,04)	0,179 ** (2,89)	0,114 * (2,13)
Konstante		-2,340 *** (-5,88)	- -	- -	- -
N		109			
Pseudo Log-Likelihood		-50			
P > Wald chi2		0,00			
P > Hosmer-Lemeshow chi2		0,14			
Pseudo-R² (McFadden)		0,13			
AROC		0,76			
Linktest		verletzt			
_hat		0,51			
_hat²		0,07			

Anmerkung: *** p ≤ 0,001, ** p ≤ 0,01, * p ≤ 0,05; z-Werte in Klammern

5.4.5.6 Ökonomische Bedeutung

Die Verteilung der signifikanten Koeffizientenwerte verdeutlicht ebenfalls, dass die Determinante Risiko bei gemeinsamer Würdigung aller Ergebnisdaten keinen systematischen Einfluss auf die Kapitalstruktur ausübt. Wie Abbildung 5.5 darstellt, ergibt sich eine fast symmetrische Streuung positiver und negativer Koeffizientenwerte um den Nullwert.[449] Da auf aggregierter Ebene kein Effekt des Unternehmensrisikos auf die Kapitalstruktur nachweisbar ist, erscheint eine Beurteilung der ökonomischen Bedeutung strenggenommen überflüssig. Dennoch sind zahlreiche Resultate signifikant, so dass sich durchaus die Frage stellt, ob diese Ergebnisse ungeachtet der Vorzeichenrichtung hinsichtlich ihrer Effektstärke überzeugen. Wiederum ergibt sich das von den meisten bisher untersuchten Determinanten bekannte Bild. Betragswerte oberhalb von 0,5 sind eher selten. Viele Ergebnisse liegen im höchstens einstelligen Prozentbereich.

[449] Da im Rahmen dieser Auswertung nur die Ergebnisse von OLS,- Panel- und Tobit-Modellen berücksichtigt werden, beläuft sich die Zahl der signifikanten Koeffizientenwerte auf 48 statt der erwarteten 52.

Abbildung 5.5 Ergebnisverteilung (Determinante Risiko)

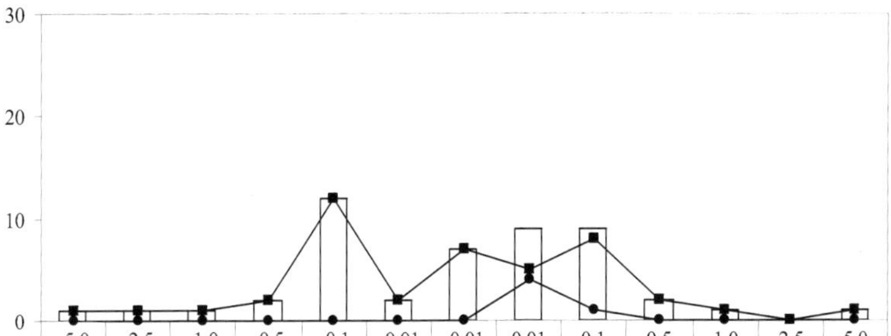

	-5,0 ≥ β	-2,5 ≥ β > -5,0	-1,0 ≥ β > -2,5	-0,5 ≥ β > -1,0	-0,1 ≥ β > -0,5	-0,01 ≥ β > -0,1	-0,01 < β < 0,01	0,01 ≤ β < 0,1	0,1 ≤ β < 0,5	0,5 ≤ β < 1,0	1,0 ≤ β < 2,5	2,5 ≤ β < 5,0	5,0 ≤ β
Gesamt	1	1	1	2	12	2	7	9	9	2	1	0	1
GU	1	1	1	2	12	2	7	5	8	2	1	0	1
KMU	0	0	0	0	0	0	0	4	1	0	0	0	0

Aufgrund der Vielzahl der verwendeten Kennzahlen mit teilweise schwer abschätzbaren Wertebereichen gestaltet sich die nähere Beurteilung der Effektstärken in Bezug auf die Determinante Risiko außerordentlich schwierig. Die in der Literatur zur Approximation des Unternehmensrisikos verwendeten Kennzahlen sollten dennoch den niedrigen einstelligen Wertebereich nicht verlassen können. Die Mehrheit der Variablen dürfte sogar unterhalb von Eins liegen. Denn Standardabweichungen oder erste Differenzen von Prozentzahlen sind ihrerseits wiederum Prozentzahlen. Selbst wenn der Koeffizientenwert 0,5 betragen würde, müssten sich diese Kennzahlen bei linearer Fortschreibung schon um 20 Prozentpunkte verändern, damit eine Veränderung einer Fremdkapitalquote um 10 Prozentpunkte zu prognostizieren wäre. Vor diesem Hintergrund erscheint auch die ökonomische Bedeutung der signifikanten Koeffizienten über die Determinante Risiko keineswegs gesichert.

5.4.5.7 Zwischenfazit

Die gemeinsame Auswertung der Testergebnisse über die Determinante Risiko führt aus theoretischer Sicht zu einem denkbar schlechten Resultat. Die Verteilung der Vote-Count-Daten lässt bei einer hohen Zahl signifikanter Ergebnisse keinerlei Systematik erkennen. Die Vorzeichentests legen einen Zufallsbefund nahe, der noch dazu für alle Kennzahlenkategorien Bestand hat. Dabei übersteigt die Zahl der signifikant positiven sogar die Zahl der theoriekonformen signifikant negativen Ergebnisse. Die Moderatoranalyse trägt wenig zum Verständnis dieses Ergebnismusters bei. Auf Grundlage der untersuchten Moderatorvariablen lässt sich kein aussagekräftiges multivariates Modell formulieren, was ebenfalls für eine unsystematische Verteilung der Ergebnisdaten spricht. Schließlich kann auch die ökonomische Relevanz der Koeffizientenwerte nicht vorbehaltlos bestätigt werden.

Das schlechte empirische Abschneiden der Determinante Risiko ist aus Sicht der Kapitalstrukturtheorie nicht zu erklären. Am schwersten wiegt dieses Ergebnis für die Trade-Off-Theorie, wo die Insolvenzkosten den wesentlichen Gegenspieler der Steuervorteile bilden. Auf aggregierter Ebene kann damit bereits die zweite Kernhypothese der trade-off-theoretischen Argumentation nicht bestätigt werden. Möglicherweise bewahrheitet sich hier allerdings der über fünfundzwanzig Jahre alte Hinweis von Castanias (1983), wonach sich in empirischen Untersuchungen keineswegs eine negative Kausalbeziehung einstellen muss, da ein Ansteigen des Risikos erst ab dem Überschreiten einer gewissen Schwelle dämpfend auf den Verschuldungsgrad wirkt. Dieses Argument könnte möglicherweise sogar die zahlreichen signifikant positiven Koeffizienten erklären. Damit würde allerdings eine empirische Überprüfung der Determinanten Risiko überflüssig, da immer unbekannt bliebe, ob sich Stichprobenunternehmen eher ober- oder unterhalb dieses Schwellenwertes befinden.

Aus empirischer Sicht unbefriedigend ist die hohe Zahl verschiedenartiger Operationalisierungsformen. Ein Standardrisikomaß hat sich in der Literatur nicht etabliert. Stattdessen verwendet nahezu jede Studie ein individuelles Risikomaß, wobei zum Teil vollkommen unterschiedliche Kennzahlen zum Einsatz kommen. Dies beeinträchtigt einerseits den studienübergreifenden Ergebnisvergleich, weil in vielen Fällen der genaue Wertebereich der Kennzahlen unklar bleibt. Andererseits kann aufgrund der jeweils geringen Ergebniszahlen die Eignung einzelner Kennzahlen nicht hinterfragt werden. Erstmals stellt auch die geringe Zahl an Testergebnissen eine Beschränkung für weitergehende empirische Analysen dar. Mit der kurzfristigen Verschuldung kann eine der bedeutendsten Moderatorvariablen bereits in der univariaten Analyse nicht mehr sinnvoll überprüft werden. In vielen anderen Fällen sind die Beobachtungszahlen der jeweils schwächer besetzten Kriteriumskategorie so gering, dass (quasi-)vollständige Separationen einer multivariaten Betrachtung entgegen stehen. Hiervon betroffen ist insbesondere die Variable Größenfokus, wobei die weitgehende Vernachlässigung der Determinante Risiko in der Mittelstandsliteratur zusätzlich überrascht.

5.4.6 Determinante Non-Debt-Tax-Shields

5.4.6.1 Theoretische Einordnung

Die Determinante Non-Debt-Tax-Shields (NDTS) ist exklusiver Bestandteil der trade-off-theoretischen Argumentation. Non-Debt-Tax-Shields sind Steuergutschriften oder Aufwendungen eines Unternehmens, welche die steuerliche Bemessungsgrundlage mindern, aber nicht zu Auszahlungen führen. Wichtigstes NDTS sind Abschreibungen. Die kapitalstrukturpolitische Relevanz dieser Determinante erwächst aus dem Umstand, dass sich mit zunehmenden NDTS die Steuerbelastung eines Unternehmens verringert, so dass die Steuervorteile der Fremdfinanzierung zusehends an Bedeutung verlieren. Aufgrund dieses Substitutionseffekts erwartet die theoretische Forschung einen negativen Zusammenhang zwischen der Höhe der NDTS und des Verschuldungsgrades.

Dieser negative Zusammenhang wurde von DeAngelo/Masulis (1980) hergeleitet und im Anschluss durch Dotan/Ravid (1985) modelltheoretisch bestätigt. Zu einem in Teilen widersprüchlichen Resultat gelangt allerdings das Modell von Dammon/Senbet (1988). Dammon/Senbet (1988) bestätigen den Substitutionseffekt, machen darüber hinaus jedoch auf einen gegenläufigen Einkommenseffekt aufmerksam. Dieser Einkommenseffekt entstehe, wenn die über NDTS erzielten Steuerersparnisse in profitable Projekte investiert werden. Dadurch erhöhe sich wiederum das Ergebnis vor Steuern und die Steuervorteile der Fremdfinanzierung gewinnen erneut an Bedeutung. Strenggenommen beschreiben Dammon/Senbet mit dem Einkommenseffekt einen klassischen Zweitrundeneffekt, der die Kausalität des Primäreffektes unverändert lässt. Dies wird von den Autoren auch selbst eingeräumt.[450] Die Realisierbarkeit des Zweitrundeneffekts ist darüber hinaus fraglich. Unternehmen müssten dabei flexibel und zeitnah auf jede Erhöhung ihrer NDTS mit der Durchführung profitabler Investitionsprojekte reagieren können. Erlaubt der Gesetzgeber beispielsweise höhere Abschreibungsraten, was die NDTS des gesamten Unternehmenssektors einer Volkswirtschaft schlagartig erhöht, müssten alle Unternehmen die eingesparten Steuergelder in profitable Wachstumsprojekte investieren können, um den Einkommenseffekt tatsächlich in voller Höhe zu realisieren. In empirischen Studien werden die Modelle von Dammon/Senbet (1988) und Dotan/Ravid (1985) bei der Auseinandersetzung mit der Determinante NDTS interessanterweise überhaupt nicht beachtet.[451] Die Autoren beschränken sich stattdessen auf den Substitutionseffekt nach DeAngelo/Masulis (1980).

Die Eignung der Determinante NDTS in der empirischen Forschung wird von einigen Autoren jedoch in Frage gestellt, sofern das Abschreibungsvolumen zur Operationalisierung verwendet wird. Unter dieser Voraussetzung könnte die Determinante NDTS nämlich ungewollt die Determinante Sachanlagevermögen approximieren. Hinsichtlich des Sachanlagevermögens wird allerdings ein positiver Koeffizientenwert erwartet, so dass sich bei Unternehmen mit hohem Abschreibungsvolumen irrtümlich eine positive Effektrichtung für die NDTS-Variable ergeben könnte.[452]

---

[450] Vgl. Dammon/Senbet (1988), S. 366

[451] Eine Ausnahme bildet die Studie von Homaifar et al. (1994) (vgl. S. 1,3)

[452] Vgl. Bennett/Donnelly (1993), S. 46; Balakrishnan/Fox (1993), S. 6

Mittelstandsstudien übernehmen die Argumentation von DeAngelo/Masulis (1980) ohne Änderung und vermuten folglich ebenfalls eine negative Beziehung zwischen NDTS und Verschuldungsgrad.[453] Ein Einfluss der Determinante NDTS auf die Fristigkeitsstruktur des Fremdkapitals wird nicht erwartet. Die Höhe des Steuervorteils der Fremdfinanzierung bedingt ausschließlich der Zinsaufwand, der durch NDTS nicht beeinflusst werden kann. Da sich die Determinante NDTS lediglich trade-off-theoretisch begründet lässt, würde die Bestätigung eines statistisch signifikanten, negativen Kausalzusammenhangs in besonderem Maße für die Relevanz der Trade-Off-Theorie sprechen.

> **Hypothese – Determinante Non-Debt-Tax-Shields:**
> Zwischen Verschuldungsgrad und Non-Debt-Tax-Shields besteht ein statistisch signifikanter, negativer Zusammenhang. Studienergebnisse über große und mittelständische Unternehmen unterscheiden sich in Bezug auf Signifikanzniveau und Vorzeichenrichtung nicht. Auswirkungen auf die Fristigkeitsstruktur des Fremdkapitals besitzt die Determinante NDTS ebenfalls nicht.

5.4.6.2 Deskriptive Analyse

Den Einfluss der NDTS auf die Kapitalstrukturentscheidung untersuchen noch 38 und damit bereits deutlich weniger als die Hälfte der ausgewerteten Studien. Unterteilt nach dem Größenfokus sind dies 32 Studien über Groß- und sechs Studien über mittelständische Unternehmen. Fünf Untersuchungen über Großunternehmen testen die Determinante NDTS mehrfach (vgl. Tabelle 5.31).[454]

Zur Operationalisierung der NDTS haben sich in der Literatur drei Ansätze herausgebildet. Eine Kennzahlengruppe nimmt bestehende Verlustvorträge und/oder sonstige Steuervergünstigungen als Schätzgrößen. Elf Studien verwenden neun unterschiedliche Kennzahlen dieses Typs. Die zweite Art der Approximation besteht in der indirekten Schätzung über die steuerliche Bemessungsgrundlage verkürzende Aufwendungen. Üblicherweise wird zu diesem Zweck die Höhe der Abschreibungen verwendet. Zu dieser zweiten Gruppe zählen nur vier Variablen. Diese werden allerdings von 17 Studien genutzt. Die zur dritten Kategorie gehörenden Kennzahlen sind Mischformen der beiden ersten Variablentypen. Acht derartige Kennzahlen kommen in ebenso vielen

[453] Vgl. Cloyd et al. (1997), S. 268; Michaelas et al. (1999), S. 115; Bartholdy/Mateus (2005), S. 15; Sogorb-Mira/López-Gracia (2003), S. 6

[454] Jeweils zweimal wird die Determinante NDTS in den Modellen der Studien von Ghosh et al. (2000), Johnson (2003) und Kale et al. (1991). Dreimal wird sie in der Studie von MacKie-Mason (1990) berücksichtigt.

Studien zum Einsatz. Daneben finden sich in der Literatur vier weitere Variablen, die sich keiner der drei vorgenannten Kennzahlentypen eindeutig zuordnen lassen.[455] Insgesamt verwendet die Determinantenforschung somit 25 verschiedene Kennzahlen zur Messung der NDTS. Mittelstandsstudien bedienen sich dabei ausschließlich des zweiten Kennzahlentyps. Grund hierfür ist vermutlich die Datenverfügbarkeit. Detaillierte Angaben zu Verlustvorträgen oder anderen ertragsteuerlichen Gesichtspunkten dürften über mittelständische Firmen schwerer zu erheben sein.

In der ausgewerteten Literatur sind 81 Ergebnisse über die Determinante NDTS vorhanden. 68 (83,9%) dieser Ergebnisse beziehen sich auf Großunternehmen, 13 (16,1%) auf mittelständische Firmen. Dies entspricht in etwa nur noch einem Drittel der jeweils über die Determinanten Unternehmensgröße, Wachstum, Profitabilität und Sachanlagevermögen erfassten Ergebnisse. Bedeutendste Kennzahl ist mit weitem Abstand die Höhe der Abschreibungen im Vergleich zur Bilanzsumme. 36,8% der Studien und sogar 54,3% der Ergebnisse basieren auf dieser Variablen. Daneben kommt keine andere Kennzahl auf einen Anteil an den Gesamtergebnissen von 8% oder mehr. Im Bereich der Mittelstandsforschung ist die Bedeutung der Variable Abschreibungen zu Bilanzsumme noch größer. 76,9% der Ergebnisse über mittelständische Firmen beruhen auf dieser Verhältniszahl.

Tabelle 5.31 Operationalisierungsformen (Determinante NDTS)

	Ausgewertete Studien				Ausgewertete Ergebnisse				Zahl abhäng. Ergeb.
	GU	KMU	Gesamt		GU	KMU	Gesamt		
Messvariable	*N*	*N*	*N*	*%*	*N*	*N*	*N*	*%*	*N*
D / TA	10	4	14	(36,8%)	34	10	44	(54,3%)	1
(Net Operating TLC) / TA	3	-	3	(7,9%)	4	-	4	(4,9%)	-
(EBIT - Interest Payable - (Taxes Paid / Tax Rate)) / RV (TA)	2	-	2	(5,3%)	2	-	2	(2,5%)	-
ITC / TA	2	-	2	(5,3%)	3	-	3	(3,7%)	-
Net Operating TLC Dummy	2	-	2	(5,3%)	1	-	1	(1,2%)	1
(D + A + ITC) / EBITD	1	-	1	(2,6%)	1	-	1	(1,2%)	-
(D + ITC + TLC) / EBITDA	1	-	1	(2,6%)	1	-	1	(1,2%)	-
(D + ITC + TLC) / TA	1	-	1	(2,6%)	1	-	1	(1,2%)	-
(D + ITC) / (MV (E) + TD)	1	-	1	(2,6%)	1	-	1	(1,2%)	-
(D + ITC) / EBIT	1	-	1	(2,6%)	1	-	1	(1,2%)	-
(D + ITC) / EBITD	1	-	1	(2,6%)	1	-	1	(1,2%)	-
(D + ITC) / TA	1	-	1	(2,6%)	1	-	1	(1,2%)	-
(EBIT * ECT - (ITP + TS(Interest))) / EBIT	1	-	1	(2,6%)	2	-	2	(2,5%)	-
0,46*(D + ITC + R&D Tax Credits) / CF	1	-	1	(2,6%)	-	-	-		1

455 Zur Klassifizierung der Kennzahlen siehe Tabelle 5.33, S. 248f.

Tabelle 5.31 (fortgesetzt)

	Ausgewertete Studien				Ausgewertete Ergebnisse				Zahl abhäng. Ergeb.
	GU	KMU	Gesamt		GU	KMU	Gesamt		
Messvariable	*N*	*N*	*N*	*%*	*N*	*N*	*N*	*%*	*N*
D / FA	1	-	1	(2,6%)	1	-	1	(1,2%)	-
D / TC	-	1	1	(2,6%)	-	2	2	(2,5%)	-
Faktorvariable	1	-	1	(2,6%)	4	-	4	(4,9%)	-
ITC * Z-Score	1	-	1	(2,6%)	-	-	-	-	1
ITC / Sales	1	-	1	(2,6%)	-	-	-	-	1
ITC Dummy	1	-	1	(2,6%)	1	-	1	(1,2%)	-
Non-Interest Deductions / GP	-	1	1	(2,6%)	-	1	1	(1,2%)	-
Potential Deferred Tax Liability / (TA - CL)	1	-	1	(2,6%)	6	-	6	(7,4%)	-
Potential Deferred Tax Liability / TA	1	-	1	(2,6%)	1	-	1	(1,2%)	-
TLC / CF	1	-	1	(2,6%)	1	-	1	(1,2%)	-
TLC / Sales	1	-	1	(2,6%)	1	-	1	(1,2%)	-
Summe (inkl. Mehrfachtestung)	37	6	43						
Mehrfachtestung	5	-	5						
Summe (exkl. Mehrfachtestung)	32	6	38	(100%)	68	13	81	(100%)	5

Anmerkung: Erläuterungen zu den verwendeten Kurzformen und Operatoren beinhaltet Anhangtabelle A.2

Die Ergebnisse über die Determinante NDTS stimmen mit den modelltheoretischen Vorhersagen deutlich besser überein als jene über die Determinante Risiko. 71,6% (58 von 81) der Testergebnisse weisen den theoretisch erwarteten negativen Koeffizienten auf. 42 der 81 Ergebnisse (51,9%) sind statistisch jedoch nicht signifikant. Damit sind – wie zuvor nur im Falle der Determinante Risiko – mehr Ergebnisse nicht signifikant als signifikant. Der Anteil statistisch signifikanter negativer Koeffizienten an den Gesamtergebnissen beträgt immerhin 35,8% (29 von 81 Ergebnissen). Gleichzeitig bestätigen 12,3% der Gesamtergebnisse aber auch einen signifikant positiven Zusammenhang.

Die Verteilung der Einzelergebnisse nach Verschuldungsgradkategorie und Mittelstandsbezug offenbart immer beachtlichere Forschungslücken (vgl. Tabelle 5.32). Über den Zusammenhang von kurzfristiger Verschuldung und NDTS liegen in den ausgewerteten Studien noch acht Ergebnisse vor. In der gesamten Mittelstandsliteratur finden sich insgesamt nur 13 Resultate. Selbst auf die langfristige Verschuldung beziehen sich gerade noch 24 Ergebnisse. In Bezug auf die Determinante Unternehmensgröße waren es beispielsweise noch 57 Resultate.

Tabelle 5.32 Ergebnisübersicht (Determinante NDTS)

	GU				KMU				Gesamt	
	signifikant		nicht signifikant		signifikant		nicht signifikant			
Koeff.	*N*	*%*	*N*	*%*	*N*	*%*	*N*	*%*	*N*	*%*
	Übersicht A. Gesamtverschuldung zu Marktwerten									
negativ	6	(54,5%)	11	(64,7%)	-	-	-	-	17	(60,7%)
positiv	5	(45,5%)	6	(35,3%)	-	-	-	-	11	(39,3%)
Gesamt	11	(100,0%)	17	(100,0%)	-	-	-	-	28	(100,0%)
	Übersicht B. Gesamtverschuldung zu Buchwerten									
negativ	7	(87,5%)	5	(62,5%)	3	(75,0%)	-	-	15	(71,4%)
positiv	1	(12,5%)	3	(37,5%)	1	(25,0%)	1	(100,0%)	6	(28,6%)
Gesamt	8	(100,0%)	8	(100,0%)	4	(100,0%)	1	(100,0%)	21	(100,0%)
	Übersicht C. Langfristige Verschuldung zu Marktwerten									
negativ	3	(50,0%)	2	(66,7%)	-	-	-	-	5	(55,6%)
positiv	3	(50,0%)	1	(33,3%)	-	-	-	-	4	(44,4%)
Gesamt	6	(100,0%)	3	(100,0%)	-	-	-	-	9	(100,0%)
	Übersicht D. Langfristige Verschuldung zu Buchwerten									
negativ	6	(100,0%)	5	(100,0%)	3	(100,0%)	1	(100,0%)	15	(100,0%)
positiv	-	-	-	-	-	-	-	-	-	-
Gesamt	6	(100,0%)	5	(100,0%)	3	(100,0%)	1	(100,0%)	15	(100,0%)
	Übersicht E. Kurzfristige Verschuldung zu Marktwerten									
negativ	-	-	2	(100,0%)	-	-	-	-	2	(100,0%)
positiv	-	-	-	-	-	-	-	-	-	-
Gesamt	-	-	2	(100,0%)	-	-	-	-	2	(100,0%)
	Übersicht F. Kurzfristige Verschuldung zu Buchwerten									
negativ	-	-	2	(100,0%)	1	(100,0%)	1	(33,3%)	4	(66,7%)
positiv	-	-	-	-	-	-	2	(66,7%)	2	(33,3%)
Gesamt	-	-	2	(100,0%)	1	(100,0%)	3	(100,0%)	6	(100,0%)
	31	(100,0%)	37	(100,0%)	8	(100,0%)	5	(100,0%)	81	(100,0%)

5.4.6.3 Vorzeichentest

Trotz der im Vergleich zu anderen Determinanten hohen Zahl statistisch nicht signifikanter Ergebnisse und dem Vorliegen einer größeren Zahl signifikant positiver Ergebnisse fallen sämtliche Vorzeichentests sehr theoriekonform aus. Mit einer Irrtumswahrscheinlichkeit von jeweils unter 0,2% bestätigen die Vorzeichentests studienübergreifend den negativen Kausalzusammenhang zwischen Verschuldungsgrad und NDTS.

Interessanterweise sind es im Wesentlichen die aufwandsorientierten Kennzahlen, welche dieses Gesamtergebnis stützen. Gerade diese Kennzahlenkategorie sollte aus Sicht einiger Autoren besonders anfällig für den Ausweis nicht theoriekonformer Ergebnisse sein. Wie die vorliegende Auswertung zeigt, ist diese Vermutung unbegründet. Die Determinante Sachanlagevermögen wird eindeutig nicht durch die aufwandsorientierten Kennzahlen approximiert. Ein positiver Kausalzusammenhang zwischen diesen Variablen und dem Verschuldungsgrad kann auf aggregierter Ebene ausgeschlossen werden. Entgegen der Erwartung sind es die kombinierten aufwands- und steuerorientierten Kennzahlen, welche zu abweichenden empirischen Resultaten führen, so dass in erster Linie dieser Effekt verstärkte Aufmerksamkeit verlangt.

Tabelle 5.33 Vorzeichentests (Determinante NDTS)

		Vote-Count-Daten				Vorzeichentests			
Messvariable	*N*	*neg. sig.*	*neg.*	*pos.*	*pos. sig.*	*I*	*II*	*III*	
Aufwandsorientierte Kennzahlen	**48**	**23**	**14**	**8**	**3**	**.0000**	**.0000**	**.0000**	**neg**
D / TA	44	23	12	7	2	.0000	.0000	.0000	neg
D / TC	2	-	1	1	-	n/a	n/a	n/a	-
D / FA	1	-	1	-	-	n/a	n/a	n/a	neg
Non-Interest Deductions / GP	1	-	-	-	1	n/a	n/a	n/a	pos
Steuerorientierte Kennzahlen	**18**	**4**	**8**	**3**	**3**	**.1189**	**.0109**	**.5000**	**neg**
Potential Deferred Tax Liability / (TA - CL)	6	3	3	-	-	n/a	n/a	n/a	neg
(Net Operating TLC) / TA	4	-	2	1	1	n/a	n/a	n/a	-
ITC / TA	3	-	2	1	-	n/a	n/a	n/a	neg
ITC Dummy	1	-	-	1	-	n/a	n/a	n/a	pos
Net Operating TLC Dummy	1	-	-	-	1	n/a	n/a	n/a	pos
Potential Deferred Tax Liability / TA	1	-	1	-	-	n/a	n/a	n/a	neg
TLC / CF	1	-	-	-	1	n/a	n/a	n/a	pos
TLC / Sales	1	1	-	-	-	n/a	n/a	n/a	neg

Tabelle 5.32 (fortgesetzt)

		Vote-Count-Daten				Vorzeichentests			
Messvariable	*N*	*neg. sig.*	*neg.*	*pos.*	*pos. sig.*	*I*	*II*	*III*	
Kombinierte aufwands- und steuerorientierte Kennzahlen	**7**	**-**	**1**	**2**	**4**	**.9922**	**1.000**	**1.000**	**pos**
(D + A + ITC) / EBITD	1	-	-	-	1	n/a	n/a	n/a	pos
(D + ITC + TLC) / EBITDA	1	-	-	1	-	n/a	n/a	n/a	pos
(D + ITC + TLC) / TA	1	-	-	-	1	n/a	n/a	n/a	pos
(D + ITC) / (MV (E) + TD)	1	-	-	-	1	n/a	n/a	n/a	pos
(D + ITC) / EBIT	1	-	-	1	-	n/a	n/a	n/a	pos
(D + ITC) / EBITD	1	-	-	-	1	n/a	n/a	n/a	pos
(D + ITC) / TA	1	-	1	-	-	n/a	n/a	n/a	neg
Sonstige Kennzahlen	**8**	**2**	**6**	**-**	**-**	**.0039**	**.0572**	**.2500**	**neg**
Faktorvariable	4	-	4	-	-	n/a	n/a	n/a	neg
(EBIT - Interest Payable - (Taxes Paid/ Tax Rate)) / RV (TA)	2	2	-	-	-	n/a	n/a	n/a	neg
(EBIT * ECT - (ITP + TS (Interest))) / EBIT	2	-	2	-	-	n/a	n/a	n/a	neg
Gesamtergebnis	**81**	**29**	**29**	**13**	**10**	**.0001**	**.0000**	**.0017**	**neg**

5.4.6.4 Univariate Moderatoranalyse

Unmittelbare Folge der im Vergleich zu der Determinante Risiko nochmals gesunkenen Zahl an Untersuchungen ist das Fehlen ausreichender Ergebnisse zur Beurteilung einzelner Moderatorvariablen. Hiervon betroffen sind die Beziehung zwischen kurzfristiger Verschuldung und NDTS sowie die möglichen Ergebnisunterschiede in Abhängigkeit des Entwicklungsstandes des Untersuchungslandes.

Ein statistischer Unterschied zwischen den Ergebnissen von Studien über Großunternehmen und mittelständischen Firmen existiert nicht. Damit sind die Determinanten NDTS und Sachanlagevermögen die beiden bisher einzigen Variablen, die bei univariater Betrachtung vollkommen unabhängig von der Größe der untersuchten Unternehmen sind. Diese Feststellung ist allerdings vor dem Hintergrund der weiter rückläufigen Testhäufigkeiten zu werten. Über mittelständische Firmen liegen gerade noch 13 Ergebnisse vor.

Die Kenntnis des Sitzlandes der untersuchten Unternehmen lässt bei univariater Betrachtung hingegen aussagekräftige Rückschlüsse auf den Zusammenhang zwischen NDTS und dem Verschuldungsgrad zu. Hinsichtlich des Signifikanzniveaus der Testergebnisse ergeben sich zwar keine statistischen Unterschiede zwischen Regionen, Rechts- und Finanzsystemen. Bemerkenswert ist jedoch die Häufigkeitsverteilung der signifikanten Ergebnisse in Abhängigkeit der geografischen Region. Untersuchungen über nordamerikanische Unternehmen gelangen aus Sicht der Kapitalstrukturtheorie bei gemeinsamer Betrachtung überraschenderweise zu deutlich schlechteren Ergebnissen als Analysen über Unternehmen sonstiger Länder. 92,0% der signifikanten Ergebnisse über sonstige Länder bestätigen einen negativen Zusammenhang, wohingegen 57,1% der signifikanten Resultate über nordamerikanische Firmen sogar einen positiven Koeffizientenwert aufweisen ($p < 0{,}01$).

Die Datensatzeigenschaften besitzen keine statistisch belegbaren Ergebniseffekte. Weder das Signifikanzniveau noch die Vorzeichenrichtung werden durch die Datenherkunft oder die Datenstruktur beeinflusst. Ebenfalls unbedeutend ist die Kontrolle für die Branchenzugehörigkeit. Im Hinblick auf die Analysetechnik schneiden einfache OLS- und Tobit-Regressionen aus theoretischer Sicht erstmals signifikant besser ab als anspruchsvollere statistische Verfahren. 60,5% der klassischen OLS- und Tobit-Regressionen erhalten ein signifikantes Ergebnis, während es im Falle anspruchsvollerer Verfahren lediglich 36,6% sind ($p < 0{,}05$).

Die Wahl von buch- und marktwertbasierten abhängigen Variablen hat auf die Modellresultate einen statistisch nachweisbaren Einfluss. Untersuchungen über marktwertbasierte Verschuldungskennzahlen erhalten wesentlich seltener statistisch signifikante, negative Koeffizientenwerte. 90,9% der signifikanten buchwertbasierten, aber nur 52,9% der marktwertbasierten Untersuchungen gelangen zu negativen Resultaten ($p < 0{,}05$). Unterschiede zwischen den Verschuldungsgradkategorien in Abhängigkeit der Fristigkeit lassen sich unterdessen nicht nachweisen.

Tabelle 5.34 Univariate Moderatoranalyse (Determinante NDTS)

Moderatorvariable	*Sub-Gruppen*	Signifikant vs. Nicht sign. *sig.*	*n. sig.*	Negativ sign. vs. Positiv sign. *neg.*	*pos.*	Fisher's Exact Test *I*	*II*	Kategorie mit größter relativer Häufigkeit *I*	*II*
	Übersicht A. Größenfokus und Länderfokus								
Größenfokus	GU KMU	31 8	37 5	22 7	9 1	.370	.653	KMU	KMU
Geografische Region	NA Sonstige	14 25	15 27	6 23	8 2	1.00	**.001**	(NA)	**S**
Entwicklungsstand Volkswirtschaft	Entwickelt Unterentw.	37 2	38 4	27 2	10 -	.677	-	ETW	-
Entwicklungsstand Finanzsystem	Entwickelt Unterentw.	39 -	39 1	29 -	10 -	-	-	-	-
Finanzsystem	Marktbas. Bankbas.	24 15	28 12	15 14	9 1	.482	.057	BB	BB
Rechtsraum	Englisch Sonstige	22 17	26 14	14 15	8 2	.494	.140	S	S
	Übersicht B. Methodik und Verschuldungsgraddefinition								
Analysemethode	Fortgesch. OLS	15 23	26 15	11 17	4 6	**.044**	1.00	**OLS**	(OLS)
Datenstruktur	Panel QS	20 18	24 17	13 15	7 3	.654	.278	QS	QS
Datenherkunft	CWD Sonstige	27 12	28 14	18 11	9 1	.817	.131	(CWD)	S
Kontrolle Brancheneinfluss	Ja Nein	14 25	19 23	11 18	3 7	.498	.721	Nein	Ja
Markt-/ Buchwertbezug	Marktwert Buchwert	17 22	22 20	9 20	8 2	.507	**.011**	BW	**BW**
Gesamte Verschuldung	TD STD/LTD	23 16	26 16	16 13	7 3	.823	.480	(STD/ LTD)	STD/ LTD
Kurzfristige Verschuldung	STD TD/LTD	1 38	7 35	1 28	- 10	.058	-	TD/ LTD	-
Langfristige Verschuldung	LTD TD/STD	15 24	9 33	12 17	3 7	.143	.711	LTD	LTD
	Übersicht C. Einzelanalyse Markt-/Buchwertbezug								
TD (BV vs. MV)	TD BV TD MV	12 11	9 17	10 6	2 5	.257	.193	BV	BV
LTD (BV vs. MV)	LTD BV LTD MV	9 6	6 3	9 3	- 3	1.00	**.044**	MV	**BV**
STD (BV vs. MV)	STD BV STD MV	1 -	5 2	1 -	- -	-	-	-	-

5.4.6.5 Multivariate Moderatoranalyse

Ein valides Logit-Modell ist im Hinblick auf die Determinante NDTS unmittelbar ableitbar. Die Kombination der drei univariat signifikanten Moderatorvariablen geografische Region, Analysemethode und Markt-/Buchwertbezug führt zu einem ausgesprochen guten Abschneiden der Modellgültigkeitstests. Die Hosmer-Lemeshow-Statistik erreicht beinahe den Maximalwert von 1, auch der Linktest ist erfüllt. Demgegenüber steht allerdings eine mangelhafte Modellrelevanz. Zum ersten Mal überhaupt weist der Wald-Chi-Quadrat-Test eine Irrtumswahrscheinlichkeit von über 5% auf. Der niedrige R^2-Wert von 0,15 zeigt ebenfalls die eher geringe Aussagekraft des Modells an.

Die Ergebnisse über die Determinante NDTS präsentieren sich somit weitgehend unabhängig von den untersuchten Moderatorvariablen. Eine gewisse Ausnahme bildet die Variable geografische Region, für welche sich ein signifikanter Koeffizientenwert ergibt. Für die insgesamt geringe Aussagekraft von Moderatorvariablen sprechen ebenso die zu Vergleichszwecken berechneten Modellspezifikationen.[456] Wird die Ausgangsspezifikation verlassen, verschlechtern sich die Modellgültigkeitstests drastisch. Auch die Modellrelevanz nimmt merklich ab. In dem vollständigen Logit-Modell wird der Wald-Chi-Quadrat-Test sogar mit einer Irrtumswahrscheinlichkeit von 0,34 zurückgewiesen. Keine der Moderatorvariablen ist in diesem Modell mehr auf dem 5%-Niveau signifikant, wobei die Variable geografische Region dieses Signifikanzniveau nur knapp verfehlt. Eine Interpretation des vollständigen Modells ist aufgrund der vergleichsweise geringen Ergebniszahlen und dem daraus resultierenden EPV-Wert von 3,1 jedoch nur noch unter Vorbehalt möglich. Erwähnenswert an dem in Tabelle 5.35 dargestellten Logit-Modell der bei univariater Betrachtung signifikanten Moderatorvariablen sind die Vorzeichen der Koeffizienten. Wie bereits die univariate Analyse ergab, verhält sich im Falle der Determinante NDTS die Effektrichtung der signifikanten Moderatorvariablen konträr zu der theoretischen Erwartung. Genau dieses Ergebnis stellt sich zumindest in der Tendenz auch wieder in der multivariaten Analyse ein. Für Untersuchungen über nordamerikanische Unternehmen bestätigt sich die geringere Wahrscheinlichkeit für den Erhalt eines theoriekonformen signifikanten Testergebnisses dabei am ehesten. Dieser Effekt würde sogar ausreichen, um die vorhergesagte Wahrscheinlichkeit des Nullmodells von 69,9% aus dem Annahmebereich zu bewegen. Die vorhergesagten Wahrscheinlichkeiten des Mittelwert- und Medianmodells liegen dagegen schon deutlich im Ablehnungsbereich. Die diskreten Veränderungen der untersuchten Moderatorvariablen würden die vorhergesagte Wahrscheinlichkeit jeweils weiter absenken.

---

456 Vgl. Anhangtabelle A.8, S. 311. Zur Vermeidung (quasi-)vollständiger Trennungen konnten die Variablen Entwicklungsstand Volkswirtschaft, Entwicklungsstand Finanzsystem, Finanzsystem und kurzfristige Verschuldung nicht in das vollständige Modell einbezogen werden.

Tabelle 5.35 Multivariate Moderatoranalyse (Determinante NDTS)

		Logit-Modell	Diskrete Veränderung der vorhergesagten Wahrscheinlichkeit		
Modellvariablen	*Sub-gruppen*	*Koeffizienten*	*Null-Modell*	*Mittelwert-Modell*	*Median-Modell*
Geografische Region	1:NA	-1,530 *	-0,364 *	-0,296 **	-0,299 *
	0:Sonstige	(-2,23)	(-2,44)	(-2,61)	(-2,47)
Analysemethode	1:FTG	-1,046	-0,250	-0,226	-0,250
	0:OLS	(-1,36)	(-1,48)	(-1,35)	(-1,48)
Markt-/Buchwertbezug	1:MW	-1,102	-0,264	-0,235	-0,236
	0:BW	(-1,60)	(-1,75)	(-1,60)	(-1,67)
Konstante		0,844	-	-	-
		(1,05)	-	-	-
N		79			
Pseudo Log-Likelihood		-43			
P > Wald chi2		0,08			
P > Hosmer-Lemeshow chi2		0,97			
Pseudo-R² (McFadden)		0,15			
AROC		0,75			
Linktest		erfüllt			
_hat		0,00			
_hat²		0,52			

Anmerkung: *** p ≤ 0,001, ** p ≤ 0,01, * p ≤ 0,05; z-Werte in Klammern

5.4.6.6 Ökonomische Bedeutung

Die Verteilung der signifikanten Koeffizientenwerte entspricht erneut dem von fast allen bislang untersuchten Determinanten bekannten Grundmuster. Wie Abbildung 5.6 veranschaulicht, sind die Koeffizientenwerte abermals eng um den Nullpunkt gruppiert. Verhältnismäßig wenige Ergebnisse, im konkreten Fall etwa 18%, übersteigen einen Betragswert von 0,5. Rund zwei Drittel der 38 signifikanten Koeffizienten liegen immerhin oberhalb eines Absolutwertes von 0,1.[457]

Die ökonomische Bedeutung der Determinante NDTS ist vor dem Hintergrund der verwendeten Operationalisierungsformen jedoch fraglich. Mit Ausnahme einer Dummy-Variablen basieren alle übrigen signifikanten Koeffizientenwerte auf Verhältniszahlen, die unter realistischen Annahmen auf das Intervall zwischen Null und Eins beschränkt sind. Da unter normalen Umständen selbst die Summe aus Abschreibungen

[457] Da im Rahmen dieser Auswertung nur die Ergebnisse von OLS,- Panel- und Tobit-Modellen berücksichtigt werden, beläuft sich die Zahl der signifikanten Koeffizientenwerte auf 38 statt der erwarteten 39.

und Verlustvorträgen als Zählergröße den Umsatz oder die Bilanzsumme als Nennergröße nicht übertreffen kann, beziehen sich die im Prozentbereich angesiedelten Koeffizientenwerte abermals auf Prozentwerte. Die resultierenden Effektstärken sind somit in ihrer überwiegenden Mehrzahl wiederum gering.

Abbildung 5.6 Ergebnisverteilung (Determinante NDTS)

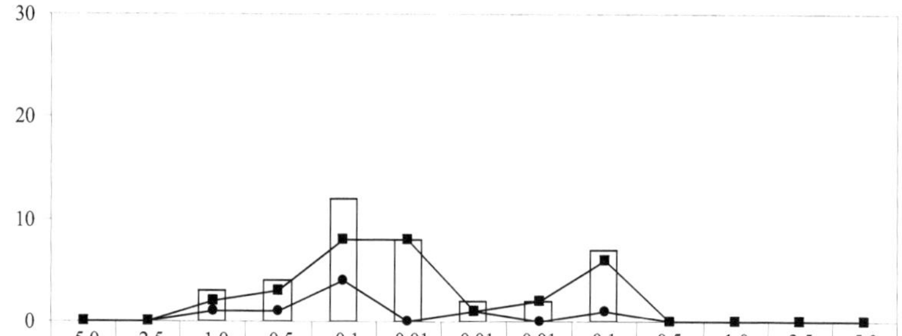

	-5,0 ≥ β	-2,5 ≥ β > -5,0	-1,0 ≥ β > -2,5	-0,5 ≥ β > -1,0	-0,1 ≥ β > -0,5	-0,01 ≥ β > -0,1	-0,01 < β < 0,01	0,01 ≤ β < 0,1	0,1 ≤ β < 0,5	0,5 ≤ β < 1,0	1,0 ≤ β < 2,5	2,5 ≤ β < 5,0	5,0 ≤ β
Gesamt	0	0	3	4	12	8	2	2	7	0	0	0	0
GU	0	0	2	3	8	8	1	2	6	0	0	0	0
KMU	0	0	1	1	4	0	1	0	1	0	0	0	0

Der Zähler der verwendeten Kennzahlen dürfte dabei oftmals sogar beträchtlich kleiner sein als der Nenner. Beispielsweise dürfte das Verhältnis von Abschreibungen zu Bilanzsumme jurisdiktionen-übergreifend kaum 0,2 überschreiten, da die zulässigen jährlichen Abschreibungssätze im Regelfall unter 20% liegen dürften und nur ein Teil der Bilanzaktiva überhaupt abgeschrieben werden darf. Eine absolute Zunahme des Anteils der Abschreibungen an der Bilanzsumme um 10 Prozentpunkte entspricht insofern einer enormen Erhöhung des Abschreibungsvolumens. Diese wäre allerdings mindestens erforderlich, damit für 22 der 25 auf dieser Kennzahl basierenden signifikanten Ergebnisse bei linearer Fortschreibung des marginalen Effekts überhaupt eine absolute Veränderung einer Fremdkapitalquote im niedrigen einstelligen Prozentbereich zu prognostizieren wäre. Diese 22 Ergebnisse machen alleine bereits 56,4% der gesamten signifikanten Koeffizientenwerte aus. Ähnliche Überlegungen lassen sich auch auf die übrigen zur Messung der NDTS verwendeten Verhältniszahlen übertragen, so dass die gemessenen Effektstärken insgesamt gering erscheinen.

5.4.6.7 Zwischenfazit

Vorzeichentest und Moderatoranalyse führen aus theoretischer Sicht zu sehr guten Resultaten. Der negative Zusammenhang zwischen NDTS und der Verschuldungshöhe lässt sich studienübergreifend eindeutig nachweisen. Der in der Literatur hauptsächlich vertretene Substitutionseffekt nach DeAngelo/Masulis (1980) überwiegt somit offenbar den von Dammon/Senbet (1988) beschriebenen kompensatorischen Einkommenseffekt. Ebenfalls im Einklang mit der allgemeinen Erwartungshaltung steht die weitgehende Unabhängigkeit der Testergebnisse von Moderatorvariablen. Lediglich der Variable geografische Region kommt eine gewisse Moderatoreigenschaft zu.

Bei näherer Auseinandersetzung mit den Ergebnisdaten trübt sich der positive Gesamteindruck allerdings deutlich. Ähnlich wie im Falle der Determinante Wachstum bedingt möglicherweise lediglich eine einzige Kennzahlenkategorie die Theoriekonformität. Ignoriert man die zahlreichen Ergebnisse in Bezug auf aufwandsorientierte Kennzahlen, übersteigt die Zahl der positiv signifikanten die Zahl der negativ signifikanten Koeffizientenwerte. Zudem führt die Abschätzung der Effektstärke zu einem ernüchternden Resultat. Die überwiegende Mehrheit der geschätzten Koeffizientenwerte lässt kaum zweistellige Prozentpunktveränderungen einer Fremdkapitalquote bei Variation der Höhe der NDTS erwarten.

Erschwert wird die Beurteilung einzelner Kennzahlenkategorien und Moderatorvariablen durch die nur noch 81 Ergebnisse. Wie im Falle der Determinante Risiko können einzelne Variablen bereits in der univariaten Moderatoranalyse nicht mehr untersucht werden. Leider ist davon abermals die aus theoretischer Sicht bedeutsame Variable kurzfristige Verschuldung betroffen. Diesbezüglich wäre eine Ausweitung der Forschungsanstrengungen folglich wünschenswert. Auch in der Mittelstandsliteratur sollte die Determinante NDTS häufiger Gegenstand der Untersuchung sein, da die bisherigen Erkenntnisse nicht ausreichen, um belastbare Schlussfolgerungen über die Existenz größenbedingter Ergebnisunterschiede ableiten zu können.

5.4.7 Determinante Spezialisierung

5.4.7.1 Theoretische Einordnung

Die Determinante Spezialisierung folgt aus dem marktstrategischen Modell von Titman (1984). Mit steigender Spezialisierung eines Unternehmens geraten Kunden und Lieferanten annahmegemäß in zunehmende Abhängigkeiten. Sollte sich ein spezialisiertes Unternehmen für eine Liquidation entscheiden, entstehen auf Kunden- und Lieferantenseite entsprechend hohe Kosten. Kunden und Lieferanten antizipieren diese Möglichkeit jedoch und bestehen auf vertraglicher Absicherung bzw. vorteilhafteren Geschäftskonditionen. Wie Titman zeigt, kann dieser Agency-Konflikt aber auch durch die Wahl einer geringen Verschuldung gelöst werden. Spezialisierung und Verschuldungsgrad sollten demnach in negativer Beziehung zueinander stehen.[458]

Neben dieser modelltheoretischen Begründung finden sich in der Literatur vor allem zwei weitere Argumente, die einen negativen Einfluss der Determinante Spezialisierung bedingen sollen. Das meistgenannte Argument ist die schlechte Verwertbarkeit der Vermögenswerte eines spezialisierten Unternehmens im Insolvenzfall. Im Falle einer hohen Spezialisierung dürften zum einen überdurchschnittlich viele immaterielle Vermögensgegenstände vorhanden sein, die sich nicht zum Weiterverkauf eignen. Zum anderen existieren auch für das vorhandene Sachanlagevermögen eines spezialisierten Unternehmens nur wenige potenzielle Abnehmer, was den Verkaufserlös schmälert.[459] Das zweite Argument bezieht sich auf das schwierigere Monitoring spezialisierter Firmen durch externe Investoren.[460]

In der Mittelstandsforschung kommt der Determinante Spezialisierung keinerlei Bedeutung zu. Lediglich eine der ausgewerteten KMU-Studien berücksichtigt diese Determinante überhaupt.[461] Ein Zusammenhang zwischen der Fristigkeitsstruktur des Fremdkapitals und der Spezialisierung wird in der Literatur offenbar nicht angenommen. Zumindest differenzieren die wenigen Studien, welche sowohl die Determinante Spezialisierung als auch die kurzfristige Verschuldung zum Gegenstand haben, in ihrer Hypothesenformulierung nicht nach Laufzeit der Verbindlichkeiten.[462]

Hypothese – Determinante Spezialisierung:
Zwischen Verschuldungsgrad und Spezialisierung besteht ein statistisch signifikanter, negativer Zusammenhang. Auswirkungen auf die Fristigkeitsstruktur des Fremdkapitals besitzt die Determinante nicht.

5.4.7.2 Deskriptive Analyse

Die Determinante Spezialisierung wird von nur noch 24 und damit weniger als einem Drittel der Studien untersucht. Über mittelständische Firmen liegt lediglich noch ein Ergebnis vor (Guiso, 2003). Beinahe die Hälfte der mit der Determinante Spezialisierung befassten Studien modelliert diesen Einflussfaktor mehrfach. Die Beiträge von Balakrishnan/Fox (1993), Berger et al. (1997), Flannery/Rangan (2004), Graham

[458] Vgl. Kapitel 2.1.6.2, S. 33f.
[459] Vgl. Alderson/Betker (1995), S. 49; Korajczyk/Levy (2003), S. 85; Bhaduri (2002a), S. 661; Jordan et al. (1998), S. 3; Kayhan/Titman (2004), S. 36
[460] Vgl. Balakrishnan/Fox (1993), S. 8
[461] Vgl. Guiso (2003), S. 135. Inwiefern die Vernachlässigung der Determinante Spezialisierung Ausdruck von Datenproblemen oder Spiegelbild einer vermuteten inhaltlichen Bedeutungslosigkeit dieser Determinante im Mittelstandskontext ist, muss dahingestellt bleiben.
[462] Vgl. Titman/Wessels (1988), S. 5; Menéndez-Alonso (2003), S. 428; Bhaduri (2002a), S. 661

(1996a), Hovakimian et al. (2001), Hovakimian et al. (2004), MacKie-Mason (1990), Short et al. (2002) beziehen zwei, die Studien von Ghosh et al. (2000) und Kayhan/Titman (2004) drei unabhängige Variablen in ihre Modelle ein. Kennzeichnend für die Determinante Spezialisierung ist ein sehr eng definierter Kennzahlen-Katalog. Zur Konstruktion von acht der zwölf in der Literatur verwendeten Kennzahlen genügt die Kenntnis des Forschungs- und/oder (eines Teils des) Vertriebsaufwands sowie Umsatz, Bilanzsumme oder Cash-Flow (vgl. Tabelle 5.36). Lediglich eine Studie schätzt den Spezialisierungsgrad über die Höhe des immateriellen Vermögens. Der Vergleich mit den zur Approximation des Unternehmenswachstums verwendeten Kennzahlen offenbart signifikante Überschneidungen. Sechs der zwölf Kennzahlen werden in der Literatur auch zur Approximation des Unternehmenswachstums verwendet.[463] Der Anteil dieser Kennzahlen an den ausgewerteten Ergebnissen über die Determinante Wachstum beträgt jedoch lediglich 4,4%. Aus den 24 Studien konnten 52 Ergebnisse in die Auswertung übernommen werden. Mehr als die Hälfte der Gesamtergebnisse entfällt auf die beiden Variablen Forschungsaufwand zu Umsatz (15 Resultate) und Forschungs- und Marketingaufwand zu Umsatz (13 Resultate).

Tabelle 5.36 Operationalisierungsformen (Determinante Spezialisierung)

	Ausgewertete Studien				Ausgewertete Ergebnisse				Zahl abhäng. Ergeb.
	GU	KMU	Gesamt		GU	KMU	Gesamt		
Messvariable	*N*	*N*	*N*	*%*	*N*	*N*	*N*	*%*	*N*
R&D Expenditures / Sales	11	-	11	(45,8%)	15	-	15	(28,8%)	7
(R&D + ADV Expenditures) / Sales	4	-	4	(16,7%)	13	-	13	(25,0%)	-
ADV Expenditures / Sales	4	-	4	(16,7%)	2	-	2	(3,8%)	2
R&D Dummy (1: R&D Exp. >0)	2	1	3	(12,5%)	-	1	1	(1,9%)	3
R&D Expenditures / TA	3	-	3	(12,5%)	5	-	5	(9,6%)	-
Selling Expenses / Sales	3	-	3	(12,5%)	3	-	3	(5,8%)	1
Faktorvariable	2	-	2	(8,3%)	7	-	7	(13,5%)	-
SGA Expenses / Sales	2	-	2	(8,3%)	3	-	3	(5,8%)	-
ADV Expenditures / CF	1	-	1	(4,2%)	1	-	1	(1,9%)	-
Intangible Assets / TA	1	-	1	(4,2%)	1	-	1	(1,9%)	-
R&D Expenditures (Industry) / Sales (Industry)	1	-	1	(4,2%)	1	-	1	(1,9%)	-
Uniqueness Dummy (1: HighTech)	1	-	1	(4,2%)	-	-	-	-	1
Summe (inkl. Mehrfachtestung)	35	1	36						
Mehrfachtestung	12	-	12						
Summe (exkl. Mehrfachtestung)	23	1	24	(100%)	51	1	52	(100%)	14

Anmerkung: Erläuterungen zu den verwendeten Kurzformen und Operatoren beinhaltet Anhangtabelle A.2

463 Diese Kennzahlen sind „R&D Expenditures/Sales“, „(R&D + ADV Expenditures)/Sales“, „ADV Expenditures/Sales“, „R&D Dummy“, „R&D Expenditures/TA“ und „Intangible Assets/TA“.

Die aggregierten Ergebnisse über die Determinante Spezialisierung stimmen sehr gut mit der theoretischen Vorhersage überein. Von den 52 Ergebnissen sind 37 (71,2%) signifikant und 43 (82,7%) negativ. Werden nur die signifikanten Koeffizienten berücksichtigt, verschieben sich die relativen Häufigkeiten weiter zugunsten der aus theoretischer Sicht erwarteten negativen Ergebnisse. 32 (86,5%) der signifikanten Resultate finden einen negativen und nur fünf (13,5%) einen positiven Zusammenhang.

Die zusammenfassende Darstellung der Ergebnisse in Tabelle 5.37 zeigt in aller Deutlichkeit die zunehmenden Forschungslücken in der Determinantenliteratur. Eine Überprüfung der Determinante Spezialisierung hat in der Mittelstandsliteratur faktisch noch nicht stattgefunden. Trotz jahrzehntelanger empirischer Forschung findet sich zudem in der gesamten ausgewerteten Literatur fast kein Ergebnis in Bezug auf die kurzfristige Verschuldung. Auch die Zahl der Forschungsergebnisse über die langfristige Verschuldung unterschreitet erstmals die Marke von 20. Die Anzahl der Untersuchungen in Bezug auf marktwertbasierte Verschuldungskennzahlen sinkt im Vergleich zu den bisher untersuchten Determinanten ebenfalls stark ab. Im Hinblick auf die Determinanten Risiko und NDTS war das Verhältnis von markt- zu buchwertbasierten Ergebnissen noch weitgehend ausgeglichen.

Tabelle 5.37 Ergebnisübersicht (Determinante Spezialisierung)

	GU				KMU				Gesamt	
	signifikant		nicht signifikant		signifikant		nicht signifikant			
Koeff.	*N*	*%*	*N*	*%*	*N*	*%*	*N*	*%*	*N*	*%*
	Übersicht A. Gesamtverschuldung zu Marktwerten									
negativ	7	(77,8%)	-	-	-	-	-	-	7	(70,0%)
positiv	2	(22,2%)	1	(100,0%)	-	-	-	-	3	(30,0%)
Gesamt	9	(100,0%)	1	(100,0%)	-	-	-	-	10	(100,0%)
	Übersicht B. Gesamtverschuldung zu Buchwerten									
negativ	11	(91,7%)	7	(77,8%)	-	-	-	-	18	(81,8%)
positiv	1	(8,3%)	2	(22,2%)	1	(100,0%)	-	-	4	(18,2%)
Gesamt	12	(100,0%)	9	(100,0%)	1	(100,0%)	-	-	22	(100,0%)
	Übersicht C. Langfristige Verschuldung zu Marktwerten									
negativ	6	(85,7%)	-	-	-	-	-	-	6	(85,7%)
positiv	1	(14,3%)	-	-	-	-	-	-	1	(14,3%)
Gesamt	7	(100,0%)	-	-	-	-	-	-	7	(100,0%)
	Übersicht D. Langfristige Verschuldung zu Buchwerten									
negativ	5	(100,0%)	3	(75,0%)	-	-	-	-	8	(88,9%)
positiv	-	-	1	(25,0%)	-	-	-	-	1	(11,1%)
Gesamt	5	(100,0%)	4	(100,0%)	-	-	-	-	9	(100,0%)
	Übersicht E. Kurzfristige Verschuldung zu Marktwerten									
negativ	1	(100,0%)	-	-	-	-	-	-	1	(100,0%)
positiv	-	-	-	-	-	-	-	-	-	-
Gesamt	1	(100,0%)	-	-	-	-	-	-	1	(100,0%)
	Übersicht F. Kurzfristige Verschuldung zu Buchwerten									
negativ	2	(100,0%)	1	(100,0%)	-	-	-	-	3	(100,0%)
positiv	-	-	-	-	-	-	-	-	-	-
Gesamt	2	(100,0%)	1	(100,0%)	-	-	-	-	3	(100,0%)
	36	(100,0%)	15	(100,0%)	1	(100,0%)	-	-	52	(100,0%)

5.4.7.3 Vorzeichentest

Wie zuvor schon in Bezug auf die Determinanten Unternehmensgröße, Profitabilität und Sachanlagevermögen belegen alle drei Vorzeichentests die Theoriekonformität mit höchster Signifikanz (vgl. Tabelle 5.38). Ein zunehmendes Maß an Spezialisierung wirkt sich unter Würdigung der Gesamtheit der weltweiten Ergebnisse somit eindeutig negativ auf die Höhe des Fremdkapitals aus. Dieser Zusammenhang zeigt sich weitgehend robust gegenüber der Kennzahlendefinition. Lediglich die Variablen Marketingaufwand zu Umsatz („ADV Expenditures/Sales") sowie die Dummy-Variable in Bezug auf den Ausweis von Forschungs- und Entwicklungsaufwendungen („R&D Dummy") würden für sich genommen ein gegenteiliges Resultat ergeben. Da auf diesen beiden Variablen allerdings lediglich drei Ergebnisse beruhen, lassen sich daraus keine Schlussfolgerungen über eine kennzahlenbedingte systematische Ergebnisabweichung ziehen.

Tabelle 5.38 Vorzeichentests (Determinante Spezialisierung)

		Vote-Count-Daten				Vorzeichentests			
Messvariable	*N*	*neg. sig.*	*neg.*	*pos.*	*pos. sig.*	*I*	*II*	*III*	
Forschungs- und vertriebsorientierte Kennzahlen	**44**	**26**	**10**	**3**	**5**	**.0000**	**.0000**	**.0000**	**neg**
R&D Expenditures / Sales	15	10	4	-	1	.0004	.0000	.0059	neg
(R&D + ADV Expenditures) / Sales	13	5	6	1	1	.0112	.0003	.1094	neg
R&D Expenditures / TA	5	4	-	1	-	n/a	n/a	n/a	neg
Selling Expenses / Sales	3	3	-	-	-	n/a	n/a	n/a	neg
SGA Expenses / Sales	3	3	-	-	-	n/a	n/a	n/a	neg
ADV Expenditures / Sales	2	-	-	-	2	n/a	n/a	n/a	pos
ADV Expenditures / CF	1	1	-	-	-	n/a	n/a	n/a	neg
R&D Dummy (1: R&D Exp. > 0)	1	-	-	-	1	n/a	n/a	n/a	pos
R&D Expenditures (Industry) / Sales (Industry)	1	-	-	1	-	n/a	n/a	n/a	pos
Sonstige Kennzahlen	**8**	**6**	**1**	**1**	**-**	**.0352**	**.0000**	**.0156**	**neg**
Faktorvariable	7	6	1	-	-	n/a	n/a	n/a	neg
Intangible Assets / TA	1	-	-	1	-	n/a	n/a	n/a	pos
Gesamtergebnis	**52**	**32**	**11**	**4**	**5**	**.0000**	**.0000**	**.0000**	**neg**

5.4.7.4 Univariate Moderatoranalyse

Infolge der weiter gesunkenen Ergebniszahlen kann die Moderatoreigenschaft der kurzfristigen Verschuldung, des Entwicklungsstandes der Volkswirtschaft, des Entwicklungsstandes des Finanzsystems sowie erstmals des Größenfokus nicht oder nur noch eingeschränkt untersucht werden. Die univariate Moderatoranalyse in Bezug auf die Determinante Spezialisierung unterscheidet sich auch dahingehend, dass hinsichtlich der Vorzeichenrichtung der signifikanten Koeffizienten erstmals keine Ergebnisabweichungen nachweisbar sind. Das Signifikanzniveau wird darüber hinaus nur vom Länderfokus, der Kontrollvariable Branchenzugehörigkeit und der Definition des Verschuldungsgradmaßes beeinflusst. Untersuchungsmethodik und Datensatzeigenschaften bleiben hingegen ohne Auswirkung.

Aufschlussreich ist die regionale Verteilung der Ergebnisse. Ausnahmslos alle Determinantentests über nordamerikanische Unternehmen sind signifikant, wohingegen dies nur auf 44,4% der Testergebnisse über europäische Firmen zutrifft ($p < 0{,}001$). Vermutlich eng mit diesem Effekt verbunden ist der hohe Anteil signifikanter Ergebnisse in Bezug auf den englischen Rechtsraum. 84,8% der Untersuchungen über den englischen Rechtsraum, aber nur 47,4% der Untersuchungen über die übrigen drei Rechtsräume ergeben signifikante Resultate ($p < 0{,}01$).

Eine mögliche Moderatoreigenschaft der Kontrollvariable Branchenzugehörigkeit lässt sich überhaupt erst zum zweiten Mal in univariater Betrachtung belegen. Der allgemeinen Erwartung würde es entsprechen, wenn die zusätzliche Einbeziehung von Branchenvariablen, die Erklärungskraft der Determinanten Spezialisierung minderte.[464] Das Gegenteil ist jedoch der Fall. Wird für den Brancheneinfluss kontrolliert, sind 89,5%, ansonsten lediglich 60,6%, der Testergebnisse signifikant ($p < 0{,}05$).

Im Hinblick auf die Definition der Verschuldungskennzahlen ist lediglich der Markt-/Buchwertbezug von gewisser Bedeutung. Über buchwertbasierte Verschuldungskennzahlen liegen deutlich weniger signifikante Ergebnisse als über marktwertbasierte Kennzahlen vor ($p < 0{,}01$). Dieser Ergebnisunterschied stellt sich allerdings nur bei aggregierter Betrachtung ein. Innerhalb derselben Verschuldungsgradkategorien ergeben sich keine Unterschiede zwischen Buch- und Marktwerten.

[464] Da die Kenntnis der Branche oftmals bereits ausreichend ist, um eine ungefähre Vorstellung von dem in dem jeweiligen Wirtschaftszweig vorherrschenden Spezialisierungsgrad zu gewinnen, sollte die Kontrolle für die Branchenzugehörigkeit die Erklärungskraft der Determinante Spezialisierung eigentlich vermindern.

Tabelle 5.39 Univariate Moderatoranalyse (Determinante Spezialisierung)

		Signifikant vs. Nicht sign.		Negativ sign. vs. Positiv sign.		Fisher's Exact Test		Kategorie mit größter relativer Häufigkeit	
Moderatorvariable	*Sub-Gruppen*	*sig.*	*n. sig.*	*neg.*	*pos.*	*I*	*II*	*I*	*II*
		Übersicht A. Größenfokus und Länderfokus							
Größenfokus	GU KMU	36 1	15 -	32 -	4 1	-	-	-	-
Geografische Region	NA Sonstige	25 12	- 15	21 11	4 1	**.000**	1.00	**NA**	S
Entwicklungsstand Volkswirtschaft	Entwickelt Unterentw.	35 2	11 3	30 2	5 -	.120	-	ETW	-
Entwicklungsstand Finanzsystem	Entwickelt Unterentw.	34 3	12 2	29 3	5 -	.606	-	ETW	-
Finanzsystem	Marktbas. Bankbas.	27 10	6 8	23 9	4 1	.057	1.00	MB	(BB)
Rechtsraum	Englisch Sonstige	28 9	5 10	24 8	4 1	**.009**	1.00	**E**	(S)
		Übersicht B. Methodik und Verschuldungsgraddefinition							
Analysemethode	Fortgesch. OLS	13 23	3 12	12 20	1 3	.333	1.00	FTG	FTG
Datenstruktur	Panel QS	11 25	3 12	9 23	2 2	.513	.570	PA	QS
Datenherkunft	CWD Sonstige	31 6	12 3	27 5	4 1	.706	1.00	CWD	(CWD)
Kontrolle Brancheneinfluss	Ja Nein	17 20	2 13	15 17	2 3	**.031**	1.00	**Ja**	(Ja)
Markt-/ Buchwertbezug	Marktwert Buchwert	17 20	1 14	14 18	3 2	**.009**	.644	**MW**	BW
Gesamte Verschuldung	TD STD/LTD	22 15	10 5	18 14	4 1	.757	.629	STD/ LTD	STD/ LTD
Kurzfristige Verschuldung	STD TD/LTD	3 34	1 14	3 29	- 5	-	-	-	-
Langfristige Verschuldung	LTD TD/STD	12 25	4 11	11 21	1 4	.752	1.00	LTD	LTD
		Übersicht C. Einzelanalyse Markt-/Buchwertbezug							
TD (BV vs. MV)	TD BV TD MV	13 9	9 1	11 7	2 2	.114	1.00	MV	BV
LTD (BV vs. MV)	LTD BV LTD MV	5 7	4 -	5 6	- 1	.088	1.00	MV	BV
STD (BV vs. MV)	STD BV STD MV	2 1	1 -	2 1	- -	-	-	-	-

5.4.7.5 Multivariate Moderatoranalyse

Die signifikanten Variablen der univariaten Analyse münden nicht in ein vorbehaltlos gültiges multivariates Modell. Ein anderes Ergebnis hätte aufgrund der sehr eindeutigen Vorzeichentests und der zumindest in Bezug auf die Vorzeichenrichtung wenig aufschlussreichen univariaten Moderatoranalyse sogar überrascht. Die Hosmer-Lemeshow-Statistik spricht für, der Linktest jedoch gegen die in Tabelle 5.40 dargestellte Modellspezifikation. Die Modellrelevanz ist hingegen zufriedenstellend. Wie schon im Falle der Determinante Profitabilität ist der Linktest erfüllt, sobald das Modell um alle weiteren auswertbaren Moderatorvariablen ergänzt wird, während die Hosmer-Lemeshow-Statistik ihr Niveau beibehält.[465] Im Gegensatz zur Determinante Profitabilität ergibt sich bei Übergang zu dem vollständigen Modell jedoch eine unerwartete inhaltliche Änderung. Die in der univariaten Analyse nicht einmal ansatzweise signifikant getestete Variable Datenstruktur ist in dem vollständigen Modell auf dem 5%-Niveau negativ.

Wird das in Tabelle 5.40 berichtete Logit-Modell um die Variable Datenstruktur ergänzt, verliert diese Moderatorvariable wiederum jegliche Erklärungskraft. Auch der Linktest dieses Modells bleibt verletzt. Ebenso wenig wird die Variable Datenstruktur in den übrigen im Rahmen der Robustheitsprüfung berechneten Logit-Modellen signifikant getestet. Die Moderatoreigenschaft der Variable Datenstruktur scheint somit mehr als fraglich. Einerseits stellt sich diese lediglich in dem vollständigen Modell ein. Andererseits lässt das vollständige Modell aufgrund der geringen Zahl an Beobachtungen bei einer gleichzeitig hohen Zahl an erklärenden Variablen keine verlässlichen Schlussfolgerungen mehr zu.

Die Ergebnisse über die Determinante Spezialisierung sprechen hingegen eindeutig für die Moderatoreigenschaft der Variable geografische Region. In allen geschätzten Modellen behält diese Variable Signifikanzniveau und Vorzeichenrichtung bei. Untersuchungen über nordamerikanische Unternehmen besitzen demnach eine höhere Wahrscheinlichkeit zum Nachweis eines signifikant negativen Ergebnisses. Die nachweisbare Effektstärke ist dabei beträchtlich und führt an allen untersuchten Stellen des linearen Prädiktors zu einer Zunahme der vorhergesagten Wahrscheinlichkeit um mindestens 46%. In Bezug auf das vollständige Logit-Modell beträgt die niedrigste diskrete Veränderung immer noch 35,8%. Worauf sich das aus theoretischer Sicht deutlich bessere Abschneiden von Untersuchungen über nordamerikanische Unternehmen gründet, bleibt indessen unklar.

[465] Vgl. Anhangtabelle A.9, S. 312. Aufgrund des Auftretens (quasi-)vollständiger Trennungen konnten die Variablen Größenfokus, Entwicklungsstand Volkswirtschaft, Entwicklungsstand Finanzsystem und Datenherkunft nicht in das vollständige multivariate Modell übernommen werden.

Tabelle 5.40 Multivariate Moderatoranalyse (Determinante Spezialisierung)

		Logit-Modell	Diskrete Veränderung der vorhergesagten Wahrscheinlichkeit		
Modellvariablen	*Sub-gruppen*	*Koeffizienten*	*Null-Modell*	*Mittelwert-Modell*	*Median-Modell*
Geografische Region	1:NA	2,278 *	0,462 ***	0,474 **	0,511 **
	0:Sonstige	(2,11)	(4,28)	(2,66)	(2,58)
Rechtsraum	1:Englisch	-0,560	-0,126	-0,123	-0,126
	0:Sonstige	(-0,56)	(-0,59)	(-0,59)	(-0,59)
Kontrolle Brancheneinfluss	1:Ja	0,869	0,214	0,188	0,202
	0:Nein	(1,01)	(1,05)	(1,06)	(1,08)
Markt-/Buchwertbezug	1:MW	-0,181	-0,043	-0,041	-0,035
	0:BW	(-0,18)	(-0,18)	(-0,18)	(-0,19)
Konstante		-0,365	-	-	-
		(-0,71)	-	-	-
N		52			
Pseudo Log-Likelihood		-28			
P > Wald chi2		0,00			
P > Hosmer-Lemeshow chi2		0,87			
Pseudo-R² (McFadden)		0,17			
AROC		0,76			
Linktest		verletzt			
_hat		0,37			
_hat²		0,42			

Anmerkung: *** $p \leq 0{,}001$, ** $p \leq 0{,}01$, * $p \leq 0{,}05$; z-Werte in Klammern

5.4.7.6 Ökonomische Bedeutung

Die in Abbildung 5.7 dargestellte Verteilung der signifikanten Koeffizientenwerte verdeutlicht ebenfalls den nachgewiesenen negativen Zusammenhang zwischen Spezialisierung und Verschuldungsgrad. Gleichzeitig weist sie aber auch auf die geringe ökonomische Relevanz dieser Determinanten hin.[466] Rund ein Drittel der Koeffizienten besitzt einen Betragswert kleiner 0,1, rund ein weiteres Drittel weist Koeffizienten bis zu einem Absolutwert von 0,5 auf. Zehn der 32 (31,3%) Ergebnisse liegen oberhalb eines Betragswertes von 0,5. Aber auch diese Werte reichen vermutlich nicht aus, um einen bedeutenden Effekt der Determinante Spezialisierung auf die Kapitalstruktur zu begründen.

466 Da im Rahmen dieser Auswertung nur die Ergebnisse von OLS,- Panel- und Tobit-Modellen berücksichtigt werden, beläuft sich die Zahl der signifikanten Koeffizientenwerte auf 32 statt der erwarteten 37.

Abbildung 5.7 Ergebnisverteilung (Determinante Spezialisierung)

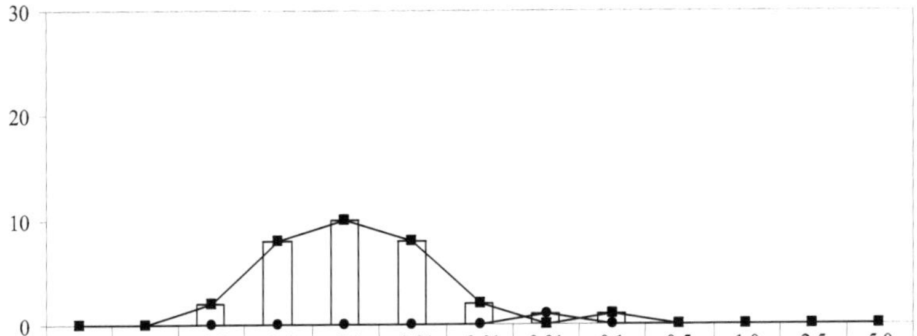

	-5,0 ≥ β	-2,5 ≥ β > -5,0	-1,0 ≥ β > -2,5	-0,5 ≥ β > -1,0	-0,1 ≥ β > -0,5	-0,01 ≥ β > -0,1	-0,01 < β < 0,01	0,01 ≤ β < 0,1	0,1 ≤ β < 0,5	0,5 ≤ β < 1,0	1,0 ≤ β < 2,5	2,5 ≤ β < 5,0	5,0 ≤ β
Gesamt	0	0	2	8	10	8	2	1	1	0	0	0	0
GU	0	0	2	8	10	8	2	0	1	0	0	0	0
KMU	0	0	0	0	0	0	0	1	0	0	0	0	0

Betrachtet man die zur Operationalisierung der Determinanten Spezialisierung genutzten Kennzahlen näher, fällt unmittelbar ihr geringer Wertebereich auf. Es handelt sich dabei beinahe ausnahmslos um Verhältniszahlen, die auf das Intervall von Null bis Eins beschränkt sind. Im Falle der Determinante Spezialisierung ist die Diskrepanz zwischen Zähler und Nenner häufig vermutlich sogar noch größer, als es in Bezug auf die Determinante NDTS bereits der Fall war. Von den 32 in die Auswertung einbezogenen signifikanten Resultaten beruhen allein 23 auf dem Quotienten von Forschungs- und/oder Marketingaufwendungen zu Umsatz oder Bilanzsumme. Werte oberhalb von 0,5 sollten derartige Kennzahlen keinesfalls annehmen können. In vielen Fällen werden die beobachteten Werte unter 0,2 liegen. Eine zweistellige Veränderung einer Fremdkapitalquote ist mit den vorgefundenen Koeffizientenwerten somit kaum in Einklang zu bringen. Selbst wenn der Anteil der Summe aus Forschungs- und Marketingaufwand an Umsatz oder Bilanzsumme um exorbitante zehn Prozent zunähme, wäre bei linearer Fortschreibung der marginalen Effekte in lediglich zwei der 23 Fälle eine zweistellige Veränderung einer Fremdkapitalquote zu erwarten. Bei den übrigen Kennzahlen ist die Diskrepanz zwischen Zähler und Nenner möglicherweise etwas geringer. Allerdings übersteigt kein einziger der Koeffizientenwerte einen Betragswert von 1. Von einer hohen ökonomischen Bedeutung der Determinante Spezialisierung ist somit eher nicht auszugehen.

5.4.7.7 Zwischenfazit

Die Verteilung der Ergebnisse nach Signifikanz und Vorzeichenrichtung ist ähnlich beeindruckend wie im Falle der Determinante Profitabilität. Eine negative Beziehung zwischen der Determinante Spezialisierung und dem Fremdkapitaleinsatz lässt sich mit höchster Signifikanz nachweisen. Diese Ergebnisse sind des Weiteren unabhängig von der Kennzahlendefinition und den allermeisten Moderatorvariablen. Lediglich die Variable geografische Region besitzt in Bezug auf die ausgewerteten Ergebnisse eindeutig Moderatoreigenschaft.

Zum wiederholten Male verhindert die Prüfung der ökonomischen Relevanz ein aus theoretischer Sicht hervorragendes Gesamtergebnis. Obwohl die überwiegende Mehrheit der Untersuchungen signifikante Koeffizientenwerte erhalten, erreichen die gemessenen Betragswerte mehrheitlich keine Größenordnungen, die selbst bei starker Variation der erklärenden Variable zweistellige Veränderungen einer Fremdkapitalquote erwarten lassen würden.

Unbefriedigend aus empirischer Sicht ist die noch verhältnismäßig geringe Ergebniszahl über die Determinante Spezialisierung. Erhebliche Forschungslücken bestehen hinsichtlich des Mittelstandes und der kurzfristigen Verschuldung. 52 Ergebnisse sind aber auch insgesamt zu wenig, als dass die empirische Untersuchung der Determinanten Spezialisierung als abgeschlossen gelten könnte.

Gesondert hinzuweisen ist auf die Nutzung identischer Operationalisierungsformen für die Determinanten Wachstum und Spezialisierung. Gegenwärtig entfallen nur wenige Ergebnisse auf die für beide Determinanten genutzten Kennzahlen, so dass denkbare Ergebnisverzerrungen gering sind. Solche Überschneidungen sollten jedoch generell vermieden werden, da es ansonsten unmöglich wird, zwischen konkurrierenden Determinanten zu unterscheiden.

5.4.8 Determinante Steuern

5.4.8.1 Theoretische Einordnung

Die Determinante Steuern ist die älteste modelltheoretisch hergeleitete Kapitalstruktur-Determinante. Ihre Bedeutung resultiert aus der (klassischen) Trade-Off-Theorie. Innerhalb der Trade-Off-Theorie bildet die Determinante Steuern die mit Abstand wichtigste Variable, welche den Einsatz von Fremdkapital erklären soll. Aufgrund ihres überragenden Stellenwertes steht und fällt die trade-off-theoretische Argumentation mit der Steuervariable. Sollte sich ein Einfluss der Steuervariable auf die Höhe des Verschuldungsgrades empirisch bestätigen lassen, wäre dies ein entscheidender Beleg für die Relevanz der Trade-Off-Theorie. Sollte sich dieser Einfluss empirisch hingegen nicht nachweisen lassen, bestünde berechtigter Zweifel an der Geltung trade-off-theoretischer Hypothesen.

Die Determinante Steuern entzieht sich jedoch weitgehend einer korrekten empirischen Überprüfung, da die genaue Quantifizierung des Steuervorteils hohe Datenanforderungen stellt. Entscheidend für inkrementelle Finanzierungsentscheidungen sind nicht die unmittelbar beobachtbaren gesetzlichen oder effektiven Steuersätze, sondern die marginale Steuerbelastung auf Unternehmensebene.[467] Letztere schwankt mitunter infolge von NDTS, wodurch auch der marginale Steuervorteil der Fremdfinanzierung zu einer veränderlichen Größe wird.[468] Demzufolge müssten alle steuerlich relevanten Sachverhalte, also auch die NDTS, in einer gemeinsamen Steuervariable Niederschlag finden.

Aufbauend auf Shevlin (1990) schlägt Graham (1996a, 2000) zu diesem Zweck eine Simulationstechnik für die marginale Steuerbelastung vor. Nach Angaben des Autors sind die zu erfüllenden Datenanforderungen und der Rechenaufwand allerdings außerordentlich hoch. Detaillierte Angaben zu allen steuerlich relevanten Faktoren müssten über mehrere Jahre geschätzt werden.[469] Sofern die marginale Steuerbelastung nicht sinnvoll prognostiziert werden kann, bieten sich gemäß Graham (1996b) eine trichotome Steuervariable[470], der gesetzliche Höchststeuersatz sowie eine Dummy-Variable, die bei positiver Bemessungsgrundlage dem Wert des gesetzlichen Höchststeuersatzes entspricht, als sinnvolle Alternativen an.[471] Zusätzlich kompliziert wird die Quantifizierung des Steuervorteils durch die darüber hinaus eigentlich notwendige Adjustierung um Einkommensteuereffekte auf privater Ebene.[472] Werden Zins- und Dividendeneinnahmen auf privater Ebene unterschiedlich besteuert, kann dies – wie von Miller (1977) gezeigt wurde – den Steuervorteil aus der Abzugsfähigkeit der Zinsen auf Unternehmensebene (teilweise) kompensieren.[473]

Ein weiteres Hemmnis für die empirische Untersuchung der Determinante Steuern sind die von Land zu Land variierenden Steuersysteme.[474] Dieser Umstand beeinflusst einerseits die Höhe der realisierbaren Steuervorteile. Andererseits muss unter Umständen die Operationalisierung der Steuervariable den veränderten Rahmenbedingungen angepasst werden. Länderübergreifende Studien, welche die Determinante Steuern zum Gegenstand haben, müssten sich daher korrekterweise intensiv mit den steuerli-

---

467 Vgl. Graham (1996a), S. 42
468 Vgl. DeAngelo/Masulis (1980), S. 10, 13; Graham (2003), S. 1082
469 Vgl. Graham (1996b), S. 188
470 Die trichotome Steuervariable entspricht dem gesetzlichen Höchststeuersatz, wenn ein Unternehmen weder ungenutzte Verlustvorträge noch negative Einkünfte erzielt. Sie entspricht der Hälfte des gesetzlichen Höchststeuersatzes, sofern entweder Verlustvorträge oder negative Einkünfte vorliegen. Sie nimmt den Wert Null an, sofern Verlustvorträge vorhanden sind und negative Einkünfte erzielt werden.
471 Vgl. Graham (1996b), S. 193f., 218
472 Vgl. Graham (1999), S. 153; Graham (2000), S. 1901
473 Vgl. Kapitel 2.1.3.2, S. 15f.
474 Vgl. Fan et al. (2003), S. 9; Demirgüç-Kunt/Maksimovic (1999), S. 312

chen Rahmenbedingungen auseinandersetzen und gegebenenfalls landesspezifische Operationalisierungen verwenden.

Die Mittelstandsliteratur übernimmt das Steuerargument in unveränderter Weise. Zwar weisen einzelne Autoren auf die möglicherweise geringeren Steuervorteile mittelständischer Firmen aufgrund einer tendenziell geringeren Profitabilität und niedrigeren Grenzsteuerbelastung hin.[475] Diese Einwände führen aber nicht dazu, dass der von der Trade-Off-Theorie postulierte Kausalzusammenhang zwischen Steuervorteil und Verschuldung abgewandelt würde.[476] Im Hinblick auf die Fristigkeitsstruktur des Fremdkapitals erwartet zumindest die empirische Determinantenforschung keine maßgeblichen Effekte. Der Einfluss der Steuervariable auf die kurzfristige Verschuldung wird von gerade einmal drei Studien getestet, wobei keine der Studien spezifische Hypothesen in Bezug auf die kurzfristige Verschuldung formuliert.[477] Eine abweichende Hypothesenformulierung in Abhängigkeit der Verschuldungsgradkategorie widerspräche im Übrigen auch der Kapitalstrukturtheorie. Für die Nutzung der Steuervorteile der Fremdfinanzierung ist es vollkommen unerheblich, ob sich die periodischen Zinszahlungen auf kurz- oder langfristige Verbindlichkeiten beziehen.

> **Hypothese – Determinante Steuern:**
> Zwischen Verschuldungsgrad und Steuervorteil besteht ein statistisch signifikanter, positiver Zusammenhang. Studienergebnisse über große und mittelständische Unternehmen unterscheiden sich in Bezug auf Signifikanzniveau und Vorzeichenrichtung nicht. Auswirkungen auf die Fristigkeitsstruktur des Fremdkapitals besitzt die Determinante ebenfalls nicht.

5.4.8.2 Deskriptive Analyse

Ungeachtet ihrer theoretischen Bedeutung wird die Determinante Steuern von lediglich 19 (21,1%) Studien untersucht. Entgegen der Erwartung liegen über mittelständische Unternehmen relativ mehr empirische Beiträge vor als über Großunternehmen. 29,4% der KMU-Studien aber nur 19,2% der Studien über Großunternehmen berücksichtigen die Auswirkungen des Steuervorteils der Fremdfinanzierung. 16 der 19 Studien testen die Unternehmenssteuer mit Hilfe genau einer unabhängigen Variable in den ausgewerteten Modellen. Nur die Studien über Großunternehmen von Allayannis et al. (2003) und Graham (1996a) setzen zwei bzw. drei Variablen ein. Die zahlenmäßig geringe empirische Bedeutung der Steuervariable kann aus der ausgewerteten Lite-

475 Vgl. Sogorb-Mira (2001), S. 5; Michaelas et al. (1999), S. 117

476 Vgl. Jordan et al. (1998), S. 5; Michaelas et al. (1999), S. 115; Sogorb-Mira (2001), S. 5; Sogorb-Mira/López-Gracia (2003), S. 6; Cloyd et al. (1997), S. 262

477 Vgl. Michaelas et al. (1999); Sogorb-Mira (2001); Thies/Klock (1992)

ratur nicht unmittelbar erklärt werden. Verzichtet eine Studie auf die Einbeziehung der Unternehmenssteuern, nehmen nur wenige Autoren hierzu Stellung. Die Auslassung dürfte in den meisten Fällen allerdings unmittelbare Folge der schwierigen Operationalisierung dieser Determinante sein.[478]

Beinahe die Hälfte der 15 in der Literatur zur Messung des Steuervorteils genutzten Kennzahlen approximiert den Steuervorteil über die leicht zu beobachtende effektive Steuerbelastung (vgl. Tabelle 5.41). Hierzu wird die tatsächliche Steuerbelastung ins Verhältnis zu einer Gewinngröße gesetzt. Zwölf Studien machen von dieser Möglichkeit Gebrauch, wobei die Variablen „Taxes Paid/EBT" und „Income Tax Paid/EBT" vermutlich identisch sind. Die zur Untersuchung inkrementeller Finanzierungsentscheidungen von Graham abgeleiteten Steuervariablen nutzen vier der ausgewerteten Studien. Neben den Studien von Graham (1996a) und Graham et al. (1998) sind dies die Arbeiten von Barclay et al. (2003) und Dittmar (2004). Möglichen Kompensationseffekten aus der persönlichen Einkommenssteuer trägt nur „Miller's-Gains-to-Leverage"-Formel Rechnung.

Die Zahl der Ergebnisse über die Determinante Steuern beläuft sich auf 61. 52 Resultate über Großunternehmen und lediglich neun über mittelständische Firmen sind in der ausgewerteten Literatur vorhanden. Über drei Kennzahlen liegen mehr als zehn Ergebnisse vor. 19 (31,1%) Ergebnisse beziehen sich auf den Steueraufwand im Verhältnis zum EBIT, 13 (21,3%) auf den durchschnittlichen Steueraufwand zum Vorsteuerergebnis und 10 (16,4%) auf den Steueraufwand zum EBT. Damit beruhen mehr als zwei Drittel der Resultate auf diesen drei Variablen.

Tabelle 5.41 Operationalisierungsformen (Determinante Steuern)

	Ausgewertete Studien				Ausgewertete Ergebnisse				Zahl abhäng. Ergeb.
	GU	KMU	Gesamt		GU	KMU	Gesamt		
Messvariable	*N*	*N*	*N*	*%*	*N*	*N*	*N*	*%*	*N*
Taxes Paid / EBT	3	1	4	(21,1%)	9	1	10	(16,4%)	-
Simulated Marginal Tax Rate	3	-	3	(15,8%)	3	-	3	(4,9%)	-
Income Tax Paid / EBIT	1	1	2	(10,5%)	18	1	19	(31,1%)	-
Income Tax Paid / EBT	2	-	2	(10,5%)	1	-	1	(1,6%)	1
((Taxes Paid - Tax Deferral) + Tax Rate * IE) / (CF before Tax)	1	-	1	(5,3%)	1	-	1	(1,6%)	-
(Tax Expense-Deferred Taxes) / TA	1	-	1	(5,3%)	1	-	1	(1,6%)	-
AV (Income Tax Paid) / EBT	1	-	1	(5,3%)	13	-	13	(21,3%)	-

[478] Entsprechende Begründungen bzw. Hinweise finden sich z.B. in Booth et al. (2001), S. 99; Chen et al. (1997), S. 566; Chui et al. (2002), S. 124; Colombo (2001), S. 1690; Dittmar (2004), S. 32; Graham (1996a), S. 41f.; MacKie-Mason (1990), S. 1473.

Tabelle 5.41 (fortgesetzt)

	Ausgewertete Studien				Ausgewertete Ergebnisse				Zahl abhäng. Ergeb.
	GU	KMU	Gesamt		GU	KMU	Gesamt		
Messvariable	*N*	*N*	*N*	*%*	*N*	*N*	*N*	*%*	*N*
Effective Tax Rate (Manchester Business School Tax Model)	-	1	1	(5,3%)	-	3	3	(4,9%)	-
Graham's Trichotomous Marginal Tax Rate Estimate	1	-	1	(5,3%)	1	-	1	(1,6%)	-
Marginal Tax Rate on EBIT	-	1	1	(5,3%)	-	1	1	(1,6%)	-
Miller's Gains to Leverage Formula	1	-	1	(5,3%)	1	-	1	(1,6%)	-
SD (Simulated Marginal Tax Rate)	1	-	1	(5,3%)	-	-	-	-	1
Statutory Tax Rate - Simulated Tax Rate	1	-	1	(5,3%)	-	-	-	-	1
Taxes Paid / (EBT + D)	-	1	1	(5,3%)	-	3	3	(4,9%)	-
Taxes Paid / Gross Profit	1	-	1	(5,3%)	4	-	4	(6,6%)	-
Summe (inkl. Mehrfachtestung)	17	5	22						
Mehrfachtestung	3	-	3						
Summe (exkl. Mehrfachtestung)	14	5	19	(100%)	52	9	61	(100%)	3

Anmerkung: Erläuterungen zu den verwendeten Kurzformen und Operatoren beinhaltet Anhangtabelle A.2

Die aggregierten Ergebnisse über den Steuervorteil können nicht überzeugen. Lediglich 33 (54,1%) der Modelle erhalten ein statistisch signifikantes Schätzresultat. Noch ernüchternder fällt die Verteilung der Koeffizientenvorzeichen aus. 38 (62,3%) der 61 Koeffizienten sind negativ. Ein höherer Steuervorteil ginge dementsprechend mit einer geringeren Verschuldung einher; ein Zusammenhang, der sich überhaupt nicht mit der theoretischen Literatur vereinbaren lässt. Nur 23 Koeffizienten verfügen über das erwartete positive Vorzeichen. Die Beschränkung auf signifikante Resultate ändert an diesem Umstand wenig. 20 (60,6%) negativen Koeffizientenwerten stehen lediglich 13 (39,4%) Positive gegenüber.

Über den empirischen Zusammenhang zwischen Steuern und kurzfristiger Verschuldung ist in der Literatur beinahe nichts bekannt. Nur drei Ergebnisse sind hierzu vorhanden (vgl. Tabelle 5.42). Aber auch die Testhäufigkeiten in Bezug auf die gesamte und langfristige Verschuldung spiegeln keinesfalls die hohe theoretische Bedeutung der Determinante Steuern wider. Erheblicher Nachholbedarf besteht darüber hinaus in Bezug auf die Mittelstandsforschung. Die lediglich neun in den ausgewerteten Studien vorhandenen mittelstandsbezogenen Ergebnisse reichen nicht aus, um die Aussagekraft der Determinante Steuern im Mittelstandskontext verlässlich beurteilen zu können.

Tabelle 5.42 Ergebnisübersicht (Determinante Steuern)

	GU				KMU				Gesamt	
	signifikant		nicht signifikant		signifikant		nicht signifikant			
Koeff.	*N*	*%*	*N*	*%*	*N*	*%*	*N*	*%*	*N*	*%*
	Übersicht A. Gesamtverschuldung zu Marktwerten									
negativ	11	(78,6%)	7	(70,0%)	-	-	-	-	18	(75,0%)
positiv	3	(21,4%)	3	(30,0%)	-	-	-	-	6	(25,0%)
Gesamt	14	(100,0%)	10	(100,0%)	-	-	-	-	24	(100,0%)
	Übersicht B. Gesamtverschuldung zu Buchwerten									
negativ	3	(75,0%)	4	(80,0%)	2	(50,0%)	1	(100,0%)	10	(71,4%)
positiv	1	(25,0%)	1	(20,0%)	2	(50,0%)	-	-	4	(28,6%)
Gesamt	4	(100,0%)	5	(100,0%)	4	(100,0%)	1	(100,0%)	14	(100,0%)
	Übersicht C. Langfristige Verschuldung zu Marktwerten									
negativ	1	(14,3%)	1	(100,0%)	-	-	-	-	2	(25,0%)
positiv	6	(85,7%)	-	-	-	-	-	-	6	(75,0%)
Gesamt	7	(100,0%)	1	(100,0%)	-	-	-	-	8	(100,0%)
	Übersicht D. Langfristige Verschuldung zu Buchwerten									
negativ	1	(100,0%)	3	(33,3%)	1	(100,0%)	1	(100,0%)	6	(50,0%)
positiv	-	-	6	(66,7%)	-	-	-	-	6	(50,0%)
Gesamt	1	(100,0%)	9	(100,0%)	1	(100,0%)	1	(100,0%)	12	(100,0%)
	Übersicht E. Kurzfristige Verschuldung zu Marktwerten									
negativ	-	-	-	-	-	-	-	-	-	-
positiv	1	(100,0%)	-	-	-	-	-	-	1	(100,0%)
Gesamt	1	(100,0%)	-	-	-	-	-	-	1	(100,0%)
	Übersicht F. Kurzfristige Verschuldung zu Buchwerten									
negativ	-	-	-	-	1	(100,0%)	1	(100,0%)	2	(100,0%)
positiv	-	-	-	-	-	-	-	-	-	-
Gesamt	-	-	-	-	1	(100,0%)	1	(100,0%)	2	(100,0%)
	27	(100,0%)	25	(100,0%)	6	(100,0%)	3	(100,0%)	61	(100,0%)

5.4.8.3 Vorzeichentest

Die formale Überprüfung der Ergebnisdaten führt zur eindeutigen Ablehnung der aus der Trade-Off-Theorie abgeleiteten positiven Beziehung zwischen der Höhe des Verschuldungsgrades und des Steuervorteils der Fremdfinanzierung. Die Ergebnisabweichungen sind sogar derart gravierend, dass sich auf Grundlage der Vorzeichentests beinahe sogar ein negativer Zusammenhang nachweisen ließe.

Inwiefern möglicherweise falsch spezifizierte Kennzahlen zu diesen unbefriedigenden Ergebnissen führen, kann nicht beurteilt werden. Zu gering ist die Zahl an Ergebnissen über die von Graham vorgeschlagenen Steuervariablen bzw. „Miller's-Gains-to-Leverage"-Formel. Graham (1996a), Graham et al. (1998) und Allayannis et al. (2003) weisen gestützt auf diese Variablen einen positiven Zusammenhang nach; Barclay et al. (2003) gelangen allerdings zu einem negativen Schätzergebnis. Die trichotome Variable der Studie von Dittmar (2004) liefert kein signifikantes Ergebnis.

Auffallend ist das von der Determinante Risiko bereits bekannte Ergebnismuster. Obwohl sich auf aggregierter Ebene kein gerichteter Einfluss der Determinante Steuern auf den Verschuldungsgrad belegen lässt, sind zahlreiche Koeffizientenwerte signifikant. Im Falle der Determinante Steuern übersteigt die Anzahl signifikanter Ergebnisse sogar die Zahl nicht signifikanter Resultate. Ursache der uneinheitlichen Effektrichtungen könnten abermals bedeutende Moderatorvariablen sein, welche Einfluss auf die Vorzeichenrichtung nehmen.

Tabelle 5.43 Vorzeichentests (Determinante Steuern)

		Vote-Count-Daten				Vorzeichentests			
Messvariable	*N*	*neg. sig.*	*neg.*	*pos.*	*pos. sig.*	*I*	*II*	*III*	
Effektive Steuerbelastung	**53**	**18**	**17**	**10**	**8**	**.9937**	**.0046**	**.9855**	**neg**
Income Tax Paid / EBIT	19	9	7	1	2	.9996	.2453	.9941	neg
AV (Income Tax Paid) / EBT	13	4	5	2	2	.9538	.1354	.8906	neg
Taxes Paid / EBT	10	2	2	3	3	.3769	.0115	.5000	pos
Taxes Paid / Gross Profit	4	-	-	4	-	n/a	n/a	n/a	pos
Effective Tax Rate (Manchester Business School Tax Model)	3	-	3	-	-	n/a	n/a	n/a	neg
Taxes Paid / (EBT + D)	3	3	-	-	-	n/a	n/a	n/a	neg
Income Tax Paid / EBT	1	-	-	-	1	n/a	n/a	n/a	pos
Marginale Steuerbelastung	**5**	**1**	**1**	**-**	**3**	**n/a**	**n/a**	**n/a**	**pos**
Simulated Marginal Tax Rate	3	1	-	-	2	n/a	n/a	n/a	pos
Marginal Tax Rate on EBIT	1	-	-	-	1	n/a	n/a	n/a	pos
Graham's Trichotomous Marginal Tax Rate Estimate	1	-	1	-	-	n/a	n/a	n/a	neg

Tabelle 5.43 (fortgesetzt)

		Vote-Count-Daten				Vorzeichentests			
Messvariable	*N*	*neg. sig.*	*neg.*	*pos.*	*pos. sig.*	*I*	*II*	*III*	
Sonstige Kennzahlen	**3**	**1**	**-**	**-**	**2**	**n/a**	**n/a**	**n/a**	**pos**
((Taxes Paid - Tax Deferral) + Tax Rate * IE) / (CF before Tax)	1	-	-	-	1	n/a	n/a	n/a	pos
(Tax Expense - Deferred Taxes) / TA	1	1	-	-	-	n/a	n/a	n/a	neg
Miller's Gains to Leverage Formula	1	-	-	-	1	n/a	n/a	n/a	pos
Gesamtergebnis	**61**	**20**	**18**	**10**	**13**	**.9802**	**.0000**	**.9186**	**neg**

5.4.8.4 Univariate Moderatoranalyse

Da die Ergebniszahl über die Determinante Steuern ähnlich gering ist wie jene über die Determinante Spezialisierung können der Entwicklungsstand des Finanzsystems, der Brancheneinfluss, die kurzfristige Verschuldung sowie der Markt-/Buchwertbezug der langfristigen Verschuldung nicht oder nur teilweise in die Moderatoranalyse aufgenommen werden. Die Variablen Größenfokus und Entwicklungsstand Volkswirtschaft sind unterdessen wieder auswertbar.

Die Größe der betrachteten Stichprobenunternehmen bleibt ohne Einfluss auf die Schätzergebnisse. Sowohl Untersuchungen über Großunternehmen als auch diejenigen über mittelständische Firmen erhalten in annähernd gleicher Häufigkeit signifikante bzw. signifikant positive Ergebnisse. Die Verallgemeinerbarkeit dieser Aussage bleibt aufgrund der geringen Zahl an Ergebnissen über mittelständische Firmen jedoch fraglich.

Von den fünf auf die institutionellen Rahmenbedingungen abstellenden Moderatorvariablen besitzt die geografische Region zum wiederholten Mal einen bedeutenden Ergebniseffekt. 84,6% (45,8%) der Resultate über nordamerikanische (übrige) Firmen sind signifikant ($p < 0,05$). Des Weiteren gelangen 63,6% der Determinantentests über nordamerikanische Unternehmen zu einem theoriekonformen positiven Vorzeichen, während 72,7% der übrigen Ergebnisse eine negative Kausalwirkung attestieren. Signifikant ist auch der Einfluss des Finanzsystems auf den Zusammenhang zwischen Steuervorteil und Kapitalstruktur. 90,0% der signifikanten Koeffizienten über bankbasierte Länder sind entgegen der theoretischen Erwartung negativ. Dieser Prozentwert liegt in kapitalmarktorientierten Finanzsystemen bei 50,0% ($p \leq 0,05$). Entwicklungsstand und Rechtssystem haben hingegen keinen Einfluss auf Signifikanz oder Vorzeichenrichtung. Gleiches gilt für Untersuchungsmethodik und Datensatzmerkmale.

Die langfristige Verschuldung zu Marktwerten wird in sieben von acht Fällen signifikant und in sechs der sieben Fälle positiv getestet. Zu Buchwerten ergibt sich ein völlig gegensätzliches Bild. Zwei von zwölf Testergebnissen sind signifikant ($p < 0{,}01$). Beide weisen auf eine negative Beziehung hin. Die Ergebnisse über die Gesamtverschuldung sind gegenüber der Wahl von Buch- und Marktwerten robust. Weder Signifikanzniveau noch Vorzeichen der Koeffizientenwerte unterscheiden sich statistisch signifikant. Die deutlichen Abweichungen in Bezug auf die langfristige Verschuldung führen allerdings dazu, dass auch bei Betrachtung aller Ergebnisse marktwertbasierte Untersuchungen häufiger signifikante Resultate erhalten ($p < 0{,}05$). Die Unterscheidung der Verschuldungskennzahlen nach Fristigkeit führt hingegen zu keinen nachweisbaren Ergebnisabweichungen.

Tabelle 5.44 Univariate Moderatoranalyse (Determinante Steuern)

Moderatorvariable	*Sub-Gruppen*	Signifikant vs. Nicht sign. *sig.*	*n. sig.*	Negativ sign. vs. Positiv sign. *neg.*	*pos.*	Fisher's Exact Test *I*	*II*	Kategorie mit größter relativer Häufigkeit *I*	*II*
	Übersicht A. Größenfokus und Länderfokus								
Größenfokus	GU KMU	27 6	25 3	16 4	11 2	.488	1.00	KMU	GU
Geografische Region	NA Sonstige	11 22	2 26	4 16	7 6	**.026**	.065	**NA**	NA
Entwicklungsstand Volkswirtschaft	Entwickelt Unterentw.	23 9	16 11	13 7	10 2	.409	.422	ETW	ETW
Entwicklungsstand Finanzsystem	Entwickelt Unterentw.	28 4	21 5	16 4	12 -	.717	-	ETW	-
Finanzsystem	Marktbas. Bankbas.	22 10	17 9	11 9	11 1	1.00	**.050**	(MB)	**MB**
Rechtsraum	Englisch Sonstige	19 13	16 11	12 8	7 5	1.00	1.00	(E)	(S)
	Übersicht B. Methodik und Verschuldungsgraddefinition								
Analysemethode	Fortgesch. OLS	13 19	18 10	10 9	3 10	.077	.147	OLS	OLS
Datenstruktur	Panel QS	27 5	26 2	18 1	9 4	.432	.132	QS	QS
Datenherkunft	CWD Sonstige	18 15	16 12	12 8	6 7	1.00	.493	(S)	S
Kontrolle Brancheneinfluss	Ja Nein	4 29	7 21	2 18	2 11	.317	-	Nein	-
Markt-/ Buchwertbezug	Marktwert Buchwert	22 11	11 17	12 8	10 3	**.042**	.456	**MW**	MW
Gesamte Verschuldung	TD STD/LTD	22 11	16 12	16 4	6 7	.597	.065	TD	STD/ LTD
Kurzfristige Verschuldung	STD TD/LTD	2 31	1 27	1 19	1 12	-	-	-	-
Langfristige Verschuldung	LTD TD/STD	9 24	11 17	3 17	6 7	.414	.107	TD/ STD	LTD
	Übersicht C. Einzelanalyse Markt-/Buchwertbezug								
TD (BV vs. MV)	TD BV TD MV	8 14	6 10	5 11	3 3	1.00	.624	(MV)	BV
LTD (BV vs. MV)	LTD BV LTD MV	2 7	10 1	2 1	- 6	**.005**	-	**MV**	-
STD (BV vs. MV)	STD BV STD MV	1 1	1 -	1 -	- 1	-	-	-	-

5.4.8.5 Multivariate Moderatoranalyse

Die Verknüpfung der drei bei univariater Betrachtung signifikanten Moderatorvariablen zu einem multivariaten Modell führt zu einer höheren Modellgüte und -relevanz als aufgrund der bisherigen Auswertung anzunehmen war. Die Hosmer-Lemeshow-Statistik ist eindeutig nicht signifikant, der Linktest allerdings grenzwertig verletzt. Im Falle der Determinante Steuern ist die Modellgültigkeit erstmals auch aufgrund geringer Beobachtungszahlen fraglich. Der EPV-Wert beträgt 4,0 und liegt damit unterhalb des von Vittinghoff/McCulloch (2006) geforderten Mindestwertes von 5.[479] Die Maße der Modellrelevanz liegen wiederum durchgehend im akzeptablen Bereich.

Unabhängig von der Frage der Modellgültigkeit ist der Einfluss von Moderatorvariablen auf die Ergebnisse über die Determinante Steuern als gering einzustufen. Lediglich die Variable geografische Region erreicht einen statistisch signifikanten Koeffizientenwert. Untersuchungen über nordamerikanische Unternehmen besitzen somit eine höhere Wahrscheinlichkeit zum Nachweis eines signifikant positiven Ergebnisses. Ebenfalls statistisch signifikant ist die Konstante. In Bezug auf das Nullmodell ist daher eindeutig ein nicht signifikantes oder negativ signifikantes Resultat zu erwarten.

Diese Feststellung folgt ebenso aus der Betrachtung der vorhergesagten Wahrscheinlichkeiten. Die Wahrscheinlichkeit für den Erhalt eines signifikant positiven Koeffizienten beträgt im Nullmodell gerade einmal 4,0%. Im Mittelwert- und Medianmodell liegt dieser Wert mit 15,3% bzw. 19,3% immer noch sehr niedrig. Die Effektstärke der Variable geografische Region reicht demzufolge lediglich im Medianmodell aus, um die vorhergesagte Wahrscheinlichkeit in den Annahmebereich zu bewegen.

Gegen einen bedeutenden Einfluss von Moderatorvariablen auf die Determinante Steuern spricht außerdem das schlechte Abschneiden der zur Robustheitsprüfung berechneten Logit-Modelle. Die Erweiterung des Logit-Modells um alle auswertbaren Moderatorvariablen der univariaten Analyse führt sogar zum Verschwinden sämtlicher Signifikanzen. Gleichzeitig erreicht keines der Modelle eine zufriedenstellende Modellgültigkeit.[480]

Vor diesem Hintergrund können die im Rahmen dieser Arbeit untersuchten Moderatorvariablen das auffällige Ergebnismuster in Bezug auf die Determinante Steuern nicht erklären. Wie im Falle der Determinante Risiko finden sich keine Hinweise auf das Zustandekommen der zahlreichen signifikanten, aber inhaltlich widersprüchlichen Testergebnisse.

---

479 Zur Frage der Mindeststichprobengröße in Logit-Modellen vgl. S. 132f. dieser Arbeit

480 Vgl. Anhangtabelle A.10, S. 313. Aufgrund (quasi-)vollständiger Trennungen konnten die Variablen Entwicklungsstand Finanzsystem, Rechtsraum und Datenherkunft nicht in das vollständige Modell einbezogen werden.

Tabelle 5.45 Multivariate Moderatoranalyse (Determinante Steuern)

		Logit-Modell	Diskrete Veränderung der vorhergesagten Wahrscheinlichkeit		
Modellvariablen	*Sub-gruppen*	*Koeffizienten*	*Null-Modell*	*Mittelwert-Modell*	*Median-Modell*
Geografische Region	1:NA	1,742 *	0,151	0,302	0,384 *
	0:Sonstige	(2,47)	(0,74)	(1,67)	(2,31)
Finanzsystem	1:MB	1,081	0,069	0,124	0,118
	0:BB	(0,89)	(1,20)	(1,27)	(1,13)
Markt-/Buchwertbezug	1:MW	0,679	0,036	0,087	0,085
	0:BW	(1,01)	(0,84)	(1,08)	(1,04)
Konstante		-3,190 *	-	-	-
		(-2,41)	-	-	-
N		58			
Pseudo Log-Likelihood		-23			
P > Wald chi2		0,02			
P > Hosmer-Lemeshow chi2		0,85			
Pseudo-R^2 (McFadden)		0,20			
AROC		0,79			
Linktest		verletzt			
_hat		0,10			
_hat²		0,67			

Anmerkung: *** p ≤ 0,001, ** p ≤ 0,01, * p ≤ 0,05; z-Werte in Klammern

5.4.8.6 Ökonomische Bedeutung

Die Verteilung der signifikanten Koeffizientenwerte der Determinante Steuern ist im positiven wie negativen Bereich der Abszisse weitgehend identisch (vgl. Abbildung 5.8).[481] Erstmals fehlen Betragswerte im Promillebereich. 65,6% der Koeffizienten erreichen aber dennoch nur Betragswerte von unter 0,1. Größer als Betrag von 0,5 sind lediglich zwei Schätzergebnisse. Selbst bei Abstraktion von der Vorzeichenrichtung sind diese Koeffizientenwerte auch betragsmäßig eher ungeeignet, die These eines bedeutenden Einflusses der Determinante Steuern zu untermauern.

Von den 32 signifikanten Resultaten beziehen sich alleine 26 auf die effektive Steuerbelastung. Da in diesen Fällen die Höhe der Steuerzahlung auf eine Gewinngröße vor Steuern bezogen wird, muss der Wertebereich dieser Kennzahlen zwischen Null und Eins betragen. 25 der 26 auf die effektive Steuerbelastung bezogenen Kennzahlen lie-

[481] Da im Rahmen dieser Auswertung nur die Ergebnisse von OLS,- Panel- und Tobit-Modellen berücksichtigt werden, beläuft sich die Zahl der signifikanten Koeffizientenwerte auf 32 statt der erwarteten 33.

gen unter einem Betragswert von 0,35. Nähme der Anteil der Steuerzahlung an der Gewinngröße um 1 Prozentpunkt zu, wäre demzufolge lediglich eine absolute Veränderung einer Fremdkapitalquote von zumeist sogar deutlich unter 0,35 Prozentpunkten zu erwarten.

Abbildung 5.8 Ergebnisverteilung (Determinante Steuern)

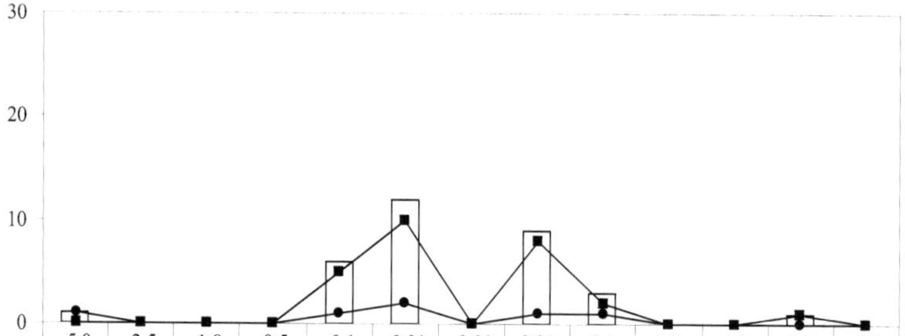

	-5,0 ≥ β	-2,5 ≥ β > -5,0	-1,0 ≥ β > -2,5	-0,5 ≥ β > -1,0	-0,1 ≥ β > -0,5	-0,01 ≥ β > -0,1	-0,01 < β < 0,01	0,01 ≤ β < 0,1	0,1 ≤ β < 0,5	0,5 ≤ β < 1,0	1,0 ≤ β < 2,5	2,5 ≤ β < 5,0	5,0 ≤ β
Gesamt	1	0	0	0	6	12	0	9	3	0	0	1	0
GU	0	0	0	0	5	10	0	8	2	0	0	1	0
KMU	1	0	0	0	1	2	0	1	1	0	0	0	0

Der Wertebereich der übrigen Variablen lässt sich schwerer abschätzen. In der Studie von Graham (1996b) finden sich jedoch deskriptive Angaben über die von ihm vorgeschlagenen sowie über zahlreiche weitere Steuervariablen. Die Durchschnittswerte der elf von Graham untersuchten Steuervariablen liegen in Bezug auf einen großen Unternehmensdatensatz zwischen 0,072 und 0,46. Die maximal gemessene Standardabweichung beträgt 0,207. Als Obergrenze des Wertebereichs gibt Graham 0,48 an. Kein Stichprobenunternehmen hat diesen Wert in Bezug auf eine der elf Variablen überschritten.[482] Somit liegen auch die von Graham vorgeschlagenen Steuervariablen im Prozentbereich. Die drei signifikanten Koeffizientenwerte in Bezug auf die von Graham entwickelten Steuervariablen erreichen jedoch höchstens Betragswerte von 0,1. Dies bedeutet, dass sich selbst bei einer Veränderung einer Steuervariablen um die maximale Standardabweichung von 0,207 lediglich eine absolute Veränderung einer Fremdkapitalquote um 2,07 Prozentpunkte bei linearer Fortschreibung der marginalen Effekte prognostizieren ließe.

[482] Vgl. Graham (1996b), S. 198

5.4.8.7 Zwischenfazit

Das Gesamtergebnis über die Determinante Steuern fällt aus theoretischer Sicht überaus schlecht aus. Der positive Zusammenhang zwischen Steuervorteil und Verschuldung kann auf aggregierter Ebene empirisch nicht bestätigt werden. Das schlechte Abschneiden der Determinante Steuern ist in der Literatur kein unbekanntes Phänomen.[483] Die vorgefundene Ergebnisverteilung widerspricht der theoretischen Erwartung jedoch so eindeutig, dass sich beinahe sogar ein negativer Kausalzusammenhang nachweisen lässt. Eine maßgebliche Ergebnisbeeinflussung ist dabei weder durch die Kennzahlendefinition noch durch die untersuchten Moderatorvariablen zu erkennen.

Hinsichtlich der ökonomischen Bedeutung schneidet die Determinante Steuern kaum besser ab. Selbst wenn alle Primärstudien eine theoriekonforme Vorzeichenrichtung nachgewiesen hätten, sprächen die geringen Koeffizientenwerte gegen eine hohe Erklärungskraft der Steuervariablen. Zweistellige Veränderungen einer Fremdkapitalquote sind in den allermeisten Fällen erst bei starker Variation der jeweils verwendeten Kennzahl zu erwarten.

Fehlende Theoriekonformität und vermutlich mangelnde ökonomische Relevanz der Determinante Steuern bedeuten nicht weniger als die empirische Widerlegung des Hauptarguments der trade-off-theoretischen Argumentation. Wäre die Qualität der Testergebnisse nicht zu beanstanden, müsste die klassische Trade-Off-Theorie in Anbetracht der Ergebnislage als widerlegt gelten. Die Qualität der Testergebnisse ist jedoch in mindestens zweierlei Hinsicht fraglich. Zum einen verwenden nur wenige der ausgewerteten Studien anspruchsvollere Operationalisierungsformen, wie sie insbesondere von Graham in mehreren Veröffentlichungen entwickelt und vorgeschlagen wurden. Zum anderen bilden auch diese anspruchsvolleren Kennzahlen nicht alle steuerlichen Aspekte ab. Zu denken ist hier insbesondere an die Steuereffekte auf Ebene der Unternehmenseigner.

Aufgrund der weitreichenden Konsequenzen einer empirischen Bestätigung oder Widerlegung der Determinante Steuern sollten alle Anstrengungen unternommen werden, den Zusammenhang zwischen Kapitalstruktur und Steuervorteil der Fremdfinanzierung näher zu erforschen. Wenig hilfreich ist es, unter Hinweis auf die schwierige Operationalisierung die Determinante Steuern von empirischen Untersuchungen auszublenden. Das Ergebnis dieser Vorgehensweise zeigt die vorausgegangene Analyse. Über eine der wichtigsten Determinanten der Kapitalstruktur liegen nach Jahrzehnten der Forschung so wenige Testresultate vor, dass alleine aus diesem Grund eine Ausweitung der Forschung dringend geboten wäre.

---

483 Vgl. z.B. Bartholdy/Mateus (2005), S. 2; Chen et al. (1997), S. 566; MacKie-Mason (1990), S. 1489

5.5 Aggregierte Analyse der Determinanten der Kapitalstruktur

5.5.1 Theoriekonformität

Ein maßgebliches Forschungsziel dieser Arbeit bestand in der Überprüfung der Theoriekonformität der Determinantenergebnisse auf aggregierter Ebene. Gelingt dieser Nachweis für die Gesamtheit der ausgewerteten Ergebnisdaten, ist dies ein belastbarer und verallgemeinerbarer Beleg für die Relevanz der untersuchten Kapitalstruktur-Determinanten. Denn in diesem Falle sind die Determinantenergebnisse bei gemeinsamer Betrachtung weitgehend unabhängig von Untersuchungsmethodik, Stichprobenauswahl, Modellspezifikation und Analysezeitraum. Tabelle 5.46 fasst die Resultate der zum Nachweis der Theoriekonformität durchgeführten Vorzeichentests zusammen.

Der Nachweis der Theoriekonformität ist für fünf der acht untersuchten Kapitalstruktur-Determinanten in aller Deutlichkeit gelungen. Die auf Grundlage von Binomialtests ermittelten Irrtumswahrscheinlichkeiten liegen im Falle der Determinanten Unternehmensgröße, Profitabilität, Sachanlagevermögen, NDTS und Spezialisierung mehrheitlich deutlich unterhalb des Promillebereichs. Auch die Vorzeichentests in Bezug auf die Determinante Wachstum sind auf den üblichen Testniveaus durchgängig statistisch signifikant. Damit ist erstmals der systematische Einfluss dieser Determinanten auf die Höhe des Verschuldungsgrades studienübergreifend belegt.

Anders stellt sich die Situation im Hinblick auf die Determinanten Risiko und Steuern dar. Die betreffenden Vorzeichentests lassen auf eine zufällige Ergebnisverteilung schließen. Über beide Determinanten liegen sogar jeweils weniger theoriekonforme als nicht theorie-konforme signifikante Ergebnisse vor. Deutlichste Abweichungen ergeben sich für die Determinante Steuern. Die empirischen Ergebnisse weichen derart erheblich von der theoretischen Erwartung ab, dass sich auf Grundlage der Vorzeichentests beinahe sogar ein signifikant negativer Kausalzusammenhang mit der Verschuldungshöhe nachweisen ließe.

Die Aussagekraft der berechneten Vorzeichentests wird durch den Umstand aufgewertet, dass über jede der untersuchten Kapitalstruktur-Determinanten eine unerwartet große Zahl signifikanter Testergebnisse vorliegt. Die höchste Signifikanzquote ergibt sich für die Determinante Profitabilität mit 83,1%. Den geringsten Anteil signifikanter Resultate weist die Determinante Risiko mit dennoch hohen 45,2% auf. Damit belegt die vorgestellte Auswertung auf indirektem Wege, dass die Teststärke der empirischen Modelle regelmäßig ausreicht, um die geschätzten Koeffizientenwerte als signifikant zu erkennen. Systematische studienübergreifende Typ-II-Fehler innerhalb der Primärliteratur können somit ausgeschlossen werden.

Tabelle 5.46 Ergebniszusammenfassung (Vorzeichentests)

		Vote-Count-Daten				Vorzeichentests			
Determinante	*N*	*neg. sig.*	*neg.*	*pos.*	*pos. sig.*	*I*	*II*	*III*	
Unternehmensgröße (+)	247	20	26	43	158	**.0000**	**.0000**	**.0000**	**pos**
Wachstum (-)	228	90	38	38	62	**.0368**	**.0000**	**.0141**	**neg**
Profitabilität (-)	236	191	24	16	5	**.0000**	**.0000**	**.0000**	**neg**
Sachanlagevermögen (+)	233	43	17	40	133	**.0000**	**.0000**	**.0000**	**pos**
Risiko (-)	115	25	35	28	27	.3547	**.0000**	.6611	neg
NDTS (-)	81	29	29	13	10	**.0001**	**.0000**	**.0017**	**neg**
Spezialisierung (-)	52	32	11	4	5	**.0000**	**.0000**	**.0000**	**neg**
Steuern (+)	61	20	18	10	13	.9802	**.0000**	.9186	neg

Die theoretischen Konsequenzen der im Rahmen der Vorzeichentests erhaltenen Untersuchungsergebnisse sind weitreichend. Der studienübergreifend nachgewiesene systematische Kausalzusammenhang zwischen der Verschuldungshöhe und den meisten der untersuchten Kapitalstruktur-Determinanten widerspricht den Vorhersagen der Market-Timing-, Inertia- und Persistenz-Theorie. Nach diesen Theorien sollte dem traditionellen Determinantenkatalog eine untergeordnete Bedeutung für das Zustandekommen des Verschuldungsgrades zukommen. Die alleinige Überprüfung von Signifikanzniveau und Vorzeichenrichtung stützt diese These jedoch nicht. Eine untergeordnete Bedeutung der traditionellen Determinanten der Kapitalstruktur wäre von Vertretern dieser Theorierichtungen demnach nur noch über die mangelnde ökonomische Relevanz der Determinanten zu rechtfertigen.

Ungleich schwerer wiegen die Untersuchungsergebnisse für die Trade-Off-Theorie. Sämtliche Kernhypothesen der trade-off-theoretischen Argumentation lassen sich auf aggregierter Ebene entweder nicht bestätigen oder sogar widerlegen. Weder ein positiver Einfluss der Determinante Steuern noch ein negativer Einfluss der Determinante Risiko sind nachweisbar. Bis in die Gegenwart hinein ist somit der modelltheoretische Kern der Trade-Off-Theorie noch nicht einmal ansatzweise in den empirischen Gesamtergebnissen schlüssig dokumentiert. Im Gegenteil, bei strenger Auslegung der empirischen Ergebnisse und Vernachlässigung der schwierigen Operationalisierung beider Determinanten müsste der klassische Trade-Off zwischen Steuervorteil und Insolvenzkosten sogar als widerlegt gelten. Unzweifelhaft widerlegt ist hingegen die dritte Kernhypothese der Trade-Off-Theorie. Der postulierte positive Zusammenhang zwischen der Determinante Profitabilität und dem Verschuldungsgrad besitzt empirisch nicht den geringsten Rückhalt. Vor diesem Hintergrund hilft es vergleichsweise wenig, dass sich die agency-theoretischen Vorhersagen über die Determinanten Wachstum, Sachanlagevermögen und Spezialisierung[484] sowie die Theoriekonformität der Determinante NDTS empirisch bestätigen.

Mit der Pecking-Order-Theorie sind die Ergebnisse der Vorzeichentests hingegen weitaus besser vereinbar. Der eindeutig belegte negative Zusammenhang zwischen Profitabilität und Verschuldungsgrad bestätigt die Kernhypothese des Pecking-Order-Ansatzes. Gleichzeitig lässt sich ein Einfluss der Determinante Steuern nicht nachweisen, was ebenfalls der Pecking-Order-Argumentation entspricht. Auch die positive Beziehung zwischen Sachanlagevermögen und Verschuldungshöhe steht nicht im Widerspruch zu diesem Theoriegebäude.[485] Der ebenfalls nachgewiesene Einfluss der Determinante NDTS lässt sich mit der Pecking-Order-Theorie hingegen nicht erklären, während sich aus den Ergebnissen über die Determinanten Unternehmensgröße, Wachstum und Spezialisierung keine eindeutigen Rückschlüsse über Geltung oder Nicht-Geltung der Pecking-Order-Theorie ziehen lassen.

5.5.2 Kontextabhängigkeit

5.5.2.1 Operationalisierungseffekte

Das zweite wesentliche Forschungsziel dieser Arbeit bildete die Untersuchung der Kontextabhängigkeit der Determinantenergebnisse. Zu diesem Zweck erfolgte zunächst die Überprüfung einer möglichen Ergebnisbeeinflussung in Abhängigkeit der verwendeten Operationalisierungsformen. Von der Kennzahlendefinition sollte grundsätzlich kein systematischer Einfluss ausgehen, da sich ansonsten erhebliche forschungsrelevante Implikationen ergeben. Der Nachweis eines Ergebniseffekts würde bedeuten, dass Studienergebnisse möglicherweise alleine durch die Wahl der Kennzahlen grundlegend verändert werden können. Nicht signifikante Forschungsergebnisse würden bei Wahl einer anderen Kennzahl unter Umständen signifikant und umgekehrt. Kennzahlenbedingt könnten sogar Vorzeichenwechsel und damit Änderungen der Effektrichtung auftreten.

Weitgehend robust gegenüber der Kennzahlendefinition sind die Determinanten Unternehmensgröße, Profitabilität, Sachanlagevermögen und Spezialisierung. Für jede dieser Determinanten konnten zwar einzelne Kennzahlen identifiziert werden, die zu

[484] Die Determinante Spezialisierung folgt aus dem in Kapitel 2 unter den marktstrategischen Theorien eingeordneten Modell von Titman (1984). Titman begründet die Bedeutung der Determinante Spezialisierung allerdings agency-theoretisch.

[485] Vgl. hierzu Kapitel 5.4.4.1, S. 216

abweichenden Ergebnissen führen. Die festgestellten Ergebnisabweichungen dürften aber überwiegend den geringen Testhäufigkeiten und nicht der mangelnden Eignung dieser Kennzahlen geschuldet sein. Selbst wenn diese Kennzahlen ungeeignet wären, blieben die Auswirkungen auf die empirische Determinantenforschung gering, da ihre Verwendung in der Literatur vermutlich auch in Zukunft unüblich bleiben wird.

Ebenfalls unabhängig von den verwendeten Operationalisierungsformen präsentieren sich die Resultate über die Determinanten Risiko und Steuern. Keine der definierten Kennzahlengruppen bestätigt die trade-off-theoretischen Hypothesen. Da sich die Theoriekonformität dieser Determinanten nicht belegen lässt, wäre das Auftreten eines Ergebniseffekts sogar wünschenswert gewesen. So bleibt die ernüchternde Einsicht, dass selbst abweichende Kennzahlendefinitionen nicht zu den erhofften Testergebnissen führen. Im Hinblick auf die Determinante Steuern gilt diese Schlussfolgerung allerdings nur eingeschränkt, da eine Überprüfung der trade-off-theoretischen Hypothese auf Grundlage anspruchsvoller Kennzahlen noch weitgehend aussteht.

Dass sich die Kennzahlendefinition auf die Forschungsergebnisse auswirken kann, zeigt sich bereits im Falle der Determinante NDTS. Die Theoriekonformität der Determinante NDTS wird ausschließlich von der sehr häufig getesteten Kennzahl Abschreibungen durch Bilanzsumme („D/TA“) getragen. Bei alleiniger Betrachtung jener Ergebnisse, die auf steuerbezogene oder aufwands- und steuerbezogene Kennzahlen abstellen, lässt sich ein theoriekonformer Einfluss der Determinante NDTS überraschenderweise nicht mehr nachweisen, obwohl aus theoretischer Sicht nichts gegen die Eignung dieser Kennzahlen spricht. Dieser Effekt ist in der empirischen Literatur bislang gänzlich unbekannt und erfordert näherer Untersuchung auf Grundlage von Unternehmensdaten.

Eine potenziell weit bedeutsamere kennzahlenbedingte Ergebnisverzerrung konnte in Bezug auf die Determinante Wachstum identifiziert werden. Sollte sich die Existenz einer systematischen Ergebnisverzerrung bewahrheiten, besäße dies erhebliche Implikationen für die empirische wie theoretische Forschung. Denn in diesem Fall könnte die gesamte Theoriekonformität der Determinante Wachstum auf einer Scheinkorrelation zwischen Markt-Buchwert-Verhältnissen und marktwertbasierten Verschuldungskennzahlen fußen. Der von zahlreichen empirischen Studien nachgewiesene und in der Literatur beinahe ausnahmslos unterstellte negative Kausalzusammenhang zwischen der Determinante Wachstum und der Verschuldungshöhe wäre dann schlichte Folge der gleichzeitigen Verwendung des Marktwertes des Eigenkapitals im Nenner der Verschuldungskennzahlen und im Zähler der Markt-Buchwert-Verhältnisse. Damit verlöre eine weitere bedeutende Hypothese der Agency- bzw. Trade-Off-Theorie jeglichen empirischen Rückhalt.

Mehrere Analyseergebnisse dieser Arbeit legen die Existenz eines systematischen methodischen Fehlers nahe. Im Rahmen der Vorzeichentests konnte nachgewiesen werden, dass lediglich die auf Markt-Buchwert-Verhältnissen basierenden empirischen Resultate einen negativen Kausalzusammenhang ergeben. Für alle übrigen Kennzahlengruppen lässt sich diese negative Beziehung nicht ansatzweise bestätigen. Im Gegenteil, bei diesen Kennzahlengruppen übersteigt jeweils die Anzahl positiver bzw. signifikant positiver Ergebnisse sogar die entsprechende Anzahl negativer Ergebnisse. Im Rahmen der Moderatoranalyse wurde die Variable Markt-/Buchwertbezug des Verschuldungsmaßes darüber hinaus als die entscheidende Moderatorvariable für das Zustandekommen theoriekonformer Ergebnisse identifiziert. Das Logit-Modell prognostiziert bei Verwendung buchwertbasierter Verschuldungsgradmaße eindeutig den Erhalt eines nicht signifikanten oder positiv signifikanten Ergebnisses. Die Aussagekraft des formulierten Logit-Modells ist zudem außerordentlich hoch. Mit einem AROC-Wert von 0,89 erreicht das Logit-Modell beinahe eine als außergewöhnlich einzustufende Diskriminierungsfähigkeit. Die nähere Auswertung der Ergebnisdaten ergab schließlich, dass von den 69 signifikanten Ergebnissen in Bezug auf marktwertbasierte Verschuldungskennzahlen 64 auf Markt-Buchwert-Verhältnissen beruhen. Diese 64 Ergebnisse weisen erstaunlicherweise ausnahmslos einen signifikant negativen Zusammenhang nach. Ohne diese 64 Ergebnisse ließe sich selbst für die Kennzahlengruppe der Markt-Buchwert-Verhältnisse kein negativer Kausalzusammenhang zwischen der Determinante Wachstum und der Verschuldungshöhe mehr belegen. Auch dort würde die Zahl der signifikant positiven Resultate die Zahl der signifikant negativen Resultate übersteigen.

Vor dem Hintergrund der Ergebnisse dieser Arbeit ist eine nähere Auseinandersetzung der empirischen Forschung mit der Kennzahlendefinition dringend geboten. Konkreter Forschungsbedarf besteht in Bezug auf die Determinante NDTS und vor allem im Hinblick auf die Determinante Wachstum. In beiden Fällen scheint die Operationalisierung maßgeblichen Einfluss auf Signifikanzniveau und Vorzeichenrichtung der geschätzten Koeffizientenwerte zu nehmen, so dass eine maßgebliche systematische Verzerrung bisheriger empirischer Ergebnisse nicht auszuschließen ist.

5.5.2.2 Moderatoreffekte

Eine Kontextabhängigkeit der Determinantenergebnisse kann neben der Operationalisierungsform auch durch den Einfluss von Moderatorvariablen verursacht sein. Im Rahmen dieser Arbeit wurde der Moderatoreinfluss des Größenfokus, des Länderfokus, der Untersuchungsmethodik sowie der Verschuldungsgraddefinition mit Hilfe einer univariaten und multivariaten Moderatoranalyse überprüft. Der Einfluss dieser Modertorvariablen wird in der empirischen Literatur regelmäßig diskutiert und untersucht. Bisherige empirische Untersuchungen blieben allerdings immer auf einzelne

Moderatorvariablen und den jeweils vorhandenen Unternehmensdatensatz beschränkt. Eine aussagekräftige Moderatoranalyse gelingt allerdings nur studienübergreifend und bedarf vor allem einer Überprüfung der Moderatoreigenschaft im multivariaten Kontext.

Tabelle 5.47 fasst die Ergebnisse der in Kapital 5.4 durchgeführten univariaten Moderatoranalysen zusammen. Für jedes Wertepaar aus Determinante und Moderatorvariable sind die Ergebnisse der beiden berechneten Unabhängigkeitstests angegeben. Unabhängigkeitstest I stellt die signifikanten Ergebnisse den nicht signifikanten Ergebnissen gegenüber. Unabhängigkeitstest II stellt die theoriekonformen signifikanten Ergebnissen den nicht theoriekonformen signifikanten Ergebnissen gegenüber.[486] Berichtet wird jeweils die Merkmalsausprägung einer Moderatorvariable mit größerer relativer Häufigkeit für den Erhalt eines signifikanten bzw. theoriekonformen signifikanten Ergebnisses. Hervorgehoben sind jene Merkmalsausprägungen, für die sich eine statistisch signifikante Abweichung auf Grundlage des exakten Tests von Fisher nachweisen lässt. Leerfelder zeigen an, dass sich die relativen Häufigkeiten der Merkmalsausprägungen um weniger als fünf Prozentpunkte unterscheiden. In diesen Fällen zeichnet sich ein Moderatoreinfluss selbst in der Tendenz nicht ab. Mit einem Auslassungszeichen versehene Tabellenfelder zeigen jene Wertepaare an, für welche Unabhängigkeitstests aufgrund mangelnder Beobachtungszahlen nicht sinnvoll berechnet werden konnten.

Tabelle 5.48 veranschaulicht die Resultate der multivariaten Moderatoranalyse. Aus Gründen der Übersichtlichkeit berücksichtigt diese Aufstellung nur die statistisch signifikanten Resultate der multivariaten Auswertung und bleibt auf die Angabe der Vorzeichenrichtung beschränkt. Ein positives Vorzeichen impliziert dabei, dass die mit Eins kodierte Merkmalsausprägung der betreffenden Moderatorvariable die Wahrscheinlichkeit für den Erhalt eines theoriekonformen signifikanten Ergebnisses erhöht. Für ein negatives Vorzeichen gilt der umgekehrte Zusammenhang. Hervorgehoben sind dabei jene Ergebnisse, die auch über alle alternativen Modellspezifikationen hinweg ein Signifikanzniveau von mindestens 5% erreichen. In diesen Fällen ist von der Existenz eines Moderatoreffekts auszugehen. Nicht hervorgehobene Tabelleneinträge kennzeichnen diejenigen Variablen, die lediglich in einem Teil der Modellspezifikationen signifikant getestet wurden. In diesen Fällen deutet sich ein Moderatoreinfluss an, der sich allerdings nicht abschließend verifizieren lässt. Signifikante Ergebnisse, die sich lediglich in Logit-Spezifikationen finden, welche den Hosmer-Lemeshow-Test, den Linktest und/oder das EPV-Kriterium verletzen, sind zudem durch Klammersetzung kenntlich gemacht.

---

486 Ausführliche Erläuterungen zu dem methodischen Hintergrund der berechneten Unabhängigkeitstests beinhaltet Kapitel 4.4.3, S. 126ff.

Tabelle 5.47 Ergebniszusammenfassung (Univariate Moderatoranalyse)

Moderatorvariable	*Fisher's Exact Test*	Kapitalstruktur-Determinanten *UG*	*W*	*P*	*SAV*	*R*	*NDTS*	*SP*	*ST*
		Übersicht A. Größenfokus und Länderfokus							
Größenfokus	I	**GU**	**GU**	GU	**KMU**	GU	KMU	-	KMU
	II	GU	**GU**	**GU**	**GU**	GU	KMU	-	GU
Geografische Region	I	NA	NA	NA	NA	**NA**		**NA**	**NA**
	II		**NA**		**NA**	**NA**	**S**	S	NA
Entwicklungsstand Volkswirtschaft	I		UTW	UTW	**ETW**	ETW	ETW	ETW	ETW
	II	ETW	ETW		**ETW**	UTW	-	-	ETW
Entwicklungsstand Finanzsystem	I	ETW	ETW		ETW	-	-	ETW	ETW
	II		ETW		ETW	-	-	-	-
Finanzsystem	I	**MB**	BB	MB		**MB**	BB	MB	
	II		**MB**		MB	BB	BB		**MB**
Rechtsraum	I		S			**E**	S	**E**	
	II		E		E		S		
		Übersicht B. Methodik und Verschuldungsgraddefinition							
Analysemethode	I	**FTG**	FTG	FTG		OLS	**OLS**	FTG	OLS
	II		OLS		**FTG**	OLS		FTG	OLS
Datenstruktur	I	**PA**	**PA**	**PA**	**PA**		QS	PA	QS
	II	**PA**	PA		**PA**		QS	QS	QS
Datenherkunft	I	**CWD**	**CWD**	CWD		CWD		CWD	
	II	CWD	**CWD**		**CWD**	CWD	S		S
Kontrolle Brancheneinfluss	I	Nein	Nein	Ja	**Nein**		Nein	**Ja**	Nein
	II	Nein			Ja	Nein	Ja		-
Markt-/Buchwertbezug	I	**MW**	**MW**	**MW**		MW	BW	**MW**	**MW**
	II	MW	**MW**		**MW**	**MW**	**BW**	BW	MW
Gesamte Verschuldung	I	**TD**	**TD**	**TD**				Übrige	TD
	II	**TD**	**TD**		TD	Übrige	Übrige	Übrige	Übrige
Kurzfristige Verschuldung	I	**(L)TD**	**(L)TD**	(L)TD		(L)TD	(L)TD	-	-
	II	**(L)TD**	**(L)TD**	(L)TD	**(L)TD**	-	-	-	-
Langfristige Verschuldung	I	**(S)TD**	**(S)TD**	**(S)TD**	LTD	LTD	LTD	LTD	(S)TD
	II		(S)TD		**LTD**	LTD	LTD	LTD	LTD
		Übersicht C. Einzelanalyse Markt-/Buchwertbezug							
TD BV vs. TD MV	I	MV	**MV**		MV	BV	BV	MV	
	II		**MV**		**MV**	MV	BV	BV	BV
LTD BV vs. LTD MV	I	MV	MV	**MV**	BV	**MV**	MV	MV	**MV**
	II	BV	**MV**		MV	MV	**BV**	BV	-

Tabelle 5.48 Ergebniszusammenfassung (Multivariate Moderatoranalyse)

		Kapitalstruktur-Determinanten							
Moderatorvariable	*Sub- gruppen*	*UG*	*W*	*P*	*SAV*	*R*	*NDTS*	*SP*	*ST*
Größenfokus	1: GU 0: KMU		GU pos						(GU) neg
Geografische Region	1: NA 0: Sonstige		NA pos	NA pos		(NA) pos	NA neg	**NA** **pos**	(NA) pos
Entwicklungsstand Volkswirtschaft	1: ETW 0: UTW				**ETW** **pos**				
Finanzsystem	1: MB 0: BB	**MB** **pos**							
Datenstruktur	1: PA 0: OLS	**PA** **pos**		**PA** **pos**	PA pos			(PA) neg	
Markt-/Buchwertbezug	1: MW 0: BW		**MW** **pos**		MW pos	(MW) pos			
Kurzfristige Verschuldung	1: STD 0: TD/LTD	**STD** **neg**			**STD** **neg**				
Langfristige Verschuldung	1: LTD 0: TD/STD	**LTD** **neg**			LTD pos	(LTD) pos	(LTD) pos		
Konstante		neg	**neg**		neg	**(neg)**			(neg)

Aus der gemeinsamen Auswertung der univariaten und multivariaten Analyseergebnisse resultieren mehrere zentrale Schlussfolgerungen. Von grundlegender Bedeutung ist der auf aggregierter Ebene und im multivariaten Kontext erstmals geführte Nachweis von Moderatoreffekten. Die Testergebnisse über die Determinanten der Kapitalstruktur sind demzufolge nicht unabhängig von Stichprobenauswahl und Modellspezifikation. Moderatoreffekte sind darüber hinaus nicht verallgemeinerbar, sondern gelten nur in Bezug auf einzelne Determinanten. Dabei sind Moderatoreffekte vorwiegend für die vier in der Literatur am häufigsten getesteten Determinanten Unternehmensgröße, Wachstum, Profitabilität und Sachanlagevermögen nachweisbar. Für die übrigen Determinanten lassen sich regelmäßig keine gültigen und/oder relevanten multivariaten Modelle formulieren, was sowohl Folge der abnehmenden Ergebniszahl als auch Ausdruck des geringen Einflusses von Moderatorvariablen ist. Auffallend sind ferner die beträchtlichen Ergebnisunterschiede zwischen der univariaten und der multivariaten Analyse. Signifikante Unterschiedstests bei univariater Betrachtung können im multivariaten Kontext überwiegend nicht bestätigt werden und sind folglich keine Gewähr für die Existenz eines Moderatoreffekts. Schließlich widersprechen viele Resultate der Moderatoranalysen der allgemeinen Erwartungshaltung.

Größenfokus. Das vielleicht überraschendste Resultat ist der fehlende Nachweis der Moderatoreigenschaft des Größenfokus. Während sich in der univariaten Analyse ein Einfluss des Größenfokus in Bezug auf die Determinanten Unternehmensgröße, Wachstum, Profitabilität und Sachanlagevermögen in unterschiedlichem Umfang belegen lässt, verliert die Größenvariable im multivariaten Kontext ihre Aussagekraft. Die Besonderheiten mittelständischer Unternehmen führen demnach nicht zu grundlegenden Ergebnisunterschieden. Wie bereits in Kapitel 5.1 dargestellt wurde, erwartet dies die empirische Mittelstandsliteratur interessanterweise auch nicht. Trotz der in der Mittelstandsliteratur genannten größenbedingten Besonderheiten unterscheidet sich die konkrete Hypothesenformulierung in Bezug auf die traditionellen Determinanten der Kapitalstruktur letztlich kaum von derjenigen in Bezug auf Großunternehmen.[487] Vor dem Hintergrund dieser Ergebnisse erscheint die getrennte Untersuchung mittelständischer und großer Unternehmen zumindest im Hinblick auf den traditionellen Determinantenkatalog und bei Beschränkung der Ergebnisinterpretation auf Signifikanzniveau und Vorzeichenrichtung nicht zwingend erforderlich.

Länderfokus. Gänzlich unbedeutend sind die Moderatorvariablen Entwicklungsstand Finanzsystem und Rechtsraum. Die Variable Entwicklungsstand Finanzsystem wird bereits univariat nicht signifikant getestet. Die Variable Rechtsraum ist univariat in nur zwei Fällen signifikant und dabei nur in Bezug auf den weniger aussagekräftigen Unabhängigkeitstest I. Im multivariaten Kontext verliert auch diese Variable jede Bedeutung. Weitgehend bedeutungslos ist ebenso die Variable Entwicklungsstand Volkswirtschaft. Lediglich im Fall der Determinante Sachanlagevermögen wird diese Variable – dort allerdings sogar im multivariaten Modell – signifikant getestet. Untersuchungen über entwickelte Staaten weisen eine eindeutig höhere Wahrscheinlichkeit zum Nachweis eines signifikant positiven Zusammenhangs zwischen dem Sachanlagevermögen und der Verschuldungshöhe auf. Wie zuvor ausgeführt, beruht dieses Ergebnis aber möglicherweise auf einem Stichproben-Selektionseffekt.[488] Die Durchführung von Determinantenstudien über bank- oder marktbasierte Finanzsysteme bleibt ebenfalls ohne maßgebliche Auswirkungen. Multivariat lässt sich ein Einfluss des Finanzsystems lediglich hinsichtlich der Determinante Unternehmensgröße nachweisen. Untersuchungen über marktbasierte Länder testen die Determinante Unternehmensgröße signifikant häufiger theoriekonform. Überraschend sind hingegen die zahlreichen signifikanten Testergebnisse über die Variable geografische Region. Sowohl in der univariaten wie in der multivariaten Analyse wird diese Moderatorvariable in Be-

[487] Vgl. Kapitel 5.1.1, S. 144f.
[488] Vgl. Kapitel 5.4.4.7, S. 228

zug auf sechs der acht Determinanten signifikant getestet. Damit weist die ursprünglich nur als Kontrollvariable aufgenommene Moderatorvariable geografische Region die meisten signifikanten Testergebnisse in der multivariaten Analyse auf. Von der Determinante NDTS abstrahiert, sind es dabei immer Untersuchungen über nordamerikanische Unternehmen, welche zu theoriekonformeren Ergebnissen führen. Möglicherweise ist es die in den USA und Kanada vorzufindende Kombination eines hohen Entwicklungsstandes mit einem marktbasierten Finanzsystem und einem englischen Rechtssystem, was die Aussagekraft dieser Moderatorvariable bedingt. Ohne die Variable geografische Region wäre auch die Moderatoreigenschaft des Länderfokus insgesamt als gering einzustufen. Unter Berücksichtigung dieser Moderatorvariable ergeben sich jedoch deutliche Hinweise auf einen Ergebniseinfluss länderbezogener Moderatorvariablen für alle acht untersuchten Determinanten im multivariaten Kontext, was für die Sinnhaftigkeit getrennter Länderstudien spricht.

Methodik. Das Fazit aus den Moderatoranalysen über mögliche methodisch bedingte Ergebnisbeeinflussungen fällt aus theoretischer wie empirischer Sicht uneinheitlich aus. Die Kontrolle für die Branchenzugehörigkeit führt studienübergreifend zu keinen maßgeblichen Ergebniseffekten. Eine Signifikanz dieser Variable lässt sich im multivariaten Kontext nicht nachweisen. Eine bedeutende Korrelation zwischen den untersuchten Kapitalstruktur-Determinanten und der Branchenzugehörigkeit liegt bei aggregierter Betrachtung somit nicht vor. Noch erfreulicher aus empirischer Sicht ist die fehlende Moderatoreigenschaft der Datenherkunft. Bereits in der univariaten Analyse kommt der Datenherkunft nur eine geringe Bedeutung zu. In der multivariaten Analyse besitzt diese Variable überhaupt keine Aussagekraft mehr. Der höchste gemessene z-Wert liegt bei niedrigen 0,76 in Bezug auf die Determinante Unternehmensgröße. Da über die Hälfte der ausgewerteten Determinantenstudien auf Compustat, Datastream und Worldscope basiert, wäre ein gegenteiliges Ergebnis ausgesprochen kritisch zu beurteilen gewesen. In diesem Falle hätte die Möglichkeit eines ausgeprägten Selektionseffekts im Zusammenhang mit der Datenbankauswahl bestanden. Unbefriedigend sind hingegen die Testresultate hinsichtlich der Variablen Analysemethode und Datenstruktur. Für die methodische Überlegenheit anspruchsvollerer statistischer Verfahren finden sich keine Belege. Lediglich in Bezug auf die Determinante Sachanlagevermögen führt die Verwendung anspruchsvollerer Untersuchungsmethoden zu einem signifikant häufigeren Nachweis theoriekonformer Koeffizienten. In der multivariaten Analyse bleibt diese Moderatorvariable grundsätzlich ohne Einfluss. Schwerer wiegt aber der gleichzeitig nachweisbare Einfluss der Moderatorvariable Datenstruktur. In der univariaten Analyse wird die Variable Datenstruktur in Bezug auf die Determinanten Unternehmensgröße, Wachstum, Sachanlagevermögen und Profitabilität signifikant getestet. Die multivariate Analyse bestätigt dieses Resultat eindeutig für die Determinanten Unternehmensgröße und Profitabilität. Dabei sind es durchgängig paneldaten-basierte Untersuchungen, welche bessere Forschungsergebnisse erzielen. In diesen Fällen ist es demzufolge nicht die anspruchsvollere Untersuchungsmethodik sondern offenbar primär der größere Datenumfang, welcher zu besseren Analyseergebnissen führt. Hängt der Nachweis signifikanter Ergebnisse entscheidend von dem Stichprobenumfang ab, ist dies allerdings ein Indiz für eine eher geringe ökonomische Relevanz der Koeffizientenwerte.

Verschuldungsgradmaß. Bei univariater Betrachtung ist der Markt-/Buchwertbezug der Verschuldungskennzahl die am häufigsten signifikant getestete Moderatorvariable. Mindestens einer der beiden auf diese Variable bezogenen Unabhängigkeitstests ist für jede der acht untersuchten Determinanten signifikant. Dieses Ergebnis relativiert sich zum Teil allerdings bereits bei Einzelbetrachtung der Verschuldungskategorien. Vergleicht man nur die Ergebnisse in Bezug auf die Gesamtverschuldung treten signifikante Unabhängigkeitstests nur noch in Bezug auf zwei Determinanten auf. In der multivariaten Analyse verliert die Variable Markt-/Buchwertbezug weiter an Aussagekraft. Lediglich im Hinblick auf die Determinante Wachstum erhöht die marktwertbasierte Definition der Verschuldungskennzahlen eindeutig die Wahrscheinlichkeit zum Erhalt theoriekonformer Ergebnisse. Dieses signifikante Ergebnis folgt jedoch höchstwahrscheinlich aus der Korrelation marktwertbasierter Verschuldungskennzahlen mit Markt-Buchwert-Verhältnissen und lässt insofern keinen Rückschluss über die Eignung marktwertbasierter Kennzahlen zu. Die durchgeführten Moderatoranalysen sprechen demzufolge nicht dafür, dass Signifikanzniveau und Vorzeichenrichtung der Determinantenergebnisse maßgeblich durch die marktwert- oder buchwertbasierte Definition der Verschuldungskennzahlen beeinflusst werden. Diese Feststellung ist von Bedeutung, da diese Fragestellung von der empirischen Literatur immer wieder aufgegriffen wird, aber niemals konsequent untersucht wurde. Die aus Sicht der Kapitalstrukturtheorie geforderte Verwendung marktwertbasierter Verschuldungskennzahlen wäre insofern nicht erforderlich. In diesem Zusammenhang ist allerdings zu beachten, dass streng marktwertbasierte Kennzahlen in der empirischen Literatur praktisch nicht zum Einsatz kommen. Wie zuvor gezeigt, verwenden nahezu alle Autoren lediglich den Marktwert des Eigenkapitals und übernehmen den Buchwert des Fremdkapitals.[489]

Im Gegensatz zu der marktwert- oder buchwertbasierten Definition der Verschuldungskennzahlen kommt der Wahl der Verschuldungskategorie eine gewisse Bedeutung in der Determinantenforschung zu. In der univariaten Moderatoranalyse lässt sich eine Abhängigkeit der Ergebnisse über die Determinanten Unternehmensgröße, Wachstum, Profitabilität und Sachanlagevermögen von der Verschuldungskategorie nachweisen. Die multivariate Analyse belegt einen solchen Zusammenhang allerdings nur

489 Vgl. Kapitel 5.3.4, S. 166

noch für die Determinanten Unternehmensgröße und Sachanlagevermögen. Gemäß der theoretischen Erwartung sind es jeweils Untersuchungen über die kurzfristige Verschuldung, welche systematisch zu abweichenden Ergebnissen gelangen. Unerwartet ist hingegen der negative Koeffizientenwert der Variable langfristige Verschuldung in Bezug auf die Determinante Unternehmensgröße. Demzufolge führen Untersuchungen der Gesamtverschuldung signifikant häufiger zu theoriekonformen Ergebnissen als Untersuchungen über die langfristige Verschuldung. Da über die langfristige Verschuldung dennoch weit mehr theoriekonforme als nicht theoriekonforme Ergebnisse vorliegen, bleibt der negative Koeffizientenwert innerhalb des multivariaten Modells ohne größere Implikationen. Im Widerspruch zu der theoretischen Erwartung steht jedoch die fehlende Signifikanz der Variable kurzfristige Verschuldung innerhalb der multivariaten Modelle über die Determinante Wachstum. Die in der Literatur üblicherweise vermutete positive Beziehung zwischen der Höhe der kurzfristigen Verbindlichkeiten und der Determinante Wachstum kann studienübergreifend somit nicht bestätigt werden.

5.5.3 Ökonomische Relevanz

Das dritte wesentliche Forschungsziel dieser Arbeit war die erstmalige Auseinandersetzung mit der ökonomischen Relevanz der empirischen Testergebnisse. Seit Beginn der Determinantenforschung konzentriert sich die empirische Literatur ausschließlich auf Signifikanzniveau und Vorzeichenrichtung der Koeffizientenwerte. Die grundsätzlich methodisch erforderliche Überprüfung, ob die gemessenen Koeffizientenwerte überhaupt ökonomisch relevant sind, unterbleibt hingegen unverständlicherweise. Bis heute hat sich die Literatur noch nicht einmal mit der Frage auseinandergesetzt, welche Effektstärken überhaupt als ökonomisch relevanter Einfluss auf die Verschuldungshöhe gelten sollen.

Die Ausblendung der ökonomischen Relevanz ist ein potenziell schwerwiegender methodischer Fehler, der die gesamte Determinantenliteratur der zurückliegenden Jahrzehnte betrifft. Das alleinige Abstellen auf das Signifikanzniveau führt nämlich immer dann zu falschen Schlussfolgerungen, wenn Effekte zwar signifikant aber letztlich ökonomisch bedeutungslos sind. Die Determinantenforschung ist für diese Fehlerquelle in besonderem Maße anfällig, da die empirischen Studien überwiegend auf großen Unternehmensdatensätzen basieren, so dass selbst kleine Effekte als statistisch signifikant erkannt werden können. Der Verzicht auf eine Beurteilung der ökonomischen Relevanz behindert zudem den allgemeinen Forschungsfortschritt. Nur die Überprüfung der ökonomischen Relevanz erlaubt die Quantifizierung des Erklärungsbeitrags der einzelnen Kapitalstruktur-Determinanten für Finanzierungsentscheidungen. Würde die empirische Forschung die Effektstärken berücksichtigen, wäre vermutlich bereits seit Jahren die relative Gewichtung der Determinanten bekannt. Daraus wären wiederum sehr aussagekräftige Rückschlüsse auf die Geltung der Kapitalstrukturtheorien möglich gewesen. So bleibt seit Jahrzehnten unklar, welchen Einfluss die signifikant getesteten Determinanten tatsächlich auf Kapitalstrukturentscheidungen besitzen und welche Bedeutung den einzelnen Determinanten überhaupt zukommt.

Die Ergebnisse dieser Arbeit liefern deutliche Hinweise dafür, dass die implizite Annahme einheitlicher und ökonomisch relevanter Effektstärken nicht als gesichert gelten kann. Die methodisch ohnehin notwendige Beschäftigung mit der ökonomischen Relevanz der Kapitalstruktur-Determinanten erscheint somit noch dringender geboten. Wie Tabelle 5.49 zusammenfassend darstellt, liegen jeweils über 80% der in der Determinantenliteratur gemessenen unstandardisierten Koeffizientenbetragswerte von OLS-, Panel- und Tobit-Modellen im ein- oder höchstens zweistelligen Prozentpunktbereich. Die unstandardisierten Koeffizientenwerte alleine sind jedoch wenig aussagekräftig. Erst unter Einbeziehung der verwendeten Operationalisierungsformen ist eine Abschätzung der Effektstärken möglich. Dies gelingt mit Ausnahme der Determinanten Unternehmensgröße und Wachstum ohne Schwierigkeit, da alle anderen Determinanten (beinahe) ausschließlich über Verhältniszahlen approximiert werden, deren Wertebereich auf das Intervall zwischen Null und Eins beschränkt ist.[490]

Tabelle 5.49 Ergebniszusammenfassung (Ökonomische Relevanz)

		Absolute Häufigkeit der Koeffizienten-Betragswerte			Relative Häufigkeit der Koeffizienten-Betragswerte		
Determinante	*N*	$0{,}0 < \beta < 0{,}1$	$0{,}1 \le \beta < 1{,}0$	$1{,}0 \le \beta$	$0{,}0 < \beta < 0{,}1$	$0{,}1 \le \beta < 1{,}0$	$1{,}0 \le \beta$
Unternehmensgröße	169	149	8	12	88,2%	4,7%	7,1%
Wachstum	147	97	44	6	66,0%	29,9%	4,1%
Profitabilität	186	22	133	31	11,8%	71,5%	16,7%
Sachanlagevermögen	172	51	120	1	29,7%	69,8%	0,6%
Risiko	48	18	25	5	37,5%	52,1%	10,4%
NDTS	38	12	23	3	31,6%	60,5%	7,9%
Spezialisierung	32	11	19	2	34,4%	59,4%	6,3%
Steuern	32	21	9	2	65,6%	28,1%	6,3%

490 Wie in Kapitel 5.4.5.6 erläutert, ist die genauere Abschätzung der Wertebereiche zur Approximation der Determinante Risiko verwendeten Kennzahlen oftmals nicht möglich. Aber auch diese Kennzahlen sollten größtenteils im Prozentbereich liegen (vgl. Kapitel 5.4.5.6, S. 240f.).

Nimmt eine derartige Verhältniszahl um einen Prozentpunkt zu, wäre als marginaler Effekt eine Prozentpunktveränderung einer Fremdkapitalquote in Höhe des jeweiligen Koeffizientenwertes zu erwarten. Wie Tabelle 5.49 in Bezug auf die Determinanten Profitabilität, Sachanlagevermögen, Risiko, NDTS, Spezialisierung und Steuern veranschaulicht, übersteigt allerdings nur eine Minderheit der Koeffizientenbetragswerte den Wert von Eins. Prozentpunktveränderungen der zur Approximation der Determinanten genutzten Kennzahlen gehen somit zumeist nur mit Veränderungen von Fremdkapitalquoten im Promillebereich einher. Mit Ausnahme der Determinante Profitabilität liegt mindestens rund ein Drittel der Koeffizientenbetragswerte sogar unterhalb des Wertes von 0,1. Diese marginalen Effekte sind derart gering, dass Prozentpunktveränderungen dieser Kennzahlen lediglich Veränderungen von Fremdkapitalquoten unterhalb eines Promillepunktes erwarten lassen.

Auch die vornehmlich über logarithmierte Werte des Umsatzes, der Bilanzsumme, der Mitarbeiterzahl oder des Firmenwertes approximierte Determinante Unternehmensgröße überzeugt hinsichtlich ihrer Effektstärke nicht ohne weiteres. Der Anstieg einer logarithmierten Kennzahl um eine Einheit bedeutet in etwa eine Verdreifachung (im Falle des natürlichen Logarithmus) bzw. sogar eine Verzehnfachung (im Falle des dekadischen Logarithmus) der Unternehmensgröße. Von den 151 auf logarithmierten Kennzahlen basierenden signifikanten Ergebnissen liegen gerade einmal 11,9% oberhalb eines Betragswertes von 0,1. Etwa 70% der signifikanten Koeffizienten liegen sogar zum Teil deutlich unterhalb eines Betragswertes von 0,05. Wie im Rahmen der Einzelauswertung dargestellt, fallen auch die marginalen Effekte in Bezug auf die als Absolutwerte definierten Kennzahlen gering aus.[491] Die marginalen Effekte in Bezug auf die Determinante Unternehmensgröße prognostizieren demzufolge selbst bei beträchtlichen Größenzuwächsen in der Regel lediglich (niedrige) einstellige Prozentpunktveränderungen von Fremdkapitalquoten.

Ähnliche Zusammenhänge gelten für die Determinante Wachstum. Diese wird im Wesentlichen über Markt-Buchwert-Verhältnisse oder über direkte bzw. indirekte Wachstumsindikatoren approximiert. Der Anstieg eines Markt-Buchwert-Verhältnisses um eine Einheit entspricht einer enormen Unternehmenswertsteigerung.[492] Von den 93 signifikanten Koeffizienten in Bezug auf Markt-Buchwert-Verhältnisse liegen 82,8% unterhalb eines Betragswertes von 0,1. Infolgedessen reicht selbst ein erheblicher Anstieg des Unternehmenswertes im Regelfall nicht aus, um eine Fremdkapitalquote zweistellig zu bewegen. Die direkten und indirekten Wachstumsindikatoren sind im Gegensatz zu Markt-Buchwert-Verhältnissen als Prozentzahlen definiert. 88,0% der auf diese Kennzahlen bezogenen signifikanten Koeffizienten übersteigen nicht den

[491] Vgl. Kapitel 5.4.1.6, S. 186
[492] Vgl. Kapitel 5.4.2.6, S. 201f.

Betragswert von 0,5. Eine Prozentpunktveränderung der direkten und indirekten Wachstumsindikatoren resultiert somit ebenfalls nur in Veränderungen einer Fremdkapitalquote im Promillebereich.

Die ökonomische Relevanz der marginalen Effekte wird des Weiteren durch den Umstand geschmälert, dass die allermeisten zur Untersuchung der traditionellen Determinanten verwendeten Kennzahlen selbst den bereits engen theoretisch möglichen Wertebereich noch nicht einmal ausschöpfen. Zum Beispiel kann der Anteil der Forschungsaufwendungen am Umsatz zwar rein theoretisch Werte zwischen Null und Eins annehmen. Werte oberhalb von 0,2 dürften aber tatsächlich eher selten erreicht werden und Werte über 0,5 dürften so gut wie unmöglich sein. Vor diesem Hintergrund implizieren Schwankungen dieser Kennzahlen um wenige Prozentpunkte bereits substantielle Veränderungen. Verändert sich die Fremdkapitalquote gleichzeitig nur im niedrigen einstelligen Prozent- oder Promillebereich sind zusätzliche Zweifel an der ökonomischen Bedeutung der empirischen Ergebnisse angebracht.

Da die Abschätzung der Effektstärken im Rahmen dieser Arbeit nur näherungsweise erfolgte, ist eine präzise Gewichtung der Determinanten nach ihrer ökonomischen Relevanz nicht sinnvoll durchführbar. Die näherungsweise Auswertung spricht allerdings dafür, dass mit der Determinante Profitabilität die theoriekonformste Kapitalstruktur-Determinante gleichzeitig auch die vergleichsweise ökonomisch bedeutsamste Determinante der Kapitalstruktur ist. Beinahe 90% der signifikanten Koeffizientenbetragswerte überschreiten den Wert von 0,1. 41,4% der Koeffizientenbetragswerte liegen zum Teil sogar deutlich oberhalb eines Wertes von 0,5. Mehr als zwei von fünf signifikanten empirischen Ergebnissen prognostizieren demnach immerhin die Veränderung einer Fremdkapitalquote um mindestens einen halben Prozentpunkt bei Erhöhung einer Rentabilitätskennziffer um einen Prozentpunkt. Die vergleichsweise hohe ökonomische Bedeutung der Determinante Profitabilität stützt zusätzlich die Kernhypothese der Pecking-Order-Theorie, während die trade-off-theoretische Argumentation dadurch weiter an empirischem Rückhalt einbüßt.

Die Überprüfung der ökonomischen Relevanz unterstützt mithin jedoch auch die von Vertretern der Market-Timing-, Inertia- und Persistenz-Theorie vermutete untergeordnete Bedeutung des gesamten traditionellen Determinantenkatalogs. Während sich bei der Überprüfung der Theoriekonformität überwiegend ausgezeichnete Ergebnisse einstellen, kann die ökonomische Bedeutung der traditionellen Kapitalstruktur-Determinanten nicht als eindeutig gesichert gelten. Zumindest dann nicht, wenn diese auch (höhere) zweistellige Veränderungen von Fremdkapitalquoten unter realistischen Annahmen erklären sollen.

6 Zusammenfassung und Ausblick

Die empirische Erforschung der Determinanten der Kapitalstruktur blickt auf eine über fünfzigjährige Tradition immer neuer Primärstudien zurück. Intensive Forschungsanstrengungen mündeten bis heute in eine beachtliche Anzahl anerkannter wissenschaftlicher Studien und Forschungsergebnisse. Die empirische Literatur arbeitet diese Forschungsresultate bislang jedoch nur unzureichend auf. Stattdessen überprüfen Determinantenstudien seit Jahrzehnten die fortwährend gleichen grundlegenden Hypothesen, ohne dass die Forschung einem gesicherten Erkenntnisgewinn substantiell näher käme.

Der ausschließlich primärstudien-basierte Untersuchungsansatz verfehlt das übergeordnete Ziel der Determinantenforschung. Bestreben der Forschung sollte die Ableitung verallgemeinerbarer Schlussfolgerungen über die Bestimmungsfaktoren der Kapitalstruktur und somit über die Geltung konkurrierender Kapitalstrukturtheorien sein. Einzelne Primärstudien können diese Zielsetzung jedoch nicht in zufriedenstellendem Maße verfolgen. Primärstudien bleiben immer auf den jeweiligen Datensatz beschränkt und beinhalten jeweils nur einen verschwindend geringen Anteil der weltweit verfügbaren Forschungsergebnisse. Verallgemeinerbare Aussagen über die Gültigkeit kapitalstrukturtheoretischer Hypothesen ermöglicht folglich erst die gemeinsame Auswertung einer Vielzahl von Primärstudien. Der Aufbau gesicherten Wissens über die Determinanten der Kapitalstruktur kann somit zukünftig nur gelingen, wenn der primärstudien-basierte Forschungsansatz durch meta-analytische Untersuchungen ergänzt wird.

Die vorliegende Arbeit ist die vermutlich erste Untersuchung dieser Art im Bereich der Determinantenforschung. Ausgewertet wurden 1.253 zwischen 1984 und 2005 veröffentlichte Forschungsergebnisse in Bezug auf die acht traditionell bedeutendsten Determinanten der Kapitalstruktur: Unternehmensgröße, Wachstum, Profitabilität, Sachanlagevermögen, Risiko, NDTS, Spezialisierung und Steuern. Im Folgenden werden die wichtigsten Resultate dieser Arbeit hinsichtlich der einleitend definierten Untersuchungsziele zusammenfassend erläutert und entsprechende Schlussfolgerungen formuliert.

Das erste Untersuchungsziel der Arbeit bestand in der Aufarbeitung der vor 1984 veröffentlichten Determinantenstudien in Form eines klassischen Literaturüberblicks. Dieser Literaturüberblick verdeutlichte die geringe Aussagekraft der Gesamtheit der frühen Forschungsergebnisse. Gründe hierfür sind einerseits die geringe Ergebniszahl und andererseits die widersprüchliche Ergebnislage. Obwohl nahezu sämtliche Untersuchungen auf vergleichbaren Stichproben beruhen, widersprechen sich die Forschungsergebnisse häufig. Der Literaturüberblick diente außerdem der Untersuchung der Entstehungsgeschichte der Kapitalstruktur-Determinanten. Entgegen verbreiteter Vorstellungen entstammen die meisten Determinanten nicht der Kapitalstrukturtheorie. Vielmehr gingen diese aus der empirischen Forschung selbst hervor. Die Kapitalstrukturtheorie hat diese Determinanten folglich erst nachträglich aufgegriffen und interpretiert. Diese überraschende Feststellung führt zu einer bemerkenswerten Einsicht: Das veränderliche Element der Kapitalstrukturforschung ist mitnichten der traditionelle Determinanten-Katalog. Es ist vielmehr die viel wandlungsfähigere Kapitalstrukturtheorie, welche diese Determinanten im Zeitablauf gegebenenfalls umdeutet und neu gewichtet.

Das zweite Untersuchungsziel der Arbeit bildete die deskriptive Auswertung der seit 1984 veröffentlichten Studienergebnisse. Bereits die vorbereitende Darstellung allgemeiner Merkmale der Determinantenforschung lieferte Erkenntnisse mit Neuigkeitswert. Wie gezeigt werden konnte, basiert etwa die Hälfte der Studien auf Compustat-, Datastream- oder Worldscope-Daten. Gleichzeitig konzentrieren sich bisherige Untersuchungen weitgehend auf Unternehmen in den führenden Industrienationen. Deutlich unterrepräsentiert sind demzufolge Untersuchungen über Unternehmen aus wirtschaftlich weniger entwickelten Staaten sowie Studien basierend auf sonstigen Datenquellen. Überraschend ist die vorgefundene Schwankungsbreite der in den Primärstudien berichteten Determinationskoeffizienten. Dieses Phänomen ist in der Literatur bislang unbekannt und könnte weitreichende Implikationen besitzen, sofern diese Schwankungen nicht maßgeblich methodisch bedingt sind. Im Rahmen der deskriptiven Analyse konnte des Weiteren erstmals der Nachweis geführt werden, dass eine einheitliche Definition der Verschuldungskennzahlen in der empirischen Determinantenliteratur nicht existiert. Bedeutsam ist ferner die Feststellung, dass nahezu sämtliche in der Literatur verwendeten marktwertbasierten Verschuldungskennzahlen – entgegen der Vorgabe der Kapitalstrukturtheorie – lediglich auf den Marktwert des Eigenkapitals abstellen und aus Vereinfachungsgründen auf Buchwerten des Fremdkapitals basieren. Bislang wird in der empirischen Literatur auch der mögliche Ergebniseffekt aus der Verwendung von Verschuldungsgradkoeffizienten vernachlässigt. Verschuldungsgradkoeffizienten reagieren auf Veränderungen der Höhe der Verbindlichkeiten deutlicher als Fremdkapitalquoten und gewichten somit unausgeglichene Bilanzstrukturen stärker.

Die deskriptive Auswertung der Studienergebnisse führte ebenfalls zu grundlegenden Einsichten. Die Testhäufigkeiten der Determinanten unterscheiden sich unerwartet deutlich. Eine herausragende Stellung innerhalb der empirischen Literatur nehmen die leicht approximierbaren Determinanten Unternehmensgröße, Wachstum, Profitabilität und Sachanlagevermögen ein. Mit der Determinante Unternehmensgröße wird sogar jene der traditionellen Kapitalstruktur-Determinanten am häufigsten getestet, die den geringsten Rückhalt in der Kapitalstrukturtheorie besitzt. Nur noch etwa jede fünfte Studie setzt sich hingegen mit der deutlich schwerer operationalisierbaren Determinante Steuern auseinander, obwohl diese von zentraler Bedeutung für die Trade-Off-Theorie ist. Die offenbar häufig vorgenommene Auswahl der Determinanten nach dem Aspekt der Operationalisierbarkeit führt insbesondere in Bezug auf die Determinanten Spezialisierung und Steuern zu einem ausgeprägten Missverhältnis zwischen inhaltlicher Bedeutung und Testhäufigkeit.

Ebenso unerwartet wie die ausgeprägte Diskrepanz der Testhäufigkeiten ist die nachgewiesene Vielfalt der zur Approximation der Determinanten genutzten Kennzahlen. Außergewöhnlich variantenreich ist die Messung des Unternehmensrisikos. Nahezu jede Primärstudie verwendet hierzu eine eigene Kennzahl. Im Hinblick auf die meisten anderen Determinanten haben sich bestimmte Operationalisierungsformen als Standard etabliert. Dennoch ist eine einheitliche Kennzahlendefinition in der Literatur nicht gegeben. Ausgesprochen kritisch ist die im Rahmen dieser Arbeit aufgezeigte Verwendung übereinstimmender Kennzahlen zur Approximation der Determinanten Wachstum und Spezialisierung zu werten. Solche Überschneidungen sind strikt zu vermeiden, da ansonsten kein eindeutiger Rückschluss auf eine bestimmte Determinante mehr möglich ist.

Die Aufschlüsselung der Studienergebnisse nach Größenfokus und Verschuldungskategorie führte zur Identifikation bedeutender Forschungslücken. Innerhalb der Mittelstandsliteratur liegen bisher nur wenige Ergebnisse über die Determinanten Risiko, NDTS und Steuern vor. Die Determinante Spezialisierung ist im Mittelstandskontext sogar noch nahezu unerforscht. Erheblicher Forschungsbedarf besteht außerdem hinsichtlich der kurzfristigen Verschuldung. Obwohl die empirische wie die theoretische Literatur signifikante Ergebnisabweichungen in Bezug auf die kurzfristige Verschuldung vermuten, beschäftigt sich nur eine Minderheit der Studien mit dieser Verschuldungskategorie. In den gesamten ausgewerteten empirischen Modellen finden sich im Hinblick auf die Determinanten Risiko, NDTS, Spezialisierung und Steuern jeweils weniger als zehn Ergebnisse.

Das dritte Untersuchungsziel der Arbeit bildete die statistische Überprüfung der Theoriekonformität der Kapitalstruktur-Determinanten mit Hilfe von Binomialtests. Dieser Nachweis ist in Bezug auf die Determinanten Unternehmensgröße, Wachstum, Profitabilität, Sachanlagevermögen, NDTS und Spezialisierung mit zumeist höchster Signifikanz gelungen. Dieses Resultat ist von hoher Bedeutung für die theoretische wie empirische Forschung, da der Kausalzusammenhang zwischen der Verschuldungshöhe und diesen Determinanten damit erstmals studienübergreifend nachgewiesen werden konnte. Gestützt auf diese Auswertung gelang auch die Beantwortung der seit Jahrzehnten bestehenden Forschungsfrage über die Effektrichtung der Determinante Profitabilität. Nach der Trade-Off-Theorie sollten Verschuldungshöhe und Profitabilität positiv korrelieren. Die Pecking-Order-Theorie erwartet hingegen die umgekehrte Beziehung. Die durchgeführte Auswertung bestätigt in aller Deutlichkeit einen negativen Zusammenhang zwischen Verschuldung und Profitabilität. Somit ist es im Rahmen dieser Arbeit gelungen, eine der Kernhypothesen der Trade-Off-Theorie empirisch zu widerlegen.

Die Überprüfung der Theoriekonformität führte aus trade-off-theoretischer Sicht zu weiteren unbefriedigenden Resultaten. Bei gemeinsamer Betrachtung lassen sich die Studienergebnisse in Bezug auf die Determinanten Risiko und Steuern nicht von einem Zufallsbefund unterscheiden. Bis in die Gegenwart hinein ist somit der modelltheoretische Kern der Trade-Off-Theorie noch nicht einmal ansatzweise in den empirischen Gesamtergebnissen schlüssig dokumentiert. Im Gegenteil, bei strenger Auslegung der empirischen Ergebnisse und Vernachlässigung der schwierigen Operationalisierung beider Determinanten müsste der Trade-Off zwischen Steuervorteil und Insolvenzkosten sogar als widerlegt gelten.

Das vierte Untersuchungsziel der Arbeit bestand in der Überprüfung der Abhängigkeit der Determinantenergebnisse von der gewählten Kennzahlendefinition. Zu diesem Zweck dienten ebenfalls Binomialtests. Im Rahmen dieser Auswertung gelang die Identifikation von zwei potenziell schwerwiegenden, kennzahlenbedingten Ergebnisverzerrungen in der empirischen Literatur. Eine dieser Ergebnisverzerrungen betrifft die Determinante NDTS. Die Theoriekonformität dieser Determinante wird ausschließlich durch die Kennzahl „Abschreibungen zu Bilanzsumme" getragen. Vollkommen unklar bleibt, weshalb alle anderen zur Approximation dieser Determinante eingesetzten Kennzahlen bei gemeinsamer Betrachtung nicht auf den theoretisch erwarteten negativen Kausalzusammenhang schließen lassen. Weitaus bedeutsamer ist jedoch die mögliche Verzerrung der Forschungsergebnisse in Bezug auf die Determinante Wachstum. Einzelne Autoren wiesen zum Teil bereits vor Jahrzehnten darauf hin, dass die Approximation der Determinante Wachstum mit Hilfe von Markt-Buchwert-Verhältnissen zu Scheinkorrelationen mit marktwertbasierten Verschuldungskennzahlen führen kann. Diesem Verdacht wurde bislang allerdings niemals nachgegangen. Die im Rahmen dieser Arbeit gewonnenen Ergebnisse belegen, dass die Theoriekonformität der Determinante Wachstum auf jenen Studien beruht, die Markt-Buchwert-Verhältnisse mit marktwertbasierten Verschuldungskennzahlen kombinieren. Sollten die von diesen Studien ermittelten Ergebnisse tatsächlich auf einem methodischen Fehler beruhen, hätte dies enorme Konsequenzen für die theoretische und empirische Forschung. Die Determinante Wachstum müsste in der Literatur einer umfassenden Neubewertung unterzogen werden, da sich bisherige Erkenntnisse über diese Determinante zum Großteil auf fehlerhafte empirische Analysen stützen würden.

Das fünfte Untersuchungsziel der Arbeit war die Durchführung einer univariaten Moderatoranalyse auf Grundlage des exakten Tests von Fisher. In diesem Zusammenhang wurde erstmals die Kontextabhängigkeit der Determinantenergebnisse von den wichtigsten in der Literatur genannten Moderatorvariablen studienübergreifend untersucht. Univariat konnte für jede der untersuchten Determinanten mindestens der Einfluss von drei verschiedenen Moderatorvariablen nachgewiesen werden. Dabei variieren die signifikant getesteten Moderatorvariablen von Determinante zu Determinante zum Teil deutlich. Ein einheitlicher Moderatoreinfluss auf die Kapitalstruktur-Determinanten existiert somit nicht.

Das sechste Untersuchungsziel der Arbeit bildete die Durchführung einer multivariaten Moderatoranalyse mit Hilfe einer Meta-Regressions-Analyse auf Basis von Logit-Modellen. Die in der univariaten Moderatoranalyse signifikant getesteten Moderatorvariablen wurden dabei im multivariaten Kontext gegenübergestellt, um für mögliche wechselseitige Überlagerungs- und Abhängigkeitsverhältnisse zu kontrollieren. Wichtigstes Ergebnis der multivariaten Moderatoranalyse ist die Bestätigung von Moderatoreffekten auf aggregierter Ebene. Allerdings fällt der Moderatoreinfluss deutlich geringer aus, als es die univariate Analyse vermuten ließ. Viele der univariat nachgewiesenen Effekte haben multivariat keinen Bestand. Univariate Testergebnisse sind folglich keine Gewähr für die tatsächliche Existenz eines Moderatoreffekts. Ferner widersprechen viele Resultate der Moderatoranalysen der allgemeinen Erwartungshaltung. Dabei überraschten insbesondere die fehlenden Ergebnisunterschiede zwischen Studien über große und mittelständische Unternehmen.

Das abschließende Untersuchungsziel der Arbeit bildete die Abschätzung der ökonomischen Relevanz der untersuchten Kapitalstruktur-Determinanten durch Gegenüberstellung der Betragswerte der Testergebnisse. Die fehlende Auseinandersetzung mit der ökonomischen Bedeutung der Koeffizientenwerte ist ein schwerwiegendes Versäumnis innerhalb der empirischen Determinantenforschung. Das alleinige Abstellen auf Signifikanzniveau und Vorzeichenrichtung erlaubt lediglich eine Hypothesenüberprüfung. Hypothesentests lassen jedoch keinen Rückschluss auf die Effektstärke zu. Damit beraubt sich die empirische Literatur selbst der Information, die benötigt würde, um den tatsächlichen Erklärungsbeitrag der Determinanten für Finanzierungsentscheidungen beurteilen zu können. Die Ausblendung der ökonomischen Bedeutung ist dessen ungeachtet ein grundsätzlicher methodischer Fehler. Diese Vorgehensweise führt immer dann zu falschen Schlussfolgerungen, wenn Effekte zwar statistisch signifikant aber ökonomisch letztlich so unbedeutend sind, dass sie nichts zum Verständnis des untersuchten Zusammenhangs beitragen. Wie die näherungsweise Abschätzung der Effektstärken gezeigt hat, kann die ökonomische Relevanz der Kapitalstruktur-Determinanten keinesfalls als gesichert gelten, zumindest dann nicht, wenn die Determinanten der Kapitalstruktur auch (höhere) zweistellige Veränderungen von Fremdkapitalquoten erklären sollen.

Aus den im Rahmen dieser Arbeit gewonnenen Ergebnissen resultieren wichtige Implikationen für die zukünftige Forschung. Der meta-analytische Forschungsansatz erscheint in Bezug auf die empirische Determinantenforschung grundsätzlich lohnend und sollte folglich intensiviert werden. Von wesentlicher Bedeutung ist die nähere Untersuchung der Effektstärken der Kapitalstruktur-Determinanten. Eine vielversprechende Aufgabe künftiger meta-analytischer Forschung besteht in der möglichst präzisen Quantifizierung der innerhalb der Primärliteratur berichteten Effektstärken. Die im Rahmen dieser Arbeit vorgestellten Moderatoranalysen können ebenfalls Ausgangspunkt weiterer derartiger Analysen sein. So ist es insbesondere denkbar, zusätzliche Variablen in die Moderatoranalyse aufzunehmen, die Variablendefinition zu verfeinern bzw. mögliche Moderatoreffekte in ausgewählten Teilstichproben zu untersuchen. Auf mittlere Sicht bietet sich die Ausweitung der im Rahmen dieser Arbeit vorgenommenen Analysen auf weitere Kapitalstruktur-Determinanten an. Voraussetzung hierfür wäre allerdings eine größere Zahl an Testergebnissen über diese Determinanten. Großes Potenzial könnten Untersuchungen basierend auf Meta-Korrelations-Matrizen besitzen. Diese könnten das Verständnis der Interaktionseffekte zwischen den einzelnen Determinanten maßgeblich verbessern. Um die notwendige Datengrundlage zu schaffen, müssten Primärstudien allerdings in größerer Regelmäßigkeit vollständige Korrelationsmatrizen berichten.

Konkreter Forschungsbedarf ergibt sich für zukünftige Primärstudien. Verstärkte Aufmerksamkeit verlangt die Kennzahlendefinition der Determinanten und Verschuldungsmaße. Von wesentlicher Bedeutung ist in diesem Zusammenhang die nähere Erforschung der auffälligen kennzahlenbedingten Ergebnismuster in Bezug auf die Determinanten NDTS und Wachstum. Bestreben der empirischen Forschung sollte auch der verstärkte Einsatz vollständig marktwertbasierter Verschuldungskennzahlen sein. Forschungsbedarf besteht ebenso hinsichtlich der Schwankungsbreite der Determinationskoeffizienten, der kurzfristigen Verschuldung sowie hinsichtlich der Determinanten Spezialisierung und Steuern. Insbesondere der empirische Kenntnisstand über die Determinante Steuern steht in keinem Verhältnis zu der herausragenden Stellung dieser Determinante in der Kapitalstrukturtheorie. Auf Ebene der Primärstudien ist es schließlich unabdingbar, die ökonomische Relevanz der Koeffizientenwerte in die Ergebnisinterpretation einzubeziehen. Begleitend sollte die Forschung definieren, welche Effektstärken überhaupt als ökonomisch relevant einzustufen sind. Die Auseinandersetzung mit der ökonomischen Relevanz verspricht den bedeutendsten Erkenntnisgewinn der empirischen Determinantenforschung seit vielen Jahren. Inwieweit die Berücksichtigung der ökonomischen Relevanz allerdings tatsächlich zu einem besseren Verständnis der Wahl der Kapitalstruktur beitragen kann, lässt sich zum gegenwärtigen Zeitpunkt nicht einschätzen.

Anhang

Anhangtabelle A.1 Übersicht Datenbankfelder

Übersicht A. Studienebene	
Feldname	*Feldbeschreibung*
PAPER_ID:	Identifikationsnummer jeder Studie
GRUND_KL:	Basisspezifikation jeder Studie
AUTOR:	Name(n) des oder der Autoren
JAHR:	Erscheinungsjahr der Studie
TITEL:	Titel der Studie
ZSCHRIFT:	Titel der Zeitschrift
RANG:	VHB-Einstufung der Zeitschrift
DQUELLE:	Datenquelle
DQ_BIN:	Binäre Variable: 1 "Compustat, Datastream, Worldscope"; 0 "übrige Datenquellen"
UBEGINN:	Beginn des Untersuchungszeitraums
UENDE:	Ende des Untersuchungszeitraums

Übersicht B. Modellebene	
Feldname	*Feldbeschreibung*
METH_ID:	Identifikationsnummer jedes Modells
METHODE:	Bezeichnung der statistischen Methode
DEBTKAT:	Untersuchte Verschuldungsgradkategorie
DEBT_KL:	Basisspezifikation in Bezug auf jede Verschuldungsgradkategorie
ABVAR:	Operationalisierungsform der abhängigen Variable
R2:	Determinationskoeffizient
ADR2:	Adjustierter Determinationskoeffizient
STPR:	Anzahl der Stichprobenunternehmen
FYOBS:	Anzahl der Beobachtungspunkte (Firm-Year-Observations)
LAND:	Herkunftsland der untersuchten Unternehmen
GRÖ_BIN:	Binäre Variable: 1 "Großunternehmen"; 0 "KMU"
REG_BIN:	Binäre Variable: 1 "Nordamerika"; 0 "Sonstige"
HDR_BIN:	Binäre Variable: 1 "Entwicklungsland"; 0 "Entwickeltes Land"
FDEV_BIN:	Binäre Variable: 1 "Entwickeltes Finanzsystem"; 0 "Unterentw. Finanzsystem"
FS_BIN:	Binäre Variable: 1 "Marktbasiertes Finanzsystem"; 0 "Bankbasiertes Finanzsystem"
LAW_BIN:	Binäre Variable: 1 "Englischer Rechtsraum", 0" Sonstige"
ADV_BIN:	Binäre Variable: 1 "Fortgeschrittene Methodik"; 0 "OLS/Tobit"
PAN_BIN:	Binäre Variable: 1 "Panel-Datensatz"; 0 "Querschnittsdatensatz"
ICONTBIN:	Binäre Variable: 1 "Kontrolle für Branchenzugehörigkeit"; 0 "Keine Kontrolle"
MV_BV:	Binäre Variable: 1 "Marktwertbasierte Kennzahl"; 0 "Buchwertbasierte Kennzahl"
TD_BIN:	Binäre Variable: 1 "Gesamtverschuldung"; 0 "Sonstige"
LTD_BIN:	Binäre Variable: 1 "Langfristige Verschuldung"; 0 "Sonstige"
STD_BIN:	Binäre Variable: 1 "Kurzfristige Verschuldung"; 0 "Sonstige"
CONTROL:	Anzahl sonstiger Determinanten

Anhangtabelle A.1 (fortgesetzt)

Übersicht C. Ergebnisebene	
Feldname	*Feldbeschreibung*
DETERMIN:	Bezeichnung der getesteten Determinante
MESSVAR:	Operationalisierungsform der Determinante
KOEFF:	Zahlenwert des Koeffizienten
KOEFFINT:	Ordinale Variable: Einteilung der Koeffizientenwerte in 14 Untergruppen
KOEFFBIN:	Binäre Variable: 1 "positiver Koeffizientenwert"; 0 "negativer Koeffizientenwert"
SIGN:	Binäre Variable: 1 "Koeffizient signifikant"; 0 "Koeffizient nicht signifikant"

Übersicht D. Hilfsvariablen	
Feldname	*Feldbeschreibung*
LOGITNEG:	Binäre Variable: 1 "signifikant negativ "; 0 "übrige Ergebnisse"
LOGITPOS:	Binäre Variable: 1 "signifikant positiv; 0 "übrige Ergebnisse"
SIGNTEST:	Ordinale Variable: 0 "sign. negativ", 1 "negativ", 2 "positiv", 3 "sign. positiv"

Anhangtabelle A.2 Übersicht Kurzformen und Operatoren

Übersicht A. Mathematische Operatoren	
Operatoren	*Beschreibung*
AV:	Average (Durchschnitt)
BV:	Book Value (Buchwert)
CoV:	Coefficient of Variation (Variationskoeffizient)
FD:	First Difference (Erste Differenz)
MV:	Market Value (Marktwert)
PV:	Present Value (Kapitalwert)
SD:	Standard Deviation (Standardabweichung)
TS:	Tax Shield (Steuervorteil)
VAR:	Variance (Varianz)
ln:	Natürlicher Logarithmus
log:	Dekadischer Logarithmus
aSM:	Above Sample Median (oberhalb des Stichprobenmedians)
bSM:	Below Sample Median (unterhalb des Stichprobenmedians)
BIN(1[X]/0[Y]):	Binäre Variable mit dem Wert 1 bei Ausprägung „X“ und 0 bei Ausprägung „Y“
[E]:	Eigenkapitalemission
[D]:	Fremdkapitalemission

Übersicht B. Definition der Bilanz- und GuV-Kennzahlen	
Kurzform	*Beschreibung*
A:	Amortization (Abschreibung in Bezug auf immaterielle Vermögenswerte)
AB:	Asset Beta
AdD:	Adjusted Debt (angepasstes Fremdkapital)
AdE:	Adjusted Equity (angepasstes Eigenkapital)
ADV:	Advertising (Marketing)
CA:	Current Assets (Umlaufvermögen)
CapL:	Capital Leases
CAPEX:	Capital Expenditures (Investitionen)
CF:	Cash-Flow
CL:	Current Liabilities (kurzfristige Verbindlichkeiten)
D:	Depreciation (Abschreibungen)
E:	Equity (Eigenkapital)
EBIT:	Earnings before Interest and Taxes
EBITD:	Earnings before Interest, Taxes and Depreciation
EBITDA:	Earnings before Interest, Taxes, Depreciation and Amortization
EBT:	Earnings before Taxes
ECT:	Effective Corporate Tax Rate (effektiver Steuersatz)
EI:	Extraordinary Items (außerordentliches Ergebnis)
Exp.:	Expenses (Ausgaben)

Anhangtabelle A.2 (fortgesetzt)

Übersicht B. Definition der Bilanz- und GuV-Kennzahlen

Kurzform	*Beschreibung*
FA:	Fixed Assets (Anlagevermögen)
FC:	Fixed Costs (Fixkosten)
GP:	Gross Profit (Bruttoergebnis vom Umsatz)
IA:	Intangible Assets (immaterielle Vermögenswerte)
IE:	Interest Expenses (Zinsaufwand)
INVT:	Inventories (Vorratsvermögen)
ITC:	Investment Tax Credits (Steuergutschriften)
ITP:	Income Tax Payable (Steueraufwand)
LTBD:	Long-Term Bank Debt (langfristige Bankverbindlichkeiten)
LTD:	Long-Term Debt (langfristiges Fremdkapital)
LTL:	Long-Term Liabilities (langfristige Verbindlichkeiten)
NI:	Net Income (Jahresüberschuss)
OI:	Operating Income (operatives Ergebnis)
OpL:	Operating Leases
P:	Payables (Verbindlichkeiten aus Lieferung und Leistung)
PPE:	Property, Plant and Equipment (Sachanlagevermögen)
PS:	Preferred Shares (Vorzugsaktien /-kapital)
R:	Receivables (Forderungen aus Lieferung und Leistung)
RoA:	Return on Assets (Gesamtkapitalrendite)
RoE:	Return on Equity (Eigenkapitalrendite)
RoI:	Return on Investment (Kapitalverzinsung)
RV:	Replacement Value (Wiederbeschaffungswert)
R&D:	Research & Development (Forschung und Entwicklung)
SGA:	Selling, General and Administrative Expense (Vertriebs- und Verwaltungskosten)
STBD:	Short-Term Bank Debt (kurzfristige Bankverbindlichkeiten)
STD:	Short-Term Debt (kurzfristiges Fremdkapital)
TA:	Total Assets (Bilanzsumme)
TaxR:	Tax Rate (Steuersatz)
TC:	Total Costs (gesamte Kosten)
TCL:	Total Current Liabilities (gesamte kurzfristige Verbindlichkeiten)
TD:	Total Debt (gesamtes Fremdkapital)
TL:	Total Liabilities (gesamte Verbindlichkeiten)
TLC:	Tax Loss Carryforward (Verlustvortrag)

Anhangtabelle A.3 Robustheitsprüfung (Determinante Unternehmensgröße)

		Alternative Logit-Modelle			
Modellvariablen	*Sub-gruppen*	*Ausgangs-Modell*	*Modell I*	*Modell II*	*Vollständiges Modell*
Größenfokus	1:GU	-0,206	-	-	0,131
	0:KMU	(-0,33)	-	-	(0,23)
Geografische Region	1:NA	-	-	-0,673	-0,652
	0:Sonstige	-	-	(-1,30)	(-1,02)
Entwicklungsstand Volkswirtschaft	1:ETW	-	0,985	1,235	1,030
	0:UTW	-	(1,73)	(1,96)	(1,44)
Entwicklungsstand Finanzsystem	1:ETW	-	-	-	0,363
	0:UTW	-	-	-	(0,52)
Finanzsystem	1:MB	1,052 ***	1,198 ***	1,488 ***	1,431 ***
	0:BB	(3,18)	(3,41)	(3,70)	(3,74)
Rechtsraum	1:Englisch	-	-	-	0,038
	0:Sonstige	-	-	-	(0,10)
Analysemethode	1:FTG	-0,474	-	-	-0,277
	0:OLS	(-0,78)	-	-	(-0,41)
Datenstruktur	1:PA	2,067 ***	1,864 ***	1,892 ***	2,077 ***
	0:QS	(3,53)	(4,82)	(4,86)	(3,18)
Datenherkunft	1:CWD	0,341	-	-	0,191
	0:Sonstige	(0,76)	-	-	(0,51)
Kontrolle Brancheneinfluss	1:Ja	-	-	-	-0,386
	0:Nein	-	-	-	(-0,79)
Markt-/Buchwertbezug	1:MW	-0,185	-	-	-0,155
	0:BW	(-0,56)	-	-	(-0,45)
Gesamte Verschuldung	1:TD	-	-	-	-
	0:STD/LTD	-	-	-	-
Kurzfristige Verschuldung	1:STD	-2,556 ***	-2,689 ***	-2,844 ***	-2,661 ***
	0:TD/LTD	(-3,79)	(-4,37)	(-4,12)	(-3,80)
Langfristige Verschuldung	1:LTD	-1,013 *	-0,988 *	-0,961 *	-0,892 *
	0:TD/STD	(-2,33)	(-2,57)	(-2,57)	(-2,20)
Konstante		-0,199	-1,284 *	-1,517 *	-1,722
		(-0,36)	(-2,04)	(-2,33)	(-1,75)
N		232	232	232	232
Pseudo Log-Likelihood		-113	-112	-111	-109
P > Wald chi2		0,00	0,00	0,00	0,00
P > Hosmer-Lemeshow chi2		0,76	0,35	0,07	0,33
Pseudo-R^2 (McFadden)		0,25	0,25	0,26	0,27
AROC		0,82	0,82	0,83	0,83
EPV		10,3	16,4	13,7	6,3
Linktest		erfüllt	erfüllt	erfüllt	erfüllt
_hat		0,00	0,00	0,00	0,00
_hat²		0,61	0,90	0,62	0,97

Anmerkung: *** $p \leq 0{,}001$, ** $p \leq 0{,}01$, * $p \leq 0{,}05$; z-Werte in Klammern; Modell I: Forward-Selektion (Wald-Statistik) mit p = 0,1; Modell II: Forward-Selektion (Wald-Statistik) mit p = 0,3

Anhangtabelle A.4 Robustheitsprüfung (Determinante Wachstum)

		Alternative Logit-Modelle			
Modellvariablen	*Sub-gruppen*	*Ausgangs-Modell*	*Modell I*	*Modell II*	*Vollständiges Modell*
Größenfokus	1:GU 0:KMU	1,647 (1,69)	2,414 * (2,19)	1,845 (1,72)	1,478 (1,48)
Geografische Region	1:NA 0:Sonstige	1,118 * (2,09)	- -	0,975 (1,66)	1,131 (1,70)
Entwicklungsstand Volkswirtschaft	1:ETW 0:UTW	- -	- -	- -	-0,266 (-0,47)
Entwicklungsstand Finanzsystem	1:ETW 0:UTW	- -	1,043 (1,72)	1,096 (1,60)	1,121 (1,58)
Finanzsystem	1:MB 0:BB	-0,260 (-0,77)	- -	- -	-0,355 (-0,73)
Rechtsraum	1:Englisch 0:Sonstige	- -	- -	- -	0,096 (0,16)
Analysemethode	1:FTG 0:OLS	- -	- -	-0,762 (-1,05)	-0,573 (-0,74)
Datenstruktur	1:PA 0:QS	0,896 (1,39)	- -	1,405 (1,55)	1,151 (1,33)
Datenherkunft	1:CWD 0:Sonstige	0,183 (0,33)	- -	- -	0,242 (0,38)
Kontrolle Brancheneinfluss	1:Ja 0:Nein	- -	- -	-0,863 (-1,08)	-0,926 (-1,26)
Markt-/Buchwertbezug	1:MW 0:BW	2,494 *** (5,18)	2,617 *** (5,15)	2,597 *** (4,75)	2,604 *** (4,89)
Gesamte Verschuldung	1:TD 0:STD/LTD	- -	- -	- -	- -
Kurzfristige Verschuldung	1:STD 0:TD/LTD	-1,486 (-1,08)	- -	- -	-1,090 (-0,79)
Langfristige Verschuldung	1:LTD 0:TD/STD	-0,962 (-1,77)	- -	-0,627 (-1,21)	-0,806 (-1,41)
Konstante		-3,412 *** (-3,46)	-4,638 *** (-3,90)	-4,600 *** (-3,85)	-3,861 ** (-3,18)
N		214	214	214	214
Pseudo Log-Likelihood		-86	-93	-83	-82
P > Wald chi2		0,00	0,00	0,00	0,00
P > Hosmer-Lemeshow chi2		0,62	0,56	0,60	0,75
Pseudo-R^2 (McFadden)		0,40	0,35	0,42	0,42
AROC		0,89	0,85	0,89	0,90
EPV		10,9	29,0	10,9	6,7
Linktest		erfüllt	erfüllt	erfüllt	erfüllt
_hat		0,00	0,00	0,00	0,00
_hat²		0,34	0,61	0,77	0,46

Anmerkung: *** p ≤ 0,001, ** p ≤ 0,01, * p ≤ 0,05; z-Werte in Klammern; Modell I: Forward-Selektion (Wald-Statistik) mit p = 0,1; Modell II: Forward-Selektion (Wald-Statistik) mit p = 0,3

Anhangtabelle A.5 Robustheitsprüfung (Determinante Profitabilität)

		Alternative Logit-Modelle			
Modellvariablen	*Sub-gruppen*	*Ausgangs-Modell*	*Modell I*	*Modell II*	*Vollständiges Modell*
Größenfokus	1:GU	-0,039	-	-	-0,356
	0:KMU	(-0,05)	-	-	(-0,43)
Geografische Region	1:NA	-	1,546 *	1,382	1,409
	0:Sonstige	-	(2,18)	(1,82)	(1,82)
Entwicklungsstand Volkswirtschaft	1:ETW	-	-	-	-
	0:UTW	-	-	-	-
Entwicklungsstand Finanzsystem	1:ETW	-	-	-	-0,235
	0:UTW	-	-	-	(-0,29)
Finanzsystem	1:MB	-	-	-	0,015
	0:BB	-	-	-	(0,03)
Rechtsraum	1:Englisch	-	-	-	0,033
	0:Sonstige	-	-	-	(0,08)
Analysemethode	1:FTG	-	-1,452	-1,581	-1,400
	0:OLS	-	(-1,71)	(-1,73)	(-1,32)
Datenstruktur	1:PA	1,516 **	3,068 **	3,105 **	2,960 *
	0:QS	(2,58)	(3,20)	(2,99)	(2,37)
Datenherkunft	1:CWD	-	-	-	0,345
	0:Sonstige	-	-	-	(0,44)
Kontrolle Brancheneinfluss	1:Ja	-	-	-	-0,387
	0:Nein	-	-	-	(-0,58)
Markt-/Buchwertbezug	1:MW	0,977	-	0,741	0,872
	0:BW	(1,73)	-	(1,43)	(1,52)
Gesamte Verschuldung	1:TD	1,031	0,886	0,763	0,871
	0:STD/LTD	(1,49)	(1,85)	(1,65)	(1,37)
Kurzfristige Verschuldung	1:STD	-	-	-	-
	0:TD/LTD	-	-	-	-
Langfristige Verschuldung	1:LTD	-0,022	-	-	-0,038
	0:TD/STD	(-0,04)	-	-	(-0,06)
Konstante		0,063	0,066	0,019	0,340
		(0,17)	(0,16)	(0,04)	(0,36)
N		229	222	222	222
Pseudo Log-Likelihood		-89	-84	-83	-82
P > Wald chi2		0,00	0,00	0,00	0,01
P > Hosmer-Lemeshow chi2		0,54	0,98	0,88	0,87
Pseudo-R^2 (McFadden)		0,17	0,19	0,20	0,21
AROC		0,78	0,80	0,81	0,81
EPV		8,2	10,0	8,0	3,3
Linktest		verletzt	erfüllt	erfüllt	erfüllt
_hat		0,12	0,02	0,02	0,01
_hat²		0,74	0,82	0,91	0,83

Anmerkung: *** $p \leq 0{,}001$, ** $p \leq 0{,}01$, * $p \leq 0{,}05$; z-Werte in Klammern; Modell I: Forward-Selektion (Wald-Statistik) mit p = 0,1; Modell II: Forward-Selektion (Wald-Statistik) mit p = 0,3

Anhangtabelle A.6 Robustheitsprüfung (Determinante Sachanlagevermögen)

		Alternative Logit-Modelle			
Modellvariablen	*Sub-gruppen*	*Ausgangs-Modell*	*Modell I*	*Modell II*	*Vollständiges Modell*
Größenfokus	1:GU	-0,970	-	-0,856	-0,900
	0:KMU	(-1,42)	-	(-1,53)	(-1,28)
Geografische Region	1:NA	0,971	-	0,742	0,741
	0:Sonstige	(1,63)	-	(1,19)	(1,18)
Entwicklungsstand Volkswirtschaft	1:ETW	1,793 ***	2,400 ***	2,284 ***	2,139 ***
	0:UTW	(3,30)	(5,22)	(4,77)	(3,63)
Entwicklungsstand Finanzsystem	1:ETW	-	-	-	0,267
	0:UTW	-	-	-	(0,45)
Finanzsystem	1:MB	-	-	-0,471	-0,487
	0:BB	-	-	(-1,27)	(-1,34)
Rechtsraum	1:Englisch	-	-	0,726	0,722
	0:Sonstige	-	-	(1,68)	(1,70)
Analysemethode	1:FTG	0,145	-	-	0,066
	0:OLS	(0,18)	-	-	(0,08)
Datenstruktur	1:PA	0,974	1,037 *	1,147 *	1,110
	0:QS	(1,24)	(2,14)	(2,24)	(1,43)
Datenherkunft	1:CWD	0,112	-	-	0,088
	0:Sonstige	(0,16)	-	-	(0,12)
Kontrolle Brancheneinfluss	1:Ja	-0,540	-	-0,575	-0,626
	0:Nein	(-0,92)	-	(-1,12)	(-1,02)
Markt-/Buchwertbezug	1:MW	0,876	0,861 *	0,966 *	0,944 *
	0:BW	(1,90)	(2,03)	(2,10)	(2,05)
Gesamte Verschuldung	1:TD	-	-	-	-
	0:STD/LTD	-	-	-	-
Kurzfristige Verschuldung	1:STD	-2,405 ***	-1,945 **	-2,377 ***	-2,352 **
	0:TD/LTD	(-3,33)	(-3,00)	(-3,36)	(-3,21)
Langfristige Verschuldung	1:LTD	1,130 *	1,301 *	1,119	1,110
	0:TD/STD	(1,98)	(2,01)	(1,82)	(1,77)
Konstante		-1,358	-2,625 ***	-1,957 *	-2,053 *
		(-1,75)	(-3,98)	(-2,54)	(-2,14)
N		223	219	219	219
Pseudo Log-Likelihood		-115	-115	-111	-111
P > Wald chi2		0,00	0,00	0,00	0,00
P > Hosmer-Lemeshow chi2		0,15	0,03	0,49	0,27
Pseudo-R^2 (McFadden)		0,24	0,22	0,25	0,25
AROC		0,81	0,78	0,81	0,81
EPV		9,3	18,4	9,2	7,1
Linktest		erfüllt	erfüllt	erfüllt	erfüllt
_hat		0,00	0,00	0,00	0,00
_hat²		0,20	0,06	0,07	0,06

Anmerkung: *** $p \leq 0,001$, ** $p \leq 0,01$, * $p \leq 0,05$; z-Werte in Klammern; Modell I: Forward-Selektion (Wald-Statistik) mit p = 0,1; Modell II: Forward-Selektion (Wald-Statistik) mit p = 0,3

Anhangtabelle A.7 Robustheitsprüfung (Determinante Risiko)

		Alternative Logit-Modelle			
Modellvariablen	*Sub-gruppen*	*Ausgangs-Modell*	*Modell I*	*Modell II*	*Vollständiges Modell*
Größenfokus	1:GU	-	-	-	-
	0:KMU	-	-	-	-
Geografische Region	1:NA	1,596 *	-	1,282	1,337
	0:Sonstige	(2,24)	-	(1,62)	(1,40)
Entwicklungsstand Volkswirtschaft	1:ETW	-	-	-	-0,292
	0:UTW	-	-	-	(-0,37)
Entwicklungsstand Finanzsystem	1:ETW	-	-	-	-
	0:UTW	-	-	-	-
Finanzsystem	1:MB	-	-	-	-
	0:BB	-	-	-	-
Rechtsraum	1:Englisch	-0,430	-	-	-0,032
	0:Sonstige	(-0,64)	-	-	(-0,04)
Analysemethode	1:FTG	-	-1,074	-1,257	-1,161
	0:OLS	-	(-1,66)	(-1,67)	(-1,24)
Datenstruktur	1:PA	-	-	0,692	0,612
	0:QS	-	-	(1,11)	(0,86)
Datenherkunft	1:CWD	-	-	-	0,046
	0:Sonstige	-	-	-	(0,08)
Kontrolle Brancheneinfluss	1:Ja	-	-	-	-0,085
	0:Nein	-	-	-	(-0,11)
Markt-/Buchwertbezug	1:MW	1,206 **	1,016 *	0,514	0,495
	0:BW	(2,66)	(2,05)	(0,85)	(0,76)
Gesamte Verschuldung	1:TD	-	-	-	-
	0:STD/LTD	-	-	-	-
Kurzfristige Verschuldung	1:STD	-	-	-	-
	0:TD/LTD	-	-	-	-
Langfristige Verschuldung	1:LTD	-	1,430 **	1,069	1,096
	0:TD/STD	-	(2,85)	(1,59)	(1,54)
Konstante		-2,340 ***	-2,271 ***	-2,619 ***	-2,348 *
		(-5,88)	(-3,59)	(-4,37)	(-2,11)
N		109	102	102	102
Pseudo Log-Likelihood		-50	-43	-40	-40
P > Wald chi2		0,00	0,00	0,00	0,00
P > Hosmer-Lemeshow chi2		0,14	0,43	0,07	0,36
Pseudo-R^2 (McFadden)		0,13	0,14	0,18	0,18
AROC		0,76	0,74	0,81	0,79
EPV		8,0	6,7	4,0	2,2
Linktest		verletzt	verletzt	verletzt	verletzt
_hat		0,51	0,16	0,46	0,39
_hat²		0,07	0,95	0,14	0,19

Anmerkung: *** p ≤ 0,001, ** p ≤ 0,01, * p ≤ 0,05; z-Werte in Klammern; Modell I: Forward-Selektion (Wald-Statistik) mit p = 0,1; Modell II: Forward-Selektion (Wald-Statistik) mit p = 0,3

Anhangtabelle A.8 Robustheitsprüfung (Determinante NDTS)

Modellvariablen	*Sub-gruppen*	Alternative Logit-Modelle *Ausgangs-Modell*	 *Modell I*	 *Modell II*	 *Vollständiges Modell*
Größenfokus	1:GU 0:KMU	- -	- -	- -	-0,800 (-0,57)
Geografische Region	1:NA 0:Sonstige	-1,530 * (-2,23)	-1,718 * (-1,97)	-1,499 (-1,60)	-1,912 (-1,88)
Entwicklungsstand Volkswirtschaft	1:ETW 0:UTW	- -	- -	- -	- -
Entwicklungsstand Finanzsystem	1:ETW 0:UTW	- -	- -	- -	- -
Finanzsystem	1:MB 0:BB	- -	- -	- -	- -
Rechtsraum	1:Englisch 0:Sonstige	- -	- -	-0,870 (-1,18)	-0,571 (-0,81)
Analysemethode	1:FTG 0:OLS	-1,046 (-1,36)	- -	-1,194 (-1,35)	-1,945 (-1,51)
Datenstruktur	1:PA 0:QS	- -	- -	- -	0,511 (0,40)
Datenherkunft	1:CWD 0:Sonstige	- -	- -	- -	0,334 (0,33)
Kontrolle Brancheneinfluss	1:Ja 0:Nein	- -	- -	- -	-0,555 (-0,61)
Markt-/Buchwertbezug	1:MW 0:BW	-1,102 (-1,60)	- -	-1,144 (-1,66)	-1,014 (-1,25)
Gesamte Verschuldung	1:TD 0:STD/LTD	- -	- -	- -	- -
Kurzfristige Verschuldung	1:STD 0:TD/LTD	- -	- -	- -	- -
Langfristige Verschuldung	1:LTD 0:TD/STD	- -	1,413 * (2,11)	1,177 (1,63)	1,249 (1,68)
Konstante		0,844 (1,05)	-0,492 (-0,83)	1,104 (0,99)	1,704 (1,00)
N		79	77	77	77
Pseudo Log-Likelihood		-43	-44	-39	-38
P > Wald chi2		0,08	0,06	0,22	0,34
P > Hosmer-Lemeshow chi2		0,97	0,00	0,24	0,34
Pseudo-R^2 (McFadden)		0,15	0,12	0,21	0,23
AROC		0,75	0,72	0,79	0,80
EPV		9,3	14,0	5,6	3,1
Linktest		erfüllt	verletzt	erfüllt	verletzt
_hat		0,00	0,00	0,00	0,00
_hat²		0,52	0,01	0,07	0,04

Anmerkung: *** p ≤ 0,001, ** p ≤ 0,01, * p ≤ 0,05; z-Werte in Klammern; Modell I: Forward-Selektion (Wald-Statistik) mit p = 0,1; Modell II: Forward-Selektion (Wald-Statistik) mit p = 0,3

Anhangtabelle A.9 Robustheitsprüfung (Determinante Spezialisierung)

Modellvariablen	*Sub-gruppen*	Alternative Logit-Modelle *Ausgangs-Modell*	*Modell I*	*Modell II*	*Vollständiges Modell*
Größenfokus	1:GU	-	-	-	-
	0:KMU	-	-	-	-
Geografische Region	1:NA	2,278 *	2,256 ***	3,006 ***	3,626 ***
	0:Sonstige	(2,11)	(3,83)	(4,97)	(2,62)
Entwicklungsstand Volkswirtschaft	1:ETW	-	-	-	-
	0:UTW	-	-	-	-
Entwicklungsstand Finanzsystem	1:ETW	-	-	-	-
	0:UTW	-	-	-	-
Finanzsystem	1:MB	-	-	-	-0,439
	0:BB	-	-	-	(-0,45)
Rechtsraum	1:Englisch	-0,560	-	-	-1,619
	0:Sonstige	(-0,56)	-	-	(-1,50)
Analysemethode	1:FTG	-	-	-	1,456
	0:OLS	-	-	-	(0,83)
Datenstruktur	1:PA	-	-	-1,071	-2,233 *
	0:QS	-	-	(-1,34)	(-2,07)
Datenherkunft	1:CWD	-	-	-1,267	-0,592
	0:Sonstige	-	-	(-1,96)	(-0,39)
Kontrolle Brancheneinfluss	1:Ja	0,869	-	-	0,621
	0:Nein	(1,01)	-	-	(0,55)
Markt-/Buchwertbezug	1:MW	-0,181	-	-	1,637
	0:BW	(-0,18)	-	-	(1,19)
Gesamte Verschuldung	1:TD	-	-	-	-
	0:STD/LTD	-	-	-	-
Kurzfristige Verschuldung	1:STD	-	-	-	-
	0:TD/LTD	-	-	-	-
Langfristige Verschuldung	1:LTD	-	-	-	-0,275
	0:TD/STD	-	-	-	(-0,29)
Konstante		-0,365	-0,310	0,713	0,479
		(-0,71)	(-0,94)	(1,12)	(0,26)
N		52	50	50	50
Pseudo Log-Likelihood		-28	-26	-25	-23
P > Wald chi2		0,00	0,00	0,00	0,00
P > Hosmer-Lemeshow chi2		0,87	n/a	0,95	0,84
Pseudo-R^2 (McFadden)		0,17	0,18	0,21	0,27
AROC		0,76	0,74	0,79	0,83
EPV		5,0	18,0	6,0	2,0
Linktest		verletzt	erfüllt	verletzt	erfüllt
_hat		0,37	0,00	0,08	0,01
_hat²		0,42	0,36	0,93	0,69

Anmerkung: *** $p \leq 0{,}001$, ** $p \leq 0{,}01$, * $p \leq 0{,}05$; z-Werte in Klammern; Modell I: Forward-Selektion (Wald-Statistik) mit p = 0,1; Modell II: Forward-Selektion (Wald-Statistik) mit p = 0,3

Anhangtabelle A.10 Robustheitsprüfung (Determinante Steuern)

		Alternative Logit-Modelle			
Modellvariablen	*Sub-gruppen*	*Ausgangs-Modell*	*Modell I*	*Modell II*	*Vollständiges Modell*
Größenfokus	1:GU	-	-	-2,805 *	-2,501
	0:KMU	-	-	(-2,02)	(-1,67)
Geografische Region	1:NA	1,742 *	2,416 **	1,692 *	1,129
	0:Sonstige	(2,47)	(2,96)	(2,25)	(0,74)
Entwicklungsstand Volkswirtschaft	1:ETW	-	-	-	0,732
	0:UTW	-	-	-	(0,48)
Entwicklungsstand Finanzsystem	1:ETW	-	-	-	-
	0:UTW	-	-	-	-
Finanzsystem	1:MB	1,081	-	1,466	1,638
	0:BB	(0,89)	-	(1,21)	(1,24)
Rechtsraum	1:Englisch	-	-	-	-
	0:Sonstige	-	-	-	-
Analysemethode	1:FTG	-	-	-	-0,049
	0:OLS	-	-	-	(-0,04)
Datenstruktur	1:PA	-	-	-	-0,170
	0:QS	-	-	-	(-0,13)
Datenherkunft	1:CWD	-	-	-	-
	0:Sonstige	-	-	-	-
Kontrolle Brancheneinfluss	1:Ja	-	-	-1,486	-1,702
	0:Nein	-	-	(-1,30)	(-1,33)
Markt-/Buchwertbezug	1:MW	0,679	-	2,066	2,148
	0:BW	(1,01)	-	(1,83)	(1,49)
Gesamte Verschuldung	1:TD	-	-	-	-
	0:STD/LTD	-	-	-	-
Kurzfristige Verschuldung	1:STD	-	-	-	0,780
	0:TD/LTD	-	-	-	(0,68)
Langfristige Verschuldung	1:LTD	-	-	1,270	1,548
	0:TD/STD	-	-	(1,67)	(1,19)
Konstante		-3,190 *	-2,079 ***	-2,283	-3,033
		(-2,41)	(-6,34)	(-1,37)	(-1,37)
N		58	57	57	57
Pseudo Log-Likelihood		-23	-23	-20	-20
P > Wald chi2		0,02	0,00	0,00	0,00
P > Hosmer-Lemeshow chi2		0,85	n/a	0,34	0,06
Pseudo-R^2 (McFadden)		0,20	0,18	0,30	0,31
AROC		0,79	0,73	0,84	0,84
EPV		4,0	12,0	2,0	1,2
Linktest		verletzt	n/a	erfüllt	erfüllt
_hat		0,10	n/a	0,00	0,00
_hat²		0,67	n/a	0,14	0,06

Anmerkung: *** $p \leq 0,001$, ** $p \leq 0,01$, * $p \leq 0,05$; z-Werte in Klammern; Modell I: Forward-Selektion (Wald-Statistik) mit p = 0,1; Modell II: Forward-Selektion (Wald-Statistik) mit p = 0,3

Anhangtabelle A.11 Ausgewertete Primärstudien

Studie	*Datenquelle*	*Analyse-zeitraum*	*Methode*	*Größen-fokus*	*Kontrolle Branchen-einfluss*
Adedeji (1998)	Datastream	1993 - 1996	3SLS	GU	ja
Alderson/Betker (1995)	Eigene Erhebung	1982 - 1993	OLS	GU	nein
Allayannis et al. (2003)	SBC-WDR Database	1996 - 1998	OLS	GU	ja
Allen/Mizuno (1989)	Amtliche Statistik	1980 - 1983	OLS	GU	ja
Andritzky (2003)	Worldscope	1997 - 2001	OLS (gepoolt)	GU	nein
Antoniou et al. (2002)	Datastream	1971 - 2000	Panel (dynamisch)	GU	ja
Arrondo/Gómez-Ansón (2003)	MSE/CNMV	1990 - 1998	Logit/ Probit	GU	ja
Aybar-Arias et al. (2004)	SABI	1996 - 2001	Panel (dynamisch)	KMU	nein
Baker/Wurgler (2002)	Compustat	1968 - 1999	OLS (gepoolt)	GU	nein
Balakrishnan/Fox (1993)	Compustat	1978 - 1987	Panel (RE)	GU	nein
Barclay et al. (2003)	Compustat	1980 - 1999	2SLS (gepoolt)	GU	nein
Bartholdy/Mateus (2005)	Bank of Portugal	1990 - 2000	Panel (dynamisch)	KMU	ja
Bayless/Diltz (1994)	Compustat	1974 - 1983	Logit/ Probit	GU	nein
Bennett/Donnelly (1993)	Datastream	1977 - 1988	OLS	GU	ja
Berger et al. (1997)	Compustat	1984 - 1991	Panel (FE)	GU	nein
Bevan/Danbolt (2002)	Datastream	1987 - 1991	OLS	GU	nein

Anhangtabelle A.11 (fortgesetzt)

Studie	*Datenquelle*	*Analyse-zeitraum*	*Methode*	*Größen-fokus*	*Kontrolle Branchen-einfluss*
Bevan/Danbolt (2004)	Datastream	1991 - 1997	Panel (FE)	GU	nein
Bhaduri (2002a)	CIMM	1989 - 1995	Faktor-Regression	GU	ja
Booth et al. (2001)	IFC	1980 - 1991	Panel (FE)	GU	nein
Bradley et al. (1984)	Compustat	1962 - 1981	OLS	GU	ja
Brailsford et al. (2002)	Datastream	1989 - 1995	OLS (gepoolt)	GU	ja
Burgman (1996)	Compustat	1987 - 1991	OLS	GU	ja
Cassar/Holmes (2003)	BLS	1995 - 1998	OLS	KMU	ja
Chaplinsky/Niehaus (1993)	Compustat	1980	OLS	GU	ja
Chen (2004)	Eigene Erhebung	1995 - 2000	Panel (FE)	GU	nein
Chen/Hammes (2004)	EXTEL	1990 - 1996	Panel (RE)	GU	nein
Chen/Zhao (2005a)	Compustat	1971 - 2002	Panel (FE)	GU	ja
Chen et al. (1997)	Compustat	1984 - 1993	OLS (gepoolt)	GU	nein
Chittenden et al. (1996)	UK Private+	1993	OLS	KMU	nein
Chui et al. (2002)	Worldscope	1996	OLS	GU	nein
Cloyd et al. (1997)	NSSBF	1987	OLS	KMU	nein
Colombo (2001)	Amtliche Statistik	1992 - 1996	Panel (Tobit, RE)	GU	nein

Anhangtabelle A.11 (fortgesetzt)

Studie	*Datenquelle*	*Analyse-zeitraum*	*Methode*	*Größen-fokus*	*Kontrolle Branchen-einfluss*
Crutchley/Hansen (1989)	Compustat	1981 - 1985	OLS	GU	nein
De Medeiros/Daher (2004)	Economatica	1995 - 2002	Panel (FE)	GU	nein
De Miguel/Pindado (2001)	CNMV	1990 - 1997	Panel (dynamisch)	GU	nein
Dessi/Robertson (2003)	Cambridge/ DTI Database	1967 - 1989	Panel (FE)	GU	nein
Dittmar (2004)	WAD	1983 - 1995	OLS	GU	nein
Easterwood/Kadapakkam (1991)	Compustat	1980 - 1988	OLS	GU	nein
Fama/French (2002)	Compustat	1965 - 1999	OLS (Fama- Mac-Beth	GU	nein
Fan et al. (2003)	Worldscope	1991 - 2000	OLS (gepoolt)	GU	nein
Flannery/Rangan (2004)	Compustat	1965 - 2001	Panel (dynamisch)	GU	ja
Frackowiak et al. (2005)	Datastream	1988 - 2002	Panel (FE)	GU	nein
Francfort/Rudolph (1992)	Commerzbank/ Compustat	1988	OLS	GU	ja
Frank/Goyal (2003a)	Compustat	1971 - 1998	Panel (FE)	GU	nein
Friend/Lang (1988)	Compustat	1974 - 1983	OLS	GU	nein
Gardner/Trzcinka (1992)	Compustat	1964 - 1983	Logit/ Probit	GU	nein
Gaud et al. (2005)	Worldscope	1988 - 2000	Panel (Tobit, RE)	GU	nein

Anhangtabelle A.11 (fortgesetzt)

Studie	*Datenquelle*	*Analyse-zeitraum*	*Methode*	*Größen-fokus*	*Kontrolle Branchen-einfluss*
Ghosh et al. (2000)	Compustat	1992	OLS	GU	ja
Graham (1996a)	Compustat	1981 - 1992	OLS (gepoolt)	GU	nein
Graham et al. (1998)	Compustat	1981 - 1992	Tobit (gepoolt)	GU	ja
Guiso (2003)	SMF Survey	1997	Tobit	KMU	ja
Hall et al. (2000)	LOTUS One-Source	1995	OLS	KMU	nein
Hall et al. (2004)	Dun & Brads-treet	1995	OLS	KMU	nein
Högfeldt/Oborenko (2005)	FINLIS	1979 - 1997	OLS (gepoolt)	GU	nein
Homaifar et al. (1994)	Compustat	1978 - 1988	OLS (gepoolt)	GU	nein
Hovakimian et al. (2001)	Compustat	1979 - 1997	Tobit (gepoolt)	GU	ja
Hovakimian et al. (2004)	Compustat	1982 - 2000	OLS (gepoolt)	GU	ja
Johnson (2003)	Compustat	1986 - 1995	Panel (2SLS, FE)	GU	nein
Jordan et al. (1998)	FAME	1989 - 1993	OLS	KMU	nein
Kale et al. (1991)	Compustat	1985	OLS	GU	ja
Kayhan/Titman (2004)	Compustat	1971 - 2002	Tobit	GU	ja
Kester (1986)	Compustat/ Analyst's Guide	1983	OLS	GU	ja

Anhangtabelle A.11 (fortgesetzt)

Studie	*Datenquelle*	*Analyse-zeitraum*	*Methode*	*Größen-fokus*	*Kontrolle Branchen-einfluss*
Kim/Sorensen (1986)	Value Line Data	1980	OLS	GU	nein
Kremp et al. (1999)	Deutsche Bundesbank/ Banque de France	1987 - 1995	Panel (dynamisch)	GU/KMU	nein
Lowe et al. (1994)	Statex	1984 - 1988	OLS	GU	nein
MacKay (2003)	LRD/QFR	1977 - 1990	Panel (dynamisch)	GU	ja
MacKie-Mason (1990)	Compustat	1977 - 1987	Logit/ Probit	GU	ja
Menéndez-Alonso (2003)	Umfragedaten	1991 - 1994	Panel (FE)	GU	nein
Michaelas et al. (1999)	LOTUS One-Source	1986 - 1995	Panel (FE)	KMU	ja
Moh'd et al. (1998)	Compustat	1972 - 1989	OLS (gepoolt)	GU	nein
Ozkan (2001)	Datastream	1984 - 1996	Panel (dynamisch)	GU	nein
Panno (2003)	Datastream	1992 - 1996	Logit/ Probit	GU	nein
Pindado/de la Torre (2005)	MSE/CNMV	1990 - 1999	Panel (dynamisch)	GU	ja
Rajan/Zingales (1995)	Global Vantage	1987 - 1991	Tobit	GU	nein
Ramb (2000)	Amadeus/ Hoppenstedt	1993	OLS	GU	nein
Schäfer et al. (2004)	KfW Datenbank	1999 - 2003	Logit/ Probit	KMU	nein
Schwiete/Weigand (1997)	Bay. Hypo.- u. Wechselbank	1965 - 1986	Panel (FE)	GU	nein

Anhangtabelle A.11 (fortgesetzt)

Studie	*Datenquelle*	*Analyse-zeitraum*	*Methode*	*Größen-fokus*	*Kontrolle Branchen-einfluss*
Short et al. (2002)	Eigene Erhebung	1988 - 1992	OLS	GU	nein
Sogorb-Mira (2001)	SABE	1994 - 1998	Panel (FE)	KMU	nein
Sogorb-Mira/López-Gracia (2003)	SABI	1994 - 1998	Panel (dynamisch)	KMU	nein
Suto (2003)	PRIMARK/ KLSE	1999	OLS	GU	ja
Thies/Klock (1992)	Eigene Erhebung	1935 - 1983	OLS	GU	nein
Thornhill et al. (2004)	SOFP	1996	OLS	KMU	ja
Titman/Wessels (1988)	Compustat	1974 - 1982	LISREL	GU	ja
Van der Wijst/Thurik (1993)	Umfragedaten	1954 - 1977	Panel (FE)	KMU	nein
Voulgaris et al. (2002)	ICAP	1988 - 1996	Panel (n. l., FE)	GU	nein
Voulgaris et al. (2004)	ICAP	1988 - 1996	Panel (n. l., gep.)	KMU	nein
Wald (1999)	Worldscope	1991 - 1992	Tobit	GU	nein
Wiwattanakantang (1999)	Eigene Erhebung	1996	OLS	GU	ja
Zoppa/McMahon (2002)	BLS	1997 - 1998	Logit/ Probit	KMU	nein

Anhangtabelle A.12 Ausgewertete Ergebnisdaten

				Kapitalstruktur-Determinanten							
Land	*N*	*N*t*	*AV*	*UG*	*W*	*P*	*SAV*	*R*	*NDTS*	*SP*	*ST*
Adedeji (1998)											
UK	224	–	TD MV	–	–	–	+	–	–		
Alderson/Betker (1995)											
USA	88	–	TD BV	+*					–		
			LTD BV	+					–		
Allayannis et al. (2003)											
Ostasien	315	–	TD MV	+*	–*	–*	+*	–			+*
Allen/Mizuno (1989)											
Japan	125	–	TD BV			–*		–	–		
			TD MV			–*		+	–		
Andritzky (2003)											
Deutschland	–	2370	TD BV	+*	+*	–*	+*				
Kanada	–	1843	TD BV	+*	–	–*	+*				
Frankreich	–	2999	TD BV	+*	+*	–*	–*				
Italien	–	751	TD BV	+*	+*	–*	–				
Japan	–	8363	TD BV	+*	+*	–*	+*				
UK	–	4733	TD BV	+*	+*	–	–*				
USA	–	14526	TD BV	+*	+*	–*	+*				
Antoniou et al. (2002)											
Deutschland	530	5082	TD MV	+*	–*	–	+*	–			–*
			TD BV	+	–*	–	+*	–			–
Frankreich	323	2647	TD MV	+*	–*	–*	+*	+			+
			TD BV	+*	–	–*	+*	–			+
UK	2335	31714	TD MV	–	–*	–*	–	+*			+
			TD BV	+*	+	–*	+*	+*			–*
Arrondo/Gómez-Ansón (2003)											
Spanien	110	–	TD MV	+	+						
Aybar-Arias et al. (2004)											
Spanien	5831	29155	TD BV	+*							

Anhangtabelle A.12 (fortgesetzt)

				Kapitalstruktur-Determinanten							
Land	*N*	*N*t*	*AV*	*UG*	*W*	*P*	*SAV*	*R*	*NDTS*	*SP*	*ST*
Baker/Wurgler (2002)											
USA/CA	–	31151	TD MV	+*	–*	–*	+*				
			TD BV	+*	–*	–*	+*				
Balakrishnan/Fox (1993)											
USA	295	2950	TD MV		–*			–	+*	○*	
Barclay et al. (2003)											
USA/CA	5765	37025	TD MV	–*	–*	–*	+*		+*		–*
Bartholdy/Mateus (2005)											
Portugal	998	7765	TD BV	–	+*	–*	+*	+*	–*		
			LTD BV	+	+*	–*	+	+*	–*		
			STD BV	–	+*	–*	–*	+	–		
Bayless/Diltz (1994)											
USA	826	–	TD MV			+*	+*	○*			–*
Bennett/Donnelly (1993)											
UK	433	–	TD MV	+*	+	–*	+*	+*	–*		
			TD BV	+*	+	+	+	+*	–		
			LTD MV	+*	–	–*	–	+*	–*		
			LTD BV	+*	–	–	+	+	–*		
			STD MV	–	+	+	+*	+	–		
			STD BV	+	+	+	+	+	–		
Berger et al. (1997)											
USA	434	3085	TD MV	+*		–*	–*		+	–*	
			TD BV	+*		–*	–*		–	–*	
Bevan/Danbolt (2002)											
UK	822	–	TD MV	+	–*	–*	+*				
			TD BV	+*	–	–*	+*				
			LTD BV	+*	+	–*	+*				
			STD BV	+	+*	–*	–*				
Bevan/Danbolt (2004)											
UK	1054	6001	TD BV	+*	–	–*	–*				
			LTD BV	+*	+	–	+*				
			STD BV	+*	–*	–	+				

Anhangtabelle A.12 (fortgesetzt)

				Kapitalstruktur-Determinanten							
Land	*N*	*N*t*	*AV*	*UG*	*W*	*P*	*SAV*	*R*	*NDTS*	*SP*	*ST*
Bhaduri (2002a)											
			TD BV	–	+*		–			–*	
Indien	363	–	LTD BV	+*	+*		–			–*	
			STD BV	–*	–		+			–	
Booth et al. (2001)											
	99	880	TD BV	+	+*	–*	–*				–
Indien	99	877	LTD MV	–	–*	–*	+*				–*
	99	877	LTD BV	+	+*	–*	+*				–*
	96	693	TD BV	+*	+*	–*	+				–*
Malaysia	96	670	LTD MV	+*	–*	–*	+*				–
	96	693	LTD BV	+*	+	–*	+*				–
Mexiko	99	642	TD BV	+*		–*	–*				–*
	99	633	LTD BV	+*		–*	–				–
Pakistan	96	896	TD BV	+*		–*	–*				–
	96	910	LTD BV	+		–*	+				+
	93	965	TD BV	+*	+*	–*	+				+*
Süd-Korea	93	970	LTD MV	+	–*	–*	+*				+*
	93	970	LTD BV	–*	+*	–*	+*				+
Bradley et al. (1984)											
USA/CA	851	–	LTD MV		–*			–*	+*		
Brailsford et al. (2002)											
Australien	49	294	TD MV	+	–*	–*		–*	–	+	
Burgman (1996)											
USA	210	–	LTD MV	+				+*		–*	
Cassar/Holmes (2003)											
			TD BV	+*	+*	–*	–*	–			
Australien	1555	–	LTD BV	+*	+	–*	+*	–			
			STD BV	+	+	–*	–*	+			
Chaplinsky/Niehaus (1993)											
USA/CA	286	–	LTD MV	–*				–	–	–*	
Chen (2004)											
China	77	462	TD BV	+	+*	–*	+*	–*	+		
			LTD BV	–*	+*	–	+*	+	–		

Anhangtabelle A.12 (fortgesetzt)

				Kapitalstruktur-Determinanten							
Land	*N*	*N*t*	*AV*	*UG*	*W*	*P*	*SAV*	*R*	*NDTS*	*SP*	*ST*
Chen/Hammes (2004)											
Dänemark	92	427	TD MV	+*	+	–*	+*				
			TD BV	+*	+	–*	+*				
Deutschland	345	836	TD MV	+*	–*	–*	+*				
			TD BV	+*	–*	–*	+*				
Italien	147	666	TD MV	+*	–*	–*	+*				
			TD BV	+*	+*	–*	+*				
Kanada	77	409	TD MV	+*	–*	–*	+*				
			TD BV	+*	+*	–*	+*				
Schweden	115	371	TD MV	+*	–*	–*	+*				
			TD BV	+*	–	–*	+*				
UK	200	689	TD MV	+*	–*	–*	+*				
			TD BV	+*	–*	–*	+*				
USA	421	1968	TD MV	+*	–*	–*	+*				
			TD BV	+*	+	–*	+*				
Chen/Zhao (2005a)											
USA/CA	–	94571	TD MV	+*	–	–*	+*				
			TD BV	+*	–*	–*	+*				
			LTD MV	+*	–*	–*	+*				
			LTD BV	+*	+*	–*	+*				
Chen et al. (1997)											
USA/CA	2219	18495	LTD MV	–*	–*	–*		–*			
Chittenden et al. (1996)											
UK	3308	–	TD BV	–	+	–*	–*				
			LTD BV	+*	+	–	+*				
			STD BV	–*	–	–*	–*				
Chui et al. (2002)											
Brasilien	100	–	TD BV	+		–*	–*			–	
Dänemark	99	–	TD BV	+*		–*	+			–*	
Deutschland	341	–	TD BV	+*		–*	+			–	
Finnland	71	–	TD BV	+		–*	+			–	
Frankreich	323	–	TD BV	+*		–*	+			+	
Japan	994	–	TD BV	+*		–*	–*			–*	
Schweiz	95	–	TD BV	+*		–	+			–	
Taiwan	65	–	TD BV	+*		–*	+			–	
Thailand	149	–	TD BV	+*		–*	–*			–	
USA	2195	–	TD BV	+*		–*	+*			+*	

Anhangtabelle A.12 (fortgesetzt)

				Kapitalstruktur-Determinanten							
Land	*N*	*N*t*	*AV*	*UG*	*W*	*P*	*SAV*	*R*	*NDTS*	*SP*	*ST*
Cloyd et al. (1997)											
USA	1009	–	TD BV			–*	+*		+*		+*
Colombo (2001)											
Ungarn	1100	2536	STD BV	+*	+*		+				
Crutchley/Hansen (1989)											
USA/CA	603	–	LTD MV	+*				–*		–*	
De Medeiros/Daher (2004)											
Brasilien	371	2226	TD BV	+*	+	–*	–*				
	371	2188	LTD BV	+*	–	–*	–*				
De Miguel/Pindado (2001)											
Spanien	133	883	LTD MV					–*	–*		
Dessi/Robertson (2003)											
UK	557	5227	TD BV	+*	+*	–*	+*	+*			
Dittmar (2004)											
USA/CA	103	–	TD BV	+	–	–	+	+			–
Easterwood/Kadapakkam (1991)											
USA/CA	156	–	LTD MV		–	–*	+	–*		–*	
Fama/French (2002)											
USA/CA	1618	–	TD MV	+*	–*	–*			–*		
			TD BV	+*	o*	–*			–*		
Fan et al. (2003)											
Australien	117	1170	TD MV	+*	–*	–*	+	+			–
Brasilien	53	508	TD MV	+*	–*	–*	–	–			+
Deutschland	147	1426	TD MV	+*	–*	–*	–*	+			–
Frankreich	209	2113	TD MV	+*	–*	–*	+*	+			–*
Hong Kong	69	708	TD MV	+*	–*	–*	+*	–			–
Indien	93	876	TD MV	–	–*	–*	+*	–*			–*
Japan	1070	9931	TD MV	+*	–*	–*	+*	–*			–*
Kanada	171	1738	TD MV	+*	–*	–*	+*	–			–*
Malaysia	94	870	TD MV	+*	–*	–*	–*	–*			–

Anhangtabelle A.12 (fortgesetzt)

				Kapitalstruktur-Determinanten							
Land	*N*	*N*t*	*AV*	*UG*	*W*	*P*	*SAV*	*R*	*NDTS*	*SP*	*ST*
Niederlande	78	779	TD MV	+*	–*	–*	+*	–			–
Schweden	51	504	TD MV	+*	–*	–*	+*	–			+*
Schweiz	54	511	TD MV	+	–*	–*	+	+*			+*
Südafrika	72	740	TD MV	+*	–*	–*	+*	–			–
Süd-Korea	117	1059	TD MV	+*	–	–*	–*	+*			–*
Taiwan	55	479	TD MV	+*	–*	–*	–*	–*			–
Thailand	95	766	TD MV	+*	–*	–*	+	+			–*
UK	543	5397	TD MV	+*	–*	–*	+*	+*			–*
USA	1683	16770	TD MV	+*	–*	–*	+*	+*			–*
Flannery/Rangan (2004)											
USA/CA	12919	111106	TD MV	+*	–	–*	+*		–*	–*	
Frackowiak et al. (2005)											
Deutschland	540	4974	LTD BV	+	–		+*	–			+
Frankreich	297	2375	LTD BV	+	+		+*	+			+
Polen	194	1329	LTD BV	+	–*		+*	+			+
UK	890	8609	LTD BV	+*	+		+	–*			+
Francfort/Rudolph (1992)											
Deutschland	158	–	TD MV	+*	+	–*		–*			
			TD BV	–	+	+		+*			
USA	181	–	TD MV	–	–	–*		+			
			TD BV	+*	–	–*		–*			
Frank/Goyal (2003a)											
USA	7301	79209	TD MV	+*	–*	–*	+*				
Friend/Lang (1988)											
USA/CA	388	–	TD BV	+		–*	+*	–*			
Gardner/Trzcinka (1992)											
USA/CA	672	–	TD BV		+*			+	+		
Gaud et al. (2005)											
Belgien	138	864	TD MV	+*	–*	–*	+*		–		
Dänemark	172	1316	TD MV	+*	–*	–*	+*		+		
Deutschland	629	4403	TD MV	+*	–*	–*	+*		–		
Finnland	138	837	TD MV	+*	–*	–*	+*		–		
Frankreich	863	5153	TD MV	+*	–*	–*	+*		+*		
Italien	223	1613	TD MV	+*	–*	–*	+*		–		

Anhangtabelle A.12 (fortgesetzt)

Land	*N*	*N*t*	*AV*	Kapitalstruktur-Determinanten *UG*	*W*	*P*	*SAV*	*R*	*NDTS*	*SP*	*ST*
Niederlande	222	1620	TD MV	+*	–*	–*	+*		–		
Norwegen	186	1016	TD MV	+*	–*	–*	+*		–		
Österreich	103	648	TD MV	+*	–*	–*	+*		+		
Schweden	267	1432	TD MV	+*	–*	–*	+*		–*		
Schweiz	194	1515	TD MV	+*	–*	–*	+*		+*		
Spanien	167	1196	TD MV	+*	–*	–*	+*		–		
UK	1772	12700	TD MV	+*	–*	–*	+*		–		
Ghosh et al. (2000)											
USA	256	–	LTD BV	+	–*	–	+*	–	–	–*	
Graham (1996a)											
USA	10240	54181	LTD MV	+*			+*	–	+*	+*	+*
Graham et al. (1998)											
USA/CA	–	18193	LTD MV	+*	–*		+*	–*			+*
Guiso (2003)											
Italien	3068	–	TD BV	+*		–*	+*			+*	
Hall et al. (2000)											
UK	3500	–	LTD BV	+*	+	+	+*				
			STD BV	–*	+*	–*	–*				
Hall et al. (2004)											
Belgien	500	–	LTD BV	+	+	–*	+*				
			STD BV	+	+	–*	–*				
Deutschland	500	–	LTD BV	+	–	+	+*				
			STD BV	–	+	–*	–*				
Irland	500	–	LTD BV	+	–	+	+*				
			STD BV	+	+	–	–*				
Italien	500	–	LTD BV	+	–	+	+*				
			STD BV	–	+*	–*	–*				
Niederlande	500	–	LTD BV	+*	–	+	+*				
			STD BV	–*	+	+*	–*				
Portugal	500	–	LTD BV	+	+	–*	+*				
			STD BV	–	+*	+*	–*				
Spanien	500	–	LTD BV	+*	+*	–	+*				
			STD BV	–*	+	+	–*				
UK	500	–	LTD BV	+*	+	+*	+*				
			STD BV	–	+*	–*	–*				

Anhangtabelle A.12 (fortgesetzt)

				Kapitalstruktur-Determinanten							
Land	*N*	*N*t*	*AV*	*UG*	*W*	*P*	*SAV*	*R*	*NDTS*	*SP*	*ST*
Högfeldt/Oborenko (2005)											
Schweden	215	1072	TD MV	+*	–*	–*	+				
	215	1081	TD BV	+*	–*	–*	–*				
Homaifar et al. (1994)											
USA/CA	370	2960	LTD MV	+*	–*				+		+*
Hovakimian et al. (2001)											
USA/CA	–	39387	TD MV	+*	–*	–*	+*		+	–*	
Hovakimian et al. (2004)											
USA/CA	–	21823	TD MV	+*	–*	–*	+*		+*	–*	
Johnson (2003)											
USA/CA	–	17714	TD MV	+*	–*	–*	+*	+	+		
Jordan et al. (1998)											
UK	173	–	TD BV	+	–	+	+*	+*			–*
Kale et al. (1991)											
USA/CA	233	–	TD BV	–	–*		–	–*	–*	–*	
Kayhan/Titman (2004)											
USA/CA	–	–	TD MV	+*	–*	–*	+*			–*	
	–	–	TD BV	+*	–*	–*	+*			–*	
Kester (1986)											
USA/Japan	796	–	TD MV	–	+*	–*		–			
			TD BV	–	+	–*		–			
Kim/Sorensen (1986)											
USA/CA	156	–	LTD BV	–	–*			+*	–		–
Kremp et al. (1999)											
Deutschland	153	–	TD BV		+*	–*	+	+			
	449	–	TD BV		+*	–*	+*	–			
Frankreich	201	–	TD BV		+*	–*	–	+			
	224	–	TD BV		+*	–*	+	+			

Anhangtabelle A.12 (fortgesetzt)

				Kapitalstruktur-Determinanten							
Land	*N*	*N*t*	*AV*	*UG*	*W*	*P*	*SAV*	*R*	*NDTS*	*SP*	*ST*
Lowe et al. (1994)											
Australien	176	–	TD BV	+	–		+*	–			
MacKay (2003)											
USA	764	3416	TD BV	+*		–*		+*			
MacKie-Mason (1990)											
USA/CA	1747	–	TD MV	+*			+	–*	–*	+*	
Menéndez-Alonso (2003)											
Spanien	480	–	TD BV	+*	–	–*		+		–*	
			LTD BV	+	–	+		–		+	
			STD BV	+*	–	–*		+		–*	
Michaelas et al. (1999)											
UK	3500	20500	TD BV	+*	+*	–*	+*	+*	+		–
			LTD BV	+*	+*	–*	+*	+	–*		–
			STD BV	–*	+*	–*	+*	+*	+		–
Moh'd et al. (1998)											
USA/CA	311	–	LTD MV	+*	–*	–*	+*	o*	+*	–*	+*
Ozkan (2001)											
UK	390	4132	TD BV	+*	+*	–*			–		
Panno (2003)											
Italien	63	–	TD MV	+*		–	+	–*			
UK	87	–	TD MV	+		+		–			
Pindado/de la Torre (2005)											
Spanien	135	1233	LTD MV	+*		–*		–*	–*		
Rajan/Zingales (1995)											
Deutschland	176	–	TD MV	–*	–*	+	+				
	175	–	TD BV	–*	–*	+	+*				
Frankreich	126	–	TD MV	–	–*	–	+				
	117	–	TD BV	+	–*	–	+*				
Italien	98	–	TD MV	+	–	–	+*				
	96	–	TD BV	+	–	–	+				

Anhangtabelle A.12 (fortgesetzt)

				Kapitalstruktur-Determinanten							
Land	*N*	*N*t*	*AV*	*UG*	*W*	*P*	*SAV*	*R*	*NDTS*	*SP*	*ST*
Japan	313	–	TD MV	+*	–*	–*	+*				
	316	–	TD BV	+*	–	–*	+*				
Kanada	275	–	TD MV	+*	–*	–*	+				
	264	–	TD BV	+*	–*	–*	+*				
UK	544	–	TD MV	+	–*	–*	+*				
	522	–	TD BV	+*	–*	–	+*				
USA	2207	–	TD MV	+*	–*	–*	+*				
	2079	–	TD BV	+*	–*	–*	+*				
Ramb (2000)											
Belgien	3111	–	TD BV	+*	+*	–*	–*				
Deutschland	837	–	TD BV	–*	+*	–*	–				
Frankreich	12990	–	TD BV	–	+*	–*	–*				
Italien	5561	–	TD BV	–*	+*	–*	–*				
Niederlande	785	–	TD BV	+*	+*	–	–				
Spanien	2528	–	TD BV	–	+*	–*	–*				
UK	7553	–	TD BV	+*	+*	–*	–*				
Schäfer et al. (2004)											
Deutschland	228	–	TD BV			+*	+				
Schwiete/Weigand (1997)											
Deutschland	230	4140	TD BV	+*	+*			+*		+	
Short et al. (2002)											
UK	226	–	TD MV	+*	+	–*	+	–		–*	
Sogorb-Mira (2001)											
			TD BV	+*	+*	–*	+*		–*		–*
Spanien	3692	19805	LTD BV	+*	+*	–*	+*		–*		–*
			STD BV	+*	–*	–*	–*		–*		–*
Sogorb-Mira/López-Gracia (2003)											
Spanien	6468	12910	TD BV	+*	+*	+	–	–	–*		+*
Suto (2003)											
Malaysia	375	–	TD MV	+*			+	+	–		
			TD BV	+			+	+*	+		

Anhangtabelle A.12 (fortgesetzt)

Land	*N*	*N*t*	*AV*	Kapitalstruktur-Determinanten *UG*	*W*	*P*	*SAV*	*R*	*NDTS*	*SP*	*ST*
Thies/Klock (1992)											
USA	419	–	LTD MV		+	–*	+*	–*			+*
			STD MV		+	–*	o*	+*			+*
Thornhill et al. (2004)											
Kanada	2775	–	TD BV	–	+*						
Titman/Wessels (1988)											
USA/CA	469	–	LTD MV	–	–	–*	+	–	–	–*	
			LTD BV	–*	+*	–	–	–	–	–*	
			STD MV	–*	–	–*	–	–	–	–*	
			STD BV	–*	+	–	–	–	–	–*	
Van der Wijst/Thurik (1993)											
Deutschland	27	–	LTD BV	+		–*	+*		–		
	27	–	STD BV	+		–*	–*		+		
Voulgaris et al. (2002)											
Griechenland	75	675	TD BV		+*	–*	+				
			STD BV		+	–	–				
Voulgaris et al. (2004)											
Griechenland	132	1186	TD BV	+*	+*	–*					
			STD BV	+*	+*	–*	+*				
Wald (1999)											
Deutschland	316	–	TD BV	–*	+*	–*	+*	+	–*	–*	
			LTD BV	–	+*	–*	+*	–	–*	–	
Frankreich	313	–	TD BV	–	–	–*	+*	–	–*	–*	
			LTD BV	+	+*	–*	+*	+	–*	–	
Japan	1350	–	TD BV	+*	–*	–*	+*	+*	–*	–*	
			LTD BV	+*	+*	–*	o*	+	–*	–*	
UK	1096	–	TD BV	+*	–	–*	+*	+*	–*	–	
			LTD BV	+*	+*	–*	+*	+*	–*	–	
USA	1329	–	TD BV	+*	–*	–*	+*	–*	–*	–*	
			LTD BV	+*	–*	–*	+*	–*	–*	–*	

Anhangtabelle A.12 (fortgesetzt)

				Kapitalstruktur-Determinanten							
Land	*N*	*N*t*	*AV*	*UG*	*W*	*P*	*SAV*	*R*	*NDTS*	*SP*	*ST*
Wiwattanakantang (1999)											
Thailand	244	–	TD MV	+*	–*	–*	+	–	–*		
			TD BV	+*	–	–*	+	–	–*		
Zoppa/McMahon (2002)											
			TD BV		○	–*	–				
Australien	871	–	LTD BV	+*	–	–*	+*				
			STD BV	+*	+	–*	–*				

Anmerkung: *N* Stichprobenumfang, *N*t* Anzahl Beobachtungspunkte, *AV* Verschuldungsgradkategorie der abhängigen Variable, *UG* Unternehmensgröße, *W* Wachstum, *P* Profitabilität, *SAV* Sachanlagevermögen, *R* Risiko, *NDTS* Non-Debt-Tax-Shields, *SP* Spezialisierung, *ST* Steuern, „+" positiver Koeffizientenwert, „–" negativer Koeffizientenwert, „○" widersprüchliches Ergebnis bei Mehrfachtestung innerhalb eines Modells, „*" signifikant auf mindestens 5% Niveau.

Literaturverzeichnis

Abdi, H. (2007): Binomial Distribution / Binomial and Sign Tests, in: Salkind, N. (Hrsg.): Encyclopedia of Measurement and Statistics, Sage Publications, Thousand Oaks, S. 87-89.

Adedeji, A. (1998): Does the Pecking Order Hypothesis Explain the Dividend Payout Ratios of Firms in the UK?, in: Journal of Business Finance & Accounting, Vol. 25(9/10), S. 1127-1155.

Agrawal, A. / Nagarajan, N. J. (1990): Corporate Capital Structure, Agency Costs, and Ownership Control: The Case of All-Equity Firms, in: Journal of Finance, Vol. 45(4), S. 1325-1331.

Alderson, M. J. / Betker, B. L. (1995): Liquidation Costs and Capital Structure, in: Journal of Financial Economics, Vol. 39(1), S. 45-69.

Allayannis, G. / Brown, G. W. / Klapper, L. F. (2003): Capital Structure and Financial Risk: Evidence from Foreign Debt Use in East Asia, in: Journal of Finance, Vol. 58(6), S. 2667-2710.

Allen, D. E. (1993): The Pecking Order Hypothesis: Australian Evidence, in: Applied Financial Economics, Vol. 3(2), S. 101-112.

Allen, D. E. / Mizuno, H. (1989): The Determinants of Corporate Capital Structures: Japanese Evidence, in: Applied Economics, Vol. 21(5), S. 569-585.

Ambarish, R. / John, K. / Williams, J. (1987): Efficient Signalling with Dividends and Investments, in: Journal of Finance, Vol. 42(2), S. 321-343.

Anderson, R. C. / Mansi, S. A. / Reeb, D. M (2003): Founding Family Ownership and the Agency Cost of Debt, in: Journal of Financial Economics, Vol. 68(2), S. 263-285.

Andritzky, J. R. (2003): Leverage, Industries, and Countries: Evidence from Seven Countries, Swiss Institute of Banking and Finance, University of St. Gallen, Arbeitspapier.

Ang, J. S. (1976): The Intertemporal Behavior of Corporate Debt Policy, in: Journal of Financial & Quantitative Analysis, Vol. 11(4), S. 555-566.

Ang, J. S. (1991): Small Business Uniqueness and the Theory of Financial Management, in: Journal of Small Business Finance, Vol. 1(1), S. 1-13.

Ang, J. S. (1992): On the Theory of Finance for Privately Held Firms, in: Journal of Small Business Finance, Vol. 1(3), S. 185-203.

Antoniou, A. / Guney, Y. / Paudyal, K. (2002): Determinants of Corporate Capital Structure: Evidence from European Countries, Centre for Empirical Research, University of Durham, Arbeitspapier.

Arrondo, R. / Gómez-Ansón, S. (2003): A Study of Spanish Firms' Security Issue Decision Under Asymmetric Information and Agency Costs, in: Applied Financial Economics, Vol. 13(10), S. 771-782.

Aybar-Arias, C. / Casino-Martínez, A. / López-Gracia, J. (2004): Capital Structure and Sensitivity in SME Definition: A Panel Data Investigation, Universitat de València, Arbeitspapier.

Backhaus, K. / Erichson, B. / Plinke, W. / Weiber, R. (2006): Multivariate Analysemethoden, 11. Aufl., Springer Verlag, Berlin.

Bagley, C. N. / Ghosh, D. K. / Yaari, U. (1998): Pecking Order As a Dynamic Leverage Theory, in: European Journal of Finance, Vol. 4(2), S. 157-183.

Baker, S. H. (1973): Risk, Leverage and Profitability: An Industry Analysis, in: Review of Economics & Statistics, Vol. 55(4), S. 503-507.

Baker, M. / Wurgler, J. (2002): Market Timing and Capital Structure, in: Journal of Finance, Vol. 57(1), S. 1-32.

Balakrishnan, S. / Fox, I. (1993): Asset Specificity, Firm Heterogeneity and Capital Structure, in: Strategic Management Journal, Vol. 14(1), S. 3-16.

Bancel, F. / Mittoo, U. R. (2003): The Determinants of Capital Structure Choice: A Survey of European Firms, University of Manitoba, Arbeitspapier.

Baranchuk, N. / Xu, Y. (2007): On the Persistence of Capital Structure – Reinterpreting What We Know, University of Texas, Arbeitspapier.

Barclay, M. J. / Marx, L. M. / Smith Jr., C. W. (2003): The Joint Determination of Leverage and Maturity, in: Journal of Corporate Finance, Vol. 9(2), S. 149-167.

Barclay, M. J. / Smith Jr., C. W. (1995): The Maturity Structure of Corporate Debt, in: Journal of Finance, Vol. 50(2), S. 609-631.

Bartholdy, J. / Mateus, C. (2005): Debt and Taxes: Evidence from Bank-Financed Small and Medium-Sized Firms, Aarhus School of Business, Arbeitspapier.

Barton, S. L. / Gordon, P. J. (1987): Corporate Strategy: Useful Perspective for the Study of Capital Structure?, in: Academy of Management Review, Vol. 12(1), S. 67-75.

Barton, S. L. / Gordon, P. J. (1988): Corporate Strategy and Capital Structure, in: Strategic Management Journal, Vol. 9(6), S. 623-632.

Baskin, J. (1989): An Empirical Investigation of the Pecking Order Hypothesis, in: Financial Management, Vol. 18(1), S. 26-35.

Baum, C. F. (2006): An Introduction to Modern Econometrics Using Stata, Stata Press, College Station.

Baumol, W. J. / Malkiel, B. G. (1967): The Firm's Optimal Debt-Equity Combination and the Cost of Capital, in: Quarterly Journal of Economics, Vol. 81(4), S. 547-578.

Baxter, N. D. (1967): Leverage, Risk of Ruin and the Cost of Capital, in: Journal of Finance, Vol. 22(3), S. 395-403.

Baxter, N. D. / Cragg, J. G. (1970): Corporate Choice Among Long-Term Financing Instruments, in: Review of Economics & Statistics, Vol. 52(3), S. 225-235.

Bayless, M. E. / Diltz, J. D. (1994): Securities Offerings and Capital Structure Theory, in: Journal of Business Finance & Accounting, Vol. 21(1), S. 77-91.

Beattie, V. / Goodacre, A. / Thomson, S. J. (2004): Diversity and Determinants of Corporate Financing Decisions: Survey Evidence, University of Stirling, Arbeitspapier.

Bennett, M. / Donnelly, R. (1993): The Determinants of Capital Structure: Some UK Evidence, in: British Accounting Review, Vol. 25(1), S. 43-59.

Berens, J. L. / Cuny, C. J. (1995): The Capital Structure Puzzle Revisited, in: Review of Financial Studies, Vol. 8(4), S. 1185-1208.

Berger, P. G. / Ofek, E. / Yermack, D. L. (1997): Managerial Entrenchment and Capital Structure Decisions, in: Journal of Finance, Vol. 52(4), S. 1411-1438.

Berger, A. N. / Udell, G. F. (1998): The Economics of Small Business Finance: The Roles of Private Equity and Debt Markets in the Financial Growth Cycle, in: Journal of Banking & Finance, Vol. 22(6-8), S. 613-673.

Berger, A. N. / Udell, G. F. (2002): Small Business Credit Availability and Relationship Lending: The Importance of Bank Organisational Structure, in: Economic Journal, Vol. 112(477), S. F32-F53.

Bevan, A. A. / Danbolt, J. (2002): Capital Structure and Its Determinants in the UK – A Decompositional Analysis, in: Applied Financial Economics, Vol. 12(3), S. 159-170.

Bevan, A. A. / Danbolt, J. (2004): Testing for Inconsistencies in the Estimation of UK Capital Structure Determinants, in: Applied Financial Economics, Vol. 14(1), S. 55-66.

Bhaduri, S. N. (2002a): Determinants of Capital Structure Choice: A Study of the Indian Corporate Sector, in: Applied Financial Economics, Vol. 12(9), S. 655-665.

Bhaduri, S. N. (2002b): Determinants of Corporate Borrowing: Some Evidence from the Indian Corporate Structure, in: Journal of Economics & Finance, Vol. 26(2), S. 200-215.

Bijmolt, T. H. A. / Pieters, R. G. M. (2001): Meta-Analysis in Marketing when Studies Contain Multiple Measurements, in: Marketing Letters, Vol. 12(2), S. 157-169.

Blumenthal, J. A. (2006): Meta-Analysis: A Primer for Legal Scholars, Syracuse University College of Law, Arbeitspapier.

Booth, L. / Aivazian, V. / Demirgüç-Kunt, A. / Maksimovic, V. (2001): Capital Structures in Developing Countries, in: Journal of Finance, Vol. 56(1), S. 87-130.

Bowen, R. M. / Daley, L. A. / Huber Jr., C. C. (1982): Evidence on the Existence and Determinants of Inter-Industry Differences in Leverage, in: Financial Management, Vol. 11(4), S. 10-20.

Bowman, R. G. (1980): The Importance of a Market-Value Measurement of Debt in Assessing Leverage, in: Journal of Accounting Research, Vol. 18(1), S. 242-254.

Bradley, M. / Jarrell, G. A. / Kim, E. H. (1984): On the Existence of an Optimal Capital Structure: Theory and Evidence, in: Journal of Finance, Vol. 39(3), S. 857-880.

Brailsford, T. J. / Oliver, B. R. / Pua, S. L. H. (2002): On the Relation Between Ownership Structure and Capital Structure, in: Accounting & Finance, Vol. 42(1), S. 1-26.

Brander, J. A. / Lewis, T. R. (1986): Oligopoly and Financial Structure: The Limited Liability Effect, in: American Economic Review, Vol. 76(5), S. 956-970.

Brennan, M. J. (1995): Corporate Finance Over the Past 25 Years, in: Financial Management, Vol. 24(2), S. 9-22.

Brennan, M. J. / Schwartz, E. S. (1978): Corporate Income Taxes, Valuation, and the Problem of Optimal Capital Structure, in: Journal of Business, Vol. 51(1), S. 103-114.

Brinberg, D. / Jaccard, J. (1986): A Review of Meta-Analytic Techniques, in: Advances in Consumer Research, Vol. 13(1), S. 606-611.

Bring, J. (1994): How to Standardize Regression Coefficients, in: The American Statistician, Vol. 48(3), S. 209-213.

Büning, H. / Trenkler, G. (1994): Nichtparametrische statistische Methoden, 2. erw. Aufl., Walter de Gruyter, Berlin.

Burgman, T. A. (1996): An Empirical Examination of Multinational Corporate Capital Structure, in: Journal of International Business Studies, Vol. 27(3), S. 553-570.

Bushman, B. J. (1994): Vote-Counting Procedures in Meta-Analysis, in: Cooper, H. / Hedges L. V. (Hrsg.): The Handbook of Research Synthesis, Russell Sage Foundation, New York, S. 193-213.

Carleton, W. T. / Silberman, I. H. (1977): Joint Determination of Rate of Return and Capital Structure: An Econometric Analysis, in: Journal of Finance, Vol. 32(3), S. 811-821.

Cassar, G. / Holmes, S. (2003): Capital Structure and Financing of SMEs: Australian Evidence, in: Accounting & Finance, Vol. 43(2), S. 123-147.

Castanias, R. (1983): Bankruptcy Risk and Optimal Capital Structure, in: Journal of Finance, Vol. 38(5), S. 1617-1635.

Chaganti, R. / DeCarolis, D. / Deeds, D. (1995): Predictors of Capital Structure in Small Ventures, in: Entrepreneurship Theory & Practice, Vol. 20(2), S. 7-18.

Chaplinsky, S. / Harris, R. S. (1996): Capital Structure Theory: A Current Perspective, University of Virginia, Arbeitspapier.

Chaplinsky, S. / Niehaus, G. (1993): Do Inside Ownership and Leverage Share Common Determinants?, in: Quarterly Journal of Business & Economics, Vol. 32(4), S. 51-65.

Chen, J. J. (2004): Determinants of Capital Structure of Chinese-listed Companies, in: Journal of Business Research, Vol. 57(12), S. 1341-1351.

Chen, C. J. P. / Cheng, C. S. A. / He, J. / Kim, J. (1997): An Investigation of the Relationship Between International Activities and Capital Structure, in: Journal of International Business Studies, Vol. 28(3), S. 563-577.

Chen, Y. / Hammes, K. (2004): Capital Structure – Theories and Empirical Results, Gothenburg University, Arbeitspapier.

Chen, A. H. / Kim, E. H. (1979): Theories of Corporate Debt Policy: A Synthesis, in: Journal of Finance, Vol. 34(2), S. 371-384.

Chen, L. / Zhao, X. (2005a): Profitability, Mean Reversion of Leverage Ratios, and Capital Structure Choices, Michigan State University, Arbeitspapier.

Chen, L. / Zhao, X. (2005b): On the Relation Between the Market-to-Book Ratio, Growth Opportunity, and Leverage Ratio, Michigan State University, Arbeitspapier.

Childs, P. D. / Mauer, D. C. / Ott, S. H. (2005): Interactions of Corporate Financing and Investment Decisions: The Effects of Agency Conflicts, in: Journal of Financial Economics, Vol. 76(3), S. 667-690.

Chirinko, R. S. / Singha, A. R. (2000): Testing Static Tradeoff Against Pecking Order Models of Capital Structure: A Critical Comment, in: Journal of Financial Economics, Vol. 58(3), S. 417-425.

Chittenden, F. / Hall, G. / Hutchinson, P. (1996): Small Firm Growth, Access to Capital Markets and Financial Structure: Review of Issues and an Empirical Investigation, in: Small Business Economics, Vol. 8(1), S. 59-67.

Chow, S. L. (1987): Meta-Analysis of Pragmatic and Theoretical Research: A Critique, in: Journal of Psychology, Vol. 121(3), S. 259-271.

Chrisman, J. J. / Chua, J. H. / Litz, R. A. (2004): Comparing the Agency Costs of Family and Non-Family Firms: Conceptual Issues and Exploratory Evidence, in: Entrepreneurship Theory & Practice, Vol. 28(4), S. 335-354.

Chrisman, J. J. / Chus, J. H. / Sharma, P. (2005): Trends and Directions in the Development of a Strategic Management Theory of the Family Firm, in: Entrepreneurship Theory & Practice, Vol. 29(5), S. 555-575.

Chui, A. C. W. / Lloyd, A. E. / Kwok, C. C. Y. (2002): The Determination of Capital Structure: Is National Culture a Missing Piece to the Puzzle?, in: Journal of International Business Studies, Vol. 33(1), S. 99-127.

Claggett, E. T. (1991): Capital Structure: Convergent and Pecking Order Evidence, in: Review of Financial Economics, Vol. 1(1), S. 35-48.

Cleves, M. / Gould, W. / Gutierrez, R. / Marchenko, Y. (2008): An Introduction to Survival Analysis Using Stata, 2. Aufl., Stata Press, College Station.

Clouse, M. L. / Masson, D. J. (1993): Evidence on the Importance of Financial Structure: Do Industry Differences Still Exist?, in: American Business Review, Vol. 11(2), S. 52-56.

Cloyd, C. B. / Limberg, S. T. / Robinson, J. R. (1997): The Impact of Federal Taxes on the Use of Debt by Closely Held Corporations, in: National Tax Journal, Vol. 50(2), S. 261-277.

Colombo, E. (2001): Determinants of Corporate Capital Structure: Evidence from Hungarian Firms, in: Applied Economics, Vol. 33(13), S. 1689-1701.

Cook, D. O. / Kieschnick, R. (2008): On the Nature of Corporate Capital Structure Persistence, University of Alabama, Arbeitspapier.

Cooper, H. M. / Lindsay, J. J. (1997): Research Synthesis and Meta-Analysis, in: Bickman, L. / Rog, D. J. (Hrsg.): Handbook of Applied Social Research Methods, Sage Publications, Thousands Oaks, S. 315-337.

Cooper, H. M. (1998): Synthesizing Research: A Guide for Literature Reviews, 3. Aufl., Sage Publications, Thousands Oaks.

Cooper, H. M. (2004): Meta-Analysis, in: Lewis-Beck, M. S. / Bryman, A. / Liao, T. F. (Hrsg.): The Sage Encyclopedia of Social Science Research Methods, Vol. 2, Sage Publications, Thousands Oaks, S. 635-639.

Crutchley, C. E. / Hansen, R. S. (1989): A Test of the Agency Theory of Managerial Ownership, Corporate Leverage, and Corporate Dividends, in: Financial Management, Vol. 18(4), S. 36-46.

Dammon, R. M. / Senbet, L. W. (1988): The Effect of Taxes and Depreciation on Corporate Investment and Financial Leverage, in: Journal of Finance, Vol. 43(2), S. 357-373.

Dasgupta, S. / Shin, J. (1999): Information Sharing, Information Free-Riding and Capital Structure in Oligopolies, in: International Journal of Industrial Organization, Vol. 17(1), S. 109-135.

DeAngelo, H. / Masulis, R. W. (1980): Optimal Capital Structure Under Corporate and Personal Taxation, in: Journal of Financial Economics, Vol. 8(1), S. 3-29.

De Medeiros, O. R. / Daher, C. E. (2004): Testing Static Tradeoff Against Pecking Order Models of Capital Structure in Brazilian Firms, Universidade de Brasilia, Arbeitspapier.

De Miguel, A. / Pindado, J. (2001): Determinants of Capital Structure: New Evidence from Spanish Panel Data, in: Journal of Corporate Finance, Vol. 7(1), S. 77-99.

Demirgüç-Kunt, A. / Levine, R. (2001): Bank-Based and Market-Based Financial Systems: Cross-Country Comparisons, University of Minnesota, Arbeitspapier.

Demirgüç-Kunt, A. / Maksimovic, V. (1999): Institutions, Financial Markets, and Firm Debt Maturity, in: Journal of Financial Economics, Vol. 54(3), S. 295-336.

Dessi, R. / Robertson, D. (2003): Debt, Incentives and Performance: Evidence from UK Panel Data, in: Economic Journal, Vol. 113(490), S. 903-919.

Dittmar, A. (2004): Capital Structure in Corporate Spin-Offs, in: Journal of Business, Vol. 77(1), S. 9-43.

Donaldson, G. (1961): Corporate Debt Capacity: A Study of Corporate Debt Policy and the Determination of Corporate Debt Capacity, Harvard University, Boston.

Dotan, A. / Ravid, S. A. (1985): On the Interaction of Real and Financial Decisions of the Firm Under Uncertainty, in: Journal of Finance, Vol. 40(2), S. 501-517.

Drobetz, W. / Pensa, P. / Wanzenried, G. (2006): Firm Characteristics and Dynamic Capital Structure Adjustment, Universität Hamburg, Arbeitspapier.

Durand, D. (1959): The Cost of Capital, Corporation Finance, and the Theory of Investment: Comment, in: American Economic Review, Vol. 49(4), S. 639-655.

Easterwood, J. C. / Kadapakkam, P. (1991): The Role of Private and Public Debt in Corporate Capital Structures, in: Financial Management, Vol. 20(3), S. 49-57.

Eisend, M. (2004): Metaanalyse – Einführung und kritische Diskussion, Fachbereich Wirtschaftswissenschaft der Freien Universität Berlin, Arbeitspapier.

Elsas, R. / Florysiak, D. (2008): Empirical Capital Structure Research: New Ideas, Recent Evidence, and Methodological Issues, Ludwig-Maximilians-Universität München, Arbeitspapier.

Fama, E. F. / French, K. R. (2002): Testing Trade-Off and Pecking Order Predictions About Dividends and Debt, in: Review of Financial Studies, Vol. 15(1), S. 1-33.

Fama, E. F. / MacBeth, J. D. (1973): Risk, Return, and Equilibrium: Empirical Tests, in: Journal of Political Economy, Vol. 81(3), S. 607-636.

Fan, J. P. H. / Titman, S. / Twite, G. (2003): An International Comparison of Capital Structure and Debt Maturity Choices, School of Business and Management, Hong Kong University of Science and Technology, Arbeitspapier.

Fattouh, B. / Harris, L. / Scaramozzino, P. (2005): Non-Linearity in the Determinants of Capital Structure: Evidence from UK Firms, Centre for Financial and Management Studies, University of London, Arbeitspapier.

Ferri, M. G. / Jones, W. H. (1979): Determinants of Financial Structure: A New Methodological Approach, in: Journal of Finance, Vol. 34(3), S. 631-644.

Fitzgerald, S. M. / Rumrill, P. D. (2003): Meta-Analysis as a Tool for Understanding Existing Research Literature, in: Work, Vol. 21(1), S. 97-103.

Fitzgerald, S. M. / Rumrill, P. D. (2005): Quantitative Alternatives to Narrative Reviews for Understanding Existing Research Literature, in: Work, Vol. 24(3), S. 317-323.

Fischer, E. O. / Heinkel, R. / Zechner, J. (1989): Dynamic Capital Structure Choice: Theory and Tests, in: Journal of Finance, Vol. 44(1), S. 19-40.

Flannery, M. J. / Rangan, K. P. (2004): Partial Adjustment toward Target Capital Structures, Graduate School of Business, University of Florida, Arbeitspapier.

Flath, D. / Knoeber, C. R. (1980): Taxes, Failure Costs, and Optimal Industry Capital Structure: An Empirical Test, in: Journal of Finance, Vol. 35(1), S. 99-117.

Florax, R. J. G. M. / de Groot, H. L. F. / de Mooij, R. A. (2002): Meta-Analysis: A Tool for Upgrading Inputs of Macroeconomic Policy Models, Tinbergen Institute, Arbeitspapier.

Frackowiak, W. / Gryglewicz, S. / Stobiecki, P. / Stradomski, M. / Szyszka, A. (2005): Determinants of Corporate Long-Term Capital Policy – Poland vs. France, Germany, and Great Britain, Poznan University of Economics, Arbeitspapier.

Frank, M. Z. / Goyal, V. K. (2003a): Testing the Pecking Order Theory of Capital Structure, in: Journal of Financial Economics, Vol. 67(2), S. 217-248.

Frank, M. Z. / Goyal, V. K. (2003b): The Effect of Market Conditions on Capital Structure Adjustment, University of British Columbia, Arbeitspapier.

Francfort, A. F. / Rudolph, B. (1992): Zur Entwicklung der Kapitalstrukturen in Deutschland und in den Vereinigten Staaten von Amerika, in: Zeitschrift für betriebswirtschaftliche Forschung, Vol. 44(12), S. 1059-1079.

Friend, I. / Lang, L. H. P. (1988): An Empirical Test of the Impact of Managerial Self-Interest on Corporate Capital Structure, in: Journal of Finance, Vol. 43(2), S. 271-281.

Frydenberg, S. (2004): Determinants of Corporate Capital Structure of Norwegian Manufacturing Firms, Sor-Trondelag University College, Arbeitspapier.

Gardner, J. C. / Trzcinka, C. A. (1992): All-Equity Firms and the Balancing Theory of Capital Structure, in: Journal of Financial Research, Vol. 15(1), S. 77-90.

Gaud, P. / Hoesli, M. / Bender, A. (2005): Debt-Equity Choice in Europe, International Center for Financial Asset Management and Engineering, University of Geneva, Arbeitspapier.

Ghosh, A. / Cai, F. (1999): Capital Structure: New Evidence of Optimality and Pecking Order Theory, in: American Business Review, Vol. 17(1), S. 32-38.

Ghosh, A. / Cai, F. / Li, W. (2000): The Determinants of Capital Structure, in: American Business Review, Vol. 18(2), S. 129-132.

Glass, G. V. (1976): Primary, Secondary, and Meta-Analysis of Research, in: Educational Researcher, Vol. 5(10), S. 3-8.

Glazer, J. (1994): The Strategic Effect of Long-Term Debt in Imperfect Competition, in: Journal of Economic Theory, Vol. 62(2), S. 428-443.

Gleason, K. C. / Mathur, L. / Mathur, I. (2000): The Interrelationship Between Culture, Capital Structure, and Performance: Evidence From European Retailers, in: Journal of Business Research, Vol. 50(2), S. 185-191.

Goldstein, R. / Ju, N. / Leland, H. (2001): An EBIT-Based Model of Dynamic Capital Structure, in: Journal of Business, Vol. 74(4), S. 483-512.

Graham, J. R. (1996a): Debt and the Marginal Tax Rate, in: Journal of Financial Economics, Vol. 41(1), S. 41-73.

Graham, J. R. (1996b): Proxies for the Corporate Marginal Tax Rate, in: Journal of Financial Economics, Vol. 42(2), S. 187-221.

Graham, J. R. (1999): Do Personal Taxes Affect Corporate Financing Decisions?, in: Journal of Public Economics, Vol. 73(2), S. 147-185.

Graham, J. R. (2000): How Big Are the Tax Benefits of Debt?, in: Journal of Finance, Vol. 55(5), S. 1901-1941.

Graham, J. R. (2003): Taxes and Corporate Finance: A Review, in: Review of Financial Studies, Vol. 16(4), S. 1075-1129.

Graham, J. R. / Harvey, C. R. (2001): The Theory and Practice of Corporate Finance: Evidence From the Field, in: Journal of Financial Economics, Vol. 60(2/3), S. 187-243.

Graham, J. R. / Lemmon, M. L. / Schallheim, J. S. (1998): Debt, Leases, Taxes, and the Endogeneity of Corporate Tax Status, in: Journal of Finance, Vol. 53(1), S. 131-162.

Green, B. F. / Hall, J. A. (1984): Quantitative Methods for Literature Reviews, in: Annual Review of Psychology, Vol. 35, S. 37-53.

Gregory, B. T. / Rutherford, M. W. / Oswald, S. / Gardiner, L. (2005): An Empirical Investigation of the Growth Cycle Theory of Small Firm Financing, in: Journal of Small Business Management, Vol. 43(4), S. 382-392.

Guedes, J. / Opler, T. (1996): The Determinants of the Maturity of Corporate Debt Issues, in: Journal of Finance, Vol. 51(5), S. 1809-1833.

Guiso, L. (2003): Small Business Finance in Italy, in: EIB Papers, Vol. 7(2), S. 120-149.

Gupta, M. C. (1969): The Effect of Size, Growth, and Industry on the Financial Structure of Manufacturing Companies, in: Journal of Finance, Vol. 24(3), S. 517-529.

Hall, G. / Hutchinson, P. / Michaelas, N. (2000): Industry Effects on the Determinants of Unquoted SMEs' Capital Structure, in: International Journal of the Economics of Business, Vol. 7(3), S. 297-312.

Hall, G. / Hutchinson, P. / Michaelas, N. (2004): Determinants of the Capital Structures of European SMEs, in: Journal of Business Finance & Accounting, Vol. 31(5/6), S. 711-728.

Halov, N. / Heider, F. (2004): Capital Structure, Risk and Asymmetric Information, Stern School of Business, New York University, Arbeitspapier.

Harris, M. / Raviv, A. (1990): Capital Structure and the Informational Role of Debt, in: Journal of Finance, Vol. 45(2), S. 321-349.

Harris, M. / Raviv, A. (1991): The Theory of Capital Structure, in: Journal of Finance, Vol. 46(1), S. 297-355.

Haugen, R. A. / Senbet, L. W. (1978): The Insignificance of Bankruptcy Costs to the Theory of Optimal Capital Structure, in: Journal of Finance, Vol. 33(2), S. 383-393.

Haugen, R. A. / Senbet, L. W. (1979): New Perspectives on Informational Asymmetry and Agency Relationships, in: Journal of Financial & Quantitative Analysis, Vol. 14(4), S. 671-694.

Haugen, R. A. / Senbet, L. W. (1986): Corporate Finance and Taxes: A Review, in: Financial Management, Vol. 15(3), S. 5-21.

Hedges, L. V. (1990): Directions for Future Methodology, in: Wachter, K. W. / Straf, M. L. (Hrsg.): The Future of Meta-Analysis, Russell Sage Foundation, New York.

Hedges, L. V. / Olkin, I. (1980): Vote Counting Methods in Research Synthesis, in: Psychological Bulletin, Vol. 88(2), S. 359-369.

Hedges, L. V. / Olkin, I. (1985): Statistical Methods for Meta-Analysis, Academic Press, San Diego.

Helwege, J. / Liang, N. (1996): Is There a Pecking Order? Evidence From a Panel of IPO Firms, in: Journal of Financial Economics, Vol. 40(3), S. 429-458.

Högfeldt, P. / Oborenko, A. (2005): Does Market Timing or Enhanced Pecking Order Determine Capital Structure, Stockholm School of Economics, Arbeitspapier.

Hodges, J. L. / Lehmann, E. L. (2005): Basic Concepts of Probability and Statistics, 2. Aufl., SIAM, Philadelphia.

Holmes, S. / Kent, P. (1991): An Empirical Analysis of the Financial Structure of Small and Large Australian Manufacturing Enterprises, in: Journal of Small Business Finance, Vol. 1(2), S. 141-154.

Homaifar, G. / Zietz, J. / Benkato, O. (1994): An Empirical Model of Capital Structure: Some New Evidence, in: Journal of Business Finance & Accounting, Vol. 21(1), S. 1-14.

Hosmer, D. W. / Lemeshow, S. (2000): Applied Logistic Regression, 2. Aufl., John Wiley & Sons, Hoboken.

Hovakimian, A. / Hovakimian, G. / Tehranian, H. (2004): Determinants of Target Capital Structure: The Case of Dual Debt and Equity Issues, in: Journal of Financial Economics, Vol. 71(3), S. 517-540.

Hovakimian, A. / Opler, T. / Titman, S. (2001): The Debt-Equity Choice, in: Journal of Financial & Quantitative Analysis, Vol. 36(1), S. 1-24.

Hubbard, R. G. (1998): Capital-Market Imperfections and Investment, in: Journal of Economic Literature, Vol. 36(1), S. 193-225.

Hunter, J. E. / Schmidt, F. L. (2004): Methods of Meta-Analysis: Correcting Error and Bias in Research Findings, 2. Aufl., Sage Publications, Newbury Park.

Hutchinson, P. (1999): Small Enterprise: Finance, Ownership and Control, in: International Journal of Management Reviews, Vol. 1(3), S. 343-365.

Ioannidis, C. / Peel, D. A. / Peel, M. J. (2003): The Time Series Properties of Financial Ratios: Lev Revisited, in: Journal of Business Finance & Accounting, Vol. 30(5/6), S. 699-714.

Istaitieh, A. / Rodríguez-Fernández, J. M. (2006): Factor-Product Markets and Firm's Capital Structure: A Literature Review, in: Review of Financial Economics, Vol. 15(1), S. 49-75.

Jalilvand, A. / Harris, R. S. (1984): Corporate Behavior in Adjusting to Capital Structure and Dividend Targets: An Econometric Study, in: Journal of Finance, Vol. 39(1), S. 127-145.

Jensen, M. (1986): Agency Costs of Free Cash Flow, Corporate Finance, and Takeovers, in: American Economic Review, Vol. 76(2), S. 323-329.

Jensen, M. / Meckling, W. (1976): Theory of the Firm: Managerial Behavior, Agency Costs, and Capital Structure, in: Journal of Financial Economics, Vol. 3(4), S. 305-360.

John, K. / Williams, J. (1985): Dividends, Dilution, and Taxes: A Signalling Equilibrium, in: Journal of Finance, Vol. 40(4), S. 1053-1070.

Johnson, S. A. (2003): Debt Maturity and the Effects of Growth Opportunities and Liquidity Risk on Leverage, in: Review of Financial Studies, Vol. 16(1), S. 209-236.

Jordan, J. / Lowe, J. / Taylor, P. (1998): Strategy and Financial Policy in UK Small Firms, in: Journal of Business Finance & Accounting, Vol. 25(1/2), S. 1-27.

Ju, N. / Parrino, R. / Poteshman, A. M. / Weisbach, M. S. (2005): Horses and Rabbits? Trade-Off Theory and Optimal Capital Structure, in: Journal of Financial & Quantitative Analysis, Vol. 40(2), S. 259-281.

Kane, A. / Marcus, A. J. / McDonald, R. L. (1984): How Big Is the Tax Advantage to Debt?, in: Journal of Finance, Vol. 39(3), S. 841-855.

Kale, J. R. / Noe, T. H. / Ramirez, G. G. (1991): The Effect of Business Risk on Corporate Capital Structure: Theory and Evidence, in: Journal of Finance, Vol. 46(5), S. 1693-1715.

Kayhan, A. / Titman, S. (2004): Firms' Histories and Their Capital Structures, Red McCombs School of Business, University of Texas at Austin, Arbeitspapier.

Kennedy, P. (2003): A Guide to Econometrics, 5 Aufl., MIT Press, Cambridge.

Kester, W. C. (1986): Capital and Ownership Structure: A Comparison of United States and Japanese Manufacturing Corporations, in: Financial Management, Vol. 15(1), S. 5-16.

Kim, E. H. (1978): A Mean-Variance Theory of Optimal Capital Structure and Corporate Debt Capacity, in: Journal of Finance, Vol. 33(1), S. 45-63.

Kim, W. S. / Sorensen, E. H. (1986): Evidence on the Impact of the Agency Costs of Debt on Corporate Debt Policy, in: Journal of Financial & Quantitative Analysis, Vol. 21(2), S. 131-144.

King, W. R. / He, J. (2005): Understanding the Role and Methods of Meta-Analysis in IS Research, in: Communications of the Association for Information Systems, Vol. 16(16), S. 665-686.

Kochhar, R. (1996): Explaining Firm Capital Structure: The Role of Agency Theory vs. Transaction Cost Economics, in: Strategic Management Journal, Vol. 17(9), S. 713-728.

Koetse, M. J. / de Groot, H. L. F. / Florax, R. J. G. M. (2006): The Impact of Uncertainty on Investment: A Meta-Analysis, Tinbergen Institute, Arbeitspapier.

Kohler, U. / Kreuter, F. (2006): Datenanalyse mit Stata, 2. Aufl., Oldenbourg Verlag, München.

Korajczyk, R. A. / Levy, A. (2003): Capital Structure Choice: Macroeconomic Conditions and Financial Constraints, in: Journal of Financial Economics, Vol. 68(1), S. 75-109.

Kornmeier, M. (2007): Wissenschaftstheorie und wissenschaftliches Arbeiten, Physica Verlag, Heidelberg.

Kraus, A. / Litzenberger, R. H. (1973): A State-Preference Model of Optimal Financial Leverage, in: Journal of Finance, Vol. 28(4), S. 911-922.

Kremp, E. / Stöss, E. / Gerdesmeier, D. (1999): Estimation of a Debt Function: Evidence from French and German Firm Panel Data, in Sauvé, A. / Scheuer, M. (Hrsg.): Corporate Finance in Germany and France – A Joint Research Project of the Deutsche Bundesbank and the Banque de France, S. 140-194.

Kuß, O. (2000): Globale Anpassungstests im logistischen Regressionsmodell bei fehlenden Messwiederholungen, Universität Heidelberg, Dissertation.

Lang, L. / Ofek, E. / Stulz, R. M. (1996): Leverage, Investment, and Firm Growth, in: Journal of Financial Economics, Vol. 40(1), S. 3-29.

La Porta, R. / Lopez-de-Silanes, F. / Shleifer, A. / Vishny, R. W. (1998): Law and Finance, in: Journal of Political Economy, Vol. 106(6), S. 1113-1155.

Leary, M. T. / Roberts, M. R. (2005): Do Firms Rebalance Their Capital Structures?, in: Journal of Finance, Vol. 60(6), S. 2575-2619.

Lehmann, E. / Neuberger, D. (2001): Do Lending Relationships Matter? Evidence from Bank Survey Data in Germany, in: Journal of Economic Behavior & Organization, Vol. 45(4), S. 339-359.

Leland, H. E. (1994): Corporate Debt Value, Bond Covenants, and Optimal Capital Structure, in: Journal of Finance, Vol. 49(4), S. 1213-1252.

Leland, H. E. (1998): Agency Costs, Risk Management, and Capital Structure, in: Journal of Finance, Vol. 53(4), S. 1213-1243.

Leland, H. E. / Pyle, D. H. (1977): Informational Asymmetries, Financial Structure, and Financial Intermediation, in: Journal of Finance, Vol. 32(2), S. 371-387.

Leland, H. E. / Toft, K. B. (1996): Optimal Capital Structure, Endogenous Bankruptcy, and the Term Structure of Credit Spreads, in: Journal of Finance, Vol. 51(3), S. 987-1019.

Lemmon, M. L. / Zender, J. F. (2002): Debt Capacity and Tests of Capital Structure Theories, University of Utah, Arbeitspapier.

Lemmon, M. L. / Roberts, M. R. / Zender, J. F. (2008): Back to the Beginning: Persistence and the Cross-Section of Corporate Capital Structure, in: Journal of Finance, Vol. 63(4), S. 1575-1608.

Lev, B. (1969): Industry Averages as Targets for Financial Ratios, in: Journal of Accounting Research, Vol. 7(2), S. 290-299.

Lev, B. / Pekelman, D. (1975): A Multiperiod Adjustment Model for the Firm's Capital Structure, in: Journal of Finance, Vol. 30(1), S. 75-91.

Levin, R. I. / Travis, V. P. (1987): Small Company Financing: What the Books Don't Say, in: Harvard Business Review, Vol. 65(6), S. 30-32.

Lipsey, M. W. / Wilson, D. B. (2000): Practical Meta-Analysis, Sage Publications, Thousand Oaks.

López-Gracia, J. / Aybar-Arias, C. (2000): An Empirical Approach to the Financial Behaviour of Small and Medium Sized Companies, in: Small Business Economics, Vol. 14(1), S. 55-63.

Long, S. J. (1997): Regression Models for Categorical and Limited Dependent Variables, Sage Publications, Thousand Oaks.

Lowe, J. / Naughton, T. / Taylor, P. (1994): The Impact of Corporate Strategy on the Capital Structure of Australian Companies, in: Managerial & Decision Economics, Vol. 15(3), S. 245-257.

Luo, G. Y. / Brick, I. / Frierman, M. (2002): Strategic Decision Making of the Firm Under Asymmetric Information, in: Review of Quantitative Finance & Accounting, Vol. 19(2), S. 215-238.

MacKay, P. (2003): Real Flexibility and Financial Structure: An Empirical Analysis, in: Review of Financial Studies, Vol. 16(4), S. 1131-1165.

MacKie-Mason, J. K. (1990): Do Taxes Affect Corporate Financing Decisions?, in: Journal of Finance, Vol. 45(5), S. 1471-1493.

Maksimovic, V. (1988): Capital Structure in Repeated Oligopolies, in: RAND Journal of Economics, Vol. 19(3), S. 389-407.

Maksimovic, V. / Titman, S. (1991): Financial Policy and Reputation for Product Quality, in: Review of Financial Studies, Vol. 4(1), S. 175-200.

Marques, M. O. / Santos, M. C. (2004): Capital Structure Policy and Determinants: Theory and Managerial Evidence, Faculdade de Economia do Porto, Arbeitspapier.

Marsh, P. (1982): The Choice Between Equity and Debt: An Empirical Study, in: Journal of Finance, Vol. 37(1), S. 121-144.

Martin, J. D. / Scott Jr., D. F. (1974): A Discriminant Analysis of the Corporate Debt-Equity Decision, in: Financial Management, Vol. 3(4), S. 71-79.

Mauer, D. C. / Triantis, A. J. (1994): Interactions of Corporate Financing and Investment Decisions: A Dynamic Framework, in: Journal of Finance, Vol. 49(4), S. 1253-1277.

Mello, A. S. / Parsons, J. E. (1992): Measuring the Agency Costs of Debt, in: Journal of Finance, Vol. 47(5), S. 1887-1904.

Menéndez-Alonso, E. J. (2003): Does Diversification Strategy Matter in Explaining Capital Structure? Some Evidence from Spain, in: Applied Financial Economics, Vol. 13(6), S. 427-430.

Menéndez Requejo, S. (2002): SME vs. Large Enterprise Leverage – Determinants and Structural Relations, University of Oviedo, Arbeitspapier.

Miao, J. (2005): Optimal Capital Structure and Industry Dynamics, in: Journal of Finance, Vol. 60(6), S. 2621-2659.

Michaelas, N. / Chittenden, F. / Poutziouris, P. (1999): Financial Policy and Capital Structure Choice in U.K. SMEs: Empirical Evidence from Company Panel Data, in: Small Business Economics, Vol. 12(2), S. 113-130.

Miller, M. H. (1977): Debt and Taxes, in: Journal of Finance, Vol. 32(2), S. 261-275.

Miller, M. H. (1988): The Modigliani-Miller Propositions After Thirty Years, in: Journal of Economic Perspectives, Vol. 2(4), S. 99-120.

Miller, M. H. / Rock, K. (1985): Dividend Policy Under Asymmetric Information, in: Journal of Finance, Vol. 40(4), S. 1031-1051.

Modigliani, F. (1982): Debt, Dividend Policy, Taxes, Inflation and Market Valuation, in: Journal of Finance, Vol. 37(2), S. 255-273.

Modigliani, F. / Miller, M. H. (1958): The Cost of Capital, Corporation Finance and the Theory of Investment, in: American Economic Review, Vol. 48(3), S. 261-297.

Modigliani, F. / Miller, M. H. (1963): Corporate Income Taxes and the Cost of Capital: A Correction, in: American Economic Review, Vol. 53(3), S. 433-443.

Moh'd, M. A. / Perry, L. G. / Rimbey, J. N. (1998): The Impact of Ownership Structure on Corporate Debt Policy: A Time-Series Cross-Sectional Analysis, in: Financial Review, Vol. 33(3), S. 85-98.

Mulatu, A. / Florax, R. J. G. M. / Withagen, C. A. (2003): Environmental Regulation and Competitiveness: An Exploratory Meta-Analysis, in: Böhringer, C. / Löschel, A. (Hrsg.): Empirical Modeling of the Economy and the Environment, ZEW Economic Studies, Vol. 20, Physica Verlag, Heidelberg, S. 23-54.

Myers, S. C. (1977): Determinants of Corporate Borrowing, in: Journal of Financial Economics, Vol. 5(2), S. 147-176.

Myers, S. C. (1984): The Capital Structure Puzzle, in: Journal of Finance, Vol. 34(3), S. 575-592.

Myers, S. C. (1989): Still Searching for Optimal Capital Structure, in: Kopcke, R. W./ Rosengren, E. S. (Hrsg.): Are the Distinctions Between Debt and Equity Disappearing?, Federal Reserve Bank of Boston, S. 80-95.

Myers, S. C. (2001): Capital Structure, in: Journal of Economic Perspectives, Vol. 15(2), S. 81-102.

Myers, S. C. / Majluf, N. S. (1984): Corporate Financing and Investment Decisions When Firms Have Information That Investors Do Not Have, in: Journal of Financial Economics, Vol. 13(2), S. 187-221.

Nelson, J. P. / Kennedy, P. E. (2009): The Use (and Abuse) of Meta-Analysis in Environmental and Natural Resource Economics: An Assessment, in: Environmental & Resource Economics, Vol. 42(3), S. 345-377.

o.V. (2005): The New SME Definition: User Guide and Model Declaration, European Commission, Enterprise and Industry Publications.

o.V. (2007): Human Development Report 2007/2008, United Nations Development Programme, New York.

Ozkan, A. (2001): Determinants of Capital Structure and Adjustment to Long Run Target: Evidence From UK Company Panel Data, in: Journal of Business Finance & Accounting, Vol. 28(1/2), S. 175-198.

Ozkan, A. (2002): The Determinants of Corporate Debt Maturity: Evidence From UK Firms, in: Applied Financial Economics, Vol. 12(1), S. 19-24.

Panno, A. (2003): An Empirical Investigation on the Determinants of Capital Structure: The UK and Italian Experience, in: Applied Financial Economics, Vol. 13(2), S. 97-112.

Peduzzi, P. / Concato, J. / Kemper, E. / Holford, T. R. / Feinstein, A. R. (1996): A Simulation Study of the Number of Events per Variable in Logistic Regression Analysis, in: Journal of Clinical Epidemiology, Vol. 49(12), S. 1373-1379.

Petersen, M. A. (2008): Estimating Standard Errors in Finance Panel Data Sets: Comparing Approaches, Northwestern University, Arbeitspapier.

Peterson, R. A. / Brown, S. P. (2005): On the Use of Beta Coefficients in Meta-Analysis, in: Journal of Applied Psychology, Vol. 90(1), S. 175-181.

Pettit, R. R. / Singer, R. F. (1985): Small Business Finance: A Research Agenda, in: Financial Management, Vol. 14(3), S. 47-59.

Phillips, G. M. (1992): Financial Slack, Refinancing Decisions and Firm Competition, Purdue University, Arbeitspapier.

Pindado, J. / de la Torre, C. (2005): A Complementary Approach to the Financial and Strategy Views of Capital Structure: Theory and Evidence from the Ownership Structure, Universidad de Salamanca, Arbeitspapier.

Poitevin, M. (1989): Financial Signalling and the "Deep-Pocket" Argument, in: RAND Journal of Economics, Vol. 20(1), S. 26-40.

Rajan, R. G. / Zingales, L. (1995): What Do We Know about Capital Structure? Some Evidence from International Data, in: Journal of Finance, Vol. 50(5), S. 1421-1460.

Ramb, F. (2000): Verschuldungsstrukturen im Vergleich: Eine Analyse europäischer Unternehmen, in: Kredit und Kapital, Vol. 33(1), S. 1-36.

Ravid, S. A. / Sarig, O. H. (1991): Financial Signalling by Committing to Cash Outflows, in: Journal of Financial & Quantitative Analysis, Vol. 26(2), S. 165-180.

Remmers, L. / Stonehill, A. / Wright, R. / Beekhuisen, T. (1974): Industry and Size as Debt Ratio Determinants in Manufacturing Internationally, in: Financial Management, Vol. 3(2), S. 24-32.

Roberts, M. R. (2002): The Dynamics of Capital Structure: An Empirical Analysis of a Partially Observable System, Fuqua School of Business, Arbeitspapier.

Robichek, A. A. / Myers, S. C. (1966): Problems in the Theory of Optimal Capital Structure, in: Journal of Financial & Quantitative Analysis, Vol. 1(2), S. 1-35.

Rogers, W. H. (1993): Regression Standard Errors in Clustered Samples, in: Stata Technical Bulletin, Vol. 13, S. 19-24.

Romano, C. A. / Tanewski, G. A. / Smyrnisos, K. X. (2000): Capital Structure Decision Making: A Model for Family Business, in: Journal of Business Venturing, Vol. 16(3), S. 285-310.

Rosenthal, R. (1991): Meta-Analytic Procedures for Social Research, revised edition, Applied Social Research Methods Series, Vol. 6, Sage Publications, Newbury Park.

Rosenthal, R. / DiMatteo M. R. (2001): Meta-Analysis: Recent Developments in Quantitative Methods for Literature Reviews, in: Annual Review of Psychology, Vol. 52(1), S. 59-82.

Ross, S. A. (1977): The Determinants of Financial Structure: The Incentive Signalling Approach, in: Bell Journal of Economics, Vol. 8(1), S. 23-40.

Ross, S. A. (1978): Some Notes on Financial Incentive-Signalling Models, Activity Choice and Risk Preferences, in: Journal of Finance, Vol. 33(3), S. 777-792.

Ross, S. A. (2005): Capital Structure and the Cost of Capital, in: Journal of Applied Finance, Vol. 15(1), S. 5-23.

Rüger, B. (2002): Test- und Schätztheorie, Band 2 Statistische Tests, Oldenbourg Verlag, München.

Sarig, O. H. (1998): The Effect of Leverage on Bargaining with a Corporation, in: Financial Review, Vol. 33(1), S. 1-16.

Schäfer, D. / Werwatz, A. / Zimmermann, V. (2004): The Determinants of Debt and (Private) Equity Financing: The Case of Young, Innovative SMEs from Germany, in: Industry and Innovation, Vol. 11(3), S. 225-248.

Scherr, F. C. / Hulburt, H. M. (2001): The Debt Maturity Structure of Small Firms, in: Financial Management, Vol. 30(1), S. 85-111.

Schlichthorst, M. (2007): Mehrgleichungsmodelle: Schätzmethoden und Anwendungsperspektiven, in: Albers, S. / Klapper, D. / Konradt, U. / Walter, A. / Wolf, J. (Hrsg.): Methodik der empirischen Forschung, 2. Aufl., Gabler Verlag, Wiesbaden, S. 215-230.

Schmidt, R. (1976): Determinants of Corporate Debt Ratios in Germany, in: Brealey, R. / Rankine, G. (Hrsg.): European Finance Association 1975 Proceedings, North Holland Publishing Company, Amsterdam, S. 309-325.

Schwartz, E. / Aronson, J. R. (1967): Some Surrogate Evidence in Support of the Concept of Optimal Financial Structure, in: Journal of Finance, Vol. 22(1), S. 10-18.

Schwiete, M. / Weigand, J. (1997): Bankbeteiligungen und das Verschuldungsverhalten deutscher Unternehmen, in: Kredit und Kapital, Vol. 30(1), S. 1-33.

Scott Jr., D. F. (1972): Evidence of the Importance of Financial Structure, in: Financial Management, Vol. 1(2), S. 45-50.

Scott Jr., J. H. (1976): A Theory of Optimal Capital Structure, in: Bell Journal of Economics, Vol. 7(1), S. 33-54.

Scott Jr., D. F. / Martin, J. D. (1975): Industry Influence on the Financial Structure, in: Financial Management, Vol. 4(1), S. 67-73.

Sheskin, D. (2004): Handbook of Parametric and Nonparametric Statistical Procedures, 3. Aufl., Chapman & Hall/CRC, Boca Raton.

Shevlin, T. (1990): Estimating Corporate Marginal Tax Rates with Asymmetric Tax Treatment of Gains and Losses, in: Journal of the American Taxation Association, Vol. 11(2), S. 51-67.

Short, H. / Keasey, K. / Duxbury, D. (2002): Capital Structure, Management Ownership and Large External Shareholders: A UK Analysis, in: International Journal of the Economics of Business, Vol. 9(3), S. 375-399.

Showalter, D. M. (1995): Oligopoly and Financial Structure: Comment, in: American Economic Review, Vol. 85(3), S. 647-654.

Shyam-Sunder, L. / Myers, S. C. (1999): Testing Static Tradeoff Against Pecking Order Models of Capital Structure, in: Journal of Financial Economics, Vol. 51(2), S. 219-244.

Sogorb-Mira, F. (2001): On Capital Structure in the Small and Medium Enterprises: The Spanish Case, Universidad Cardenal Herrera, Arbeitspapier.

Sogorb-Mira, F. / López-Gracia, J. (2003): Pecking Order versus Trade-Off: An Empirical Approach to the Small and Medium Enterprise Capital Structure, Universidad Cardenal Herrera, Arbeitspapier.

Stanley, T. D. (2001): Wheat from Chaff: Meta-Analysis as Quantitative Literature Review, in: Journal of Economic Perspectives, Vol. 15(3), S. 131-150.

Stanley, T. D. (2005): Beyond Publication Bias, in: Journal of Economic Surveys, Vol. 19(3), S. 309-345.

Stanley, T. D. / Doucouliagos, C. / Jarrell, S. B. (2008): Meta-Regression Analysis as the Socio-Economics of Economics Research, in: The Journal of Socio-Economics, Vol. 37(1), S. 276-292.

Stanley, T. D. / Jarrell, S. B. (1989): Meta-Regression Analysis: A Quantitative Method of Literature Surveys, in: Journal of Economic Surveys, Vol. 3(2), S. 161-170.

Stiglitz, J. E. (1969): A Re-Examination of the Modigliani-Miller Theorem, in: American Economic Review, Vol. 59(5), S. 784-793.

Stiglitz, J. E. (1972): Some Aspects of the Pure Theory of Corporate Finance, Bankruptcies and Take-Overs, in: Bell Journal of Economics and Management Science, Vol. 3(2), S. 458-482.

Stiglitz, J. E. (1988): Why Financial Structure Matters, in: Journal of Economic Perspectives, Vol. 2(4), S. 121-126.

Stohs, M. H. / Mauer, D. C. (1996): The Determinants of Corporate Debt Maturity Structure, in: Journal of Business, Vol. 69(3), S. 279-312.

Stonehill, A. / Beekhuisen, T. / Wright, R. / Remmers, L. / Toy, N. / Pares, A. / Shapiro, A. / Egan, D. / Bates, T. (1975): Financing Goals and Debt Ratio Determinants: A Survey of Practice in Five Countries, in: Financial Management, Vol. 4(3), S. 27-41.

Strebulaev, I. (2004): Do Tests of Capital Structure Theory Mean What They Say?, London Business School, Arbeitspapier.

Stulz, R. M. (1990): Managerial Discretion and Optimal Financing Policies, in: Journal of Financial Economics, Vol. 26(1), S. 3-27.

Suto, M. (2003): Capital Structure and Investment Behaviour of Malaysian Firms in the 1990s: A Study of Corporate Governance before the Crisis, in: Corporate Governance: An International Review, Vol. 11(1), S. 25-39.

Sutton A. J. / Abrams K. R. / Jones D. R. / Sheldon T. A. / Song F. (1998): Systematic Reviews of Trials and Other Studies, in: Health Technology Assessment, Vol. 2(19), S. 1-272.

Taggart Jr., R. A. (1977): A Model of Corporate Financing Decisions, in: Journal of Finance, Vol. 32(5), S. 1467-1484.

Taub, A. J. (1975): Determinants of the Firm's Capital Structure, in: Review of Economics & Statistics, Vol. 57(4), S. 410-416.

Taylor, P. / Lowe, P. (1995): A Note on Corporate Strategy and Capital Structure, in: Strategic Management Journal, Vol. 16(5), S. 411-414.

Thies, C. F. / Klock, M. S. (1992): Determinants of Capital Structure, in: Review of Financial Economics, Vol. 1(2), S. 40-52.

Thornhill, S. / Gellatly, G. / Riding, A. (2004): Growth History, Knowledge Intensity and Capital Structure in Small Firms, in: Venture Capital, Vol. 6(1), S. 73-89.

Titman, S. (1984): The Effect of Capital Structure on a Firm's Liquidation Decision, in: Journal of Financial Economics, Vol. 13(1), S. 137-151.

Titman, S. / Wessels, R. (1988): The Determinants of Capital Structure Choice, in: Journal of Finance, Vol. 43(1), S. 1-19.

Titman, S. / Tsyplakov, S. (2007): A Dynamic Model of Optimal Capital Structure, in: Review of Finance, Vol. 11(3), S. 401-451.

Toy, N. / Stonehill, A. / Remmers, L. / Wright, R. / Beekhuisen, T. (1974): A Comparative International Study of Growth, Profitability, and Risk as Determinants of Corporate Debt Ratios in the Manufacturing Sector, in: Journal of Financial & Quantitative Analysis, Vol. 9(5), S. 875-886.

Turnbull, S. M. (1979): Debt Capacity, in: Journal of Finance, Vol. 34(4), S. 931-940.

Ulbricht, N. / Weiner, C. (2005): Worldscope Meets Compustat: A Comparison of Financial Databases, Humboldt Universität Berlin, Arbeitspapier.

Urban, D. (1993): Logit-Analyse: Statistische Verfahren zur Analyse von Modellen mit qualitativen Response-Variablen, Gustav Fischer Verlag, Stuttgart.

Urban, D. / Mayerl, J. (2006): Regressionsanalyse: Theorie, Technik und Anwendung, 2. Aufl., VS Verlag, Wiesbaden.

Van der Sluis, J. / van Praag, M. / Vijverberg, W. (2005): Entrepreneurship Selection and Performance: A Meta-Analysis of the Impact of Education in Developing Economies, in: World Bank Economic Review, Vol. 19(2), S. 225-261.

Van der Wijst, N. / Thurik, R. (1993): Determinants of Small Firm Debt Ratios: An Analysis of Retail Panel Data, in: Small Business Economics, Vol. 5(1), S. 55-65.

Viswanath, P. V. (1993): Strategic Considerations, the Pecking Order Hypothesis, and Market Reactions to Equity Financing, in: Journal of Financial & Quantitative Analysis, Vol. 28(2), S. 213-234.

Veerbek, M. (2008): A Guide to Modern Econometrics, 3. Aufl., John Wiley & Sons, Chichester.

Vittinghoff, E. / McCulloch, C. E. (2007): Relaxing the Rule of Ten Events per Variable in Logistic and Cox Regression, in: American Journal of Epidemiology, Vol. 165(6), S. 710-718.

Voulgaris, F. / Asteriou, D. / Agiomirgianakis, G. (2002): Capital Structure, Asset Utilization, Profitability and Growth in the Greek Manufacturing Sector, in: Applied Economics, Vol. 34(11), S. 1379-1388.

Voulgaris, F. / Asteriou, D. / Agiomirgianakis, G. (2004): Size and Determinants of Capital Structure in the Greek Manufacturing Sector, in: International Review of Applied Economics, Vol. 18(2), S. 247-262.

Wald, J. K. (1999): How Firm Characteristics Affect Capital Structure: An International Comparison, in: Journal of Financial Research, Vol. 22(2), S. 161-187.

Wanzenried, G. (2002): Signaling with Capital Structure Revisited, Universität Bern, Arbeitspapier.

Warner, J. B. (1977): Bankruptcy Costs: Some Evidence, in: Journal of Finance, Vol. 32(2), S. 337-347.

Watson, R. / Wilson, N. (2002): Small and Medium Size Enterprise Financing: A Note on Some of the Empirical Implications of a Pecking Order, in: Journal of Business Finance & Accounting, Vol. 29(3/4), S. 557-578.

Wawro, G. (2002): Estimating Dynamic Panel Data Models in Political Science, in: Political Analysis, Vol. 10(1), S. 25-48.

Welch, I. (2004): Capital Structure and Stock Returns, in: Journal of Political Economy, Vol. 112(1), S. 106-131.

Welch, I. (2007): Common Flaws in Empirical Capital Structure Research, Brown University, Arbeitspapier.

Wenzel, A. (2006): Kapitalstrukturpolitik in Wachstumsunternehmen: Eine empirische Untersuchung deutscher Unternehmen auf Basis von Jahresabschlussinformationen, in: Achleitner, A.-K. / Hommel, U. / Rudolph, B. / Schiereck, D. (Hrsg.): Schriftenreihe Entrepreneurial Finance und Private Equity, Band 6, Uhlenbruch, Bad Soden.

Wiwattanakantang, Y. (1999): An Empirical Study on the Determinants of the Capital Structure of Thai Firms, in: Pacific-Basin Finance Journal, Vol. 7(3/4), S. 371-403.

Wolf, F. M. (1990): Methodological Observations on Bias, in: Wachter, K. W. / Straf, M. L. (Hrsg.): The Future of Meta-Analysis, Russell Sage Foundation, New York.

Wolter, H.-J. / Hauser, H.-E. (2001): Die Bedeutung des Eigentümerunternehmens in Deutschland – Eine Auseinandersetzung mit der qualitativen und quantitativen Definition des Mittelstands, in: Jahrbuch zur Mittelstandsforschung 1/2001, Deutscher Universitätsverlag, Wiesbaden, S. 25-77.

Wooldridge, J. M. (2003): Introductory Econometrics: A Modern Approach, 2. Aufl., South-Western College Publishing, Cincinnati.

Zingales, L. (2000): In Search of New Foundations, in: Journal of Finance, Vol. 55(4), S. 1623-1653.

Zoppa, A. / McMahon, R. G. P. (2002): Pecking Order Theory and the Financial Structure of Manufacturing SMEs from Australia's Business Longitudinal Survey, The Flinders University of South Australia, Arbeitspapier.